"十四五"普通高等教育本科部委级规划教材

食品科学与工程国家一流本科专业建设配套教材

教育部、工业和信息化部北大荒农产品加工现代产业学院产教融合配套教材

黑龙江省线上线下混合式一流本科课程和高等学校课程思政示范课程配套教材

黑龙江省基础学科和"四新"关键领域（地方高校"101"计划）核心课程教材

园艺产品加工学

uanyi Chanpin Jiagongxue

牛广财　唐卿雁　魏文毅◎主编

中国纺织出版社有限公司

内 容 提 要

本书系统地阐述了园艺产品加工的基础理论、国内外园艺产品加工的先进技术和工艺。内容涵盖植物类原料的组织及功能、园艺产品加工的基础知识、罐头加工、糖制品加工、腌制品加工、干制品加工、速冻产品加工、果蔬汁加工、果酒酿造、果醋酿造、鲜切果蔬加工、园艺产品副产物的综合利用等内容。

本书可作为高等院校食品科学与工程、食品质量与安全、园艺和植物生产类等相关专业的本科生教材及研究生教学用书，也可供从事园艺产品加工的企业技术人员参考。

图书在版编目（CIP）数据

园艺产品加工学／牛广财，唐卿雁，魏文毅主编 .
北京 ：中国纺织出版社有限公司，2024.11. --（"十四五"普通高等教育本科部委级规划教材）. -- ISBN 978
-7-5229-2056-6

Ⅰ. TS205

中国国家版本馆 CIP 数据核字第 20247DC721 号

责任编辑：闫 婷 金 鑫 责任校对：王蕙莹
责任印制：王艳丽

中国纺织出版社有限公司出版发行
地址：北京市朝阳区百子湾东里 A407 号楼 邮政编码：100124
销售电话：010—67004422 传真：010—87155801
http://www.c-textilep.com
中国纺织出版社天猫旗舰店
官方微博 http://weibo.com/2119887771
三河市宏盛印务有限公司印刷 各地新华书店经销
2024 年 11 月第 1 版第 1 次印刷
开本：787×1092 1/16 印张：23.25
字数：552 千字 定价：68.00 元

前　言

我国园艺产品资源极其丰富，在世界园艺产业中占有举足轻重的地位。园艺产品加工是我国食品工业的一个重要组成部分，随着该领域研究的日趋深入和食品工业的迅猛发展，园艺产品加工生产中的一些新技术、新工艺不断涌现。园艺产品作为高等院校食品科学与工程、食品质量与安全、园艺和植物生产类等相关专业的一门重要课程，需要一部适应性强、应用面广并能与时俱进的混合式数字教材。通过对本教材的系统学习，学生可全面掌握现代园艺产品加工的原理与技术，熟悉现代园艺产品加工的发展领域和重点方向，能够设计园艺产品加工的生产工艺，熟悉并解决当前生产实践中的一些主要问题，为今后从事园艺产品加工的新工艺、新技术研究和新产品的开发奠定基础。

本教材贯彻二十大精神和"以学生为中心、以成果为导向"理念，理论紧密联系实际，给出贯穿全书的生产案例。本教材采用混合数字资源，将文字、图片、视频、在线练习进行一体化设计，可以登录课程网站（学银在线），选择最新期次进行学习，参加章节测试、主题讨论，查看PPT和相关视频等资源。同时，本教材融合课程思政内容，将文化自信、爱国情怀、社会责任、辩证思维融入教材中，培养学生的民族自豪感，使学生成为能担当中华民族伟大复兴重任的时代新人。

本教材共设十二章，由牛广财、唐卿雁、魏文毅担任主编，参加编写的人员分工如下：朱丹编写第一章；李昌盛编写第二章；牛广财编写第三章第一节，肖光辉编写第三章第六节视频内容，朱立斌编写第三章中剩余内容；唐卿雁编写第四章和第六章；王学良编写第五章第四节视频内容，魏文毅编写第五章中剩余内容；杨杨编写第七章和第十一章；吴红艳、杨成君、张忠编写第八章第四节，许倩、岂春风、杨洪学编写第八章第五节，范勇编写第八章中剩余内容；朱磊编写第九章；关琛编写第十章；杨雯婕编写第十二章第六节视频内容，司旭编写第十二章中剩余内容。全书由牛广财负责统稿，李斌负责主审。

本教材为"十四五"普通高等教育本科部委级规划教材，并得到了黑龙江省基础学科和"四新"关键领域本科教育教学改革试点（地方高校"101计划"）项目、黑龙江省第三批省级线上线下混合式一流本科课程和第四批黑龙江省高等学校课程思政示范课程建设，以及教育部办公厅、中国科协办公厅科技小院建设等项目的支持。在编写过程中，还得到了黑龙江八一农垦大学智慧课程和产教融合教材建设的支持，以及云南农业大学、内蒙古农业大学、东北林业大学、沈阳农业大学、齐齐哈尔大学、塔里木大学、西昌学院和相关食品生产企业的大力支持与帮助，在此表示衷心的感谢！此外，本教材在编写过程中，参考了大量国内外最新的文献资料，但由于篇幅所限，未能一一标注。在此，向参考的著作和文献资料的作者表示深深的谢意！

由于本教材内容较多，编写时间紧张，书中难免有一些不足、疏漏或错误之处。敬请广大读者及同行专家批评指正，以便今后进一步修改、补充和完善。

编　者
2024 年 9 月

目　　录

资源总码

第一章　植物类原料的组织结构及功能

本章课件

水果、蔬菜等园艺产品是人类重要的食物。细胞是植物体结构和生命活动的基本单位，细胞集合形成了植物组织，不同的植物组织按照一定的方式形成了植物器官，各种植物器官进而构成了植物体。植物的一切生理代谢均以细胞为基础，对细胞、组织和器官的了解是更深入理解园艺产品采后变化和加工的基础。

第一节　植物的细胞及功能

细胞是植物体结构和生命活动的基本单位，是植物体生长发育、遗传变异与种族延续的基础与桥梁。植物的一切生理代谢均以细胞为基础。处于植物体特定部位的细胞不断分裂以增加细胞个数，细胞再经生长，体积不断增大，推动植物体不断生长。植物的形态建成，取决于细胞分化。细胞的分裂、生长、分化伴随着植物的一生。

不同的植物细胞，其形状、组成、功能以及采后的变化是不一样的。植物细胞最外层是细胞壁，紧贴细胞壁的为质膜（plasma membrane），质膜将细胞内外分开；质膜内部包被着细胞质。能量转换、物质合成和代谢等反应都是在细胞质中完成的。细胞质中存在着许多亚细胞结构——细胞器，从而将细胞内部分隔成许多独立的空间，可以同时执行不同的功能。

一、植物细胞的形状与大小

植物细胞的形状是多种多样的，与运输有关的细胞多呈长管状，与支持作用有关的多呈纺锤形，与保护作用有关的多呈扁平形状，植物细胞的直径一般为 $10\sim100~\mu m$。也有比较大的细胞，肉眼可见，如西瓜的果肉细胞，直径约 1 mm；棉花种子的表皮毛长达 75 mm；苎麻茎的纤维细胞，最长可达550 mm。通常生理活跃的细胞体积较小，而代谢活动弱的细胞体积较大。

二、植物细胞的结构和功能

植物细胞虽然大小不一、形状多样，但是一般都有相同的基本结构和功能。植物细胞由原生质体（protoplast）和细胞壁（cell wall）两部分组成。

原生质体是指细胞壁以内所有生活部分的总称，由原生质构成。细胞壁由原生质体分泌的物质所构成，包被在原生质体的外侧，起保护和支持作用，并参与细胞的生长、物质代谢、信息传递，也与植物的抗逆性有关。此外，细胞中还有多种非生命的贮藏物质和代谢物质，称为后含物（ergastic substance）。

（一）细胞壁

细胞壁是植物细胞最外面的一层。细胞壁有保护原生质体的作用，并在很大程度上决定了细胞的形态和功能。细胞壁具有一定的硬度和弹性，多数情况下水及溶解在其中的小分子物质可自由通过，使植物细胞能从环境中获取水分和营养。细胞壁限制了原生质体的膨胀，使细胞内部产生膨压，对于维持植株的形态至关重要。

1. 细胞壁结构

在一个成熟的植物细胞中，细胞壁由三部分组成，由外向内依次为胞间层（intercellular layer）、初生壁（primary cell wall）和次生壁（secondary cell wall）。

（1）胞间层。胞间层又称中胶层，位于两个相邻细胞之间，为两相邻细胞所共有的一层膜，主要成分为果胶质。有助于将相邻细胞粘连在一起，并可缓冲细胞间的挤压，同时又不致阻碍细胞的生长。

（2）初生壁。初生壁是细胞分裂后，最初由原生质体分泌形成的细胞壁。它存在于所有活的植物细胞，位于胞间层内侧；通常较薄，为 $1 \sim 3 \ \mu m$；具有较大的可塑性，既可使细胞保持一定形状，又能随细胞生长而延展。主要成分为纤维素、半纤维素和果胶，并有结构蛋白存在。细胞在形成初生壁后，如果不再有新的壁层积累，初生壁便是它们的永久的细胞壁，如薄壁组织细胞。初生壁有时也有均匀或局部的增厚现象，然而增生的初生壁是可逆的，即在一定条件下又可变薄。

（3）次生壁。部分植物细胞在停止生长（体积不变）后，其初生壁内侧继续沉积壁物质形成次生壁。次生壁厚度为 $5 \sim 10 \ \mu m$，主要成分为纤维素，还有少量半纤维素，并常有木质素（lignin）存在。由于缺乏果胶，次生壁一般较坚硬而不易伸展，使细胞壁具有很大的机械强度。大部分具有次生壁的细胞在成熟时，原生质体死亡。纤维和石细胞就是典型的具有次生壁的细胞。

2. 细胞壁的化学组成和结构

根据物质在细胞壁中的作用，可分为构架（framework）和衬质（matrix）。有些细胞还分泌附加物质，结合到衬质或框架中，或存在于壁的外表面，使壁进一步特化。物质结合进衬质称为内镶（incrustation），覆盖在外表称为复饰（abcrustation）。

构成细胞壁的成分，大部分是多糖，少部分是蛋白质、酶类以及脂肪酸等。细胞壁中的多糖主要是纤维素（cellulose）、半纤维素和果胶类，它们是由葡萄糖、阿拉伯糖、半乳糖醛酸等聚合而成，次生细胞壁中还有大量木质素。

（1）纤维素。纤维素是构成初生壁和次生壁的基本成分。纤维素是一类多糖，是由

2000～14000 个葡萄糖分子聚合成的直链。高等植物细胞壁的构架，是由纤维素分子组成的纤丝系统。微纤丝（microfibril）是构成细胞壁的基本结构单位，衬质包埋或填充于框架的间隙。

（2）半纤维素。半纤维素（hemicellulose）往往是指除纤维素和果胶物质以外能溶于碱的细胞壁多糖类的总称。半纤维素主要覆盖在微纤丝之外并通过氢键将微纤丝交联成复杂的网格，形成细胞壁内高层次的结构。

（3）果胶物质。果胶物质（pectic substances）也是细胞壁的主要组成成分。胞间层基本上是由果胶物质组成的，果胶使相邻的细胞黏合在一起。果胶物质是由半乳糖醛酸组成的多聚体，可分为原果胶、果胶和果胶酸三类。

①原果胶：原果胶（protopectin）的分子量比果胶酸和果胶高，甲酯化程度介于二者之间，主要存在于初生壁中，不溶于水，在稀酸和原果胶酶的作用下转变为可溶性的果胶。随着果实成熟，逐步由原果胶向果胶酸方向转化，最终使果实硬度下降。

②果胶：果胶（pectin）是半乳糖醛酸酯及少量半乳糖醛酸通过 $\alpha-1,4$ 糖苷键连接而成的长链高分子化合物，相对分子质量在 25000～50000，每条链含 200 个以上的半乳糖醛酸残基。果胶能溶于水，存在于胞间层和初生壁中，甚至存在于细胞质或液泡中。

③果胶酸：果胶酸（pectic acid）是由约 100 个半乳糖醛酸通过 $\alpha-1,4$ 糖苷键连接而成的直链。果胶酸是水溶性的，很容易与钙起作用而生成果胶酸钙的凝胶，它主要存在于中胶层中。

（4）木质素。木质素（lignin）不是多糖，而是由苯基内烷衍生物的单体所构成的聚合物，在木本植物成熟的木质部中其含量达 18%～38%，主要分布于纤维、导管和管胞中。木质素可以增加细胞壁的抗压强度，正是细胞壁木质化的导管和管胞构成了木本植物坚硬的茎干，并作为水和无机盐运输的输导组织。

（5）蛋白质与酶。细胞壁中最早被发现的蛋白质是伸展蛋白（extensin），它是一类富含羟脯氨酸的糖蛋白（hydroxyproline rich glycoprotein，HRGP），大约由 300 个氨基酸残基组成，这类蛋白质中羟脯氨酸（Hyp）含量特别高，一般为蛋白质的 30%～40%。其他含量较高的氨基酸是丝氨酸、缬氨酸、苏氨酸、组氨酸和酪氨酸等。伸展蛋白中的糖组分主要是阿拉伯糖和半乳糖，含量为糖蛋白的 26%～65%，连接到氨基酸上的糖在维持伸展蛋白构象中起了重要作用，同时它还参与植物细胞防御和抗病抗逆等生理活动。

迄今已在细胞壁中发现数十种酶，大部分是水解酶类，其余则多属于氧化还原酶类，如果胶甲酯酶、酸性磷酸酯酶、过氧化物酶、多聚半乳糖醛酸酶等。

（6）矿物质。细胞壁的矿物质元素中最重要的是钙。细胞壁中 Ca^{2+} 浓度远远大于胞内，估计为 $10^{-5}～10^{-4}mol/L$，所以细胞壁为植物细胞最大的钙库。钙调素（calmodulin，CaM）在细胞壁中也被发现。

（二）细胞膜

细胞膜又称质膜，在植物细胞中紧贴细胞壁内侧，将细胞的内、外环境隔开。质膜使细胞具有一个相对稳定的内环境；具有选择透过性，使营养物质有控制地进出细胞，而废物被排出细胞；能以主动运输、自由扩散等方式跨膜运输胞外物质；能向细胞内形成凹陷，吞食外围的液体或固体小颗粒；在细胞识别（cell recognition）、细胞内外信息传递、细胞免疫等过程中具有重要作用。

除质膜外，果蔬类真核细胞内还存在着各种由膜围绕构建的细胞器，细胞核、线粒体和质体由双层膜构成，液泡、微体等则由一层膜包围，也有细胞器如核糖体没有膜包围。

细胞膜的基本成分是蛋白质和脂类，也含有少量的糖和无机离子及水分。在结构上，所有的细胞膜都是由磷脂双分子层组成的，膜蛋白有的镶嵌在膜表面，有的则嵌入或贯穿在磷脂双分子之间。膜蛋白和膜脂均可侧向运动，流动性的大小主要取决于脂肪中脂肪酸不饱和的程度，不饱和程度越大，流动性越强。同时，随着温度的降低，膜的流动性大大降低。尤其是植物组织采后发生冷害时，膜流动性的降低必然会影响到膜的功能，从而最终导致植物组织发生生理紊乱。

（三）细胞质及其细胞器

细胞质是细胞核外的原生质。其外表由质膜包被而和细胞壁相隔离，在内部则包裹着细胞核而和核膜相连。细胞质可以进一步分为细胞质基质（cytiplasmic matrix or cytomatrix，简称胞基质）和细胞器。

1. 细胞质基质

细胞质基质是指真核细胞的细胞质中除去可分辨的细胞器以外的胶状物质，其体积占一个细胞总体积的 50%~60%。细胞质基质的化学成分非常复杂，既含有分子量较小的水分子与溶于水中的 K^+、Na^+、Ca^{2+}、Mg^{2+}、Cl^- 等无机离子和气体等小分子，又含有大量分子量中等的代谢物质，如脂类、葡萄糖、蔗糖、氨基酸、核苷酸及其衍生物，还含有数以千计的各种酶类，以及游离的蛋白质、RNA 和多糖等大分子化合物。这些物质和水形成了复杂的胶体溶液。

细胞质基质具有非常重要的生理功能。首先，细胞质基质与许多生物中间代谢过程有关，很多重要的代谢反应就在细胞质基质中进行的，如糖酵解途径、磷酸戊糖途径、糖醛酸途径等。其次，细胞质骨架作为细胞质基质的主要成分，不仅与维持细胞的形态、细胞的运动、细胞内的物质运输及能量传递有关，而且，也作为细胞质基质这一结构体系的组织者，为细胞质基质其他成分和细胞器提供锚定位点。此外，细胞质基质在蛋白质修饰、蛋白质的选择性降解等方面也起着重要作用。

2. 细胞器

细胞器是细胞内具有特定结构和功能的亚细胞结构，由原生质分化而成。细胞质内的细胞器有很多种，现就主要的类型分述如下。

（1）质体。质体（plastid）是植物细胞内特有的细胞器。质体有不同类型，但在结构上外围均有双层单位膜组成的质体膜，内有蛋白质的液态基质和分布在基质中的膜系统，基质中还含有 DNA、核糖体和质体小球（plastoglobulus）。不同的质体类型，内部膜系统的发育程度不同。

在幼嫩的细胞内，尚未分化成熟的质体称为前质体（proplastid）。前质体较小，无色，缺少层膜结构，通常存在于根、茎的分生组织细胞中。随着细胞的生长和分化，前质体逐渐分化为成熟的质体。分化成熟的质体根据其颜色和功能的不同，可以分为叶绿体（chloroplast）、有色体（chromoplast）和白色体（leucoplast）3 种类型。

①白色体：白色体不含可见色素，主要存在于甘薯、马铃薯等植物的贮藏器官中，种子

的胚及少数叶的表皮细胞中也有白色体存在。白色体近似球形，大小约 2 nm×5 nm，内部结构简单，基质中仍有少数不发达片层。

②叶绿体：高等植物的叶绿体主要存在于叶肉细胞内，但在地上器官表皮的保卫细胞和其他绿色组织细胞内也有存在。叶绿体的主要作用是光合作用，植物通过光合作用吸收光能，并将之转化成化学能，同时利用二氧化碳和水制造有机物和释放氧气。

叶绿体含有绿色的叶绿素（chlorophyll）和黄色的叶黄素（xanthophyll）、橘红色的胡萝卜素（carotin），其中叶绿素含量高，因而呈绿色。叶绿素是主要的光合色素，能吸收和利用光能，直接参与光合作用；叶黄素和胡萝卜素不能直接参与光合作用，只能将吸收的光能传递给叶绿素分子，辅助光合作用的进行。

③有色体：有色体是含有胡萝卜素及叶黄素的质体，由于两种色素比例不同，可呈现黄色、橙色或橙红色，主要存在于花、果实中，或植物体的其他部分，如胡萝卜的贮藏根以及衰老的叶片中也都存在有色体。有色体能积累淀粉和脂类，使花与果实呈鲜艳色差，有利于吸引昆虫和其他动物传粉或传播种子。

随着植物细胞的发育和环境条件的变化，叶绿体、白色体和有色体可以相互转化。例如叶片进入秋季后会由绿色转变为黄色或红色，番茄和柑橘随着果实组织的成熟而衰老，这是因为叶绿体会失去叶绿素而变成有色体使果实着色；白色体在光照条件下也可以转变为叶绿体，如胡萝卜直根的上端露出地面后不久呈现出绿色，就是白色体转变成叶绿体的结果，马铃薯块茎见光后变绿也是如此。

（2）线粒体。线粒体（mitochondrion）是植物细胞进行呼吸作用的主要细胞器。其主要功能就是进行氧化磷酸化，合成 ATP，为细胞生命活动提供直接能量，是碳水化合物、脂肪和氨基酸的最终氧化释能的场所，故线粒体有细胞"动力站"之称。

（3）内质网。内质网（endoplasmic reticulum，ER）是由封闭的膜系统及其围成的扁平的腔、囊、池或管所形成的相互沟通的网状系统。在功能上，首先，内质网是细胞内蛋白质和脂类合成的基地，粗面型内质网的主要功能就是合成分泌性的蛋白和多种膜蛋白，而光滑性内质网则是脂类合成的重要场所；其次，内质网向内可和核膜的外层膜相连，向外则可经过胞间连丝与相邻细胞的内质网相连；再次，内质网是许多细胞器的来源，如液泡、高尔基体、微体等都可能是由内质网特化或分离出来的小泡而形成的；最后，内质网将细胞分隔成许多不同的单元，从而使各种不同的结构隔开，使各种不同的生理生化反应能互不干扰而同步进行。

（4）高尔基体。高尔基体（Golgi body）的主体结构是一些整齐地堆叠在一起的扁平膜囊（saccules），扁囊多呈弓形，也有的呈半球形或球形，均由光滑的膜围绕而成。同时，在膜囊周围又有大量的大小不等的囊泡结构，它们是由高尔基体上较大的囊泡转变而来的，为一种单独的细胞器，称液泡。高尔基体的主要功能为与内质网密切相连，将内质网合成的多种蛋白质进行加工、分类和包装，然后分门别类运送到细胞的特定部位或分泌到细胞外；内质网上合成的脂类也要经过高尔基体向细胞质膜和溶酶体膜等部位运输。因此，高尔基体是细胞内大分子运输的一个主要交通枢纽，其还与细胞壁、质膜、溶酶体等的形成关系密切。

（5）核糖体。核糖体（或核蛋白体，ribosome）是游离于细胞质中或结合于内质网、线粒体上的一种近似球形而无外膜的细胞器，其直径 17~23 nm，核糖体主要由核糖体核糖核酸

（rRNA）和核糖体蛋白所组成，是细胞中蛋白质合成的场所。

（6）液泡系。凡是在细胞内由膜所包围的小泡和液泡，除线粒体和质体外，都属于液泡系（vacuome），包括高尔基液泡、溶酶体、圆球体、微体、消化泡、自体吞噬泡或自噬小体、胞饮液泡、吞噬泡或吞噬小体、中央液泡、残体等。

（7）细胞骨架。细胞骨架是由蛋白质纤维构成的网架系统，包括微管、微丝、中间纤维等。细胞骨架决定了细胞的形状和细胞质中各种成分的有机分布，并且参与了细胞的分裂、生长和分化等活动。

（8）细胞核。它是一个细胞内最大、最重要的，由双层膜包被的大而浓的细胞器。细胞核的形状和大小因生物种类而相差很大。细胞核一般为圆球形或卵形。大量研究表明，细胞核与细胞质之间存在一个大致比例，即细胞核体积占细胞总体积的10%左右。细胞核主要由核被膜（nuclear membrane）、核仁（nucleolus）、染色质（karyotin）和核质（karyoplasm）组成。

细胞核的主要功能是储存和复制DNA，传递遗传信息，在细胞遗传中起重要作用；通过控制蛋白质的合成对细胞的生理功能起调节作用；合成并向细胞质转运RNA。基因的复制、转录、转录初产物的加工过程，都在细胞核内进行。由此，细胞核是细胞的生命和遗传的控制中心。

三、植物细胞的后含物

植物细胞后含物是原生质体新陈代谢的产物，是细胞中无生命的物质。后含物一部分是储藏的营养物质，一部分是细胞不能再利用的废物。后含物的种类很多，包括淀粉、脂类、蛋白质、单宁（tannin）以及各种形态的结晶等。这些物质可能分布在细胞壁、胞基质或细胞器中。

有些细胞后含物在医疗上具有重要的价值，是植物可供药用的主要因素，如生物碱、苷、鞣质等；有些细胞后含物是细胞的废物，它们的性质或形态是中草药鉴定的主要依据，如晶体等；有些细胞后含物是具有营养价值的储藏物，是人类食物的主要来源，如淀粉、蛋白质和脂类等。

（一）储藏物质

植物细胞内的储藏物质主要是糖类、蛋白质和脂类三大类。

1. 糖类

（1）淀粉。淀粉是植物细胞中最普遍的储藏物质。储藏淀粉常呈颗粒状，称淀粉粒（starch grain），在许多细胞中都可见到，尤其储藏器官的细胞中最多，如种子的胚乳和子叶，植物的块根、块茎、根状茎中都含有大量淀粉粒。淀粉粒遇碘呈蓝紫色。

植物在光合作用时产生葡萄糖，在叶绿体中转化为同化淀粉；然后它被水解成糖类，运输到植物的其他部位，再在那些部位由造粉体重新合成储藏淀粉。淀粉积累时，先形成脐点，然后环绕脐点层层沉积，由于直链淀粉和支链淀粉交替分层沉积，常显示出明暗相间的层纹结构，称为轮纹。依据脐点的数目，常将淀粉分为单粒淀粉、复粒淀粉和半复粒淀粉。

（2）菊糖。菊糖（inulin）是果糖分子的聚合物，常见于菊科、桔梗科等植物中。在生活细胞中，菊糖处于溶解状态。

2. 蛋白质

植物细胞中贮藏的蛋白质呈固体状态，可以形成结晶体、无定形或颗粒状结构，称为糊粉粒（aleurone grain），存在于细胞的液泡、胞基质、细胞核或质体中。糊粉粒是无生命的，生理活性稳定，处于非活性的比较稳定的状态，与原生质体中呈胶体状态的有生命的蛋白质性质不同。许多植物种子的胚乳和子叶中含有丰富的糊粉粒。糊粉粒遇碘呈黄色。

3. 脂类

脂肪和油类广泛分布在植物细胞内，它们的化学结构十分相似。在常温下，固体的称为脂肪，液体的称为油类。细胞壁和壁内的蜡质、角质和木栓质也都是脂肪性物质。脂肪遇苏丹Ⅲ或苏丹Ⅳ呈橙红色。脂质物质常储存在胚、胚乳、子叶、花粉及一些贮藏器官中，它们成小滴分布在细胞质内。脂质含热量高，是最经济的营养贮藏形式。油滴广泛存在于植物的各种器官，特别是油料植物种子中，蓖麻籽、芝麻籽、油菜籽等含油量可达45%。

（二）晶体

在许多植物细胞中，无机盐形成各种结晶，常沉积在液泡内。一般认为晶体是细胞代谢废物沉积而成的，草酸钙等形成结晶后，成为不溶于水的物质，对原生质体没有毒害。晶体的形状与分布常具有分类意义。

常见的结晶有草酸钙结晶和碳酸钙结晶。草酸钙结晶是钙元素在植物体中沉积的最普遍形式，无色透明，常见的晶体有单晶、簇晶、针晶等；碳酸钙结晶多存在于植物叶的表层细胞中，其一端与细胞壁连接，形状如一串悬垂的葡萄，称钟乳体（cystlith）。

（三）次生代谢产物

次生代谢产物（Secondary metabolites）是植物体内合成的、在细胞的活动中没有明显或直接作用的一类化合物，其产生和分布通常有种属、器官、组织以及生长发育时期的特异性。次生代谢产物对植物适应不良环境、抵御病原物侵害、吸引传粉昆虫以及植物的代谢调控等方面有重要作用。在植物的某个发育时期或某个器官中，次生代谢产物可能成为代谢库的主要成分，比如橡胶树产生大量橡胶和甜菊叶中甜菊苷的含量可达干重的10%以上。

这些次生代谢产物可分为苯丙素类、醌类、黄酮类、单宁类、类萜、甾体及其苷、生物碱七大类。还有人根据次生产物的生源途径分为酚类化合物、类萜类化合物、含氮化合物（如生物碱）等三大类，例如，单环倍半萜类化合物的青蒿素，就是一种次生代谢产物。

1. 酚类化合物

酚类化合物包括酚、单宁、木质素等。单宁是广泛分布于植物体中的一类酚类化合物的衍生物，具有涩味，遇铁盐呈蓝色以至黑色。单宁主要存在于细胞质和液泡中，也可能分布在细胞壁中，在叶、周皮、维管组织的细胞以及未成熟的果肉细胞中都有，如柿树、石榴的果实中，柳、胡桃等的树皮中。单宁在植物生活中有防腐、保护作用，能使蛋白质变性。单宁还可抑制细菌和真菌的侵染，入药后有抑菌和收敛止血的作用。单宁在工业上称鞣质，在商业上称栲胶。

2. 类黄酮

类黄酮存在于植物的花瓣以及果实细胞中。类黄酮中的花色素苷，因细胞液的酸碱性而呈现不同颜色。在酸性溶液中呈橙红至淡红色；在碱性溶液中显蓝色；中性时显紫色。

3. 生物碱

生物碱（alkaloid）是植物体中广泛存在的一类具有显著生理活性的含氮的碱性有机化合物，具有水溶性，多为白色晶体。生物碱在植物界中分布很广，罂粟科、茄科、防己科、茜草科、毛茛科、小檗科、豆科、夹竹桃科和石蒜科等植物体内含有较多的生物碱。

4. 非蛋白氨基酸

非蛋白氨基酸（nonprotein amino acid）的结构与蛋白氨基酸非常相似，在植物体内以游离形式存在，起防御作用。

四、植物细胞的繁殖

植物个体的生长和繁衍都是细胞数目增加、每个细胞体积增大以及功能分化的结果。细胞数目的增加是通过细胞分裂来实现的，细胞分裂是生命的特征之一。细胞分裂主要有三种方式：有丝分裂（mitosis）、无丝分裂（amitosis）和减数分裂（meiosis）。

1. 有丝分裂

有丝分裂是一种最常见的分裂方式，主要发生在植物根尖、茎尖及生长快的幼嫩部位的细胞中。从一次细胞分裂开始到下一次分裂前的过程，称为细胞周期（cell cycle），分裂间期非常重要，核酸和蛋白质合成都发生在这个时期。植物细胞周期经历时间一般在十几至几十小时之间。细胞内的 DNA 含量和生长条件会影响细胞周期时间的长短。

2. 无丝分裂

无丝分裂又称直接分裂（direct division），分裂过程比较简单，分裂时，核内不出现染色体等一系列复杂的变化。无丝分裂有多种形式，最常见的是横缝，即细胞核先延长，然后在中间缢缩、变细，最后断裂成两个子核。另外，还有纵缝、出芽、碎裂等多种形式。而且，在同一组织中可以出现不同形式的分裂。高等植物中也较普遍存在着无丝分裂。例如，胚乳发育过程中和愈伤组织（callus）的形成、不定根的产生时，无丝分裂常频繁出现；即使在一些正常组织中，如薄壁组织、表皮、顶端分生组织、花药绒毡层细胞等，无丝分裂也都有发生。

3. 减数分裂

减数分裂是与生殖细胞或性细胞形成有关的一种分裂。高等植物在大、小孢子形成时必须经过减数分裂。减数分裂的全过程包括两次连续的分裂，即减数第一次分裂和减数第二次分裂，结果形成 4 个子细胞，每个子细胞核内染色体数目为母细胞染色体数目的一半，因此称为减数分裂。

五、植物细胞的生长和分化

植物的生长发育过程，除了细胞数目的增加，更重要的是细胞体积的增大，并且细胞向着不同方向分化，形成组织，进而形成器官，构成植物体。

植物细胞的生活过程包括生长和分化以及伴随两者的代谢活动。植物细胞停止分裂后就要进行生长和分化。生长是指细胞体积和重量增加的变化；分化是细胞的形态结构与功能的特化。

（一）植物细胞的生长

细胞生长（cell growth）是植物个体生长发育的基础。细胞生长是指细胞体积和重量的不可逆的增加，包括细胞纵向的延长和横向的扩展。一个细胞经生长以后，体积可以增加到原来大小的几倍、几十倍。植物细胞在生长过程中，除了细胞体积明显扩大，在内部结构上也发生相应的变化，其中最突出的就是液泡化程度明显增加，即细胞内原来小而分散的液泡逐渐长大和合并，最后成为中央液泡。

植物细胞的生长是有一定限度的，当体积达到一定大小后，便会停止生长。植物细胞最后的大小，随植物细胞的类型而异，即受遗传因子控制。同时，细胞生长和细胞大小也受水分、温度、氧气、光照等环境条件影响。

（二）植物细胞的分化

细胞分化（cell differentiation）是指同源细胞逐渐变成形态、结构、功能各不相同的细胞。细胞分化是植物体发育的基础，细胞分化使植物体的结构越来越多样化，植物体越来越复杂，而植物体结构的多样化和复杂化，使植物有更多的机会适应不断变化的环境，所以说，细胞分化有助于植物进化，有利于植物体适应环境。

（三）发育

植物的组织、器官或整体在形态结构和功能上的有序变化过程称为发育。发育和生长、分化的关系：①发育只有在生长、分化的基础上才能进行，没有生长和分化就不能进行发育。②植物某些部位的生长和分化往往要在通过一定的发育阶段后才能开始。

（四）脱分化和再分化

1. 脱分化

脱分化（dedifferentiation）是指已经分化的植物器官、组织或细胞，当受到创伤或进行离体（也受到创伤）培养时，已停止分裂的细胞，又重新恢复分裂，细胞改变原有的分化状态，失去原有结构和功能，成为具有未分化特性的细胞。脱分化又称去分化。植物细胞去分化后成为薄壁细胞，称为愈伤组织（callus）。

2. 再分化

再分化是指在离体的条件下无序生长的脱分化的细胞在适当条件下重新进入有序生长和分化状态的过程，再分化是再生的基础，离体培养植物组织或细胞再生植株就是细胞脱分化和再分化实现的。细胞再分化过程事实上是基因选择性表达与修饰的人工调控过程。

在植物形态建成过程中，侧根、不定根、不定芽和周皮等都是通过脱分化后再分化形成的。植物的表皮、皮层、髓、韧皮部和厚角组织等细胞都可在一定条件下发生脱分化。利用植物的根、茎、叶进行扦插时，可见到明显的脱分化和再分化过程。

（五）植物细胞的全能性与组织培养

1. 植物细胞全能性

植物细胞全能性（totipotency），指的是植物的每个生活细胞都包含着该物种的全部遗传信息，从而具备发育成完整植株的遗传能力，它是植物组织培养的理论基础。

2. 组织培养

组织培养是指植物的离体器官、组织或细胞在人工控制的环境下培养发育再生成完整植株的过程。组织培养包括器官培养、组织培养、胚胎培养、细胞培养、原生质体培养等。

第二节　植物的组织类型及功能

植物个体发育过程中，由来源相同的细胞分裂、生长和分化形成形态结构相似、机能相同而又彼此密切结合、相互联系的细胞群称组织（tissue）。在个体发育中，组织的形成是植物体内细胞分裂、生长、分化的结果。组织的形成过程贯穿由受精卵开始，经胚胎阶段直至植株成熟的整个过程。植物体中包含多种组织，它们各有其来源和分工，并有机地组合，更有效地完成有机体的整个生命活动过程。因此，由细胞到组织，由组织到器官，再到植物体是一个有机整体。

根据发育程度、生理功能和形态结构的差异，可将植物组织分为分生组织、薄壁组织、机械组织、保护组织、输导组织和分泌结构 6 种类型。其中，后 5 种组织统称为成熟组织（mature tissue），均是由分生组织的细胞经分裂、生长、分化而形成的。成熟组织的细胞一般不具备分裂能力，因而也称永久组织（permanent tissue）。

一、分生组织

分生组织是细胞具有持续分裂新细胞能力的组织，其衍生细胞可分化成各种组织，由于分生组织的活动，植物在整个植物阶段可以不断地分化出组织和器官。分生组织的特征是细胞小、排列紧密、无细胞间隙、细胞壁薄、细胞核大、细胞质浓、无明显的液泡。

（一）根据来源与性质分类

分生组织按其来源和功能的不同可分为原生分生组织（promeristem）、初生分生组织（primary meristem）、次生分生组织（secondary meristem）。

1. 原生分生组织

原生分生组织来源于胚性原始细胞，位于根尖和茎尖的最尖端。

2. 初生分生组织

初生分生组织由原生分生组织的细胞衍生而来，位于根尖、茎尖的原分生组织之后。初生分生组织一方面仍具有分裂能力，另一方面已经开始分化。

3. 次生分生组织

次生分生组织由薄壁组织细胞经脱分化转变而来，包括维管形成层和木栓形成层两种类型，分布于裸子植物和双子叶植物的根、茎中，和根、茎的增粗有关。

（二）根据在植物体中的分布位置分类

分生组织按在植物体中的分布位置可分为顶端分生组织（apical meristem）、侧生分生组织（lateral meristem）和居间分生组织（intercalary meristem）（图1-1）。

1. 顶端分生组织

顶端分生组织位于根、茎和各级分枝的顶端，来源于原分生组织和初生分生组织。顶端分生组织与根、茎的伸长（即顶端生长）及其初生结构的形成有关。

2. 侧生分生组织

侧生分生组织即次生分生组织，包括维管形成层和木栓形成层，位于植物根、茎器官的轴侧面。侧生分生组织与根、茎的增粗（即侧生生长）及其次生结构的形成有关。

3. 居间分生组织

居间分生组织分布于成熟组织之间，是顶端分生组织在某些器官中的局部保留，来源于初生分生组织。居间分生组织主要进行横向分裂，使局部器官沿纵轴方向伸长，即居间生长；细胞持续活动的时间较短，分裂一段时间后，所有的细胞便完全分化形成成熟组织。

典型的居间分生组织存在于许多单子叶植物，特别是禾本科植物的茎和叶中，如水稻、小麦、玉米等。在茎的节间基部和叶或叶鞘的基部，都保留有明显的居间分生组织，植物能借助它们的活动进行拔节和抽穗，使茎急剧长高。葱、蒜、韭菜以及草坪草的叶片割断后，还能继续伸长，也是叶基部的居间分生组织活动的结果。花生的"入土结实"现象是花生子房柄中的居间分生组织的分裂活动，使子房柄伸长，子房被推入土中的结果。

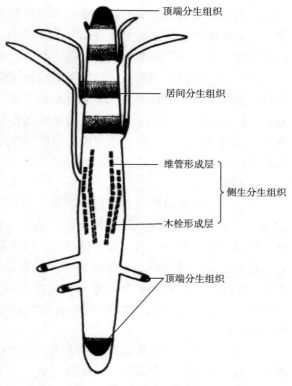

图 1-1　分生组织在植物体内分布示意图

二、保护组织

保护组织（protective tissue）是覆盖在植物体表面起保护作用的组织，由一层或数层细胞构成，其功能主要是避免水分过度散失，调节植物与环境的气体交换，抵御外界风雨和病虫害的侵袭，防止机械或化学的损伤。保护组织由于来源和形态结构不同，又分为表皮（epidermis）和周皮（periderm）。

（一）表皮

表皮是包被在植物体幼嫩的根、茎、叶、花、果实的表面、直接接触外界环境的细胞层。在采收后的植物中，气体交换、水分损失、病菌感染、化学药剂的渗透、对温度的应力和对机械损伤的抵抗力、芳香化合物的挥发与质地的变化，均开始于植物的表面。

表皮一般由单层活细胞组成，少数植物表皮有数层细胞，称副表皮。表皮为复合组织，由多种类型细胞构成，其中表皮细胞为基本成分。表皮细胞多呈长方形或不规则形扁平状，一般不含有叶绿体，排列紧密，外向壁常角质化形成角质层，可增强表皮的不透水性。表皮细胞间往往还有一些其他类型的细胞，如构成气孔的保卫细胞、表皮毛等。表皮这种结构上的特点，既能起到防止外来损伤和病菌入侵的作用，又对调节呼吸时的气体交换和水分蒸腾具有非常重要的意义。

1. 角质层

表皮细胞最显著的特征是细胞外壁比较厚，在外壁的表面覆盖着一层脂肪性物质，叫角质层。它在叶子上表现最明显，嫩枝、花和果实的表皮外层及幼根上也常有这种结构。组成角质层的重要化学成分是角质（cuticle）。角质主要由 16~18 个碳的 1，2，3-羟基脂肪酸通过酯键和醚键联结的脂肪性物质所组成。此外，角质中还含有少量酚类。

角质层的生理作用最明显的是降低水分的损失和营养物质的外渗；其次，角质层具有疏水性，使病原孢子不易在上面附着，从而形成了防止病原菌进入组织内部的一道天然屏障，有利于防止病原菌的入侵。角质层的厚度因植物种类而有很大差异，西瓜、苹果、冬瓜、洋葱等角质层都很发达，并且角质层的厚度随生理发育阶段不同而发生变化，一般较幼嫩的植物角质层不如成熟的发达。

2. 蜡质

有些植物表皮角质膜上面还覆盖着一层 10~100 nm 的极薄的蜡层，如甘蔗的茎秆外表和葡萄、李子、冬瓜等成熟果实的表面，均有一层白霜状的蜡被。有些蜡质（waxiness）还存在于植物内部组织中，但一般含量极低。角质层表面沉积的蜡质，其总量因植物种类不同而异，即使在同一植物中，也因器官不同而有差异。例如，菠菜、甜菜叶片上的蜡质很稀薄，为 5~10 $\mu g/cm^2$，而洋葱和蒜薹属各种植物叶片上的蜡层则相对较厚，为 30~60 $\mu g/cm^2$。一般而言，果实表面的蜡层比叶片上的蜡层厚一些。在一些植物果实表面上，其含量为 70~410 $\mu g/cm^2$。

蜡质一般嵌入和包含在角质膜表面，呈颗粒、小杆或膜片状存在，有些果实其形状会随着生长发育年龄的改变而改变。例如，梨、李子等果实从幼果开始至成熟，膜片状蜡质逐渐变为颗粒状，在果实表面呈白色果粉。因此，园艺产品采收后，可以根据需要进行人工打蜡，以防止水分过度散失。

3. 气孔

气孔是植物体与外界进行气体交换和水分蒸腾的通道。气孔由两个保卫细胞（guard cell）围合和它们之间的空隙组成。韭菜等单子叶植物除保卫细胞外，还有较为整齐的副卫细胞。保卫细胞的细胞壁在靠近气孔一侧增厚，上下方都有棱形突起，而靠近表皮细胞一侧的细胞壁则相对较薄。保卫细胞中细胞质含量丰富，且含有较多的叶绿体和淀粉粒。当保卫细胞吸水时，膨压增大，气孔就会开放；当保卫细胞失水时膨压下降，气孔就随之关闭。植物正是通过气孔的开闭来调节水分蒸腾和气体交换。气孔多集中于叶片表皮，而有些园艺产品，如柿子、葡萄、茄子、番茄、柿子椒等果实的表面上无气孔存在。事实上，这些园艺产品的气孔集中在果实的蒂部，如葡萄集中在枝部。

4. 毛状体

毛状体为植物表皮的附属物，其形态和功能因园艺产品种类、品种不同而变化很大。棉花纤维即是种皮上的表皮毛。表皮毛具有保护、避免水分丢失及分泌等功能。具分泌功能的表皮毛称为腺毛，与黏液、挥发油、树脂等的分泌有关。腺毛、鳞片和乳头状突起都是存在于植物表面的毛状体，如红毛丹表面的刺就是属于毛状体，并随着果实的衰老逐渐软化干枯。

（二）周皮

有些园艺产品如地下根、茎类（如薯蓣类等），在生长过程中，因增粗生长或受到机械损伤而使表皮脱落，便会从内侧产生次生保护组织——周皮，代替表皮行使保护功能。周皮是由木栓形成层产生的。木栓形成层细胞通常主要进行平周分裂，向外分裂、分化出多层木栓细胞，组成木栓层；向内分裂、分化出少量的栓内层。木栓层、木栓形成层和栓内层共同构成周皮。在形成周皮时，常出现一些孔状结构，允许水分、气体内外交流，这就是皮孔。皮孔多位于根、茎和果实表面，叶子没有皮孔，在苹果和梨等果实表面的皮孔，又称果点，一般老龄果较幼嫩果皮孔多。与气孔不同，皮孔一旦形成，则持续张开，而不能自动调节。

三、薄壁组织

薄壁组织（parenchyma）也叫基本组织（ground tissue），在植物组织中占有的分量最多，根、茎、叶、花、果实中都含有这种组织，它直接决定着园艺产品可食部分的品质。在生理方面担负着吸收、同化、贮藏、通气、传递等营养功能，故又称为营养组织（vegetative tissue）。

薄壁组织细胞常为球形、多面体等多种形状，其共同特点是细胞体积大，细胞壁薄（部分种子薄壁组织细胞除外），细胞质稀，液泡较大，分化程度较低，具潜在的分生能力，细胞排列疏松，具有较大的细胞间隙。根、茎、果实和种子中的薄壁组织，主要是贮藏营养物质，一般果实的贮藏物质以糖、淀粉为主，花生、腰果、核桃和一些豆类种子则以油类、蛋白质为主；柑橘类果皮中的薄壁组织中含有大量扁圆形或球形的油腺，从中可以得到香精油。薄壁组织按其功能划分为吸收组织、同化组织、储藏组织、贮水组织、通气组织和吸收薄壁细胞、传递细胞等。

（一）基本组织

基本组织多分布在根、茎等器官的内部，如皮层和髓等处的起填充作用的薄壁组织，因而也称为填充组织。基本组织的细胞无色，横切面呈圆球或多角状，长与宽的差异不明显，几乎等径，胞内有生活的原生质体，是营养性的生活细胞。

（二）同化组织

同化组织因与光合作用关系密切而得名，多存在于植物体表的易受光部位。其特点是细胞内含有叶绿体，能进行光合作用，所以又称绿色薄壁组织（chlorenchyma）。例如，植物叶上、下表皮之间的叶肉中都含有叶绿体，尤其是靠近上表皮的栅栏组织细胞中，叶绿体更多。在个别具有退化叶的植物（如麻黄、天冬）的茎中，其表皮下有数层含叶绿体的薄壁组织细胞代替叶子的同化薄壁组织细胞，常出现明显的液泡化并形成高度的腔室结构，从而有利于进行气体交换。

（三）贮藏组织

贮藏组织是积存植物特殊后含物，如淀粉粒、蛋白质颗粒、拟晶体、脂肪球、油滴以及其他有机物质等的一种组织。它主要分布在根、根茎、种子和果实等器官中。甘薯的块根、马铃薯的块茎、豆类种子的子叶及谷类作物籽粒的胚乳中，贮藏薄壁组织尤为发达。后含物的贮藏部位和组分随植物生理类型的不同而各异，甜菜的肉质根及葱的球茎鳞片细胞液内溶有酰胺、蛋白质和糖；马铃薯块茎和许多其他根状茎的薄壁组织细胞液内溶有酰胺和蛋白质，而在细胞质内则含有淀粉；其他如菜豆、豌豆子叶的薄壁组织细胞或细胞质内则存有蛋白质和淀粉等。

（四）贮水组织

贮水组织是细胞中贮藏有丰富水分的薄壁组织。细胞较大，具有一个富含水分或黏性汁液的大液泡，因而迫使细胞质、细胞核仅呈一薄层紧贴着细胞壁。黏性汁液遇水膨胀，有增加细胞吸收与保水的能力。贮水薄壁组织细胞还可存在于原生质体中和细胞壁上。许多旱生的肉质植物，如仙人掌、芦荟、龙舌兰、景天、松叶菊等的光合器官中，都有这种缺乏叶绿素而充满水分的贮水薄壁组织细胞，它们排列成行，也能像栅栏状细胞那样延长。具有这种贮水薄壁组织的肉质植物，可以适应沙漠、石滩等少水地区的干旱环境。

植物的地下贮藏器官里，一般没有单独的贮水薄壁组织，但在含淀粉及其他营养物质的薄壁组织细胞中，含水量也可达很高。例如马铃薯的块茎就贮有供其在空气中发芽，以及块茎开始生长时所需的水分。高度含水不仅是地下贮藏器官的特点，也是气生茎及气生芽肉质膨大部分的特点。

（五）通气组织

通气组织是薄壁细胞间隙很发达，以保证空气流通的一类薄壁组织。叶肉中的海绵组织与水生植物（如菖蒲、灯芯草等）根、茎的皮层内的通气薄壁组织最为典型。叶肉通气薄壁组织的细胞间隙中，其空气所占的体积为叶肉体积的 7.7%~71.3%。水生被子植物的通气薄壁组织尤其发达，在体内形成一个相互贯通的通气系统，使叶片光合作用产生的氧气能通过通气系统进入根中。因为细胞间隙中充满了空气，它也可增强水生植物的浮力和支持力。

（六）吸收组织

吸收组织是具有吸收和传导植物体内水分、无机盐及有机养料功能的薄壁组织。根尖的表皮是吸收水分和无机盐的吸收组织，尤其是根毛区的许多表皮细胞的外壁向外凸起形成根毛，更有利于物质的吸收。禾本科植物胚的盾片与胚乳相接处的上皮细胞，是吸收有机养料的吸收组织，在种子萌发时，可吸取胚乳的营养供胚胎生长发育。

（七）传递细胞

传递细胞的细胞壁向胞腔内突入，形成许多指状或鹿角状的不规则突起，使质膜的表面积增加，并且富有胞间连丝，有利于物质的运送传递。这类细胞多分布在植物体内溶质大量集中、短距离运输频繁的部位，如叶脉末端输导组织的周围，成为叶肉和输导组织之间物质运输的桥梁。在生殖器官中，传递细胞常有许多不同的形态。

四、机械组织

机械组织（mechanical tissue）具有抗压和抗张功能，它与其他组织互相配合，充分发挥支持、巩固作用。机械组织细胞的共同特点是细胞壁局部或全部加厚。根据机械组织细胞形态和细胞壁加厚的方式，机械组织又可以分为厚角组织（collenchyma）和厚壁组织（sclerenchyma）两类。

（一）厚角组织

厚角组织的结构特点是细胞壁不均匀增厚，通常在相邻细胞的角隅处加厚，也有些植物在切向壁加厚。厚角细胞的增厚壁的成分为纤维素、果胶质和半纤维素，无木质素。所以，厚角组织既有一定的坚韧性，又有一定的可塑性和延伸性，从而既可以支持器官直立，又能适应器官的迅速增长。厚角组织的细胞是活细胞，含叶绿体，具有脱分化能力。厚角组织普遍存在于正在生长或经常摆动的幼嫩器官边缘，如芹菜、南瓜的茎与叶柄处，鳄梨下表皮等部位。在叶中，厚角组织成束地位于较大叶脉的一侧或两侧。

（二）厚壁组织

厚壁组织的细胞壁是不同程度的木质化加厚，细胞腔很小，成熟后的细胞一般不存在活的原生质体，即成为死细胞。厚壁组织细胞可单个或成群、成束地分散于其他组织之间，是植物体中起主要支持作用的组织。根据细胞形态，厚壁组织可以进一步分为纤维（fiber）和石细胞（stone cell）两类。

1. 纤维

纤维细胞长而末端尖，其细胞壁在各个方向均强烈加厚，常木质化而坚硬，壁上有少数小纹孔，细胞腔小，纤维之间互以尖端穿插连接，形成器官内的坚硬支柱。纤维包括韧皮纤维（phloem fiber）和木质纤维（xylem fiber）两种。

韧皮纤维的主要成分为纤维素，木质化程度低，坚韧而有弹性，纹孔较少，常呈裂缝状。木纤维呈长纺锤状，比韧皮纤维短，长约 1 mm。木纤维次生壁增厚的程度一般不及韧皮纤维，增厚程度因植物种类而异，同时也和生长期有关。木纤维的次生壁常木化，因而细胞硬度大，抗压力强。韧皮纤维和木纤维除分别存在于韧皮部和木质部外，也单独或成束存在于皮层中，紧密纵向排列，使组织强韧坚实。过熟的豆荚多筋就是这个原因。

2. 石细胞

石细胞一般是由薄壁细胞经过细胞壁强烈增厚分化而来，也有从分生组织产生的细胞衍生而来。石细胞的细胞壁极度增厚、木化，有时也可能栓化或角质化，出现同心状层次。壁上有分支的纹孔道从细胞腔放射状分出，细胞腔极小，通常原生质体已经消失，成为仅具有坚硬细胞壁的死细胞，所以石细胞同样具有坚强的支持作用。

石细胞形状复杂，而且分布广，在植物茎的皮层、韧皮部、髓肉，以及某些植物的果皮、果肉、种皮，甚至叶子中都可以见到。例如芒果种皮的粗革质部和果肉中的毛发状物就是由石细胞和纤维所组成的，番石榴、人心果、梨等果实果肉中的沙粒状物也是由石细胞聚集而成，豆类种皮上有骨状的石细胞。

五、输导组织——维管束

输导组织（conducting tissue）是植物体中担负物质长途运输功能的管状结构，它们在各器官间形成连续的输导系统，输导组织常和机械组织在一起组成束状，即维管束。维管束包括木质部（xylem）和韧皮部（phloem）。木质部主要运输水分和溶解于其中的无机盐，即将根部从土壤中吸收的水分和无机盐，运送到地上部分；韧皮部主要运输有机营养物质，即将叶光合作用的产物，运送到根、茎、花、果实中去。

木质部由木质纤维、木质薄壁细胞、导管或管胞所组成，在分化中，它们已经失去了细胞质和一切有生命活动的成分，已成为死细胞构成的管状结构。所以，物质在通过木质部时几乎没有阻力；韧皮部则是由筛管、伴胞和韧皮薄壁细胞所组成。在芒果和人心果中，维管束还包括乳汁管，这些带有乳汁的细胞中，含有碳水化合物、树脂、盐，可能还含有蛋白质、植物碱、单宁、酶及萜类化合物等。

维管束在植物组织中的分布排列因植物种类而异。在叶菜类蔬菜中，大量互相交织的维管组织成股包埋在叶肉中；果实中的维管系统则存在于中果皮或内果皮沟中。肉质果通常有发育差但分布较广的维管束系统。维管束特别是木质部，有厚壁细胞存在，使植物组织纤维化而影响植物的食用品质。

六、分泌结构

分泌结构（secretory structure），是植物体内或表面具分泌功能的细胞或细胞群。它所产生的分泌物为植物代谢的次生物质，包括蜜汁、挥发油、有机酸、生物碱、树脂、油类、蛋白质、酶、杀菌素、生长素、维生素及多种无机盐等，是重要的药物或食品工业原料。根据分泌物是否排出植物体外，分泌结构分为外分泌结构（external secretory structure）和内分泌结构（internal secretory structure）两大类。

（一）外分泌结构

1. 分泌表皮

分泌表皮是一些植物的花、叶或茎上，具有较大面积特化的分泌表皮细胞。它们和表皮的来源相同，但具有细胞核大、细胞质内有丰富、发达的分泌细胞的结构特征，能产生和分泌各种不同的挥发油。例如玫瑰、水仙等的花瓣上，蝇子草的茎上，都有此类分泌结构。

2. 腺毛

腺毛是由表皮细胞分化而来，为一种顶端具有分泌细胞的表皮毛。许多植物的茎、叶上都有一种或多种腺毛。腺毛的分泌物大多是挥发油，有的是挥发油和树脂的混合物。

3. 蜜腺

蜜腺是由表皮或表皮及其内层细胞共同形成的分泌蜜汁的结构。现存的有花植物中约有80%的种类属于虫媒花植物，它们都具有蜜腺。根据它们在植物体上的位置，可分为花上蜜腺和花外蜜腺两类。

4. 排水器

排水器是把叶片内部的水直接释放到表面的结构，这种放水过程称为吐水作用。排水器一般位于叶片的顶端或缘齿上，由水孔、通水组织以及与它们相连的维管束的末端管胞组成。通水组织细胞质浓厚，不含叶绿体。有的排水器还可以分化成腺毛状，如管香蜂草的排水器。

5. 盐腺

盐腺是把过多的盐分以盐溶液状态排出植物体外的分泌结构。生长在盐碱地上的一些盐生植物利用茎叶上的盐腺排出过多盐分来适应特殊环境。盐腺都是由表皮细胞分化来的，盐腺分泌的盐是由植物的根吸收的。

6. 消化腺

捕虫植物的捕虫器上分泌黏液、多糖、消化液，诱捕昆虫，分解、消化和吸收有机物质的分泌结构。它们是表皮细胞分化来的，由多细胞组成。消化腺分泌细胞都具有内突的壁，还具有吸收功能，可以把分解后产生的小分子溶质和离子吸收到细胞内为植物提供营养。

（二）内部分泌结构

1. 分泌细胞

分泌细胞是由细胞分化来的特化细胞。这种细胞的体积一般较相邻细胞大，形状各异，细胞内含有多种内容物，又称异细胞。它们常呈单个细胞分散在植物体内其他较不特化的细胞间，在各类器官中存在。分泌细胞内含有挥发油、树脂、树胶、单宁或黏液等次生物质，不分泌到细胞外。

2. 分泌腔

分泌腔是植物体内一种贮存着分泌物的略呈圆形的细胞间隙。分泌腔的分泌物通常为挥发油。

3. 分泌道

分泌道是植物体内一种管状伸长的细胞间隙，间隙内贮藏着分泌物质。特殊的如木通科植物猫屎瓜果皮内的分泌道，它在果实发育过程中，一部分外表皮通过凹陷、封闭和分泌表皮细胞溶解等复合方式形成。分泌道的分泌物因植物种类而不同，有松节油、冷杉胶、乳汁和黏液等，也都由其分泌细胞产生。

4. 乳汁器

乳汁器是植物体内一些含有乳汁的细胞或互相连接并融合的细胞系列，它们是贮积物质的结构，存在于一些被子植物中，通常分布在植物体的各个器官内。乳汁器分为乳汁细胞和乳汁管两类。银色橡胶菊、杜仲中具有乳汁细胞。乳汁管按其发生和结构的特点又可分为有节乳汁管和无节乳汁管。前者在植物体内形成复杂的网结系统，如三叶橡胶树、人心果和大蒜等植物的乳汁管。后者起源于单个细胞，以后随着植物的生长而生长、分枝，进入植物体各器官内，如大戟科、夹竹桃科的乳汁管。

乳汁器内的乳汁是细胞的分泌和贮存物质，其颜色因植物种类而不同，最常见的是乳白色，也有透明无色或黄色到橙色。乳汁的成分复杂，除水分、碳水化合物、有机酸、植物碱外，还含有各种成分的颗粒，包括萜烯类、油类、树脂和橡胶，有的还有结晶体、单宁和淀粉粒。

第三节　植物的器官及功能

在植物体上，具有显著外部形态特征和特定生理功能，由多种组织按照一定顺序组合而成的部分称为器官（organ）。被子植物有根、茎、叶、花、果实和种子六大器官，其中根、茎、叶与植物个体的生命同始同终，与植物营养物质的吸收、合成、运输、贮藏等有关，称营养器官（vegetative organ）；而花、果实和种子出现在植物有性生殖时期，与植物产生后代密切相关，称繁殖器官（reproductive organ）。

一、根

根（root）是植物的营养器官之一，一般生长于土壤中，主要功能是将植物体固定在土壤中，并从土壤中吸收水和无机盐及可溶性小分子有机质，同时还向上运输到植物体的各个部分，并且具有支持、繁殖、贮存合成有机物质的作用。根还有多种经济用途，它可以食用、药用和作工业原料。甘薯、木薯、胡萝卜、萝卜、甜菜等皆可食用，部分可作饲料。人参（*Panax ginseng*）、大黄（*Rheum officinale*）、当归（*Angelica sinensis*）、甘草（*Glucurryhiga uralensis*）、柴胡（*Bupleurum chinese*）、龙胆（*Gentiana scabra*）等可供药用。甜菜可作制糖原料，甘薯可制淀粉和酒精。某些禾本科或藤本植物的老根，可雕制成工艺美术品。

（一）根的分类

1. 按来源分为主根和侧根

当种子萌发时，首先突破种皮向外生长，不断垂直向下生长的部分即是主根（main root）或初生根（primary root）。主根是由种子的胚根发育来的。例如蚕豆发芽时，突破种皮向外伸出呈白色条状的就是根，以后不断向下生长即形成主根。同样，作蔬菜食用的黄豆芽、绿豆芽，它们都有一条长长的白色的根，以后就形成主根。

当主根生长一定长度后，中柱鞘一定部位的细胞恢复分裂发育，在特定部位上侧向生长出许多侧根（lateral root），侧根上还可进一步分枝，依次类推，根越分越细，便形成了根系（regeneration root）。

一株植物所有地下根构成根系，依据根的组成和形态不同，可以分为直根系（tap root system）和须根系（fibrous root system）两类。

直根系：这种根系的特点是主根发达、明显，易于与侧根相区别。直根系由主根及其各级侧根组成，大多数的裸子植物和双子叶植物具有直根系。例如，双子叶植物如棉、蒲公英、大豆、番茄、桃等都有直根系。

须根系：与直根系不同，须根系没有明显的主根和侧根的区别，它由许多粗细大小都差不多的根组成，形状像一丛"胡须"。须根系植物的主根不发达，主要由不定根组成。例如，葱、蒜、韭菜、百合等就是须根系。

2. 按位置分为定根和不定根

主根和侧根都来源于胚根，而且有固定的发生部位，统称为定根（normal root）。有些植物除定根外，在茎、叶、老根或胚轴等其他部位也能形成根，这些根由于发生位置不固定，故称不定根（adventitious root）。不定根也可产生各级侧根。

（二）根的变态

根的结构和功能是紧密相关的，特定的结构使根能够执行其特定的生理功能，如吸收、支撑、储藏、呼吸、攀缘、寄生等。根在长期的发展过程中，为了适应环境的变化，形态构造产生了许多变态。有生长在空气中的支柱根、攀援根、呼吸根和板状根，还有菟丝子等寄生植物产生的寄生根。有些植物根的一部分或全部的肥厚肉质，储藏有丰富的营养物质，这种根称为储藏根。储藏根常见于二年生或多年生草本植物，是越冬植物的一种适应，所储藏的营养物质可供来年生长发育需要。根据来源，储藏根分为肉质直根（fleshy tap root）和块根（root tuber）两种类型。

1. 肉质直根

肉质直根常见于二年生或多年生的草本双子叶植物，是由肥厚肉质化的主根发育形成的，因而每株植物只形成一个肉质直根，如萝卜、胡萝卜和甜菜等。肉质直根上接胚轴和节间很短的茎，其下胚轴形成的部分无侧根，即根颈；根颈上部为根头，是茎的基部，上面着生许多叶子；根颈下部为肥大的主根，形成肉质直根的主体。肉质直根上产生二纵列或四纵列侧根，侧根较细、较短。肉质直根的外形相似，呈圆锥状、圆柱状、圆球状。但不同植物加粗方式不同，所以在内部结构上差异较大。

胡萝卜的肉质直根中的次生韧皮部比次生木质部发达。在次生韧皮部中，薄壁组织非常发达，贮藏大量的营养物质，含糖量很高，并有大量胡萝卜素。其次生木质部较少，其中导管分化极少，大部分是木薄壁组织。

萝卜的肉质直根中次生木质部发达，次生韧皮部很少。次生木质部中薄壁细胞发达，储藏大量营养物质，没有纤维，导管也很少。在有些部位的木薄壁细胞可以恢复分裂，转变成副形成层。由副形成层再产生三生木质部和三生韧皮部，形成三生结构。三生结构中以储藏组织为主。次生韧皮部不发达，它与外面的周皮构成肉质直根的皮部。

甜菜根的加粗和萝卜、胡萝卜不同。但甜菜最初的形成层活动和次生结构的产生和它们一样。所不同的是当这一形成层正在活动时，在维管柱鞘中又产生另一形成层，即额外形成层，它能形成新的三生维管组织，同时也形成大量的薄壁组织，这些薄壁组织中以后又产生新的额外形成层，同样地可产生多层额外形成层，并形成新的维管组织。如此反复，可以达到8~12层，因此使根加粗。所有形成层产生的维管组织，均以储藏组织为主。薄壁组织中贮藏大量的糖。甜菜是我国北方的重要糖料作物，是食糖的主要来源之一。

2. 块根

块根是由不定根或侧根膨大而成的，在一株植物上可形成多个块根。块根一般为纺锤形或块状，如甘薯的侧根肥大呈不规则块状。它的组成不含下胚轴和茎的部分，而完全由根构成。甘薯（山芋、番薯）、木薯、大丽花的块根都属此类。现以甘薯为例加以说明。

甘薯块根外形较不规则。在栽插后20~30 d，其中有些不定根开始膨大形成块根。开始是形成层活动产生次生结构，其中有大量木薄壁组织和分散在其中的导管。当次生结构形成不久，在许多导管周围的木薄壁细胞恢复了分裂能力，转变为副形成层，随即产生韧皮部和木质部以及大量的薄壁细胞。薄壁细胞中贮藏大量糖分和淀粉。在韧皮部中还有乳汁管，所以，甘薯伤口常有白色乳汁流出。副形成层可多次发生而块根不断膨大。甘薯、大丽花等的块根上能发生不定芽，可用来进行营养繁殖。

二、茎

茎是植物体中轴部分，下接根系，上承叶和花果，构成植物地上部分的支架结构。茎呈直立或匍匐状态，茎上生有分枝，分枝顶端具有分生细胞，进行顶端生长。茎是由种子植物中种子的胚芽发育而来。茎一般分化成短的节和长的节间两部分。茎具有输导营养物质和水分以及支持叶、花和果实在一定空间的作用。有的茎还具有光合作用、贮藏营养物质和繁殖的功能。

（一）茎的形态

茎上着生叶的位置叫节，两节之间的部分叫节间。茎顶端和节上叶腋处都生有芽，当叶子脱落后，节上留有痕迹叫作叶痕。这些茎的形态特征可与根相区别。

大多数种子植物茎的外形为圆柱形，也有少数植物的茎有其他形状，如莎草科植物的茎呈三角柱形，藿香等唇形科植物茎为方柱形，有些仙人掌科植物的茎为扁圆形或多角柱形。在木本植物茎的外形上，还可以看到芽鳞痕，芽鳞痕是树苗或枝条每年芽发展时芽鳞脱落的痕迹，从而可以计算出树苗或枝条的年龄。

茎的分枝是普遍现象，能够增加植物的体积，充分地利用阳光和外界物质，有利繁殖新后代。各种植物分枝有一定规律，常见的分枝方式有单轴分枝（如杨、山毛榉等）、合轴分枝（如桃、李子、苹果、马铃薯、番茄、无花果、桑树等）和假二叉分枝（如丁香、茉莉、石竹等)、分蘖（如水稻、小麦、青稞、粟、黍等)。

（二）茎的分类

1. 根据茎的生长习性分类

不同植物的茎在适应外界环境上有各自的生长方式，使叶能有空间开展，获得充分阳光，制造营养物质，并完成繁殖后代的作用，具体有直立茎、缠绕茎、攀缘茎、平卧茎、匍匐茎等类型。

（1）直立茎（erect stem）。茎干垂直地面向上直立生长的称直立茎，如甘蔗、榆树等。

（2）缠绕茎（twining stem）。这种茎细长而柔软，不能直立，必须依靠其他物体才能向上生长，但它不具有特殊的攀援结构，而是以茎的本身缠绕于它物上，如牵牛、茑萝、金银花、何首乌、菜豆等。

（3）攀援茎（climbing stem）。这种茎细长柔软，不能直立，唯有依赖其他物体作为支柱，以卷须、气生根、叶柄、钩刺、吸盘等特有的结构攀援其上才能生长，如丝瓜、葡萄、常春藤、威灵仙、猪殃殃、爬山虎、葎草等。一般有缠绕茎和攀援茎的植物统称藤本植物。

（4）平卧茎（prostrate stem）。茎通常草质而细长，在近地表的基部即分枝，平卧地面向四周蔓延生长，但节间不甚发达，节上通常不长不定根，故植株蔓延的距离不大，如地锦、蒺藜等。

（5）匍匐茎（repent stem）。茎细长柔弱，平卧地面，蔓延生长，一般节间较长，节上能生不定根，这类茎称匍匐茎，如草莓、甘薯、狗牙根、连钱草等。

2. 根据茎的质地及寿命分类

根据茎的质地及寿命，可以把植物分为木本植物、草本植物和藤本植物，最显著的区别在于它们茎的结构。

（1）木本植物（wood plant）。植物体木质部发达，茎坚硬，均为多年生，寿命较长。木本植物因植株高度及分枝部位等不同，可分为乔木、灌木和半灌木。

①乔木（tree）：植株高大，主干和分枝有明显区别的木本植物，如松、柏、杨、白桦等。

②灌木（shrub）：指那些没有明显的主干、呈丛生状态比较矮小的树木，一般为阔叶植物，也有一些针叶植物是灌木。常见灌木有：玫瑰、杜鹃、牡丹、小檗、黄杨、沙地柏、铺地柏、连翘、迎春、月季、荆、茉莉、沙柳等。

③半灌木（subshrub）：也称亚灌木，是无明显主干的木本植物之一。植株一般矮小，枝干丛生于地面。其与灌木的区别是：仅地下部为多年生，地上部则为一年生，越冬时多枯萎死亡，如黄花蒿等某些蒿类植物等。

（2）草本植物（herb）。茎内的木质部不发达，含木质化细胞较少，茎干柔软，体型娇小，通常于开花结果后枯死。草本植物一般比较低矮，按其生命周期的长短，可分为一年生、二年生和多年生草本。

①一年生草本（annual herb）：生命周期在本年内完成，开花结果后结束其生命，如向日葵、玉米、葫芦等。

②两年生草本（biannial herb）：生命周期跨越两个年份，即第一年营养生长，第二年才

开花结果并枯死，如白菜、萝卜、油菜等。

③多年生草本（perennial herb）：植物的地上部分每年死去，而地下部分的根、根状茎及鳞茎等能生活多年，每年都发芽生长，如人参、菊花、兰花、荷花、睡莲等。

（3）藤本植物（vine）。茎细而长，不能直立，只能缠绕或攀援其他物体向上生长。根据质地不同又分为木质藤本和草质藤本。例如猕猴桃、葡萄等是木质藤本，丝瓜、黄瓜、葫芦等是草质藤本。

（三）茎的变态

茎通常为气生器官，具节和节间，在节上着生芽、叶、花或果实。但有些植物的茎由于所处环境或功能的改变，其形态和结构也相应发生一系列的变化。变态部分，有的特别发达，有的却格外退化。无论发达或退化，变态的部分都保存着茎特有的形态特征，有节和节间，有退化成膜状的叶，有顶芽或腋芽。茎变态是一种可以稳定遗传的变异。按分布习性，其可分地上变态茎和地下变态茎两大类。

1. 地上茎的变态（图1-2）

（1）卷须茎（stem tendril）。卷须茎是由茎变态成的具有攀援功能的卷须。例如黄瓜和南瓜的茎卷须发生于叶腋，相当于腋芽的位置；而葡萄的茎卷须是由顶芽转变来的，在生长后期常发生位置的扭转，其腋芽代替顶芽继续发育，向上生长，而使茎卷须长在叶和腋芽位置的对面，使整个茎成为合轴式分枝。

（2）刺状茎（stem thorn）。刺状茎是由茎变态为具有保护功能的刺。例如山楂和皂荚茎上的刺，都着生于叶腋，相当于侧枝发生的部位。

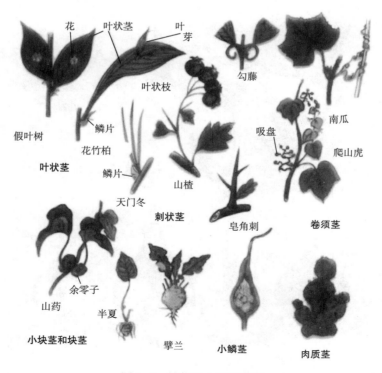

图1-2　植物地上茎的变态

（3）肉质茎（fleshy stem）。肉质茎是由茎变态成的肥厚多汁的绿色肉质茎，可进行光合作用，发达的薄壁组织已特化为贮水组织，叶通常退化，适于干旱地区的生活，如仙人掌类的肉质植物，变态茎可呈球状、柱状或扁圆柱形等多种形态。

（4）叶状茎（phylloid）。叶状茎是茎扁化变态成的绿色叶状体。叶完全退化或不发达，而由叶状枝进行光合作用。例如昙花、令箭、文竹、天门冬、假叶树和竹节蓼等的茎，外形很像叶，但其上具节，节上能生叶和开花。

2. 地下茎的变态

有些植物的部分茎或枝生于土壤中，变态为储藏营养物质的繁殖器官，称为地下茎（图1-3）。地下茎外形上常与根相似，但可以从有退化的叶、有顶芽与腋芽、具节与节间等方面与根相区别。

（1）根状茎（rhizome）。根状茎是由多年生植物的茎变态成的横卧于地下、形状似根的地下茎。根状茎上具有明显的节和节间，具有顶芽和腋芽，节上往往还有退化的鳞片状叶，呈膜状，同时节上还有不定根，营养繁殖能力很强，如竹类、芦苇、姜、菊芋等。食用的莲藕就是莲的根状茎先端粗大、具顶芽的一些节段。竹的地下茎称竹鞭，竹鞭的腋芽伸出地面后形成笋，以后可发育成地上枝。

（2）球茎（corm）。球茎是由植物主茎基部膨大形成的球状、扁球形或长圆形的变态茎。节与节间明显，节上生有退化的膜状叶和腋芽，顶端有较大的顶芽。从发生上看，有些球茎，如荸荠、慈菇等是由地下匍匐枝（侧枝）末端膨大形成的。球茎内都贮有大量的营养物质，可供营养繁殖之用。

图1-3 植物地下茎的变态

（3）鳞茎（bulb）。鳞茎是扁平或圆盘状的地下变态茎。其枝（包括茎和叶）变态为肉质的地下枝，茎的节间极度缩短为鳞茎盘，顶端有一个顶芽。鳞茎盘上着生多层肉质鳞片叶，如水仙、百合和洋葱等。营养物质主要贮存在肥厚的变态叶中。鳞片叶的叶腋内可生腋芽，形成侧枝。大蒜的营养物质主要贮存于肥大的肉质腋芽（即蒜瓣）中，包被于其外围的鳞片叶，主要起保护作用。

（4）块茎（tuber）。块茎是由茎的侧枝变态成的短粗的肉质地下茎，呈球形、椭圆形或不规则的块状，贮藏组织特别发达，内贮丰富的营养物质。块茎是植物茎基部的腋芽伸入地下，先形成细长的侧枝，到一定长度后，其顶端逐渐膨大，贮积大量的营养物质而成。例如马铃薯块茎，顶端有一个顶芽，节间短缩，叶退化为鳞片状，幼时存在，以后脱落，留有条形或月牙形的叶痕。在叶痕的内侧为凹陷的芽眼，其中有腋芽1至多个，叶痕和芽眼在块茎表面相当于茎上节的位置上呈规律地排列，两相邻芽眼之间，即节间。除马铃薯外，菊芋（洋姜）、山药、芋头、甘露子（草石蚕）等也有块茎。

三、叶

叶（leaf）着生于茎的节部，多数为绿色的扁平体，是植物光合作用制造有机养料的主要器官。叶是绿色植物制造有机养料、实现自养功能的营养器官，也是蒸腾作用和气体交换的重要器官，有的植物叶片还有一定的吸收作用、贮藏作用和分泌作用、繁殖作用等。叶片的用途也多种多样，如菠菜、芹菜、卷心菜和韭菜等，都是以食叶为主的蔬菜；大青叶、桑叶、紫苏叶等可入药；茶叶可作饮料等。

叶是植物体中感受环境最大的器官，其形态结构最易随生态条件的不同而发生改变，以适应所处的环境。不同植物叶的形态多种多样，大小不同，形态各异，叶色也具有多样性，一般来讲，正常叶片中叶绿素与类胡萝卜素的分子比例约为3∶1，而使叶片呈现绿色。叶的寿命是有限的，经过一定时期的生理活动后便会脱落，这是植物减少蒸腾、度过不良环境的一种适应性。有叶片、叶柄和托叶三部分的称"完全叶"，如缺叶柄或托叶的称"不完全叶"。

（一）叶片的结构

在横切面上，叶片的结构由表皮、叶肉、叶脉三部分组成。

（二）单叶和复叶

1. 单叶

一个叶柄上只有一枚叶片的叶称为单叶，如棉花、桃和油菜等。

2. 复叶

在叶柄上着生两枚以上完全独立的小叶片，则被称为复叶。复叶在单子叶植物中很少，在双子叶植物中则相当普遍。根据总叶柄的分枝情况及小叶片的多少，复叶可分为以下类型。

（1）羽状复叶。小叶片排列在总叶柄两侧呈羽毛状。顶生小叶一个者称为奇数羽状复叶，如刺槐、紫藤等。顶生小叶两个者称为偶数羽状复叶，如双荚决明、皂荚等。

（2）掌状复叶。小叶排列在叶轴顶端如掌状称掌状复叶，如木棉、七叶树等。

（3）三出复叶。只有三个小叶的复叶称三出复叶，如大豆、秋枫、野迎春、车轴草等。

（4）单身复叶。只有一个小叶的复叶称单身复叶，如柑橘、柚等。

（三）叶与生态环境的关系

叶是植物体较脆弱的部分，在结构上的变异性和可塑性很大，常随生态因子的不同而改变，环境因素影响最明显的是有效水分和光照强度。根据与水分的关系，植物可分为旱生植物、中生植物、湿地植物和水生植物四大类。根据与光强的关系，植物又可分为阳地植物和阴地植物。

（四）叶的变态

叶的变态：植物的叶因种类不同与受外界环境的影响，常产生很多变态（图1-4）。常见的变态有以下10种。

1. 叶柄叶

叶柄叶为叶片完全退化、叶柄扩大呈绿色叶片状的叶，此种变态叶，其叶脉与其同科植物的叶柄及叶鞘相似，而与其相应的叶片部分完全不同，如阿魏、柴胡。

2. 捕虫叶

捕虫叶为叶片形成掌状或瓶状等捕虫结构，有感应性，遇昆虫触动，能自动闭合，表面有大量能分泌消化液的腺毛或腺体，如茅蒿菜。

3. 革质鳞叶

革质鳞叶为叶的托叶、叶柄完全不发育，叶片革质而呈鳞片状的叶，通常被覆于芽的外侧，所以又称为芽鳞，如玉兰。

图1-4　植物叶片和叶柄的变态

4. 肉质鳞叶

肉质鳞叶为叶的托叶、叶柄完全不发育，叶片肉质而呈鳞片状的叶，如洋葱的鳞叶，是食用的部分。

5. 膜质鳞叶

膜质鳞叶为叶的托叶、叶柄完全不发育，叶片膜质而呈鳞片状的叶，如洋葱、大蒜。

6. 刺状叶

刺状叶为整个叶片变态为棘刺状的叶，起着保护作用，如豪猪刺。

7. 刺状托叶

刺状托叶为叶的托叶变态为棘刺状，而叶片部分仍基本保持正常的叶，如马甲子。

8. 苞叶

苞叶为叶仅有叶片，而着生于花轴、花柄、或花托下部的叶。通常着生于花序轴上的苞叶称为总苞叶，着生于花柄或花托下部的苞叶称为小苞叶或苞片，如柴胡。

9. 卷须叶

卷须叶为叶片先端或部分小叶变成卷须状的叶，攀缘在其他物体上，补偿了茎秆细弱，支持力不足的弱点，如野豌豆。

10. 卷须托叶

卷须托叶为叶的托叶变态为卷须的叶，如菝葜。

四、花

花是不分枝、节间极度缩短、适应生殖功能的变态短枝，花的各部分从形态、结构来看，都具有叶的一般性质。

（一）完全花（complete flower）和不完全花（incomplete flower）

根据花的构造状况，花可以分为完全花和不完全花两类。在一朵花中，花萼、花冠、雄蕊、雌蕊4部分俱全的，叫完全花，如白菜花、桃花；其中花萼由萼片组成，花冠由花瓣组成，而花萼与花冠又组成花被。缺少其中1~3部分的，叫不完全花，如南瓜花、黄瓜花缺雄蕊或雌蕊；桑树花、栗树花缺花瓣、雄蕊或雌蕊；杨树花、柳树花缺萼片、花瓣、雄蕊或雌蕊。

（二）两性花（bisexual flower）和单性花（unisexual flower）

按雌蕊和雄蕊的状况，花可以分为两种：一朵花中，雄蕊和雌蕊同时存在的，叫作两性花，如桃、小麦的花。一朵花中只有雄蕊或只有雌蕊的，叫作单性花，如南瓜、丝瓜的花。花中只有雄蕊的，叫作雄花；只有雌蕊的，叫作雌花。雌蕊和雄蕊全缺的称为无性花（图1-5）。

雌花和雄花生在同一植株上的，叫作雌雄同株，如玉米。雌花和雄花不生在同一植株上的，叫作雌雄异株，如桑。同一植株上两性花和单性花都有的，则称为杂性同株。

（三）花序的类型

被子植物的花，有的是单朵花单生于枝的顶端或叶腋处，称单生花，如芍药、木兰等。但大多数植物的花会按一定方式有规律地着生在花轴上，这种花在花轴上排列的方式和开放次序称为花序。花序的总花梗或主轴称为花序轴或花轴。花序上的花称为小花，小花的梗称为小花梗。无叶的总花梗称为花葶。

两性花　　单性花（♀/♂）　　单性花（♀/♂）　　无性花

图 1-5　植物的两性花和单性花、无性花

依据花轴的分枝方式、小花的排列方式及开花顺序，分为有限花序（definite inflorescence）和无限花序（indefinite inflorescence）。有些植物，无限花序与有限花序可以混生，这样，花序轴可以无限伸长，但是侧枝则成有限花序；或者花序轴顶端较快地停止生长，但是侧枝可以生长一段较长时间。花序的分类只是相对的，有很多花序的形态介乎两种花序之间。

1. 有限花序

花序轴上顶端先形成花芽，最早开花，并且不再继续生长，后由侧枝枝顶陆续成花。这样所产生的花序，分枝不多，花的数目也较少，往往是顶端或中心的花先开，渐次到侧枝开花。可分为以下 4 种。

（1）单歧聚伞花序。顶芽成花后，其下只有 1 个侧芽发育形成枝，顶端也成花，再依次形成花序。单歧聚伞花序又有 2 种，如果侧芽左右交替地形成侧枝和顶生花朵，成二列的，形如蝎尾状，叫蝎尾状聚伞花序，如唐菖蒲、黄花菜、萱草等的花序；如果侧芽只在同一侧依次形成侧枝和花朵，呈镰状卷曲，叫螺形聚伞花序，比如附地菜、勿忘草等的花序。

（2）二歧聚伞花序。顶芽成花后，其下左右两侧的侧芽发育成侧枝和花朵，再依次发育成花序，如卷耳等石竹科植物的花序。

（3）多歧聚伞花序。顶芽成花后，其下有 3 个以上的侧芽发育成侧枝和花朵，再依次发育成花序，如泽漆等。

（4）轮伞花序。聚伞花序着生在对生叶的叶腋，花序轴及花梗极短，呈轮状排列，如野芝麻、益母草等唇形科植物的花序。

2. 无限花序

无限花序可随花序轴的生长，不断离心地产生花芽，或重复地产生侧枝，每一侧枝顶上分化出花。这类花序的花一般由花序轴下面先开，渐次向上，同时花序轴不断增长，或者花由边缘先开，逐渐趋向中心。

（1）总状花序。花序轴长，其上着生许多花梗长短大致相等的两性花，如油菜、大豆等的花序。

（2）圆锥花序。总状花序花序轴分枝，每一分枝成一总状花序，整个花序略呈圆锥形，又称复总状花序，如稻、葡萄等的花序。

（3）穗状花序。长长的花序轴上着生许多无梗或花梗甚短的两性花，如车前等的花序。

（4）复穗状花序。穗状花序的花序轴上的每一分枝为一穗状花序，整个构成复穗状花序，如大麦、小麦等的花序。

（5）肉穗状花序。花序轴肉质肥厚，其上着生许多无梗单性花，花序外具有总苞，称佛焰苞，因而也称佛焰花序，如芋、马蹄莲的花序。

（6）柔荑花序。花序轴长而细软，常下垂（有少数直立），其上着生许多无梗的单性花。花缺少花冠或花被，开花或结果后整个花序脱落，如柳、杨、栎、核桃的雄花序。

（7）伞形花序。花序轴缩短，花梗几乎等长，聚生在花轴的顶端，呈伞骨状，如韭菜及人参等五加科等植物的花序（图1-6）。

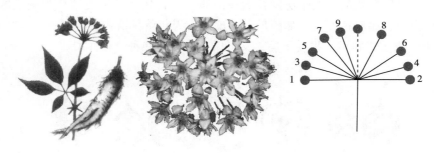

图1-6　人参和韭菜的伞形花序

（8）复伞形花序。许多小伞形花序又呈伞形排列，基部常有总苞，如胡萝卜、芹菜等伞形科植物的花序。

（9）伞房花序。花序轴较短，其上着生许多花梗长短不一的两性花。下部花的花梗长，上部花的花梗短，整个花序的花几乎排成一平面，如梨、苹果的花序。

（10）复伞房花序。花序轴上每个分枝（花序梗）为一伞房花序，如石楠、光叶绣线菊的花序。

（11）头状花序。花序上各花无梗，花序轴常膨大为球形、半球形或盘状，花序基部常有总苞，如向日葵的花序。

（12）隐头花序。花序轴顶端膨大，中央部分凹陷呈囊状。内壁着生单性花，花序轴顶端有一孔，与外界相通，为虫媒传粉的通路，如无花果等桑科榕属植物的花序。

五、果实

被子植物的雌蕊经过传粉受精，由子房或花的其他部分（如花托、萼片等）参与发育而成的器官。果实一般包括果皮和种子两部分，其中，果皮又可分为外果皮、中果皮和内果皮。种子起传播与繁殖的作用。

（一）果实种类

果实种类繁多，分类方法也是多种多样。根据果实来源，可分为单果、聚合果、复果（聚花果）三大类。

1. 单果

一朵花中只有一个雌蕊发育成的果实称为单果，又可以分为肉质果和干果两类。

（1）肉质果。果实成熟后肉质多汁，依果实的性质和来源不同又可以分为以下5种（图1-7）。

①浆果：果皮薄，中果皮、内果皮均为肉质化并充满汁液，如忍冬、葡萄等。

②核果：一至数心皮组成的雌蕊发育而来，外果皮薄，中果皮肉质，内果皮坚硬，如桃、李子等。

③柑果：复雌蕊形成，外果皮革质，中果皮疏松，分布有维管束，内果皮膜质分为若干室，向内生出许多汁囊，是食用的主要部分，如柑橘、柚等，为芸香科植物特有。

④梨果：花筒与下位子房愈合发育而成的假果，花筒形成的果壁与外果皮及中果皮均为肉质化，内果皮纸质化或革质化，如梨和苹果。

⑤瓠果：具侧膜胎座的下位子房发育而成的假果，花托和外果皮结合为坚硬的果壁，中果皮和内果皮肉质，胎座很发达，如南瓜，西瓜等，为葫芦科植物所特有。

（2）干果。果实成熟后，果皮干燥，又可以分为以下几种（图1-7）。

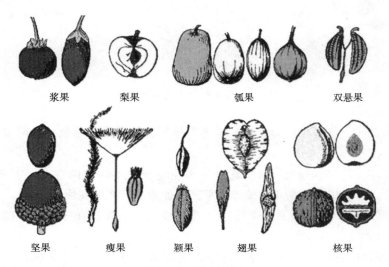

| 浆果 | 梨果 | 瓠果 | 双悬果 |

| 坚果 | 瘦果 | 颖果 | 翅果 | 核果 |

图1-7　果实类型

①荚果：单雌蕊发育而成的果实，成熟时，沿腹缝线和背缝线开裂，如大豆，蚕豆等。也有不开裂的，还有其他开裂方式的。荚果为豆科植物所特有。

②蓇葖果：单雌蕊发育而成的果实，成熟时，仅沿一个缝线开裂，如梧桐，牡丹等。

③角果：心皮组成，具假隔膜，成熟时从两腹缝线裂开。有长角果和短角果之分，如萝卜、油菜是长角果；荠菜、独行菜是短角果。角果为十字花科植物所特有。

④蒴果：复雌蕊发育而成的果实，成熟时有各种裂开方式，如棉花，蓖麻等。

⑤瘦果：皮与种皮易分离，含一粒种子，如向日葵。

⑥颖果：皮与种皮合生，不易分离，含一粒种子，如小麦、玉米等，颖果为禾本科植物所特有。

⑦翅果：皮向外延伸成翅，有利于果实传播，如榆钱、臭椿等。

⑧坚果：皮坚硬，内含一粒种子，如板栗。

⑨分果：是由两个以上的心皮构成，各室含一粒种子，如胡萝卜等。

2. 聚合果

聚合果指由花内若干离生心皮雌蕊聚生在花托上，发育而成的果实，每一离生雌蕊形成一单果，根据聚合果中单果的种类，又可分为聚合瘦果（如草莓）、聚合核果（如悬钩子），聚合菁葖果（如八角），聚合坚果（如莲）。

3. 聚花果

聚花果是由整个花序发育而成的果实，如桑葚、凤梨、无花果等。

（二）真果（true fruit）和假果（false fruit）

受精后，子房新陈代谢活跃，生长迅速，胚珠发育成种子，子房壁发育成果皮，果皮包裹着种子就形成了果实。单纯由子房发育成的果实称为真果，如桃、樱花等。除子房外还有花托、花萼甚至整个花序都参与形成果实的称为假果，如苹果、垂丝海棠等。

1. 真果的结构

真果的结构比较简单，其外为果皮，内含种子。果皮是由子房壁发育而成，一般可分为外果皮、中果皮和内果皮三层结构，外果皮上常有气孔、角质蜡被和表皮毛等。三层果皮的厚度不一，视果实种类而异。有的相互混合，难于区分，如番茄的中果皮和内果皮；一般中果皮在结构上变化较大，有些植物的中果皮由多汁的、贮有丰富营养物质的薄壁细胞组成，分布有维管束，成为果实中的肉质可食用部分，如桃、李、杏等；而有些植物的中果皮则常变干收缩，呈膜质或革质，如蚕豆、花生等；也有的成为疏松的纤维状，维管组织发达，如柑橘的"橘络"。内果皮在不同植物中也各有其特点，有些植物的内果皮肥厚多汁，如葡萄等，而有些植物的内果皮则是由骨质的石细胞构成，如桃、杏、李和胡桃等。

（1）桃果实的结构。桃为单心皮构成的子房发育而来的真果。果皮明显地分为外、中、内3层（图1-8）。外果皮为一层表皮和数层厚角组织所组成，表皮外有很多毛；中果皮厚，由大型薄壁细胞及维管束所组成，为食用部分；内果皮坚硬，由木栓化的石细胞所组成。内果皮内含有种子。

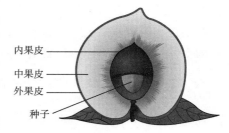

内果皮
中果皮
外果皮
种子

图1-8　桃的果实结构

（2）大豆荚果的结构。外果皮为表皮与表皮下的厚壁细胞所组成；中果皮为薄壁组织；内果皮则为几列厚壁细胞。荚果有两条开裂线，一条在心皮边缘连合处（腹缝线），另一条沿着中央维管束（背缝线）的位置。果皮内含有数粒种子。

（3）小麦颖果的结构。小麦颖果（caryopsis）与水稻颖果基本相似，但小麦颖果的果皮较薄，果皮与种皮愈合，是含有单粒种子的果实而非种子。

2. 假果的结构

假果的结构较真果复杂，除子房外，还有花的其他部分（如花托、花萼、花冠以至整个花序）参与果实的形成。例如，梨、苹果的食用部分，主要由花托发育而成，占较大比例，中部才是由子房发育而来的部分，占的比例较小，但仍能区分出外果皮、中果皮和内果皮三部分结构，内果皮常革质、较硬，其内为种子（图1-9）。在草莓等植物中，果实的肉质化部分是花托发育而来；在无花果、菠萝等植物的果实中，果实中肉质化的部分主要由花序轴、花托等部分发育而成。

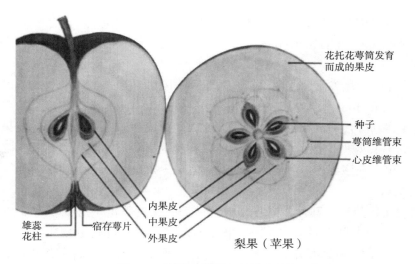

花托花萼筒发育
而成的果皮

种子
萼筒维管束
心皮维管束

内果皮
中果皮
外果皮

雄蕊
花柱
宿存萼片

梨果（苹果）

图1-9 梨果（苹果）的果实结构

（三）单性结实（parthenocarpy）和无籽果实（seedless fruit）

单性结实是指子房不经过受精作用而形成不含种子果实的现象。单性结实的果实里不产生种子，形成无籽果实。单性结实有两类：天然单性结实和刺激性单性结实。

在植物学和园艺学上，单性结实是指天然或人工作用下使胚珠不经授粉而结果的现象。在胚珠未经受精的情况下，子房产生发育而形成无籽果实。与种子败育（stenospermocarpy）不同，单性结实发育出来的果实是真正无籽的；而通过种子败育发育出来的果实，事实上只是在种子很小的时候发生了胚胎放弃，而使种子保持在了很小和败育的状态而已。出现单性结实的个体无法经由有性生殖繁殖，但仍可借由无性生殖的方式产生后代。

六、种子

种子是种子植物特有的繁殖器官，由胚珠受精后形成，对延续物种起着重要作用。种子与人类生活关系密切，除日常生活必需的粮、油、棉外，一些药用（如杏仁）、调味（如胡椒）、饮料（如咖啡、可可）都来自种子。树木、花草也是种子繁殖而来。许多种子能够食用，是餐桌上的美味佳肴。

（一）形态特征

种子常呈圆形、椭圆形、肾形、卵形、圆锥形、多角形等。蚕豆、菜豆为肾脏形，豌豆、龙眼为圆球状；花生为椭圆形；瓜类的种子多为扁圆形。种子的颜色以褐色和黑色较多，但也有其他颜色，例如豆类种子就有黑、红、绿、黄、白等颜色。

种子表面有的光滑发亮，也有的暗淡或粗糙。造成表面粗糙的原因是表面有穴、沟、网纹、条纹、突起、棱脊等雕纹。有些还可看到种子成熟后自珠柄上脱落留下的斑痕如种脐和珠孔。有的种子还具有翅、冠毛、刺、芒和毛等附属物，这些都有助于种子的传播。

（二）种子的结构

一般植物的种子由种皮、胚和胚乳3个部分组成。种皮是种子的"铠甲"，起着保护种子的作用；胚是种子最重要的部分，可以发育成植物的根、茎和叶；胚乳是种子集中养料的地方，不同植物的胚乳中所含养分各不相同。

（三）种子的类型

1. 有胚乳种子

这类种子由种皮、胚和胚乳组成。双子叶植物中的蓖麻、烟草、西红柿、柿等植物的种子和单子叶植物中的小麦、水稻、玉米、高粱和洋葱等植物的种子，都属于这个类型。

（1）双子叶有胚乳种子。这类种子的结构以蓖麻种子为例加以说明。蓖麻种子的种皮坚硬光滑、具花纹。种子的一端有海绵状突起，称为种阜，由外种皮延伸而成，有吸收作用，利于种子萌发。种胚被种阜遮盖，种脐不甚明显。在种子的腹面中央，有一长条状隆起，称为种脊，其长度与种子几乎相等。剥去种皮可见到白色胚乳。胚乳占种子体积的大部分，内含大量的脂肪。胚包藏于胚乳之中，其两片子叶大而薄，上面有显著脉纹。番茄的种子也属于双子叶植物有胚乳种子。

（2）单子叶有胚乳种子。这类种子的结构以小麦种子为例加以说明。小麦籽实或糙米的外面，除种皮外，还有果皮与之合生，果皮较厚，种皮较薄，二者不易分离，植物学上称为颖果。从小麦籽粒纵切面（能过腹沟做正中切面）可清楚看到胚和胚乳的位置。果皮种皮之内，绝大部分是胚乳，胚很小，仅位于籽实基部的一侧。小麦的胚乳可分为两部分，靠外层是含大量糊粉粒的糊粉层，靠内为含丰富淀粉的胚乳细胞。

2. 无胚乳种子

这类种子由种皮和胚两部分组成，缺乏胚乳。双子叶植物如大豆、落花生、蚕豆、棉、油菜、瓜类的种子和单子叶植物的慈姑、泽泻等的种子，都属于这一类型。单子叶无胚乳的种子在农作物上很少见。下面以蚕豆和慈姑的种子为例，说明双子叶植物和单子叶植物无胚乳种子的结构。

（1）蚕豆种子（双子叶无胚乳种子）的结构。蚕豆的种皮绿色，干燥时坚硬，浸水后转为柔软革质。种脐黑色，眉条状，位于种子宽阔的一端，种脊短，不甚明显。剥出种皮，可以见到二片肥厚、扁平、相对叠合的白色肉质子叶，占有种子的全部体积。在宽阔一端的子叶叠合处一侧，有一个锥形的小结构，与二片子叶相连，这是胚根。分开叠合的子叶，可以见到与胚根相连的另一个小结构夹在二片子叶之间，状如几片幼叶，这是胚芽。胚根与胚芽之间同样有粗短的胚轴连接，两片子叶也就直接连在胚轴上。

（2）慈姑种子（单子叶有胚乳种子）的结构。慈姑的种子很小，包在侧扁的三角形瘦果内，每一果实仅含一粒种子。种子由种皮和胚两部分组成。种皮极薄，仅一层细胞。胚弯曲，胚根的顶端与子叶端紧相靠拢，子叶长柱形，一片，着生在胚轴上，它的基部包被着胚芽。胚芽有一个生长点和已形成的初生叶。胚根和胚轴连成一起，组成胚的一段短轴。

（四）种子的寿命

种子成熟离开母体后仍是有生命的，但各类植物种子的寿命有很大差异。有些植物种子寿命很短，如巴西橡胶的种子仅存活一周左右，而莲的种子寿命很长，存活长达数百年以至千年。实验证实，低温、低湿、黑暗以及降低空气中的含氧量为理想的贮存条件。例如小麦种子在常温条件下只能贮存 2~3 年，而在−1 ℃，相对湿度 30%，种子含水量 4%~7%，可贮存 13 年，而在−10 ℃，相对湿度 30%，种子含水量 4%~7%，可贮存 35 年。

（五）种子的休眠

有些种子形成后虽已成熟，但即使在适宜的环境条件下，也往往不能立即萌发，必须经过一段相对静止的阶段后才能萌发，种子的这一性质称为休眠（seed dormancy）。休眠的种子处在新陈代谢十分缓慢而近于不活动的状态。种子休眠期的长短是不一样的，有的植物种子休眠期很长，需要数周乃至数月或数年。也有一些植物种子成熟后在适宜的环境条件下能很快萌发，不需经过一个休眠时期，只有处在环境条件不利的情况下才进入休眠状态。

休眠是植物在长期系统发育过程中获得的一种抵抗不良环境的适应性，是调节种子萌发的最佳时间和空间分布的有效方法。具有休眠特性的农作物种子在高温多雨地区可防止穗发芽；某些沙漠植物的种子可以用休眠状态度过干旱季节，以待合适的萌发条件。

（六）种子的萌发

种子萌发是指种子从吸胀作用开始的一系列有序的生理过程和形态发生过程。种子的萌发的条件，除了种子本身要具有健全的发芽力以及解除休眠期外，也需要一定的环境条件，主要是充足的水分、适宜的温度和足够的氧气。

（七）幼苗的形成

具有生活力的种子，在适宜条件下，胚由休眠状态转入活动状态，开始萌发。胚根先突破种皮，伸入土壤形成主根，以后产生侧根形成根系；随后，胚芽或胚芽连同子叶一起伸出土面形成地上部分的茎叶系统。至此，一株独立生活的幼苗形成。

【思考题】

1. 简述植物细胞的生长分化状态与细胞壁分层的关系，各层细胞壁的形成时间、组成成分有何不同。

2. 液泡有哪些功能，细胞中主要的后含物有哪些？

3. 简述薄壁组织的一般特征，其可分为哪些类型，说明各类型的主要特点与功能。

4. 石细胞主要有哪些种类？

5. 植物的根茎叶变态各有哪些主要类型，结合果蔬植物中常见的变态加以说明。

6. 说明果实的结构与子房或花托之间的关系。

【课程思政】

抗疟疾药物青蒿素——一种植物细胞的次生代谢产物

青蒿，为菊科植物黄花蒿 *Artemisia annua* L. 的干燥地上部分（《中国药典》），青蒿素是从植物黄花蒿茎叶中提取得到的有过氧结构的倍半萜内酯药物，具备极佳的抗恶性疟疾活性。该单环倍半萜类化合物，是一种植物的次生代谢产物。

青蒿素的发现之路并不平坦。最初研究发现，中药青蒿对疟疾抑制率仅为 10%～40%。

但是，屠呦呦团队并未就此放弃，而是继续查阅大量书籍和文献。最终受东晋名医葛洪《肘后备急方》中"青蒿一握，以水二升渍，绞取汁，尽服之"的启发，她使用低沸点的乙醚冷萃取，提取出具有稳定抗疟效果的青蒿素，之后又对青蒿素进行修饰得到双氢青蒿素，极大地提高了抗疟效果。21 世纪以来，青蒿素类药物被世界卫生组织推荐为首选的抗疟药物，该类药物被广泛应用于全球抗疟疾事业，挽救了全球特别是发展中国家数百万人的生命，为全球疟疾防治、维护人类健康作出了重要贡献。

因其卓越贡献，屠呦呦获得"共和国勋章""国家最高科学技术奖"和"最美奋斗者"荣誉称号，她也成为首位获得自然学科诺贝尔奖（诺贝尔生理学或医学奖）的中国人，是我们学习的榜样。

青蒿素的化学结构

【延伸阅读】

植物细胞壁多糖高效酶解与食品加工

植物细胞壁多糖的结构异质性和复杂性会限制食品加工中植物营养素的释放，最终影响产品的感官品质、营养价值和货架稳定性。利用植物细胞壁多糖降解酶（plant cell wall polysaccharide-degrading enzymes，PCWPE）实现高效酶解是食品加工中克服包裹植物细胞复杂多糖壁屏障的关键步骤。PCWPE 包括纤维素酶、半纤维素酶和果胶酶，可专一高效地水解植物细胞壁中的糖苷键，显著改善产品感官风味、营养价值，提高多相体系稳定性，并提高产率等。近年来，PCWPE 广泛用于饮料加工、植物营养素萃取、功能性糖制备，以及新兴可持续型植物基食品加工，成为食品绿色加工的研究热点。

[1] 郝倩，邓乾春，周彬，等．植物细胞壁多糖高效酶解技术及其在食品加工中应用研究进展 [J]．食品科学，2024，45（12）：304-314.

果胶与多酚相互作用

果胶是一种酸性杂多糖，广泛存在于蔬菜、水果和谷物等植物细胞壁中，在人类健康中发挥着重要的作用。在膳食结构中，果胶的合理摄入，在降脂、减压、降糖、提高机体免疫力、缓解便秘以及胃肠道疾病等方面具有重要的作用。多酚是一类植物次生代谢物，主要存在于高等植物的叶片和果实中，参与调节植物信号转导等多种功能，是植物生存所必需的。同时，多酚也是一种重要的生物活性成分，具有抗炎症、抗氧化、抗肥胖等多种益于人体健康的保健作用，广泛应用于食品、生物、医药等领域。目前，果胶与多酚之间的相互作用引起了学者们的广泛关注，两者之间相互作用的机制也不断被揭示和认识。研究表明果胶与多酚之间的相互作用主要是由氢键等非共价键驱动的，并形成非共价复合物，这种复合物与体系中多酚在体内外消化过程中的物理稳定性、抗氧化活性和生物可利用性密切相关，也影响着果胶和多酚的生理健康功效。此外，还可以通过非共价复合物的相互作用来调控食品的加工特性。

[2] 张璇，赵文，高哲，等. 果胶与多酚相互作用机制及其对食品加工特性影响的研究进展 [J]. 食品工业科技，2024，45（1）：378-386.

第二章 园艺产品加工保藏原理与原料预处理

本章课件

【教学目标】

1. 了解园艺产品成分与加工的关系。
2. 熟悉园艺产品败坏原因。
3. 掌握园艺产品加工保藏原理。
4. 掌握园艺产品加工保藏措施。
5. 掌握果蔬加工中原料预处理的作用、基本工艺与方法。

【主题词】

园艺产品加工（horticultural product processing）；园艺产品成分（horticultural product compositions）；果蔬败坏（fruit and vegetables spoilage）；加工原理（processing principle）；原料预处理（material pretreatments）；半成品（semi-finished product）

第一节 加工保藏原理与加工保藏措施

一、园艺产品成分与加工的关系

园艺产品为含水量丰富的鲜活易腐农产品，极易因微生物和酶的作用而造成腐烂变质。从食品保藏角度讲，园艺产品原料只有通过加工才能达到长期保藏的目的，因此，加工也是一种保藏方式，常称为加工保藏。园艺产品加工保藏实质上是控制园艺产品化学成分的变化，使其符合食用的要求。园艺产品的化学成分与其加工品质密切相关。从根本上说，园艺产品化学成分在加工过程中的变化直接影响着其加工制品的品质。

园艺产品中除75%~90%的水分外，含有各种化学物质。园艺产品的化学组成一般分为水和干物质两大部分，干物质又可分为水溶性物质和非水溶性物质两大类。水溶性物质也称为可溶性固形物，它们的显著特点是易溶于水，组成植物体的汁液部分，影响果蔬的风味，如糖、果胶、有机酸、单宁、一些能溶于水的矿物质、色素、维生素、含氮物质、酶等。非水溶性物质是组成它的固体部分物质，包括纤维素、半纤维素、原果胶、淀粉、脂肪以及部分维生素、色素、含氮物质、矿物质和有机盐类等。

根据园艺产品化学成分功能不同，通常可以将其分为 5 类：营养类、香气类、滋味类、色素类和质构类物质。

（一）营养物质

1. 碳水化合物

园艺产品中的碳水化合物是干物质中的主要成分，碳水化合物在加工中会发生种种变化，对制品的品质产生各种影响。园艺产品中碳水化合物的种类很多，包括单糖、双糖、淀粉、纤维素、果胶等物质。碳水化合物与园艺产品贮藏加工密切相关。

（1）单糖和双糖。糖是果蔬甜味的主要来源，主要包括单糖、双糖等可溶性糖。果蔬中主要的单糖是葡萄糖和果糖，主要的双糖是蔗糖，此外还含有少量的核糖、木糖和阿拉伯糖等。

不同的果蔬含有不同种类的糖，且含糖量差异较大。一般来说，仁果类以果糖为主，葡萄糖、蔗糖次之；核果类以蔗糖为主，葡萄糖、果糖次之；浆果类主要含葡萄糖、果糖；柑橘类以蔗糖为主；樱桃、葡萄则几乎不含蔗糖；水果含糖量较高，而蔬菜中除番茄、胡萝卜等含糖量较高外，大多数都很低。水果的含糖量大多为 7%～15%，而蔬菜含糖量大多在 5% 以下。不同果蔬所含糖的种类及各种糖之间的比例各不相同，甜度与味感也各不相同，仁果类果实果糖含量占优势，核果类、柑橘类果实蔗糖含量较多，而成熟浆果类（如葡萄、柿果）以葡萄糖为主。

（2）淀粉。淀粉是植物体贮藏物质的一种形式，是由 α-葡萄糖脱水缩合而成的多糖，作为贮存物质，果蔬中仅在未成熟果实中含量较高，例如未成熟香蕉的绿果中淀粉含量占 20%～25%，而成熟后下降至 1%～2%。块根、块茎类蔬菜中含淀粉最多，如藕、菱、芋头、山药、马铃薯等，其淀粉含量与老熟程度成正比，在柑橘、葡萄果实的发育过程中，则未见淀粉积累。淀粉不溶于冷水，当加温至 55～60 ℃ 时，即产生糊化，变成带黏性的半透明凝胶或胶体溶液，这是含淀粉多的果蔬罐头汤汁浑浊的主要原因。淀粉在与稀酸共热或淀粉酶的作用下，水解生成葡萄糖。这是成熟香蕉、苹果淀粉含量下降、含糖量增高的主要原因，也是谷物、干果酿酒中添加糖化酶的主要依据。

富含淀粉的园艺产品，淀粉含量越高，其耐贮性越强；而对于地下根茎菜，淀粉含量越高，其品质与加工性能也越好。但对于青豌豆、菜豆、甜玉米等以幼嫩的豆荚或籽粒供鲜食的蔬菜，淀粉含量的增加意味着品质的下降，而加工用的马铃薯则不希望淀粉过多转化。

2. 脂质

脂质是人体需要的产热营养物质，也是体内主要的储能物质，包括脂肪、蜡质、磷脂、萜类化合物等，其中与园艺产品加工类关系密切的有脂肪和蜡质。脂肪中含有人体必需的脂肪酸。油脂主要存在于含油的果实和园艺产品种子中，园艺产品的蜡质和角质存在于园艺产品表面，是一种保护组织，利于贮藏保鲜。类脂则是一类在某些理化性质上与脂肪类似的物质，包括磷脂、胆固醇、脂蛋白等，它们是构成细胞膜的重要组成成分，也是合成人体类胆固醇激素的原料。

油脂在普通果实中含量很少，但在各种果蔬的种子中含量较高，一般在 15%～30% 之间，油料作物花生可达 45%，核桃可达 65%。含油的果实及果蔬种子是提取油脂的良好原料。园艺产品的另一大类脂质为其表面的角质与蜡质，蜡质是由高级脂肪酸与高级一元醇形成的高分子酯，不溶于水，溶点在 40~100 ℃，在常温下呈"假结晶"状态，蜡质与角质是一种保护组织，加工中一般应去除。

3. 维生素

维生素是一类人体不能合成，但机体正常生理代谢所必需的、功能各异的微量低分子有机化合物，是维持人体正常生命活动不可缺少的营养物质，它们大多是以辅酶或辅因子的形式参与生理代谢。按溶解性将其分为脂溶性和水溶性两大类。脂溶性维生素包括维生素 A、维生素 D、维生素 E、维生素 K。水溶性维生素包括 B 族维生素和维生素 C。果蔬所含维生素及其前体含量较高，是食品中维生素的重要来源，人体所需维生素 C 的 98%、维生素 A 的 57% 左右来自果蔬。

（1）维生素 C。维生素 C 又称抗坏血酸，是一种单糖衍生物，有还原型和氧化型两种形态。还原型维生素 C 在抗坏血酸氧化酶的作用下氧化生成脱氢抗坏血酸，此反应可逆。脱氢抗坏血酸同样具有维生素 C 的功能。脱氢抗坏血酸在低 pH 和还原剂存在的条件下，转变为还原型维生素 C，维生素 C 在 pH 小于 5 的溶液中比较稳定，当 pH 升高时，氧化型维生素 C 可继续氧化，形成无活性的 2,3-二酮古洛糖酸，此反应不可逆。通常所说的维生素 C 应为这两者的总和。脱氢抗坏血酸一般所占比例不大，其活性仅为还原型维生素 C 的 1/2。

维生素 C 特别容易氧化，尤其与 Fe^{3+}、Cu^{2+} 等金属离子接触会加剧其氧化，在光照和碱性条件下也易遭破坏。在酸性条件下比较稳定，低温、低氧可有效防止果蔬中维生素 C 的损耗。在加工过程中，切分、漂烫、蒸煮和烘烤是造成维生素 C 损耗的重要原因。此外，果蔬加工中维生素 C 也常用作营养强化剂、抗氧化剂和护色剂，防止加工产品褐变。

（2）维生素 A。维生素 A 又称胡萝卜素，天然果蔬中并不存在维生素 A，但在人体内可由类胡萝卜素转化而来，类胡萝卜素是一种含有 40 个碳的类异戊烯聚合物，即四萜化合物，广泛分布在果蔬中。维生素 A 原可分为维生素 A 原类胡萝卜素（如 β-胡萝卜素、隐黄素、α-胡萝卜素）和非维生素 A 原类胡萝卜素（如番茄红素、叶黄素和玉米黄质），类胡萝卜素广泛存在于颜色鲜艳的果蔬中。类胡萝卜素在果蔬加工中容易被氧化，加入抗氧化剂可以使其得到保护；在园艺产品加工贮藏时，冷藏、避免日光照射有利于减少类胡萝卜素的损失。

（3）B 族维生素。维生素 B_1，又称硫胺素、抗神经炎素、抗脚气病素、大脑维生素或精神性维生素。维生素 B_1 耐热性强，在酸性条件下稳定，在中性或碱性环境中遇热易被氧化或还原。果蔬中的维生素 B_1 含量普遍不高。

维生素 B_2，又称核黄素，其为橙黄色结晶型粉末，具有黄绿色荧光，微溶于水。在甘蓝、番茄中含量较多。维生素 B_2 耐热性强，在果蔬加工中不易被破坏，但在碱性溶液中遇热不稳定。维生素 B_2 是一种感光物质，存在于视网膜中，是维持眼睛健康的必要成分，在氧化作用中起辅酶作用。

（4）维生素 E 和维生素 K。维生素 E 和维生素 K 这两种维生素存在于植物的绿色部分，性质稳定。莴苣富含维生素 E，菠菜、甘蓝、花椰菜、青番茄富含维生素 K。维生素 E 又名生育酚，具有提高抗凝血、扩张血管、提升免疫力和抗衰老的作用。维生素 K 是形成凝血酶原和维持正常肝功能所必需的物质，缺乏时会造成流血不止的危险病症。

4. 矿物质（灰分）

矿物质，又称无机质，是构成动植物机体、调节生理机能的重要物质。园艺产品中含丰富的矿物质，主要有钙、镁、磷、铁、钾、钠、铜、锰、锌、碘等，占果蔬干重的 1%～5%，而一些叶菜的矿物质含量可高达 10%～15%，是人体摄取矿物质的重要来源。矿物质少部分以游离态存在，大部分以结合态存在，如以硫酸盐、磷酸盐、碳酸盐、硅酸盐、硼酸盐或与有机质如有机酸、糖类、蛋白质等结合存在。

人类摄取的食物，按其燃烧后灰分所呈的反应分为酸性和碱性，硫、磷含量高时呈酸性反应。果蔬中的矿物质 80% 是钾、钠、钙等金属成分，其中钾元素可占其总量的 50% 以上，在体内呈现碱性，因此果蔬食品在营养学中又被称为"碱性食品"。而相对来讲，谷类和肉类中的磷、硫的含量较高，会在体内形成磷酸、硫酸而呈现酸性，所以在营养学中又称为"酸性食品"。矿物质在果蔬加工中一般比较稳定，其损失往往是通过水溶性物质的浸出而流失，如热烫、漂洗等工艺，其损失的比例与矿物质的溶解度呈正相关。

5. 含氮物质

果蔬中的含氮物质主要是蛋白质和氨基酸，还含少量铵盐、硝酸盐、亚硝酸盐等。果蔬中含氮化合物含量普遍不高，水果中为 0.2%～1.2%，以核果类、柑橘类为高，仁果类、浆果类少。

蛋白质和氨基酸是美拉德反应的反应底物，是果蔬加工过程中非酶褐变的主要来源。该反应主要控制措施为调整 pH、还原糖含量、温度、蛋白质和氨基酸含量、亚硫酸盐的含量。蛋白质在加工中易发生变性而凝固、沉淀，尤其是在饮料和清汁类罐头加工中。控制措施：适当的稳定剂、乳化剂及酶法改性，使蛋白质与单宁物质产生絮凝。

（二）芳香类物质

园艺产品中普遍含多种芳香物质，芳香物质并非是一种成分，醇、醛、酯、酮和萜等化合物是构成园艺产品香气的主要物质，大多为油状挥发性物，故又称挥发性油。它们的分子中都含有一定的基团，如羟基、羧基、醛基、羰基、醚基、酯基、苯基、酰胺基等，这些基团称为"发香团"，"发香团"的存在与香气的形成有关，但是与香气种类无关。园艺产品的风味物质是多种多样的（表 2-1），据分析，苹果含有 100 多种芳香物质，香蕉含有 200 多种，草莓中已经分离出 150 多种，葡萄中现已检测出 78 种。

表 2-1　几种园艺产品的主要香味物质

名称	香味主要成分	名称	香味主要成分
苹果	乙酸异戊酯	叶菜类	叶醇
香蕉	乙酸异戊酯、异戊酸异戊酯	萝卜	甲硫醇、异硫氰酸烯丙酯
梨	甲酸异戊酯	花椒	天竺葵醇、香茅醇
桃	乙酸乙酯、γ-癸酸内酯	蘑菇	辛烯醇
柑橘	乙酸、甲酸、乙醇、甲酯、乙酯丙酮和苯乙醇	蒜	二烯丙基二硫化物、甲烯丙基二硫化物、烯丙基

果品的芳香物质多在成熟时开始合成，进入完熟阶段时大量形成，此时产品风味也达到了最佳状态。但这些香气物质大多不稳定，在加工过程中很容易受热、氧化或在酶的作用下挥发或分解，甚至会出现其他风味或异味。

（三）滋味类物质

1. 有机酸

果蔬的酸味主要来自有机酸，包括柠檬酸、苹果酸和酒石酸等，它们统称为果酸。不同的果蔬所含有机酸的种类和比例不同，大多数以柠檬酸和苹果酸为主，除此之外，果蔬中还含有少量的草酸、琥珀酸、苯甲酸和水杨酸。蔬菜的有机酸含量相对较少，除番茄外，大多感觉不到酸味存在。但有些蔬菜，如菠菜、茭白、苋菜、竹笋含有较多的草酸。

酸与加工工艺的选择和确定有十分密切的关系。酸含量对褐变和非褐变有很大的影响；酸还能影响花色素、叶绿素及单宁色泽的变化；酸能与铁、锡反应，对设备和容器产生腐蚀作用；在加热时，酸能促进蔗糖和果胶等物质的水解。酸是确定罐头杀菌条件的主要依据之一，当 pH 在 4.5 以下，可采用常压杀菌；pH 在 4.5 以上，应采用加压杀菌。水果 pH 较低，在 4.5 以下，一般采用常压杀菌；而蔬菜的 pH 除番茄为 4.3 左右外，其他绝大部分为 5.3 以上，所以罐制时要加压杀菌。另外，果蔬中有机酸的存在，对微生物的活动非常不利，它可降低微生物的致死温度，这也是水果和蔬菜罐头杀菌温度有区别的主要原因。在某些加工过程，如长时间的漂洗等加工过程中，为了防止微生物繁殖和色泽变化，往往也要进行适当的调酸处理。

2. 单宁

单宁为高分子聚合物，组成它的单体主要有邻苯二酚和邻苯三酚。根据单体间的连接方式与其化学性质的不同，可将单宁物质分为两大类，即水解型单宁与缩合型单宁。涩味来源于可溶性单宁，单宁与口腔黏膜上的蛋白质作用，当口腔黏膜蛋白凝固时，会引起收敛的感觉，也就是涩味，使人产生强烈的麻木感和苦涩感。柿子的涩味，就是因为含单宁的缘故。成熟的涩柿，含有 1%～2% 的可溶性单宁，呈强烈的涩味。脱涩能使可溶性单宁变成不溶性单宁，减轻涩味。在果实成熟或后熟过程中，单宁的聚合作用增加，不溶于水，涩味减轻或无涩味。青绿未熟的香蕉果肉也有涩味，但果实成熟后，单宁仅占青绿果肉含量的 1/5，单宁含量以皮部为最多，比果肉多 3～5 倍。

单宁与水果加工品的色泽有着密切的关系。单宁和氧化酶在氧的参与下会引起褐变，称为酶促褐变；与蛋白质发生凝固、沉淀作用；遇金属离子变色，单宁遇铁变为黑色，遇锡变为玫瑰色；遇酸变色，在酸性条件形成红色的单宁聚合物；单宁遇碱很快变为黑色，因此在果蔬碱液去皮后，一定要尽快洗去碱液。

3. 糖苷

糖苷是糖基与非糖基（苷配基）如醇类、酚类、醛类、酮类、鞣酸、含氮物、含硫物等配体通过糖苷键连接形成的化合物。其糖基主要有葡萄糖、果糖、半乳糖、鼠李糖等。果蔬中存在各种各样的苷，大多数都具有苦味或特殊的香味，但也有一些具有毒性，在加工时应予以注意。

（1）苦杏仁苷。苦杏仁苷是苦杏仁素（氰苯甲醇）与龙胆二糖形成的糖苷，具有强烈苦味。苦杏仁苷本身无毒，但在酶、酸或加热条件下会水解，生成葡萄糖、苯甲酸和氢氰酸，成年人服用氢氰酸 0.05 g（相当于苦杏仁苷 0.85 g 左右）即可中毒致死。苦杏仁苷存在于多种果实的种子中，以核果类含量为多，如银杏、扁桃仁（2.5%～3%）、苦杏仁（0.8%～3.7%）、李子（0.9%～2.5%）。因此，在加工时要先进行脱毒处理。

$$C_{20}H_{27}O_{11}N+2H_2O \longrightarrow 2C_6H_{12}O_6+C_6H_5CHO+HCN$$
苦杏仁苷　　　　　　　　葡萄糖　　苯甲醛　　氢氰酸

（2）茄碱苷。茄碱苷又称龙葵苷，主要存在于茄科植物中，如马铃薯、番茄、茄子等。茄碱苷含量超过 0.01% 时就会感觉到明显的苦味，超过 0.02% 时即可使人中毒，引起黏膜发炎、头痛、呕吐，严重时可以致死。马铃薯所含的茄碱苷集中在薯皮及萌发的芽眼部位，当马铃薯块茎受日光照射表皮呈淡绿色时，茄碱含量显著增加，可由 0.006% 增加到 0.024%。茄碱苷在酶或酸的作用下水解，生成糖类和茄碱，茄碱苷和茄碱都不溶于水，易溶于热酒精和酸溶液。

$$C_{45}H_{73}O_{15}N+3H_2O \longrightarrow C_{27}H_{43}ON+C_6H_{12}O_6+C_6H_{12}O_6+C_6H_{12}O_5$$
茄碱苷　　　　　　　　茄碱　　葡萄糖　　半乳糖　　鼠李糖

（3）柑橘类糖苷。柑橘类糖苷主要存在于柑橘类果实中，在果皮的白皮层、橘络、囊衣和种子中含量较多，主要有橙皮苷、柚皮苷、枸橘苷和圣草苷等几种，均是一类具有维生素 P 活性的黄酮类物质。柚皮苷（naringin）味极苦，但在酶和稀酸的作用下，可水解成糖基和苷配基，使苦味消失，这就是果实在成熟过程中苦味逐渐变淡的原因。在柑橘加工业中常利用酶制剂来使柚皮苷和橙皮苷水解，以降低橙汁的苦味。新橙皮苷（neohesperidin）是引起糖水橘片罐头白色浑浊和沉淀的主要原因，柚皮苷、柑橘苷是某些柑橘汁苦味的原因，它们的结晶对保持柑橘汁的浑浊也有一定影响。

$$C_{28}H_{34}O_{15}+2H_2O \longrightarrow C_{16}H_{14}O_6+C_6H_{12}O_6+C_6H_{12}O_5$$
橙皮苷　　　　　　　橙皮素　　葡萄糖　　鼠李糖

柑橘类的苦味物质除上述糖苷类物质外，还有一类萜类化合物，主要是类柠碱（limonoids），包括柠碱（limonin）、黄柏酮（obacunone）、脱乙酰基柠碱（deacety-limonin）和诺米林（nomilin）等物质。柠碱以柠碱 D-环内酯这种非苦味前体物质存在于完整的果实之中，在加工前并不表现苦味，当柑橘榨汁后数小时或加热时，柠碱 D-环内酯这类苦味前体物质在柠碱 D-环内酯酶和酸的作用下转化为柠碱，形成后苦味，故称为后苦味物质。此类物质是橙汁及其他柑橘汁的主要苦味物质之一。

（4）黑芥子苷。黑芥子苷本身呈苦味，普遍存在于十字花科蔬菜中，芥菜、萝卜、辣根、油菜等含量较多。它在酸和酶的作用下发生水解，生成具有特殊辣味和香气的芥子油、葡萄糖及硫酸氢钾，使苦味消失。这种变化在蔬菜的腌制中很重要，使腌渍菜常具有特殊的香气。例如萝卜在食用时所呈现的辛辣味，即黑芥子苷水解后产生的芥子油风味。此苷在芥菜种子中含量最多，调味品芥末的刺鼻辛辣气味，即是黑芥子苷水解为芥子油所致。

$$C_3H_5N=C(OSO_3K)C_6H_{11}O_5+H_2O \longrightarrow C_3H_5N=C=S+C_6H_{12}O_6+KHSO_4$$
黑芥子苷　　　　　　　　　　　　黑芥子油　　葡萄糖　　硫酸氢钾

（四）色素类物质

园艺产品的色泽是构成产品品质的重要因素，是检验园艺产品成熟度的依据，色泽不仅反映园艺产品的新鲜度，还可促进人们的食欲。园艺产品的色泽是其在生长过程中由各种色素变化而成的，随着园艺产品成熟度的增加其色素也不断变化。因此，色素的种类和特性成为园艺产品新鲜度和成熟度的感官鉴定指标。色素的种类很多，有时单独存在，有时几种色素同时存在，或显现或被遮盖。按照其溶解性及在植物体内存在的状态可大致分为两类：一类是脂溶性色素，如叶绿素和类胡萝卜素；另一类是水溶性色素，如花青素和黄酮类物质。

1. 叶绿素

叶绿素主要有叶绿素 a 和叶绿素 b 两种，在一些藻类中还有叶绿素 c 和叶绿素 d。叶绿素

a 呈蓝绿色，叶绿素 b 呈黄绿色，通常它们在植物体内以 3∶1 的比例存在。在酸性介质中叶绿素分子中的 Mg^{2+} 被 H^+ 取代形成脱镁叶绿素，加热可加速反应进行，绿色消失，呈现褐色；在碱性介质中叶绿素分解生成叶绿酸、甲醇和叶绿醇，叶绿酸呈鲜绿色，较稳定，如与碱进一步结合可生成更稳定的叶绿酸钠或钾盐，呈绿色且绿色保持得更好，这也是加工绿色蔬菜时，加小苏打护绿的理论依据之一。叶绿素不稳定，在有氧或见光的条件下，极易被破坏而失绿。蔬菜在短时间高温烫漂时，组织中的空气被排除，绿色显得更深。同时，高温瞬时处理可以使叶绿素酶丧失活性。

2. 类胡萝卜类

类胡萝卜素是一类脂溶性的色素，构成果蔬的黄色、橙色或橙红色。其构造比较复杂，结构的差异产生颜色的差异。类胡萝卜素广泛地存在于果蔬中，其颜色主要表现为黄、橙、红。果蔬中类胡萝卜素有 300 多种，但主要有胡萝卜素、番茄红素、番茄黄素、辣椒红素、辣椒黄素和叶黄素等。类胡萝卜素分子中都含有一条由异戊二烯组成的共轭多烯链，β-胡萝卜素在多烯链的两端分别连有一个 α-紫罗酮环和 β-紫罗酮环。果蔬中胡萝卜素的 85% 为 β-胡萝卜素。类胡萝卜素具有较高的热稳定性，即使与锌、铜、铁等金属共存时也不易破坏，对酸碱较稳定，但在有氧条件下，易被脂肪氧化酶、过氧化物酶等氧化脱色，紫外线也会促进其氧化，可能会导致产品产生异味。

番茄黄素（lycoxanthin）和辣椒红素（capsorubin）存在于番茄、西瓜、柑橘、葡萄柚等果蔬中。番茄红素合成的适宜温度为 16~24 ℃，29.4 ℃ 以上的高温会抑制番茄红素的合成，这是炎热季节番茄着色不好的原因，但高温对其他果蔬番茄红素的合成没有抑制作用。各种果蔬中均含有叶黄素，它与胡萝卜素、叶绿素共同存在于果蔬的绿色部分中，当叶绿素分解后，才呈现出黄色。

3. 花青素

花青素以糖苷形式存在于植物细胞液中，使果实和花等呈现红、蓝、紫等颜色。花青素在不同 pH 条件下的分子结构不同，因此其颜色受 pH 影响。花色素在酸性溶液中呈红色，碱化后变为紫色，进一步碱化变为蓝色。花青素很不稳定，在高温和高 pH 环境中降解加快，低温则有利于花色素的积累。花青素与铁、铜、锡等金属离子结合则呈现蓝色、蓝紫色或黑色，并能发生色素盐的沉淀，在加热时又能分解而褪色，从而使制品色泽暗淡。所以果蔬在加工时应避免与锰、铁、铝等金属结合。

4. 黄酮类色素

黄酮类色素又称花黄素，是一类结构与花色素类似的黄酮类物质，多呈白色至浅黄色，以糖苷形式广泛存在于果蔬中的一种水溶性色素，其化合物的基本结构是 2-苯基苯骈吡喃酮，主要有黄酮、黄酮醇、黄烷酮和黄烷酮醇。

黄酮类色素在酸性条件下无色，在碱性时呈黄色，与铁盐作用会变成绿色或紫褐色。当用碱处理某些（如洋葱、马铃薯等）含黄酮类色素的果蔬时，往往会发生黄变现象，影响产品质量，加入少量酒石酸氢钾即可消除。黄酮类色素对氧敏感，在空气中长时间放置会产生褐色沉淀，因此，一些富含黄酮类色素的果蔬加工制品贮藏时间过久会出现褐色沉淀。此外，黄酮类色素的水溶液呈涩味或苦味。黄酮类色素主要存在于橘、苹果、洋葱、玉米、芦笋等果蔬中，以柑橘类果皮中含量最多。

（五）质构类物质

1. 水分

水分是园艺产品的主要成分，水果、蔬菜中所含水分含量因品种不同而有很大差异，通常新鲜水果蔬菜含水量为65%～90%；西瓜、草莓、番茄、黄瓜可高达90%以上。富含淀粉的块茎，如山药、木薯等含水量较少，一般在50%以上。部分果蔬产品水分含量见表2-2。水分是植物完成整个生命活动必不可少的物质，决定了果蔬的嫩度、鲜度和味道，失水后的果蔬会变得疲软、萎蔫，品质下降，水分减少5%以上就会失去鲜嫩的程度和食用价值。因此，为了更好地加工，必须保持采后果蔬进厂的新鲜品质。

表2-2　几种果品蔬菜的水分含量

名称	水分/%	名称	水分/%
苹果	84.60	辣椒	82.40
梨	89.30	木薯	59.40
桃	87.50	萝卜	91.70
梅	91.10	白菜	95.00
杏	85.00	洋葱	88.30
葡萄	87.90	甘蓝	93.00
柿	82.40	姜	87.00
荔枝	84.80	黄瓜	96.67
山楂	77.50	马铃薯	79.90
山药	77.60	蘑菇	93.30

2. 纤维素与半纤维素

纤维素是由葡萄糖分子通过β-1,4糖苷键连接而成的多糖，往往与木质素共存，半纤维素则是由木糖、阿拉伯糖、甘露糖、葡萄糖等五碳糖和六碳糖组成的一类复杂多糖，纤维素和半纤维素是植物细胞壁的主要成分，是构成细胞壁的骨架物质，起支持和保护作用。

幼嫩果蔬中的纤维素多为水合纤维素，组织质地柔韧、脆嫩，老熟时纤维素会与半纤维素、木质素、角质、栓质等形成复合纤维素，组织变得粗糙坚硬，食用品质下降。角质纤维素具有耐酸、耐氧化、不易透水等特性，主要存在于果蔬表皮细胞内，可保护果蔬，减轻机械损伤，抑制微生物侵染，对贮藏有意义。就果蔬加工而言，含纤维素越多，果蔬越质粗多渣，品质越差。

3. 果胶

果胶是由多聚半乳糖醛酸脱水聚合而成的高分子多糖类物质，存在于植物细胞壁的中胶层和初生壁，果蔬组织细胞间的结合力与果胶物质的形态、数量密切相关。不同的果蔬果胶含量不同。果胶物质以原果胶、果胶及果胶酸三种形态存在。原果胶存在于未成熟的果蔬中，不溶于水，具有黏结性，在胞间层与蛋白质、钙、镁等形成蛋白质—果胶—阳离子黏合剂，使相邻的细胞紧密黏结在一起，赋予未成熟果蔬较大的硬度。随着果蔬的成熟，原果胶在原果胶酶和有机酸的作用下水解为纤维素和可溶性果胶，可溶性果胶含量增加，细胞结构被破坏，果蔬质地变软。成熟的果蔬向过熟转化时，果胶在果胶甲酯酶的作用下水解为果胶酸，果胶酸黏性降低，此时细胞壁紧实度显著下降，过熟果蔬呈软烂状态。因此在进行果蔬加工时，必须根据加工制品对原料的要求，选择不同的成熟度。

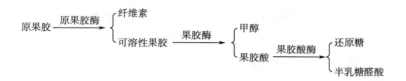

二、园艺产品的败坏与加工保藏措施

（一）园艺产品败坏

食品败坏含义较广，凡不符合食品要求的变质、变味、变色都称为食品败坏。造成园艺产品败坏的原因很多，主要有微生物败坏、物理败坏、化学败坏等。

1. 微生物败坏

微生物的生长发育是导致食品败坏的主要原因。由微生物引起的败坏通常表现为生霉、酸败、发酵、软化、腐烂、产气、变色、浑浊等，对食品的危害最大，轻则使产品变质，重则不能食用，有的病原菌、产毒菌还会致病或者产生毒素，甚至造成中毒死亡。

在加工生产的过程中，原料不洁，清洗不足，加工用水、加工机械不符合卫生要求、杀菌不完全等因素均易导致微生物的污染。引起园艺产品败坏的微生物主要是细菌、酵母和霉菌等，其中新鲜园艺产品主要有霉菌，包括青霉属、芽孢菌属、交链孢霉属；在加工果酱类、糖渍制品中主要为一些耐渗酵母菌属；罐藏品主要有杆菌，如巴氏固氮梭状芽孢杆菌、乳酸杆菌、肉毒梭状芽孢杆菌以及引起平酸菌腐败的嗜热脂肪芽孢杆菌和凝结芽孢杆菌等；在高酸性果汁制品（pH 小于 3.7）如葡萄汁、柠檬汁中，主要有乳酸菌、酵母菌和霉菌；葡萄酒常会受酒花菌和醋酸菌的危害。

2. 物理败坏

光照、温度、湿度和压力等物理因素，会引起园艺产品及其制品的败坏。日光的照射与暴晒，可使温度升高，加速化学反应，甚至加快某些微生物的生长繁殖，促进食品成分水解，引起变色、变味和营养物质损失。强光直接照射在食品上或食品包装容器上，间接地使温度提高。因此，应避免高温贮藏，加工过程中热处理结束后，应尽快降温冷却。湿度过大，易吸水返潮导致微生物的大量繁殖而腐败变质。果蔬糖制品也会因吸潮而引起表面糖浓度下降，降低了抑制微生物的效应，引起败坏；湿度过小，糖制品会因失水而引起表面糖浓度增大，产生返砂现象。脱水果蔬制品的口感、滋味、色泽和形态结构也会因过度失水而发生变化。压力的变化对罐头类食品影响较大，如杀菌时压力的剧烈变化，引起玻璃罐头"跳盖"现象，使容器密封性降低，造成了微生物侵染，产生败坏。

3. 化学败坏

食品中存在着种类繁多的化学物质，发生化学反应，如氧化、还原、分解、合成、溶解、晶析、沉淀等。化学因素引起的食品败坏又称化学败坏，主要表现为变色、变味、软烂，并造成营养物质的损失。这类变化可能是由于其内部本身化学物质的改变或由于园艺产品及其制品中含有酶，与氧气接触能促进反应发生，也可能是与加工设备、包装容器、加工用水的接触等发生反应。

（1）酶的作用。果蔬中很多酶如果在加工中没有被钝化，就会继续催化一些反应，造成败坏，如脂肪氧化酶引起的脂肪酸败，蛋白酶引起的蛋白质水解，多酚氧化酶引起的褐变，果胶酶引起的组织软化等。

（2）非酶作用。食品加工过程中因非酶反应引起的食品变质现象较多，如非酶褐变，主要有美拉德反应、焦糖化反应、抗坏血酸氧化等引起的非氧化褐变。这些褐变常由于加热及食品长期的贮藏而发生。

加工用水、用具中的铁离子与桃、苹果、栗子、莲藕、芋头、茶叶等富含多酚物质的食品接触，会变成紫黑色。此外，食品成分与包装容器会发生反应，含酸量高的原料制成果汁时容易使金属罐壁的锡溶出。金属离子也能使花青素变色，桃、葡萄等含花青素的食品罐藏时，与金属罐壁的锡、铁反应，颜色从紫红色变成褐色。

（二）园艺产品加工保藏原理与措施

园艺产品在加工过程中已丧失了生理机能，园艺产品加工原则是在充分认识食品败坏原因的基础上建立起来的。造成食品败坏的原因是复杂的，往往是生物、物理、化学等多种因素综合作用的结果，其中，起主导作用的是有害微生物和酶。其保藏方法，又主要是针对杀灭或抑制微生物的活动。食品的加工保藏原理，概括起来有 4 种，即假死原理、不完全生机原理、无生机原理和完全生机原理。

1. 园艺产品加工保藏的原理

（1）假死原理（回生原理，抑制原则）。根据微生物和酶的特性，外界环境条件改变，可使微生物处于抑制状态，同时使酶失活，措施一旦解除，微生物又能恢复活动。利用此原理保藏的食品主要有果蔬糖制品、果蔬干制品、蔬菜腌制品、速冻制品。为了达到抑制微生物活动的目的，通常可以采取降低 pH、降低水分活度、提高渗透压、改变气体环境、降低温度等措施。

（2）不完全生机原理（生化保藏原则）。不完全生机原理是指利用某些有益微生物的活动产生和累积的代谢产物，抑制其他有害微生物活动。园艺产品内所含的糖在微生物的作用下发酵，变成具有一定保藏作用的酒精、乳酸、醋酸等，可以加强食品的保藏性。果酒、乳酸饮料、酸菜、泡菜及果醋就是利用此种方法保藏的产品。但是，只有酒精和醋酸往往不够，还需结合其他措施才能长期保藏。

（3）无生机原理（无菌原则）。无生机原理使食品所处的体系处于无生机状态，通过热处理、微波、辐射、过滤等工艺手段，使食品中的腐败菌数量减少或消灭到能使食品长期保存所允许的最低限度，同时，使酶钝化，达到长期保存的目的。罐藏食品经排气、密封、杀菌，保存在不受外界微生物污染的密闭容器中，就能长期保存。

（4）完全生机原理。完全生机原理通过维持新鲜园艺产品正常的、缓慢的生命活动而达到保藏其产品的目的。因此，需要创造一个适宜的环境条件，使园艺产品原料采后呼吸变慢，衰老进程减缓，尽可能地将其物质损耗水平降至最低。园艺产品的冷藏保鲜就是利用了此原理。

2. 园艺产品加工保藏的措施

（1）原料和加工的清洁和消毒。加工前原料要求充分洗净，以减少附在表面的病菌。因为即使是杀菌食品，其原始带菌量也决定了杀菌产品的最终带菌量。因此，工厂内部和四周要求经常打扫干净，进行消毒处理。皮渣废物要及时清除，污水要及时处理和排放。加工器械用毕须随时洗净，保证干燥。常用的消毒剂包括氯和氯相关化合物、过氧化氢和钙基溶液。

（2）低温冷藏。低温冷藏指将原料或成品保藏在较低的温度下。低温下微生物的活动受限，产品内部的生物化学变化速度变慢，不易生霉、腐败等，利于较好地保持原有品质。

（3）冻结（冷冻）。冻结指将园艺产品保持在其冰点以下的温度环境中，使其冻结，之后将制品贮藏在冰点以下的环境中。冻结可分速冻和缓冻，园艺产品制品宜用速冻加工。因为低温抑制了酶和微生物的活动，冻结条件下食品的水分活度大大降低，有效水极少，可以很好地保持制品的品质。

（4）脱水与干燥。脱水与干燥是利用热能或其他能源排除园艺产品中多余的水分，然后将园艺产品以低含水量的状态保存起来的一种加工方法。一般果干的含水量达20%以下、干制蔬菜的含水量达5%以下就非常安全，已经干燥的产品仍须注意密封包装，以免受潮而影响保藏效果。园艺产品进行脱水干制不仅能提高其贮藏性能，还能改善干制品品质，提高园艺产品的附加值，在园艺产品生产中应用非常广泛。

（5）高浓度溶液。高浓度的食糖和食盐溶液具有强大的渗透压和相对较低的水分活度，使附着的微生物无法从食品中吸取水分，因而不能生长繁殖，甚至在渗透压大时，还能使微生物内部的水分反渗透出来，造成微生物的生理干燥，使其处于假死状态或休眠状态。各种微生物均有一定的耐渗透压范围，超过一定的极限便不能生长，所以常用高浓度的食糖或食盐进行果蔬加工品及半成品或原料的保藏。果酱、果冻及腌渍果蔬即利用此原理来达到保藏目的。

（6）真空与密封。在进行果蔬加工和保藏时，真空处理不仅可以防止因氧化而引起的种种品质劣变，抑制微生物生长繁殖，而且在加热浓缩时，可以缩短加工时间。此外，此法可在较低温度下完成加工过程，以防热敏性营养成分被破坏，进而提高产品品质。密封是保证加工品与外界空气隔绝的一种必要措施，如番茄酱等半成品一般采用大罐密封保藏。

（7）杀菌。杀菌是加工的重要环节，最广泛的杀菌方法是热杀菌，基本可分为100 ℃以下70~80 ℃的巴氏杀菌和100 ℃及其以上的高温杀菌；超过一个大气压力的杀菌为高压杀菌法，没有热效应的杀菌为冷杀菌。冷杀菌是指杀菌后不引起食品温度升高的杀菌方法，如紫外线杀菌、超声波杀菌、辐照杀菌、低温等离子体杀菌、高压脉冲电场杀菌等方法。

热力杀菌按杀菌条件，可分为巴氏杀菌和高温杀菌。巴氏杀菌的杀菌温度在100 ℃以下，普遍使用范围为60~90 ℃，应用时温度须与时间相适应。温度高时间短，温度低则时间长。如90 ℃时需1 min，而60 ℃时则需20~30 min。此法仅杀死微生物的营养体而不能杀死芽孢。适用于果蔬汁、果酒等流质及高糖或高盐保藏的食品，如果酱、果冻、糖浆制品或酱菜、泡菜等。因为果汁为低pH流质食品，果酒含有乙醇，微生物不易生长繁殖，采用高温杀菌反而会损害其风味，而糖制品和腌渍品为高渗透压产品，也无须应用高温。

对果汁等易受热变质的流质食品，在高温下短时间杀菌的方法称高温短时杀菌。其主要目的除了杀灭微生物营养体外，还需要钝化果胶酶及过氧化物酶，这两种酶的钝化温度分别为88 ℃和90 ℃，故常用的杀菌温度不低于88 ℃或90 ℃，如柑橘汁常用93.3 ℃，30 s杀菌。

高温杀菌的杀菌温度在100 ℃以上，常在100~121 ℃，是果蔬罐头的基本杀菌法，杀菌后不含有致病微生物和通常温度下能在其中繁殖的非致病微生物，达到所谓的"商业无菌"状态。此法因杀菌方法不同，可分常压杀菌和加压杀菌两种方式。常压杀菌在普通大气中进行，杀菌温度为水的沸点温度（海平面时为 100 ℃），常用于 pH 在 4.5 以下的酸性或高酸性果蔬罐头；加压杀菌在增加大气压的条件下进行，温度高于水的沸点，通常为 105～121 ℃，适用于 pH 在 4.5 以上的蔬菜类罐头。

水果、农产品、海鲜产品和其他热敏感性食品若无法采取热杀菌，可采用冷杀菌技术。紫外线技术是一种传统的食品处理技术，其具有良好的杀菌效果，通常情况下，紫外线的照射可以破坏微生物的核酸，影响微生物的生理活性，从而起到杀菌的作用。

超声波杀菌是一种使用 18kHz 以上的声波处理食品的新型非热技术，通常用于液体食品或以液体为介质的食品，原理是超声波设施产生的声波在液体物质中形成气泡，随着超声波能量的增加，气泡增加到一定程度会出现破裂并产生波能力，从而引起液体物质快速升温、压力增大并生成自由基，在多种因素作用下，酶失活、细胞膜破裂导致细胞死亡，从而起到杀死细菌和保鲜的作用。

辐射杀菌技术是一种采用 γ-射线杀菌的新型杀菌技术，该技术在常温下进行，通常不会破坏食物的口感、色泽以及外包装，该技术操作简单，具有良好的杀菌效果，可以显著杀死大量的致病微生物以及细菌，避免出现交叉污染。

低温等离子体技术杀菌的原理是：原子、离子和自由基在电离作用下获得能量变成激发态原子、离子和自由基，达到灭活酶和破坏微生物细胞的杀菌目的。低温等离子体杀菌设备较为昂贵，在一定程度上增加了生产加工成本，限制了该技术推广和发展。

高压脉冲电场杀菌的主要理论依据有跨膜电位理论、介电破坏理论、电穿孔理论和空穴理论。在外加电场的作用下，微生物细胞膜上的电荷分离形成跨膜电位差，当外加电场强度进一步增强时，膜电位差增大，当其达到临界崩解电位差时，细胞膜开始崩解破裂，形成细孔，渗透能力增强，从而导致细胞的死亡。

（8）防腐剂。作为一种保藏的辅助手段，我国应用的防腐剂有苯甲酸及其钠盐、山梨酸及其钾盐、二氧化硫及亚硫酸盐类、脱氢醋酸等。

苯甲酸钠，应用于果酱（罐头除外）、蜜饯凉果、腌渍的蔬菜、浓缩果蔬汁（浆）、果蔬汁类饮料及果酒等，不同果蔬制品最大使用量不同，在浓缩果蔬汁中最大使用量为 2.0 mg/kg。二氧化硫及亚硫酸盐可应用于干制果蔬、腌渍蔬菜、果蔬汁（浆）、葡萄酒及果酒等。二氧化硫可作为防腐剂在葡萄酒及果酒中添加，但最大使用量为 0.25 g/L，甜型葡萄酒及果酒系列产品使用量为 0.4 g/L。山梨酸及其钾盐可应用于果酱、蜜饯凉果、腌渍蔬菜、浓缩果蔬汁、葡萄酒及果酒等。在浓缩果蔬汁（浆）中最大使用量为 2.0 mg/kg。

（9）抗氧化剂。抗氧化剂是指能使产品避免或减轻氧化反应发生的一类物质。园艺产品加工中常用的抗氧化剂有抗坏血酸、二氧化硫、有机酸、食盐及草酸盐等。抗坏血酸在果汁加工时常以 50～200 mg/L 果汁的用量，在压榨时加入，冷冻果蔬中也常加入。食盐以 1%～2% 的浓度作护色液用。

（10）常见酸类。氢离子对微生物具有毒害作用，低 pH 时，游离的 H^+ 可使原生质凝固。因此，加酸降低介质的 pH 有显著的保藏效果。食品加工中常用醋酸、乳酸、磷酸、柠檬酸等。加酸保藏时，酸的种类对抑菌效果产生不同的影响，同样的 pH 条件下，无机酸的效果要比有机酸好。

（11）生化保藏。生化保藏指利用某些有益微生物繁殖过程中产生的生化变化来保存产品。果蔬中含有糖类，在各种微生物作用下，发酵形成可保存的产物。例如，乳酸菌可使乳糖发酵生成乳酸，有防腐和增进风味的作用，乳酸饮料、酸菜、四川泡菜等就是生化保藏的典型代表。

第二节　果蔬原料加工预处理

一、果蔬加工对原料的要求

果蔬加工的方法较多，其性质相差很大，不同的加工方法和制品对原料均有不同的要求。优质、高产、低耗的加工品，除受工艺和设备的影响外，还与原料的品质及其加工适应性有密切的关系。果蔬加工对原料总的要求是要有合适的种类、品种，适当的成熟度和良好、新鲜完整的状态。

（一）原料的种类和品种

果蔬的种类和品种繁多，虽然都可以加工，但种类、品种间的理化性质各异，因而适宜制造加工的种类也不同。

制作果汁、果酒类产品时，一般选择汁液丰富、榨汁容易、可溶性固形物含量高、酸度适宜、香气浓郁、色泽良好及果胶含量适宜的种类和品种为原料。理想的制汁原料有：橙子、葡萄、柑橘、苹果、梨、菠萝、番茄、黄瓜、芹菜等。

制作干制品时，要求选择干物质含量较高、水分含量较低、可食部分多、粗纤维少、风味及色泽好的种类和品种作为原料。较理想的原料有：枣、柿子、山楂、苹果、龙眼、杏、胡萝卜、马铃薯、辣椒、南瓜、洋葱、姜及大部分食用菌。

制作罐藏、果脯及冷冻制品时，原料应该选肉质肥厚、质地致密、糖酸比适中、色香味好的种类和品种。

制作果酱类的制品时，原料应该选含有丰富的果胶物质、较高的有机酸、风味浓、香的种类和品种，如山楂、杏、草莓、苹果、番茄等。

制作腌制品时，原料应选水分含量低、干物质较多、肉质厚、风味独特、粗纤维少的种类和品种，如芥菜、萝卜、榨菜、黄瓜、茄子、甘蓝、白菜、蒜、姜等。

（二）原料的成熟度和采收期

果蔬原料的成熟度、采收期适宜与否，将直接关系到加工成品质量的高低和原料损耗的大小。在果蔬加工学上，成熟度分为三个阶段：可采成熟度、加工成熟度和生理成熟度。

可采成熟度是指果实充分膨大长成，但风味还未达到顶点的成熟度。这时采收的果实，适合于贮运并经后熟后方可达到加工的要求，如香蕉、苹果、桃等水果可以这时采收。一般工厂为了延长加工期常在这时采收进厂入贮，以备储后加工。加工成熟度是指果实已具备该品种应有的加工特征，分为适当成熟与充分成熟。果汁、果酒要求原料充分成熟，色泽鲜艳，香气浓郁，取汁容易；制作干制品的原料，有的要求充分成熟，有的则要求适度采收。生理成熟度是指果实质地变软，风味变淡，营养价值降低，一般称这个阶段为过熟。通常，达到生理成熟的果实除了可做不需保持形状的果汁、果酒和果酱等，一般不适宜加工其他产品。

蔬菜供食用的器官不同，它们在田间生长发育过程中的变化很大，因此，采收期选择恰当与否，对加工至关重要。例如，青豌豆、菜豆等罐头用原料，以乳熟期采收为宜。青豌豆花后十七八天采收品质最好，糖分含量高，粗纤维少，表皮柔嫩，制成的罐头甜、嫩、不浑汤。若采收早，发育不充分，难以加工，亩产也低；若选择在最佳采收期后采收，则籽粒变老，糖转化成淀粉，失去加工罐头的价值。

（三）原料的新鲜度

原料的新鲜、完整、饱满的状态是表示原料良好品质的主要概念，若放置时间长，由于生命活动仍在进行，原料会消耗营养成分，或进行不良转化，如青豌豆、甜玉米等淀粉迅速增多；有的纤维增多、组织老化，如芦笋、竹笋等；有的发生褐变，如蘑菇。加工原料越新鲜，加工的品质越好，损耗率也越低。因此，果蔬要求从采收到加工的时间尽量短，如果必须放置或长途运输，则应有一系列的低温保藏措施。

二、果蔬原料的预处理

尽管果蔬种类和品种各异，组织特性差异较大，加工方法不同，但加工前的预处理有一段大致相同的工艺。果蔬加工前处理包括原料的选择或选别、分级、洗涤、去皮、切分、去心、烫漂、破碎、护色等工序。

果蔬原料预处理

（一）原料分级

果蔬的分级包括按大小分级、成熟度分级和色泽分级，可采用一种或多种分级方法。

大小分级是分级的主要内容，几乎所有的加工类型均需按大小分级，其方法有手工分级和机械分级两种。手工分级：在生产规模不大或机械设备较差时常用手工分级，同时可配备简单的辅助工具，如圆孔分级板、蘑菇大小分级尺等。分级板由长方形板上开不同孔径的圆孔制成，孔径的大小视不同的果蔬种类而定，这种分级同样适用于圆形的蔬菜和蘑菇。根据同样原理设计而成的分级筛，适用于豆类、马铃薯、洋葱及部分水果，分级效率高，比较实用。机械分级：采用机械分级可大大提高分级效率，且分级均匀一致。机械分级方法包括滚筒分级机、振动筛及分离输送机。除了各种通用机械外，果蔬加工中还有许多专用的分级机械，如蘑菇分级机、橘瓣分级机和菠萝分级机等。

成熟度与色泽的分级在大部分果品蔬菜中是一致的，常用目视估测法进行。成熟度的分级一般是按照人为制定的等级进行分选，豆类中的豌豆等在国内外也常用盐水浮选法进行分级，因为成熟度高的含有较多的淀粉，故相对密度较大，在特定相对密度的盐水中利用其上浮或下沉的原理即可将其分开。但这种分级法也受到豆粒内空气含量的影响，故有时将此步骤改在烫漂后装罐前进行。色泽常按深浅进行分级，除目测外，也可用灯光法和电子测定仪装置进行色泽分辨选择，如速冻酸樱桃常用灯光法进行色泽和成熟度分级。

（二）原料清洗

果蔬原料表面常附着灰尘、泥沙和大量的微生物以及部分残留的化学农药，清洗的目的在于洗去果蔬表面上杂质，保证果蔬符合商品要求和卫生标准，从而保证制品的质量。

洗涤用水，除果脯和腌渍类原料可用硬水外，其他加工原料最好使用软水。洗涤时常在水中加入化学药剂和脂肪酸系列的洗涤剂应用于生产，如单甘酸酯、磷酸盐、糖脂肪酸酯、柠檬酸钠等，既可减少或除去农药残留，还可除去虫卵，降低耐热芽孢数量。水温一般是常温，有时为增加洗涤效果，可用热水，但不适用于柔软多汁、成熟度高的原料。

果蔬的清洗方法可分为手工清洗和机械清洗两大类。手工清洗简单易行，设备投资少，适用于任何种类的果蔬，但劳动强度大，非连续化作业，效率较低，对于一些易损伤的果品如杨梅、草莓、樱桃等，此法较适宜。

果蔬的机械清洗种类较多，常用清洗设备包括洗涤水槽、滚筒式清洗机、喷淋式清洗机、压气式清洗机及桨叶式清洗机等。近年来，多种果蔬原料清洗的新工艺与技术开始了应用，如臭氧水清洗、超声波清洗等。

（三）原料去皮

除叶菜类外，大部分果蔬外皮较粗糙、坚硬，虽有一定的营养成分，但口感不良，对加工制品有一定的不良影响。因此，果蔬一般都要求去皮。只有在加工某些果脯、蜜饯、果汁和果酒时，因为要打浆、压榨或其他原因才不用去皮。加工腌渍蔬菜常常也无需去皮。传统去皮方法有手工、机械、碱液、酶法、热力、冷冻和真空去皮等。此外，还有红外辐射去皮、超声波辅助去皮及其他去皮方法。

1. 手工去皮

手工去皮是应用特别的刀、刨等工具人工削皮，应用范围较广。其优点是去皮干净、保留新鲜和无损的可食果肉，损失率小，并兼有修整的作用，还可去心、去核、切分等工序同时进行。但手工去皮费工、费时、生产效率低、不适合大规模生产。

2. 机械去皮

机械去皮主要可分为旋皮机、擦皮机、专用的去皮机械等。旋皮机主要是在特定的机械刀架下将果蔬皮旋去，适用于苹果、梨、柿、菠萝等大型果品。擦皮机利用内表面有金刚砂，表面粗糙的转筒或滚轴，借摩擦力的作用擦去表皮，适用于马铃薯、甘薯、胡萝卜、荸荠、芋等。此法去皮后原料的表皮粗糙，需进一步打磨，常与热力方法连用，如甘薯去皮即可先进行加热，再喷水擦皮。青豆、黄豆等采用专用的去皮机来去皮，菠萝也有专门的菠萝去皮、切端通用机。另外，用于果蔬去皮的机械，特别是与果蔬接触的部分应用不锈钢制造，否则会使果肉褐变，且器具会被酸腐蚀而增加制品内的重金属含量。

3. 碱液去皮

碱液去皮是果蔬原料去皮中应用很广的方法。绝大部分果蔬如桃、李、杏、苹果、胡萝卜等果蔬，表皮由角质、蜡质、半纤维素等组成，果肉由薄壁细胞组成，果皮与果肉之间为中胶层，富含果胶物质。碱液去皮的原理是果蔬原料与碱液接触时，表皮被碱液腐蚀而变薄，乃至溶解，中胶层的果胶被碱液水解而失去胶凝性，而果肉的薄壁细胞膜比较抗碱。因此，碱液处理能使果蔬的表皮剥落而保存果肉。

碱液去皮常用氢氧化钠，其腐蚀性强且价廉，也可用氢氧化钾或二者的混合液，有时也用碳酸氢钠等碱性较弱的碱。为了提高去皮效果，可加入一些表面活性剂和脂肪酸，如蔗糖酯、己酸、十二烷酸、十六烷酸、棕榈油酸、油酸、亚麻酸、亚油酸、硬脂酸等，可降低果蔬的表面张力，使碱液分布均匀，提高去皮率。碱液浓度、处理时间和碱液温度为碱液去皮的 3 个重要参数，去净率随碱液浓度、温度、浸泡时间增加而逐渐提高。生产中必须视具体情况灵活掌握，只要处理后经轻度摩擦或搅动能脱落果皮，且果肉表面光滑即可。几种果蔬碱液去皮参考条件如表 2-3 所示。

表 2-3　几种果蔬碱液去皮参考条件

果蔬种类	NaOH 浓度/%	碱液温度/℃	处理时间/min
桃	2.0~6.0	>90	0.5~1.0
杏	2.0~6.0	>90	1~1.5
李子	2.0~8.0	>90	1~2
猕猴桃	2.0~3.0	60~70	3~4
橘瓣	0.8~1.0	>90	0.25~0.5
苹果	8~12	>90	1~2
番茄	15~20	85~95	0.3~0.5
甘薯	4	>90	3~4
茄子	5	>90	2
胡萝卜	4	>90	1~1.5

经碱液处理后的果蔬必须立即在冷水中浸泡、清洗，反复换水，除去果皮渣和黏附的余碱，漂洗至果块表面无滑腻感，口感无碱味为止。为了加速降低 pH 和清洗，可用 0.1%~0.2% 的盐酸或 0.25%~0.5% 的柠檬酸水溶液浸泡。盐酸比柠檬酸效果好，因为盐酸离解的氢离子和氯离子对氧化酶有一定的抑制作用，而柠檬酸较难离解。同时，盐酸可以和黏附余碱发生反应生成盐类，抑制酶活性。

碱液去皮的处理方法有浸碱法和淋碱法两种。浸碱法可分为冷浸与热浸，生产上以热浸较常用。将一定浓度的碱液装在特制的容器中，将果实浸泡一定的时间后取出搅动、摩擦去皮、漂洗即成。大量生产可用连续的螺旋推进式浸碱去皮机或其他浸碱去皮机械，其主要部件均由浸碱箱和清漂箱两大部分组成。

淋碱法：将热碱液喷淋于输送带上的果品上，淋过碱的果蔬进入转筒内，在冲水的情况下沿转筒边翻滚边摩擦去皮。杏、桃等果实常用此法。碱液去皮条件合适时，损失率较少，原料利用率较高。但必须注意碱液的强腐蚀性，注意安全，设备容器等必须由不锈钢、搪瓷或陶瓷制成，不能使用铁或铝。

4. 酶法去皮

酶法去皮一般采用高活性多糖水解酶溶液处理果品，包括果胶酶、纤维素酶和半纤维素酶等多糖酶，裂解果皮的细胞壁成分，在此过程中，表皮层的纤维素、半纤维素和果胶被分解，减少了果皮与果肉的黏附，使果皮松弛，以便轻松从果实表面去皮，适用于梨、番茄、土豆、猕猴桃、杏、芒果等果蔬去皮。例如将猕猴桃放入混合酶液（45 ℃，浓度 3.1 g/L，纤维素酶：果胶酶为 3:1，pH 3.5）酶解 35 min 后进行脱皮处理。酶法去皮产品质量好，废物少，且条件温和，其关键是要掌握酶的浓度及酶的温度、时间、pH 等最佳作用条件。

5. 热力去皮

热力去皮指果蔬先用短时高温处理，使之表皮迅速升温而松软，果皮膨胀破裂，与内部果肉组织分离，然后迅速冷却去皮。热力去皮的热源主要有蒸汽与热水。用热水去皮时，少量的可用夹层锅加热的方法。大量生产时，采用带有传送装置的蒸汽加热沸水槽进行。果蔬经短时间的热水浸泡后，用手工剥皮或高压水冲洗，如番茄可在 95~98 ℃的热水中热烫 10~30 s，取出后冷水浸泡或喷淋，然后手工剥皮。蒸汽去皮时一般采用近 100 ℃的蒸汽，这样可以在短时间内使外皮松软，以便分离。此法适用于成熟度高的桃、杏、枇杷、番茄、甘薯等。热力去皮原料损失少、色泽和风味好，但只用于皮易剥离的原料，且要求原料充分成熟，成熟度低的原料不适用。

6. 冷冻去皮

冷冻去皮指将果蔬在冷冻装置内使表面轻度冻结，然后解冻，使皮层松弛后去皮，此法适用于桃、杏、番茄等。有报道将番茄在液氮为介质的冷冻机内冻 5~15 s，然后浸入热水中解冻、去皮。此法无蒸煮过程，去皮损失率5%~8%，质量好，但费用高。

7. 真空去皮

将成熟的果蔬先行加热，使其升温后果皮与果肉易分离，接着进入有一定真空度的真空室内适当处理，使果皮下的液体迅速"沸腾"，皮与肉分离，然后破除真空，冲洗或搅动去皮。此法适用于成熟的果蔬如桃、番茄等。

8. 红外辐射、超声波辅助去皮

红外辐射产生的热效应导致果皮熔化和重组细胞外角质层的破坏，皮下细胞的中间层被剧烈破坏，细胞壁热膨胀，细胞层坍塌，导致果皮松弛，从而达到去皮效果。生姜在红外线加热至 300 ℃、距离红外加热管 21 mm 间距、120 s 加热时间下，去净率为 92.77%，去皮损失为 6.94%。此法时间短、传热速率高、能耗低、不产生废水、减少脱皮损失、提高产品质量及环保。番茄在红外管功率 11 kW，加热管与物料间距 6.32 cm，辐射加热时间 4.78 min，去皮率达到 90.4%。

超声波去皮是利用高温水和超声波对果蔬进行热处理和机械破坏，使果蔬皮中的果胶和半纤维素物质被分解，从而使果皮与果肉分离。番茄在 40kHz，270W/L，95 ℃下超声 60 s，去皮质量损失为 8.18%，去皮番茄颜色好，番茄红素含量高，硬度保持好。与传统去皮方法相比，超声去皮能降低去皮质量损失，是一种潜在的环境友好型去皮方法。

（四）原料的去核、去心、切分及修整

1. 去核、去心

除果皮外，有些原料加工时需将果核（核果类）或果心（仁果类）去除，如桃、杏、李子、苹果、梨、山楂等。桃的去核称"劈桃"，沿缝合线用人工或劈桃机完成，然后用勺形果核刀挖净果核；杏的去核即"割杏"，按缝合线环割后，一拧即可脱离杏核；苹果、梨等纵切后用环形果心刀去心；山楂果核用圆筒形捅核器去除。

2. 切分及修整

体积较大的果蔬原料在罐藏、干制、腌制及加工果脯、蜜饯时，为了保持适当的形状，需要适当切分。原料切分后，可形成良好的外观，便于后续工序处理。枣、金橘、梅等加工蜜饯时不需切分，但需划缝、刺孔。罐藏加工时还需要对果块进行修整，去除残留的果皮、斑点或褐变部位等。

规模生产常用的专用机械主要有以下3种。

（1）劈桃机。用于将桃切半，主要原理为利用圆锯将其锯成两半。

（2）多功能切片机。为目前采用较多的切分机械，可用于果蔬的切片、切块、切条等。设备中装有快换式组合刀具架，可根据要求选用刀具。

（3）专用切片机。在蘑菇生产中常用蘑菇定向切片刀。除此之外，还有菠萝切片机、青刀豆切端机、甘蓝切条机等。

（五）硬化

硬化处理常用于罐制和糖制工艺中的原料预处理，其目的是使原料保持一定的硬度，具有较高的耐煮性，以便加工后能使制品保持较好的形状、口感好、质地适中和品质优良。硬化原理主要是利用果胶酸与某些离子反应，生成不溶于水的果胶酸盐，细胞间相互黏结在一起，产生类似原果胶的作用，使原料保持一定的硬度。原料浸泡于石灰（CaO）、氯化钙（$CaCl_2$）、亚硫酸氢钙［$Ca(HSO_3)_2$］等硬化剂稀溶液中，用0.1%氯化钙与0.2%~0.3%亚硫酸氢钠混合液浸泡30~60 min，可以达到护色兼硬化的双重作用。

硬化剂的选用、用量及处理时间必须适当，过量会生成过多钙盐或导致部分纤维素钙化，使产品质地粗糙，品质劣化。干态蜜饯原料需要脱酸则用石灰，例如冬瓜橘饼的料坯常用0.5%石灰水溶液浸泡1~2 h，除硬化外，还有中和酸分、降低苦味物质的作用。果脯及含酸量低的料坯则用氯化钙、亚硫酸钙等盐类为宜，如苹果脯、胡萝卜蜜饯等一般用0.1% $CaCl_2$溶液处理8~10 h，便起到硬化作用。

（六）烫漂

果蔬的烫漂，生产上常称预煮或杀青，将已切分的或经其他预处理的新鲜果蔬原料放入温度较高的热水、沸水或热蒸汽中进行短时间的热处理。

1. 烫漂主要目的

（1）钝化活性酶、防止酶褐变。果蔬受热后可抑制其本身的生化活动，钝化酶活性如过氧化物酶和多酚氧化酶，防止果蔬出现褐变及品质的进一步败坏，这在速冻与干制品中尤为重要。一般认为抗热性较强的氧化还原酶可在71~73.5 ℃、过氧化酶可在80~95 ℃的温度下一定时间内失去活性。

（2）软化或改进原料组织结构。软化组织可以获得具有特定质地的产品，烫漂后的果蔬体积适度缩小，组织变得适度柔韧，果肉组织变得富有弹性。同时由于部分脱水，可保证有足够的固形物含量，干制和糖制时由于改变了细胞膜的通透性，有利于水分蒸发，可缩短干燥时间，使水分易蒸发，糖分易渗入，不易产生裂纹和皱缩。

（3）稳定或改进色泽。烫漂能够驱除果蔬组织内的气体，增加透明度，改善原料外观。对于含叶绿素的果蔬，色泽更加鲜绿；不含叶绿素的果蔬则变成所谓的半透明状态，更加美观。空气的排除有利于罐头制品保持合适的真空度，减弱罐内残氧对马口铁内壁的腐蚀，避免罐头杀菌时发生跳盖或爆裂。

（4）除去部分辛辣味和其他不良风味。烫漂处理可适度减轻制品的苦涩味、辛辣味或其他异味，还可以除去一部分黏性物质，提高制品的品质。例如罐藏青刀豆时，通过烫漂可除去部分可溶性含氮物质，避免苦味并减少容器的腐蚀。

（5）降低果蔬中的污染物和微生物数量。果蔬原料在去皮、切分或其他预处理过程中难免受到微生物等污染，经烫漂可杀灭大部分微生物，减少对原料的污染。

2. 烫漂处理的方法

常用的烫漂处理方法有热水法和蒸汽法两种，此外，新烫漂技术包括欧姆加热、红外加热、微波加热、射频加热等。

（1）热水法。热水法是在不低于 90 ℃的温度下热烫 2~5 min。但是某些原料，如制作罐头的葡萄和制作脱水菜的菠菜及小葱则只能在 70 ℃左右的温度下热烫几分钟，否则其感官及组织状态会受到严重影响。热水烫漂的优点是物料受热均匀，升温速度快，方法简便；缺点是可溶性固形物损失多，一般损失 10%~30%。在热水烫漂过程中，其烫漂用水的可溶性固形物浓度随烫漂的进行不断增大，烫漂水重复使用，可减少可溶性物质的流失，有些原料的烫漂液可收集进行综合利用。

加工罐头用的果品也常用糖液烫漂，同时兼有排气作用。为了保持绿色果蔬的色泽，常在烫漂水中加入碱性物质，如碳酸氢钠、氢氧化钙等。但此种物质对维生素 C 损失影响较大。绿色原料如青刀豆等，要求在烫漂液中加碱，使其 pH 为 7.5~8.0，以抑制叶绿素脱镁。豌豆常在 0.08%~0.1%的叶绿素铜钠染色液中烫漂兼染色。

（2）蒸汽法。蒸汽法是将原料装入蒸锅或蒸汽箱中，用蒸汽喷射数分钟后立即关闭蒸汽并取出冷却。采用蒸汽热烫，可避免营养物质的大量损失。烫漂设备有连续式烫漂机和间歇式设备，现代化生产常采用专门的连续化设备，依据其输送物料的方式，目前主要的烫漂设备有链带式连续烫漂机和螺旋式连续烫漂机等。间歇式设备如可倾式夹层锅，适用于少量原料的烫漂。

果蔬热烫的程度，应根据其种类、块形、大小及工艺要求等条件而定。过氧化物酶可作为果蔬热烫的指示酶，通常以果蔬中过氧化物酶活性全部破坏为标准，特别是在干制和冷冻时。果蔬中过氧化物酶的活性检查，可用 0.1%的愈创木酚或联苯胺的酒精溶液与 0.3%的过氧化氢等量混合来检测，将原料样品横切，滴上几滴混合试剂，几分钟内不变色，则表明过氧化物酶已被破坏。

果蔬烫漂后要及时浸入冷水中冷却，防止过度受热，组织变软，同时有利于除去烫漂时排出的黏性物质，一般采用流动水漂洗冷却或冷风冷却。

（3）新烫漂技术。传统的烫漂技术在工业上已得到广泛的应用，但存在诸多问题。近年来微波、欧姆、射频、红外等物理加工技术在国际上悄然兴起。

微波烫漂不仅可以钝化引起果蔬酶促褐变的酶类，还可以维持果蔬中的营养成分及活性物质。但微波烫漂整块水果或蔬菜时，由于样品体积较大，易造成加热不均匀，从而导致物料表面过度加热，因此不适合大块物料的烫漂。另外，叶菜类如菠菜和甘蓝易发生表面脱水，穿透深度低，加热温度难以精确地控制。

欧姆加热又称为电阻加热或焦耳加热。欧姆加热的原理是把电能转化为热能，产生能量的速率与电场强度的平方和电导率成正比。欧姆加热可钝化朝鲜蓟头过氧化物酶、多酚氧化酶。20 世纪 70 年代欧姆加热系统已用于烫漂脱皮马铃薯、玉米穗、油炸马铃薯片等。欧姆加热还可烫漂体积较大的果蔬，但是烫漂温度、加热速度难控制，对于固态不规则形状的果蔬难以应用，设备投资较大。

射频加热是一种介电加热方式。常用的射频加热设备是平行电极板式，将物料放置于2个平行极板之间加热，通过改变2个电极板之间的距离来调整耦合到负载中的加热功率。射频产生的热效应能够引起果蔬中酶失活。射频加热（75W、150MHz）烫漂可有效地灭活豌豆中的过氧化物酶，减少维生素C的损失。但该方法没有在商业生产上应用。

红外线作为一种电磁波，有一定的穿透性，能够通过辐射传递能量，红外烫漂不仅可以将原料中过氧化物酶、多酚氧化酶、抗坏血酸氧化酶灭活，同时还可以去除果蔬中部分水分。但是其穿透深度低，加热不均匀，物料表面颜色退化，因此尚需进一步优化红外加工设备。

（七）原料的破碎与榨汁

不需要保持原料形状的果蔬加工过程，常需要对原料进行破碎。榨汁前一般需要破碎工序，一般采用酶或加热处理工艺。对于果胶含量丰富的核果类和浆果类（草莓、蓝莓、树莓、黑莓、杨梅）水果，在榨汁前添加一定量的果胶酶可以有效地分解果肉组织中的果胶物质，使果汁黏度降低，提高出汁率。例如蓝莓直接破碎榨汁的出汁率为45%，酶解后出汁率为93%。但添加果胶酶时，应使酶与果浆混合均匀，并控制加酶量、作用温度和时间。

不同的原料种类，不同的榨汁方法，要求的破碎粒度是不同的，一般要求果浆的粒度在3~9 mm之间。破碎时，可加入适量的维生素C等抗氧化剂，以改善果蔬汁的色泽和营养价值。对于酿造红葡萄酒的原料要在破碎前除梗，以免带皮发酵时果梗的青梗味等不良风味溶入酒中，影响酒的风味，一般常用除梗破碎机操作。

目前，绝大多数果蔬采用压榨法制汁，果蔬的破碎常由破碎打浆机完成。刮板式打浆机也常用于打浆、去籽。对一些难以用压榨方法获汁的水果原料如山楂、梅、酸枣等，可采用加水浸提方法来提取果汁。浸提是把果蔬细胞内的汁液转移到液态浸提介质中的过程。

（八）工序间的护色处理

果蔬去皮和切分之后，与空气接触会迅速变成褐色，从而影响外观，也破坏了产品的风味和营养品质，甚至引起腐烂变质。在果蔬加工预处理中所用的护色方法主要有以下5种。

1. 烫漂护色

烫漂可钝化活性酶、防止酶褐变、稳定或改进色泽，这是护色较常用的方法。

2. 食盐溶液护色

将去皮或切分后的果蔬浸于一定浓度的食盐溶液中可护色，食盐溶于水中后，氧在食盐水中的溶解量减少，从而可抑制氧化酶系统的活性，食盐溶液具有高的渗透压也可使细胞脱水失活。食盐溶液浓度越高，则抑制效果越好。

工序间的短期护色，一般采用1%~2%的食盐溶液即可，桃、梨、苹果及食用菌类均可用此法。为了增进护色效果，还可以在其中加入0.1%的柠檬酸。食盐溶液护色常在制作水果罐头和果脯中使用。

3. 酸溶液护色

酸性溶液既可降低pH、抑制多酚氧化酶活性，还可以降低氧气的溶解度。另外，有些酸自身还有抗氧化作用，大部分有机酸还是果蔬的天然成分，所以优点甚多。常通过添加柠檬酸、抗坏血酸、苹果酸等有机酸调节pH来控制果蔬褐变，浓度为0.5%~1%，而且抗坏血酸、柠檬酸等自身也会与酚类反应，但抗坏血酸费用较高，一般生产上多采用柠檬酸。

4. 抽空护色

某些果蔬如苹果、番茄等，组织较疏松，含空气较多，对罐藏或制作果脯不利。用抽真空法将原料周围及果肉组织中的空气排出，便能抑制多酚氧化酶的活性，防止酶促褐变。然后将原料置于糖水或无机盐水等介质里，使内部空气释放出来，糖水或无机盐水等介质渗入。果蔬抽空的方法有干抽和湿抽两种方法。

干抽法：将处理好的果蔬装于容器中，置于 90 kPa 以上的真空罐内抽去组织内的空气，然后吸入规定浓度的糖水或水等抽空液，使之淹没果面 5 cm 以上，当抽空液吸入时，应防止真空罐内的真空度下降。

湿抽法：将处理好的果实，浸没于抽空液中，放在抽空罐内，在一定的真空度下抽去果肉组织内的空气，抽至抽空液渗入果块，果块呈透明状即可。果蔬所用的抽空液常用糖水、盐水、护色液三种，视种类、品种、成熟度而选用。温度一般不宜超过 50 ℃，真空度一般以 87~93 kPa 为宜，抽空液与果块之比为 1∶1.2。

5. 硫处理

二氧化硫或亚硫酸及其盐类处理是一项重要的原料预处理方式，具有护色、防腐和抗氧化等作用。二氧化硫易与有机过氧化物中的氧发生化合反应，使其不生成过氧化氢，则过氧化物酶便失去氧化作用。二氧化硫又能与鞣质的酮基结合，使鞣质不受氧化，其不仅用于护色，还用于半成品保藏中，一般多用于干制和果脯的加工，以防止在干燥或糖煮过程中的褐变，使制品色泽美观。在果酒酿造中，一般在人工发酵接种酵母菌前用硫处理，既可防止有害微生物的生长发育，保证人工发酵的成功，还能加速果酒澄清，改善果酒色泽。其用量和使用范围应严格按照 GB 2760—2024 食品安全国家标准《食品添加剂使用标准》规定执行。

硫处理方法包括熏硫法和浸硫法。

熏硫法：将原料放在密闭的室内或塑料帐内，燃烧硫黄产生二氧化硫，将二氧化硫气体通入帐内，熏硫室或帐内二氧化硫浓度宜保持在 1.5%~2%，也可以根据每立方米空间燃烧硫黄 200 g 计，一些苹果脯、笋干等果蔬干制品和糖制品常用此法。

浸硫法：用一定浓度的亚硫酸盐溶液，在密封容器中将洗净后的原料浸没。亚硫酸（盐）的浓度以有效二氧化硫计，一般要求为果实及溶液总重的 0.1%~0.2% 为宜。提高二氧化硫的浓度，可适当缩短浸泡时间。直接加入法是将亚硫酸或者亚硫酸盐直接加入原料浆汁或半成品中，主要用于果酒发酵前处理、果蔬汁的半成品保藏等。常用的二氧化硫添加剂有亚硫酸钠、亚硫酸氢钠、低亚硫酸钠和焦亚硫酸钠等。

（九）半成品的保存

果蔬生产具有季节性的特点，采收期多数正值高温季节，成熟期比较短且产量集中，短期内加工不完，就会腐败变质。为延长加工期限，除有贮藏条件进行原料的冷藏外，也可以将原料加工处理成半成品进行保存，以待后续加工制成成品。半成品保藏常用的方法有以下几种。

1. 盐腌处理

某些加工产品，如蜜饯、果脯、凉果、蘑菇以及腌菜类腌制品，采收之后不适宜低温冷藏，将原料用高浓度的食盐溶液腌制成盐坯保存，主要是利用高浓度的食盐溶液具有较高的渗透压，同时能降低水分活度，盐液中氧的溶解量很少，从而抑制微生物及酶的活性，达到保存目的。保存一段时间后，加工制成成品的过程中，需要漂洗脱盐。

2. 硫处理

新鲜果蔬用二氧化硫或亚硫酸（盐）处理是保藏加工原料的另一有效而简便的方法。

3. 防腐剂的应用

在原料半成品的保存中，应用防腐剂或再配以其他措施来防止原料分解变质，抑制有害微生物的生长繁殖，也是一种广泛应用的方法，一般该法适合果酱、果汁半成品的保存。防腐剂多用苯甲酸钠或山梨酸钾，其保存效果取决于添加量、果蔬汁的 pH、果蔬汁中微生物种类、数量、贮存时间长短、贮存温度等。

4. 无菌大罐保存

目前，国际上现代化的果蔬汁及番茄酱企业大多采用无菌贮存大罐来保存半成品，它是无菌包装的一种特殊形式。所谓大罐无菌保藏即将经巴氏杀菌的浆状果蔬半成品在无菌条件下灌入已灭菌的密闭大金属容器中，保持一定的气体内压，以防止产品内的微生物发酵变质，经密封进行长期保存。此法常用于保藏再加工用的番茄浆、各种果汁及蔬菜汁。

【思考题】

1. 简述园艺产品的主要化学成分。
2. 简述引起果蔬加工品败坏的主要原因。
3. 简述园艺产品加工保藏的基本原理。
4. 简述果蔬加工过程中去皮的主要方法，并说明其原理。
5. 简述烫漂的作用及其方法。
6. 试分析果蔬原料变色的原因，并制定工序间护色的措施。

【课程思政】

让人又"爱"又"恨"的二氧化硫

硫处理技术在植物性原料（如果蔬等）的保鲜与加工保藏中应用广泛，源于其显著的多种作用。目前，在食品加工中，二氧化硫（SO_2）处理对防止酶促褐变和非酶褐变都具有较好的效果，同时，还具有较强的抑菌作用。适宜浓度的 SO_2 处理被认为是鲜食葡萄采后最有效、应用最广泛的保鲜技术，它不仅可以抑制葡萄贮藏过程中病原菌的生长和繁殖，还可以降低葡萄自身的呼吸强度，进而减少营养物质的损耗。与其他保鲜技术相比，SO_2 处理具有保鲜效果明显、使用方便、价格低廉，且不需要复杂的技术和设备等优势。硫黄熏蒸在中药材干燥加工中已有百余年历史，不仅是因为其简单、快速和成本低，而且可以防霉变、防虫蛀、抑制细菌生长，还能通过提高植物组织细胞膜透水性来缩短干燥时间，改善中药材的感官品质，在中药材的贮藏运输和提高商品价值等方面具有较大优势。同时，研究表明，在哺乳动物体内生理浓度（127±31.34）$\mu mol/L$ 和低浓度（<450 $\mu mol/L$）的内源性 SO_2 参与调节血管多种生理过程，如维持正常血管结构、调节血管张力、控制血压、抑制血管平滑肌细胞增殖，调节其凋亡和自噬。在高血压、肺动脉高压和动脉粥样硬化等血管疾病中，SO_2 通

过不同的分子机制对上述病理变化起到保护作用。

然而，在食品中 SO_2 残留量超标，会对人体健康造成不同程度的伤害。例如，急性二氧化硫中毒可引起眼、鼻和黏膜的刺激症状，严重时产生喉头痉挛、支气管痉挛，大量吸入可引起肺水肿、窒息、昏迷，甚至可能导致死亡。如果长期小剂量接触二氧化硫，则会导致二氧化硫慢性中毒，导致嗅觉迟钝、鼻炎、支气管炎、哮喘、过敏、肺通气功能下降，严重者可引起肺部间质纤维化和中毒性肺硬变。这说明任何事物都有其两面性，结合 SO_2 的功与过，要辩证地看待问题，全面分析问题。既要看到 SO_2 的优势，也要看到其弊端，合理用好 SO_2。

【延伸阅读】

果蔬色泽与加工

色泽是果蔬十分重要的表观属性，与果蔬本身含有的天然色素高度相关，是判断其品质是否发生变化的重要指标之一。热加工以及非热加工技术广泛应用于果蔬产品的加工。传统果蔬加工技术以热力去皮、热烫、碱液去皮、干燥、油炸等热加工技术为主，加工中使用的高温易对果蔬的色泽品质造成不可逆转的影响。近年来，新型热加工和非热加工技术逐渐被开发出来，酶法去皮、红外线、超声波、脉冲电场、高压处理、低温等离子体等非热加工技术在果蔬加工维持色泽方面起到了积极的作用。然而目前综合两种加工技术对果蔬加工产品色泽影响的讨论和对比研究较少，明确各法的原理、使用条件、工艺参数及优缺点对于加工高质量的果蔬产品具有重要意义。因此，了解各色素的结构特征以及理化特性，归纳和比较了热加工与非热加工技术的关键技术点和对果蔬色泽稳定性的影响，深入讨论影响果蔬色泽的关键因素来应对果蔬在加工过程中的挑战具有重要的理论和实践指导作用。

谢章荟，高静. 果蔬色泽在热加工和非热加工技术中的变化研究进展［J］. 现代食品科技，2024，40（5）：299-312.

第三章　果蔬罐头加工

本章课件

【教学目标】

1. 理解果蔬罐制的基本原理，掌握微生物耐热性及食品酸度与杀菌的关系，掌握杀菌理论依据。

2. 了解果蔬罐制对容器的要求。

3. 熟悉并掌握果蔬罐制工艺及具体操作要点和注意事项。

4. 熟悉果蔬罐制食品的质量问题及其控制措施。

【主题词】

果蔬罐制（fruits and vegetables canning）；商业无菌（commercial sterility）；耐热性（heat tolerance）；TDT 值（thermal death time）；D 值（D value）；Z 值（Z value）；F 值（F value）；杀菌公式（sterilization formula）；罐制容器（canning container）；罐制工艺（canning technology）；装罐（filling）；排气（exhausting）；封罐（can sealing）；杀菌（sterilization）；罐头检验（can inspection）；罐头败坏（can spoilage）

果蔬罐制也称果蔬罐藏，属于食品罐藏的一部分。食品罐藏就是将食品经预处理后装入一定容器或包装袋中，经过杀菌密封，杀死罐内有害微生物（即商业灭菌），使酶失活，从而使罐内果蔬食品与外界环境隔绝而不被微生物再污染，在室温下能够长期保存的方法。

目前世界罐制品生产销售总量已达到 9000 万吨，品种有 3500 种。在欧美国家罐制品消费量约占饮食的四分之一。我国是罐制品主要生产国，罐制品贸易量居世界前列，尤其是果蔬类罐制品在国际市场上占有较大的份额。

罐制食品具有营养丰富、安全卫生，且运输、携带、食用方便等优点，可不受季节和地区的限制，随时供应消费者，无须冷藏就可以长期贮存，改善和丰富人民生活，更是航海、勘探、军需、登山、井下作业及长途旅行者等的方便营养食品，同时可以促进农牧业生产的发展。近年来，随着营养科学、材料和包装技术的发展，形形色色的新颖罐头相继问世，打破了过去品种单调的局面，使罐头产品正朝着营养、实用、新奇的方向发展。

第一节　果蔬罐制的基本原理

果蔬腐败变质主要是由于微生物的生长繁殖和食品中各种酶的活动导致的，果蔬罐制主要利用了热力杀菌杀死能引起败坏、产毒、致病的有害微生物，达到商业无菌，同时钝化原料组织中酶的活性，通过保持密封状态使其不再受外界微生物的污染，从而有效地延长了产品的货架期。罐制食品保质期通常可以达到1~2年之久，一般不会引起败坏。

一、罐制食品中的微生物（microorganism）及耐热性（heat tolerance）

罐制食品中的微生物种类繁多，在加工中如果杀菌不彻底或者容器密封不良，就很容易被微生物污染而导致果蔬的败坏。凡能导致罐制食品腐败变质的各种微生物统称为腐败菌（spoilage bacteria）。酵母菌和霉菌引起的变质多发生在酸性或渗透压较高的食品中，除少数霉菌具有较高的耐热性外，大多数腐败菌都不耐热，其热力致死温度一般不超过100 ℃。导致罐制品腐败变质的微生物主要是细菌，现在罐制品加工中都把某些细菌作为杀菌的理论依据。

各种细菌对温度的耐受性存在较大差异，据此可以将其分为嗜冷菌（低温菌）、嗜温菌和嗜热菌3种类型，不同细菌的温度适应范围见表3-1。

表 3-1　细菌生长繁殖的温度范围

微生物	最低生长温度/℃	最适生长温度/℃	最高生长温度/℃
嗜冷菌	−10~−5	12~15	15~25
低温菌	−5~5	25~30	30~55
嗜温菌	5~15	30~45	45~55
嗜热菌	30~45	50~70	70~90

嗜温菌种类多，范围广，有些产毒、产气，嗜热菌耐热性强，但在食品败坏中不产毒素。这两种细菌中的需氧性芽孢杆菌和厌氧性梭状芽孢杆菌都能产芽孢，具有很强的耐热性，如肉毒梭状芽孢杆菌（bacillus botulinus）、生芽孢梭状芽孢杆菌（C. sporogenes，P. A. 3679）等，对食品安全影响较大，是罐制食品的主要腐败菌。

（一）影响微生物耐热性的因素

一般认为，罐制食品在杀菌过程中微生物细胞内蛋白质受热凝固而失去新陈代谢能力是导致其死亡的原因。因此，细胞内蛋白质凝固的难易程度直接关系到微生物的耐热性。微生物对热的敏感性常受各种因素的影响，如种类、数量、环境条件等。

1. 微生物的种类和数量

微生物的种类不同，其耐热性明显不同。即使同一种细菌，菌株不同，其耐热性也有较大差异。通常微生物的营养细胞不耐热，巴氏杀菌即可将其杀死。细菌芽孢的耐热性很强，其中又以嗜热菌的芽孢为最强，厌氧菌的芽孢次之，需氧菌芽孢最弱。同一种芽孢的耐热性又因热处理前的菌龄、生产条件等的不同而不同。同一菌株芽孢，加热处理后残存芽孢再形成的新生芽孢的耐热性就比原芽孢的耐热性强。

微生物的耐热性还与微生物的数量密切相关。杀菌前食品所污染的细菌数量，尤其是芽孢越多，其耐热性越强，在同温度下所需的致死时间就越长。表3-2是肉毒杆菌芽孢数量与致死时间的关系。

表 3-2　肉毒杆菌芽孢数量对致死时间的影响

每毫升孢子数	100 ℃下致死时间/min	每毫升孢子数	100 ℃下致死时间/min
72000000000	230～240	650000	80～85
1640000000	120～125	16400	45～50
32800000	105～110	328	35～40

2. 食品的酸度

不同的微生物具有不同的适宜生长 pH 范围，食品的酸度对微生物的耐热性有非常重要的影响，绝大多数微生物在 pH 中性范围耐热性最强，食品酸度越高，细菌及其芽孢的耐热性越差。

根据食品酸性强弱可将其分为四类：低酸性（pH 5.0 以上）、中酸性（pH 4.5～5.0）、酸性（pH 3.7～4.5）和高酸性（pH 3.7 以下）。水果类食品大多为酸性和高酸性，蔬菜中除番茄制品外多属于低酸性食品。各种常见果蔬罐头食品的 pH 见表 3-3。

表 3-3　各种常见果蔬罐头食品的 pH

果蔬罐头名称	pH	果蔬罐头名称	pH	果蔬罐头名称	pH
柠檬汁	2.4	桃	3.8	甘薯	5.2
甜酸渍品	2.7	李子	3.8	胡萝卜	5.2
葡萄汁	3.2	杏	3.9	青刀豆	5.4
葡萄柚汁	3.2	酸渍新鲜黄瓜	3.9	甜菜	5.4
苹果	3.4	紫褐樱桃	4.0	菠菜	5.4
蓝莓	3.4	巴梨（洋梨）	4.1	芦笋（绿）	5.5
黑莓	3.5	番茄	4.3	芦笋（白）	5.5
红酸樱桃	3.5	番茄汁	4.3	马铃薯	5.6
菠萝汁	3.5	番茄酱	4.4	蘑菇	5.8
苹果沙司	3.6	无花果	5.0	青豆（阿拉斯加）	6.2
橙汁	3.7	南瓜	5.1	盐水玉米	6.3

罐制食品生产中，基于肉毒杆菌的生长习性，一般把 pH 4.5 作为区分酸性食品和低酸性食品的标准，以此来制定不同食品的基本杀菌条件。pH<4.5 的是酸性食品，如大多数水果类罐头、番茄制品、酸泡菜、酸渍制品等，在这些食品中肉毒杆菌及其芽孢受到强烈的抑制，不产生毒素；pH>4.5 是低酸性食品，如大多数蔬菜罐头，在该类食品中肉毒杆菌适宜生长，并产毒素。低酸性食品需采用加压杀菌（温度超过 100 ℃）才能将微生物及芽孢杀死，而酸性食品采用常压杀菌（温度不超过 100 ℃）就可以达到品质要求，即商业无菌。表 3-4 是不同酸度的果蔬制品分类及其杀菌条件，表 3-5 是肉毒芽孢杆菌在不同 pH 时的热致死条件。

表 3-4　不同酸度的果蔬制品分类及其杀菌条件

食品酸度分类	pH	食品名称	杀菌条件
低酸性食品	5.0 以上	豌豆、胡萝卜、甜菜、马铃薯、芦笋、番茄汤、无花果	高温杀菌 116~121 ℃（240~250 ℉）
中酸性食品	4.5~5.0	蔬菜肉混合制品	
酸性食品	3.7~4.5	泡菜、苹果、什锦水果、番茄酱、桃	常压杀菌 100 ℃（212 ℉）
高酸性食品	3.7 以下	腌泡菜、菠萝、柠檬、葡萄、草莓酱	

表 3-5　肉毒芽孢杆菌在不同 pH 时的热致死条件　　　　　单位/min

品种	pH	温度/℃				
		90	95	100	110	115
玉米	6.45	555	465	255	30	15
菠菜	5.10	510	345	225	20	10
四季豆	5.10	510	345	225	20	10
南瓜	4.21	195	120	45	15	10
梨	3.75	135	75	30	10	5
桃	3.60	60	20	—	—	—

由表 3-5 可以看出，食品的酸度显著影响罐头食品的杀菌强度，食品酸度越高，pH 越低，微生物及其芽孢的耐热性越弱，热致死温度越低。在加工果蔬罐制品时，通常可以通过适当的加酸提高食品的酸度，以抑制微生物的生长。

3. 食品的化学成分

微生物的耐热性，在一定程度上与加热时环境条件有关。除了有机酸外，食品中的糖类、蛋白质、脂肪、盐类以及添加剂均会影响到微生物的耐热性。

（1）食品中的盐类。食盐浓度在 0%~4% 时对芽孢的耐热性具有保护作用，但随着食盐浓度提高，芽孢耐热性显著降低，当食盐浓度高于 14% 时，一般细菌无法生长。食盐的这种保护和削弱作用，常随腐败菌的种类而异。例如在加盐的青豆汤中做芽孢菌耐热性试验，当盐浓度为 3%~5% 时，芽孢耐热性呈增强趋势，当盐浓度增至 14% 时，影响甚微。

（2）食品中的糖类。一般认为糖类作为微生物生长繁殖所需的营养物质，对微生物耐热性具有增强作用。糖浓度很低时，对微生物的耐热性影响很小，装罐的食品和填充液中的糖浓度越高，微生物耐热性越强，杀菌所需的时间就越长。但糖浓度增加至一定程度时（>50%），由于形成高渗透压的环境则抑制微生物的生长。

（3）食品中的脂肪。脂肪对微生物耐热性具有保护作用，可以妨碍水分的渗入，使细菌细胞蛋白质难以凝固，同时脂肪传热效果较差，增强了微生物的耐热性。例如，大肠杆菌在水中加热至 60~65 ℃ 即可致死，而在油中加热 100 ℃ 下经 30 min 才能杀灭，即使在 109 ℃ 下也需 10 min 才能致死。

（4）蛋白质。食品中某些蛋白质如蛋清、明胶能在一定的低含量范围内对微生物的耐热性有保护作用，例如有的细菌芽孢在2%的明胶介质中加热，其耐热性比不加明胶时增强两倍。

（5）食品中的植物杀菌素。某些植物的汁液和它所分泌出的挥发性物质对微生物具有抑制和杀灭的作用，这种具有抑制和杀菌作用的物质称为植物杀菌素。含有植物杀菌素的蔬菜和调味料很多，如番茄、辣椒、胡萝卜、芹菜、洋葱、大葱、萝卜、大黄、胡椒、丁香、茴香、芥籽和花椒等。在罐制食品杀菌前加入适量的具有杀菌素的蔬菜或调料，可以降低罐制食品中微生物的污染率，使杀菌条件适当降低。

4. 杀菌温度

罐制食品的杀菌温度直接影响到微生物的致死时间。杀菌温度越高，杀死一定量微生物芽孢所需的时间越短。试验证明，微生物的热致死时间随杀菌温度提高而呈指数缩短。

（二）罐制食品杀菌对象菌的选择

罐制食品杀菌的主要目的是杀死能引起罐内食品败坏、产毒致病的微生物，钝化造成罐制品品质变化的酶，使食品安全稳定；其次是起到一定的烹调作用，改进食品质地和风味，使其更符合食用要求。但罐制食品杀菌不同于微生物学上杀灭所有微生物而达到的绝对无菌状态，而是要求商业无菌（commercial sterility），即通过杀菌使食品在常温下的贮藏和运销期间，不至于因有害微生物生长繁殖而发生败坏，危害人类健康。生产上不可能也没有必要对所有的不同种类的微生物进行耐热性试验，而是选择最常见的、耐热性最强并有代表性的腐败菌或致病菌作为主要的杀菌对象。一般认为将这些细菌杀死，其他有害微生物也难以残留。

基于罐制食品的加工特点（排气、密封），杀菌对象主要是耐热的厌氧菌及芽孢。一般认为罐制食品主要考虑杀灭的是肉毒杆菌（botulinum）和平酸菌（flat sour bacteria）这两类细菌及芽孢。罐头食品的酸度是选择杀菌对象菌的重要因素。在 pH 4.5 以下的酸性食品中，通常将霉菌和酵母菌等耐热性低的菌作为主要的杀菌对象，在杀菌过程中比较容易控制和杀灭。平酸菌中的凝结芽孢杆菌（也称嗜热酸芽孢杆菌）能在 pH<4 的酸性环境下生长，是番茄制品中重要的腐败菌。pH 4.5 以上的低酸性食品，耐热性的细菌及芽孢适宜生存，罐制食品工业通常采用能产毒素的肉毒梭状芽孢杆菌的芽孢作为杀菌对象，不过在低酸性食品中还存在有耐热性更强但不产毒素的生芽孢梭状芽孢杆菌（Putrefative Anaerobe，PA.3679）和平酸菌中的嗜热脂肪芽孢杆菌（Bacillus stearothermophilus，FS1518），如此确定的杀菌工艺条件进一步提高了罐头杀菌的可靠性。

（三）微生物耐热性的常见参数值

1. TDT 值

TDT 值即热力致死时间（thermal death time），表示在一定的温度下，使微生物全部致死需要的时间，如 121.1 ℃下肉毒梭状芽孢杆菌的致死时间为 2.45 min。

2. D 值

D 值指在指定的加热温度条件下（如 121 ℃或 100 ℃），杀死 90% 原有微生物芽孢或营养体细菌数所需要的时间（min），相当于热力致死速率曲线通过一个对数循环的时间（图 3-1）。

例如在 116 ℃（240 ℉）的杀菌温度下，将活菌芽孢数由 10^5 个降低到 10^4 个需要的时间为 3 min，则该菌种在 116 ℃的耐热性，可用 $D_{116}=3$ min 表示。D 值是微生物耐热性的特征参数，D 值随着杀菌温度的升高而降低，D 值越大，微生物的耐热性越强，杀死 90% 的微生物

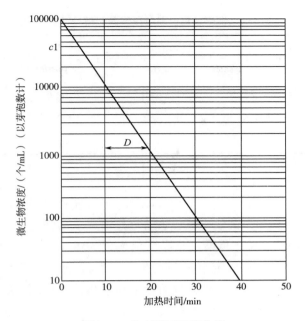

图 3-1 热力致死速率曲线

芽孢所需要的时间也越长。

3. Z 值

Z 值为在加热致死时间曲线（或称温时曲线）中，时间降低一个对数周期所需要升高的温度数（图 3-2）。Z 值越大，微生物的耐热性越强。低酸性食品中典型芽孢菌的 D 值和 Z 值见表 3-6。

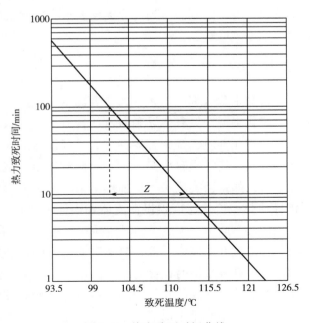

图 3-2 热力致死时间曲线

表 3-6　低酸性食品典型芽孢菌的耐热性参数

芽孢菌	$D_{121℃}/min$	$Z/℃$	果蔬种类
嗜热脂肪芽孢杆菌	4.0	10	青豆、青刀豆等蔬菜
嗜热解糖梭状芽孢杆菌	3.0~4.0	7.2~10	芦笋、蘑菇
肉毒梭状芽孢杆菌 A 型和 B 型	0.1~0.3	5.5	低酸性食品
肉毒梭状芽孢杆菌 E 型	3.0（D_{60}）	10	低酸性食品

4. F 值

F 值指在恒定的加热标准温度下（121 ℃或 100 ℃），杀死一定数量的细菌营养体或芽孢所需要的时间（min），也称为杀菌效率值、杀菌致死值或杀菌强度。F 值越大，杀菌效果越好。F 值大小还与食品酸度有关，低酸性食品要求 F 值大于 4.5，中酸性食品一般要求 F 值大于 2.45，酸性食品的 F 值可以确定为 0.5~0.6。一般将标准杀菌条件下的 F 值记为 F_0，即在 121 ℃的杀菌温度下，杀死某一指定数量的微生物 Z 值为 10 ℃所需要的时间（min）。由于微生物的种类和温度均为特指，通常 F 值表示成 F_T^Z，如 $F_{121.1}^{20}=5$，则表示 121 ℃时对 Z 值为 20 ℃对象菌的致死时间为 5 min。

标准杀菌 F 值即在瞬时升温和降温的理想条件下的估计值，实际生产中杀菌过程包括升温和降温过程，因此存在一个实际杀菌 F 值，有关罐头安全杀菌 F_0 和实际杀菌条件下 F 值的计算可参考《罐头工业手册》（杨邦英，2002）、《食品加工与保藏原理》（曾庆孝，2002）等有关书籍。另外，《罐藏食品热穿透测试规程》（GB/T 39945—2021）适用于罐藏食品的热穿透测试，其规定了罐藏食品热穿透测试的术语和定义、热穿透测试原理、热穿透测试仪器、热穿透测试前准备工作、测试方法、数据处理、热穿透测试报告的要求，并给出了关于罐藏食品热穿透测试有效期的建议。要使罐制品达到商业无菌要求，需使实际杀菌 F 值等于或略大于 F_0。

二、罐制食品杀菌时的传热

罐制食品的传热是确定食品杀菌合理工艺条件的重要因素。热的传导方式有传导、对流和辐射，对于罐制食品的内容物来说，只有传导和对流两种方式。在杀菌过程中传热方式取决于多种因素，如罐制食品的理化性质、罐制容器种类、杀菌设备形式及杀菌温度等。流体食品的黏度和浓度较低，如果汁、清汤类罐头等，加热杀菌时产生对流，传热速度较快；而固体食品呈固态或高黏度状态，如果酱类罐头等，加热杀菌时不可能形成对流，或者流动性很差，杀菌时则主要靠传导传热，传热速度很慢；流体和固体混装食品，如糖水水果罐头、清渍类蔬菜罐头等，既有流体又有固体，加热杀菌时传导和对流同时存在。

罐制食品杀菌时，罐内各部位升温速度不同，要达到杀菌目的，必须使罐内升温最慢的部位满足杀菌要求，杀菌过程中升温最慢的点称为罐制品的冷点，冷点温度称为罐制品的中心温度。一般传导型食品罐头的冷点在罐的几何中心，冷点温度变化缓慢，故加热杀菌时间较长；对流型食品罐头的冷点在罐中心轴上离罐底 2~4 cm 处，其冷点温度变化较快，杀菌时间较短。冷点位置示意图见图 3-3。冷点温度对确定罐制食品杀菌条件和计算实际杀菌 F

值有重要的作用。

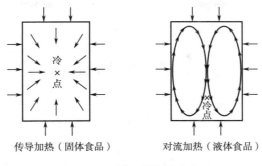

传导加热（固体食品）　　　对流加热（液体食品）

图 3-3　罐头传热的冷点

三、罐制食品热杀菌条件的表达

罐制食品热杀菌过程中，杀菌的工艺条件主要是温度、时间和反压力 3 项因素，在罐头工业中通常用"杀菌公式（sterilization formula）"来表示，见式（3-1）。

$$(t_1-t_2-t_3)/T \text{ 或 } (t_1-t_2)/T, P \tag{3-1}$$

式中：T——要求达到的杀菌温度，℃；

t_1——罐头（冷点）由初温升至杀菌温度所需要的时间，min；

t_2——保持恒定的杀菌温度所需的时间，min；

t_3——罐头降温冷却所需的时间，min；

P——反压冷却时杀菌锅内应采用的反压力，Pa。

例如，杀菌公式 10-30-10/121 ℃，即表示用 10 min 将杀菌锅的温度从初温升至 121 ℃，然后在 121 ℃恒温杀菌 30 min，最后在 10 min 内降压降温。在罐头杀菌过程中，应尽量减少 t_1 和 t_3，以防止升温过程中嗜热微生物的大量繁殖和降温过程中酶活力的再生。正确的杀菌条件应该是既能杀灭罐内有害微生物和导致品质败坏的酶，又能最大限度地保持食品原有的品质。

对于新品种的果蔬罐头，可以参考类似罐头食品的杀菌条件以估计 F 值，得出合理的杀菌公式。估计原则如下：水果类酸性食品：85～100 ℃、10～30 min；蔬菜罐头：115～121 ℃、15～30 min。需要注意的是：在估计杀菌条件时，应考虑罐型大小、罐内容物的耐煮性、内容物状态和酸度等。121 ℃、100 ℃是两个标准的杀菌温度，经常采用。

四、加热杀菌对酶活性的影响

酶作为一种生物催化剂，可以催化食品中多种生化反应，导致食品在加工和贮藏过程中商品价值降低，主要反映在食品的感官方面和营养方面。酶的活性受多种因素的影响，其中杀菌温度影响显著。一般在罐制食品加工过程中，所采用的杀菌温度足以使酶失活。但有些酶如过氧化物酶，具有较强的耐热性，同时，其在高温下的失活还具有可逆性。例如在果蔬罐头中的过氧化物酶，经热力杀菌钝化其活性后，在贮藏过程中会部分得到再生。加热速度能影响过氧化物酶的再生，在一定杀菌温度下，加热速度越快，热处理后酶活力再生的机会就越多。一般巴氏杀菌的罐头杀菌时间足够长，酶活性难以再生；采用高温短时杀菌的罐头食品贮藏过程中应考虑这一问题。在罐头食品原料预处理中常进行热烫处理，防止酶再度恢复其活性。

第二节　罐制容器

罐制食品之所以能长期保存不坏，罐制容器有非常重要的作用。为使罐制食品经久保藏，且保持一定的色香味和营养价值，同时又适应工业化生产，必须选择合适的材料制作容器。罐制食品容器材料要求无毒、耐腐蚀、密封好、耐高温高压、不与食品发生化学反应而污染食品、重量轻、价廉易得、能耐机械化操作等。按照制造容器的材料，罐制容器可分为金属罐、玻璃罐和软包装（蒸煮袋）。一些有关罐藏容器的相关专业术语请参见《罐头食品机械术语》（GB/T 15069—2008），本标准适用于罐头食品机械，其中规定了罐头食品机械常用术语，包括一般术语、空罐备料设备术语、制盖设备术语、罐身设备术语、封罐设备术语、原料处理设备术语、物料加工设备术语、装罐（充填）设备术语、杀菌设备术语、包装设备术语、其他设备术语、各类容器术语以及常用相关术语。

一、金属罐（metal can）

金属罐具有密封完好、耐高温和高压、耐搬运的优点，目前常用的金属罐有马口铁罐和铝合金罐，缺点是一次性使用，不透明，且罐内材料常与食品成分发生反应。

（一）马口铁罐（tin plate）

马口铁罐由两面镀锡的低碳薄钢板（俗称马口铁）制成，由罐身、罐盖和罐底三部分焊接密封而成，称为三片罐（three piece can），也有采用冲压而成的罐身与罐底相连的冲底罐，称作二片罐（seamless tin）。马口铁镀锡的均匀与否影响到铁皮的耐热性。镀锡可采用热浸法和电镀法，热浸法生产的马口铁称为热浸铁，镀锡层较厚，耗锡量多；电镀法生产的称电镀铁，锡层薄，且涂层均匀一致，有完好的耐腐蚀性能，在生产上被大量采用。根据果蔬罐头食品的不同理化性质，通常在马口铁与食品接触面涂上一层符合食品卫生要求的涂料，如含酸量较多或含有花青素的食品采用抗酸涂料，蛋白质含量丰富的采用抗硫涂料，容易粘罐的食品采用脱膜涂料等。在罐制品生产中采用何种马口铁好，还要根据罐型大小、食品介质的腐蚀性能等情况综合考虑来决定。

（二）铝合金罐（aluminum alloy）

铝合金罐是纯铝或铝锰、铝镁按一定比例配合经铸造、压延、退火制成的具有金属光泽、质量轻、能耐一定腐蚀的罐装材料。铝材具有较好的延展性，因此大量用于制造二片罐，也用于制造冲底罐及易开罐。铝合金材料制作的容器，罐内壁须涂料后才能使用，常用于含气饮料罐头。

二、玻璃罐（glass container）

玻璃罐在罐制工业应用广泛，占有很大的比重，玻璃罐形式很多，目前使用最多的是四旋罐（four-turn can），卷封式的胜利罐已基本淘汰。玻璃罐的密封是关键，包括金属罐盖和玻璃罐身。在果蔬罐头包装中，玻璃罐有着其他罐制容器不可比拟的优点：性质稳定，不与内容物起任何化学反应；密封性好；透明，产品质量直观可靠；可循环使用，甚为经济，且节能环保。玻璃罐的缺点是重量较大，易碎且传热速度较慢，加热杀菌程序操作较复杂。

三、软包装（蒸煮袋）（retort pouch）

蒸煮袋是一种能耐高温杀菌的复合塑料薄膜制成的袋装罐制包装容器，俗称软罐头。蒸煮包装袋具有以下特点。

（1）由于蒸煮包装袋比较薄，在较短的时间内能达到杀菌要求，故能保持食品的色、香、味。

（2）包装食品后可以在常温下保存，且保质期较长。

（3）蒸煮包装袋质轻、柔软、可堆叠存放，占用空间较小，便于储存和运输，且消费者携带也比较方便。

（4）使用方便，无需使用特殊的工具即可轻松开启。

（5）与玻璃容器及金属容器包装相比，蒸煮包装袋的制造成本更低。

（6）内容物多种多样。

蒸煮袋包装材料一般由聚酯、铝箔、聚烯烃等材料复合而成，一般有3~5层，多者可达9层。外层是由聚酯制成的12 μm加强层，起加固和耐高温作用，可提高蒸煮袋强度和耐穿刺性。中层是阻挡层，为9 μm的铝箔，具有良好的避光性，防透气，防透水。内层称为封口层，为70 μm的聚烯烃，有良好的热封性能和耐化学性能，可耐121 ℃高温，又符合食品卫生要求。

第三节　罐制工艺

果蔬罐制工艺包括原料预处理（原料选别、分级、清洗、去皮、修整、烫漂）、装罐、排气、密封、杀菌、冷却、保温及商业无菌检验等，前面章节已对原料预处理加以详述，因此，本节自装罐开始，对以下各工艺进行叙述。

一、装罐（filling）

装罐是罐制食品的基本步骤，是将经处理后的原料装入容器，同时灌入一定量汤液的操作。

（一）空罐的准备

装罐前首先应该确保容器的完整性和罐身的均匀一致，有缺口、裂缝和毛边都会影响容器的严密性，降低食品的保藏性。金属罐要求罐型整齐、焊缝完整均匀、罐口和罐盖边缘无缺口或变形、镀锡薄板上无锈斑和脱锡现象。玻璃罐应形状整齐，罐口平整光滑，无缺口，厚度均匀，玻璃内无气泡和裂纹。容器在加工和贮藏运输期间常会沾上灰尘、微生物、油脂及化学残留物，因此在装罐前，还必须进行清洗和消毒，保证容器的清洁卫生，提高后续杀菌效率。金属罐一般是先用热水清洗,之后蒸汽熏蒸或者沸水煮 10 min 加以消毒;还可以用洗罐机进行机械清洗。玻璃罐先用热水浸泡,之后用毛刷刷洗或以高压水进行冲洗;回收的旧瓶往往占有较多的油污及食品碎屑,须添加洗涤剂清洗和消毒,如可以用 2%~3% 的氢氧化钠在 30~50 ℃ 条件下浸泡 5~10 min,也可以用漂白粉水溶液进行清洗以提高杀菌力。最后用清水冲洗沥干备用。空罐准备好后要及时使用,否则放置时间过久会重新滋染微生物和其他杂质而再度污染。

(二)灌液的配制

除了流体、糊状、糜状和干制果蔬外,多数果蔬食品罐制后都要加注液汁,称为罐液或汤汁。加注罐液不仅可以溶解和浸润食品,增进食品的风味,促进对流传热,加强传热效率,而且能填补罐内除果蔬外留下的空隙,排除空气,降低加热杀菌时罐内压力,减轻罐内壁腐蚀,减少内容物氧化变色和变质。水果罐头的罐液一般为糖液,蔬菜罐头多为盐水,也有只用清水的。因此,配制罐液的浓度要根据原料可溶性固形物含量的不同而不同,糖液配制的方法有直接配制法和间接配制法两种。

1. 糖液配制

果品罐头的糖液浓度,依水果种类、品种、成熟度、果肉装量及产品质量标准而定。我国目前生产的各类水果罐头,除芒果、杨梅、金桔、杏等少数产品外,均要求产品开罐后糖液浓度为 14%~18%。每种水果罐头装罐糖液浓度,可结合装罐前水果本身可溶性固形物含量、每罐装入果肉量及每罐实际注入的糖液量,按式(3-2)计算:

$$Y = (W_3 Z - W_1 X) / W_2 \qquad\qquad (3-2)$$

式中:W_1——每罐装入果肉量,g;

W_2——每罐加注糖液量,g;

W_3——每罐净重,g;

X——装罐时果肉可溶性固形物含量,%;

Z——要求开罐时的糖液浓度,%;

Y——需配制的糖液浓度,%。

生产中常用折光仪或白利(Brix)糖度计来测定糖液浓度,由于液体密度受温度的影响,通常其标准温度多采用 20 ℃,若所测糖液温度高于或低于此温度,所测的糖液浓度还需要加以校正。

糖液配制方法有直接法和稀释法两种。直接法就是根据装罐所需的糖液浓度,直接按比例称取糖和水,加热搅拌溶解并煮沸,过滤待用。稀释法是先配制高浓度的糖液,一般浓度在 65% 以上,装罐时根据所需浓度加以稀释调配。

糖液溶解调配时,必须煮沸,然后过滤,保温。由于糖液在煮沸过程中容易受热分解成转化糖,色泽加深,通常在装罐前加少许酸以防止果肉变色,也可以加柠檬汁。一般要求糖液灌注温度为 65~85 ℃,以提高产品初温,确保后续工序的效果。梨、荔枝用的糖液,加热煮沸后应迅速冷却到 40 ℃ 再加酸,能够有效防止果肉变红,提高产品色泽。

2. 盐液的配制

清渍类蔬菜罐头汤液一般要求盐水浓度为 2%~3%,因浓度较低,盐水的配制常用直接法。配制时将盐水加热煮沸,除去泡沫,过滤静置,达到所需浓度即可。为了提高杀菌效果,有的在汤液中加入 0.05%~0.1%柠檬酸。

3. 调味液的配制

为适应不同消费者的口味和要求，有些产品在罐头杀菌前加入适量的具杀菌效果的调料，如胡椒、丁香、茴香和花椒等。调味液基本有两种配制方法：一种是将调料先经一定的熬煮制成香料水，然后与其他调味料按比例调配成调味液；另一种是将各种调味料混合，一次性配制成调味液。

（三）装罐（filling）

原料预处理后应尽快装罐，防止挤压产热而导致微生物生长繁殖，影响产品质量及杀菌的效果。同时应趁热罐装，将热烫处理的半成品和热的汤液倒入罐装容器中，如糖水荔枝罐头要求前后工序之间停留不超过 10min。对热灌装产品（如果酱、果汁等）若不及时装罐，保证不了装罐要求的温度，起不到热灌装排气的作用，将影响成品的真空度。此外装罐时还应注意以下问题。

（1）确保装罐量符合要求。装罐量因产品种类和罐型大小而异。每罐装入的果蔬重量，应根据开罐固形物重量要求，结合原料品种、成熟度、预煮条件及杀菌后的失水率等，通过试验确定，避免装罐量不足或过多。

（2）保证产品内容物的一致性。装罐时必须注意合理搭配，使每一罐内的食品色泽、成熟度、块型大小、个数基本上一致，另外还要注意每罐内的汤汁浓度、固形物和液体间的比值一致。

（3）留适当的顶隙。顶隙是指罐内食品的表面与罐盖内表面之间的空隙。对于大多数罐头来说，装罐时需保持适度的顶隙，一般果酱类约 6.3 mm，常压杀菌的水果和番茄罐头等酸性食品 12.7 mm，低酸性食品为 25.4~31.7 mm。一般为 3~8 mm，封盖后顶隙为 3~5 mm。顶隙的大小影响到罐头的真空度、卷边的密封性、是否发生假胖听（非微生物因素引起的罐头膨胀）或瘪罐、金属罐内壁的腐蚀，以至食品的变色、变质等。若顶隙过小，在加热杀菌时由于罐内食品、气体的膨胀造成罐内压力增加而使容器变形、卷边松弛，甚至产生爆节（杀菌时由于罐内压力过高所导致的罐身接缝爆裂）、跳盖（玻璃瓶盖与瓶脱离）现象，同时内容物装得过多还造成原料的浪费；若顶隙过大，杀菌冷却后罐头外压大大高于罐内压，易造成瘪罐。此外，顶隙过大，在排气不充分的情况下，罐内残留气体较多，将促进罐内壁的腐蚀和产品的氧化变色、变质，因而装罐时必须留有适度的顶隙。

（4）保证装罐时符合卫生指标要求。装罐时应注意卫生，严格按照操作规程来进行，保证罐头质量。

根据产品的性质、形状和要求，装罐方法可分为人工装罐和机械装罐两种。大部分果蔬由于色泽、成熟度、大小、形态不一致，多采用人工装罐；对于一些形态较一致的果蔬食品，如甜玉米、青豆、果汁、果酱等，则都采用机械装罐。

二、排气（exhausting）

排气是指食品装罐后、密封前将罐内顶隙间的、装罐时带入的和原料细胞组织内的空气尽可能从罐内排出的一项技术措施，从而使密封后罐头顶隙内形成部分真空的过程。一般要求罐头排气后真空度在 26.7~40 kPa。

在罐头生产过程中，排气是必要的工序。

（一）排气的作用

（1）可以使罐头产品有适当的真空度（罐外压力与罐内残留气压的差值），利于产品的保藏和保质，防止食品因氧化而引起色、香、味的变化和营养物质的损失。

（2）防止罐头在加热和杀菌时由于内部膨胀过度而导致容器变形，使密封的卷边破坏，影响容器密封性。

（3）防止罐头内好气性微生物的生长繁殖。

（4）减轻罐头内壁的氧化腐蚀。

（5）真空度的形成还有利于罐头产品进行打检和货架上确定质量。

因此，在罐头密封杀菌前，必须进行排气，提高罐内真空度，保证容器密封性，延长果蔬食品贮藏寿命。

（二）排气方法

目前我国罐头工业常用的排气方法有加热排气法、真空排气法和蒸汽喷射排气法三种。加热排气法是使用最早也是最基本的方法，真空排气法是后来才发展起来的，也是目前广泛应用的一种排气方法，蒸汽喷射排气法在国外有应用，我国近几年也开始采用，不过尚未普及。

1. 加热排气法（thermal exhausting）

加热排气法有两种形式：热装罐法和排气箱排气法。

（1）热装罐法。即将食品预热加热到一定的温度（一般75 ℃以上），立即装罐并密封。此时罐中心温度在70~75 ℃，冷却后便形成一定的真空度。该法只适用于流体或半流体食品及组织不因加热时的搅拌而破坏的食品，如番茄汁、番茄酱等。采用此法，应注意装罐要迅速，密封及时，立即杀菌，不能积压，才能保证真空度和防止微生物繁殖。

（2）排气箱加热排气法。就是将装好原料和汤液的罐头，放上罐盖或不加盖直接送进排气箱，调整排气箱温度在82~96 ℃，加热至罐中心温度75~80 ℃，一般用时7~20 min，具体温度和时间应根据食品原料的性质、装罐的方法、罐型来确定。因食品受热膨胀，原料中的气体就被排出来，维持真空度为27~40 kPa。加热排气时，加热温度越高，时间越长，密封温度越高，排气后达到的真空度也越高。加热排气法能较好地排除食品组织内部的空气，还能起到某种程度的脱臭和杀菌作用，但会导致果蔬色、香、味的损失，对于某些水果罐头还有不利的软化作用，且热量利用率较低。

2. 真空排气法（vacuum exhausting）

真空排气法是装有食品的罐头在真空环境下进行排气密封的方法。常采用真空封罐机进行，在封罐过程中，利用真空泵将密封室内的空气抽出，形成一定的真空度，当罐头进入密封室时，由于压力释放，罐内部分空气立即排出。

采用真空排气法，排气效果取决于真空封罐机密封室内的真空度和罐内食品温度。密封室内真空度越高，罐内食品温度越高，排气效果越好。

真空排气法能在短时间内使罐头获得较高的真空度，由于减少了加热环节，对于受热营养物质损失较多的罐头食品如水果类，能较好地保存其营养价值，此外真空封罐机体积小，占地少，因此被广泛采用。但由于排气时间短，此法只能排除顶隙内的空气，而食品组织内部的空气则难以排除，因此在排气前往往要对原料进行补充加热。

3. 蒸汽喷射排气法（steam injection exhausting）

在封罐时向罐头顶隙内喷射蒸汽，将空气排除后立即密封，待顶隙内蒸汽冷凝便形成部分真空。喷蒸汽排气时，必须有足够的顶隙度，为了获得适当的罐内顶隙，可在封罐之前增加一道顶隙调整。其优点是能够排除罐内顶隙中的空气，但也无法排除食品内部和罐内间隙中的气体。

（三）影响罐头真空度的因素

无论采用哪一种排气方法，其排气效果的好坏都以杀菌冷却后罐内的真空度大小作为评定依据。排气效果越好，罐内所获得的真空度越高。影响真空度的因素主要有以下 4 个方面。

1. 排气时间与温度

加热排气时的温度越高，密封时的温度也越高，罐头的真空度就越高。一般要求罐头中心温度达到 70~80 ℃。

2. 顶隙大小

罐头真空排气时，排除的主要是顶隙空气，因而顶隙大的真空度高。加热排气当温度和时间足够时，顶隙大则真空度高；否则，真空度反而低。

3. 原料种类和新鲜度

真空度与原料有着密切的关系，原料种类不同，气体的含量不同，真空度不同，对排气的要求也不同。原料的新鲜度也影响罐头的真空度。不新鲜的原料的某些组织成分已经发生变化，高温杀菌将促使这些成分的分解而产生各种气体，如含蛋白质的食品分解放出 H_2S、NH_3 等，果蔬类食品产生 CO_2。气体的产生使罐内压力增大，真空度降低。

4. 其他

原料的酸度、开罐时的温度、海拔高度等均在一定程度上影响真空度。真空抽气时真空的高低也影响着制品的真空度。但真空太高，则易使罐头内汤汁外溢，造成不卫生和装罐量不足，因而应控制在汤汁不外溢时的最高真空。

三、密封（sealing）

罐头食品的密封，就是要保证罐内食品在杀菌后，不再遭受微生物的入侵，食用时安全卫生，保证罐内商业无菌环境，达到长期保藏的目的。罐头食品经过热力杀菌后，在冷却、包装、运输、贮藏过程中，都有可能受到微生物的入侵，并导致二次污染，发生罐头食品的腐败变质，而失去其食用价值。因此密封是罐制工艺中的一项关键性操作，直接关系到产品的质量。密封必须在排气后立即进行，以免罐内温度下降而影响真空度，密封的方法和要求视容器的种类而异。

金属罐的密封是指罐身的封边和罐盖的圆边在封罐机中进行卷封，使罐身与罐盖相互卷合、压紧而形成紧密重叠卷边的过程，即二重卷边（double seam）。玻璃罐是靠镀锡薄钢板和密封圈压紧在玻璃瓶口而形成密封的，可以由手工操作完成，也可以由玻璃瓶拧盖机来完成。软罐头通常采用热熔封口，热熔强度取决于复合塑料薄膜袋的材料性质及热熔时的温度、时间及压力。

罐头食品的密封主要用封罐机或封袋机进行。金属罐封罐机有手动式封罐机、半自动封罐机、自动封罐机、真空封罐机及蒸汽真空封罐机等。玻璃瓶封罐有玻璃瓶封罐机、玻璃瓶真空封罐机。软罐头目前最普遍的密封方法是脉冲密封法，通过高频电流使加热棒发热密封，时间为 3 s，自然冷却。

四、杀菌（sterilization）

罐头食品的杀菌应保证杀死所有的有害微生物，同时较好地保存食品的色香味。罐头的杀菌可在装罐前进行，也可以在装罐密封后进行。装罐前进行杀菌，即所谓的无菌装罐（aseptic canning），需先将待装罐的食品和容器均进行杀菌处理，然后在无菌的环境下装罐、密封。我国各罐头厂普遍采用的是装罐后密封杀菌。果蔬罐头的杀菌根据原料性质的不同，杀菌方法一般可分为常压杀菌（杀菌温度≤100 ℃）和加压杀菌（杀菌温度>100 ℃）两种。根据原料品种、包装容器的不同，采用不同的杀菌方法。

（一）不同原料的杀菌方式

1. 常压杀菌（ordinary pressure sterilization）

水果类、果汁类、酸渍菜类等罐头食品，其 pH 一般在 4.5 以下，故采用常压杀菌法，杀菌温度不超过 100 ℃，可以采用水浴加热和蒸汽加热两种工艺，一般水浴加热较蒸汽加热传热均匀而迅速。用开口锅或柜子盛水，水量漫过罐头 10 cm 以上，用蒸汽管从底部加热至杀菌温度，将罐头放入杀菌锅（柜）中，继续加热，待达到规定的杀菌温度后开始计算杀菌时间，杀菌结束后，取出冷却。杀菌条件，按产品种类加工工艺过程的卫生条件、罐型大小等不同而异，真空排气密封的产品比加热排气密封的罐头食品通常升温时间要延长 3~5 min。

2. 加压杀菌（pressure sterilization）

大多数蔬菜类罐头属于低酸性食品，原料在采集、收获及贮运过程中易污染耐热性芽孢菌，须采用加压杀菌方法，加压杀菌在完全密封的加压杀菌器中进行，靠加压升温来进行杀菌，杀菌的温度在 100 ℃ 以上。

（二）罐装容器对杀菌方式的要求

不同罐装形式的果蔬产品对杀菌的要求不相同。玻璃罐产品最主要是防止产品在加热和冷却时，急速的温度变化造成玻璃瓶的破裂和跳盖现象；软包装产品主要防止的是产品冷却时，压力的瞬间变化造成包装的撕裂；金属罐产品要防止低温时压力过大，造成产品瘪罐。

五、冷却（cooling）

（一）冷却目的

罐头食品加热杀菌后仍受着热的作用，必须迅速冷却。如果不立即冷却，食品的色、香、味、形及质地和营养成分都会受到较大的损失；经过高温短时灭菌的罐制果蔬，如果冷却速度慢，冷却时间长，还有可能导致酶的活性恢复；冷却缓慢时，在高温阶段（50~55 ℃）停留时间久，还能促进嗜热性细菌（如平酸菌）的繁殖活动，致使罐头腐败变质；高酸性罐头还可能会加速罐内壁的腐蚀。因此，果蔬罐头杀菌后冷却速度越快，对其质量影响越小。

（二）冷却方法

在冷却阶段，必须根据罐型、容器、材料的性质、杀菌锅型等来确定冷却方法。

1. 常压冷却法

主要用于常压杀菌的罐头。果蔬罐头可以在冷却水中浸冷，也可以采用水喷淋法来冷却。喷淋冷却效果较好，因为喷淋冷却的水滴遇到高温的罐头时受热而汽化，所需的汽化潜热使罐头内容物的热量很快散失。

2. 加压冷却法

即反压冷却，适用于加压杀菌的果蔬罐头，尤其是经高压蒸汽杀菌后容器易变形、易损坏的罐头。杀菌结束后，关闭所有的蒸气阀，在通入冷却水的同时通入一定量的压缩空气，以维持罐内外的压力平衡，直至罐内压力和外界大气压相接近方可撤去反压。此时罐头可继续在杀菌釜内冷却，也可从杀菌釜中取出在冷却池中进一步冷却。

（三）冷却时注意事项

（1）玻璃瓶罐头冷却速度不宜过快。常采用 80 ℃-60 ℃-40 ℃三段冷却的方法，以免爆裂受损。罐头杀菌后一般冷却到 38~43 ℃，以不烫手即可，此时罐内压力已降到正常，罐内仍存有一部分余热，有利于罐面水分的蒸发。

（2）冷却用水应清洁卫生。在冷却过程中，还应注意冷却用水的清洁卫生。一般要求冷却用水必须符合饮用水标准。

六、检验、包装和贮藏（inspection，packaging & storage）

（一）检验（inspection）

果蔬罐头在杀菌冷却后，须经保温检查、开罐检查、打检法、真空度检查、理化、微生物检验等，衡量其各项指标是否符合标准，是否符合商品要求，完全合格后方可出厂。

1. 保温检验

保温检验是指杀菌冷却后的罐头在保温库中保持一定温度（32~37 ℃），放置一定时间（5~7 d），给微生物创造适宜的生长条件，然后检查罐头是否有因微生物产气引起膨胀而品质败坏的一种检验。凡是发生品质败坏的罐头，必须销毁。保温检验合格的产品才能进行产品标准检验。保温时间和温度与罐头类型和含糖量有关，一般糖（盐）水果蔬罐头要求为≥20 ℃下 7 d，≥25 ℃下 5 d；含糖量≥50%的浓缩果汁、果酱、糖浆水果等不必保温检验。保温检验虽然可以检验杀菌是否彻底，但会对罐头色泽和风味造成一定的影响。因此，很多生产企业已采用商业无菌检验法检验。

2. 商业无菌检验（commercial sterility inspection）

商业无菌检验是对罐头生产过程进行全面质量控制的一种检验，包括以下几个方面。

（1）审查生产操作记录档案。如从原料进厂到杀菌的记录等。

（2）抽样。一般每批次杀菌锅抽 2 罐或整锅的 0.1%。

（3）称重。抽样罐头重量。

（4）保温。抽样罐头进行保温。

（5）开罐检验。开罐罐头测 pH、记录感官特征，并留样做涂片。pH 和感官特征异常应进行革兰氏染色、镜检，确定有无微生物增殖。

（6）接种培养试验。

（7）判定检验结果。结果包括商业无菌和非商业无菌。如果某批次罐头生产操作记录正常，抽样经保温试验后无胖听或渗漏，保温开罐后的感官、涂片、pH 检验正常，或接种试验无微生物增殖，则判定该批次罐头为商业无菌。反之，在生产记录正常下，若出现如抽样经保温后有 1 罐或以上出现胖听或渗漏，或保温开罐后感官品质、pH 异常以及微生物有增殖等现象，则判断为非商业无菌。

3. 按产品标准检验

保温检验合格的罐头产品可以进行产品标准所规定指标的检验，一般包括罐头的外观品质和理化指标、微生物指标 3 个部分。外观品质有色泽、组织形态、滋味、气味等；理化指标包括净含量、可溶性固形物、固形物含量、酸度、重金属含量、真空度、罐壁腐蚀情况等；微生物指标为该品种的致病性微生物，其中，对 5 种常见的可使人发生食物中毒的致病菌（溶血性链球菌、致病性葡萄球菌、肉毒梭状芽孢杆菌、沙门氏菌、志贺氏菌），必须进行检验。

4. 打检法

此法用金属或小木棒轻击罐盖，根据真空与空气传声不同而产生不同声音来判断罐头的好坏。一般发音清脆而坚实的真空度较高，发音混浊的，真空度较低。装量满的声音沉着，否则声音空洞。该法是凭经验进行的，需要与其他方法结合使用。

（二）包装和贮藏（packaging & storage）

罐头经检查合格后，擦去表面污物，涂上防锈油，贴上商标纸，按规格装箱。罐头在销售或出厂前，需要专用仓库贮藏，一般果汁类罐头库温 0~12 ℃，果蔬类罐头 10~15 ℃，果酱类罐头 10~20 ℃，仓库内保持通风良好，相对湿度一般不超过 75%。在雨季应做好罐头的防潮、防锈、防霉工作。

第四节　果蔬罐制品常见质量问题与控制

罐制食品在贮存和销售过程中，由于物理、化学、生物、机械等因素的影响，会出现变味、变色、变质等问题，使制品食用价值降低，甚至不能食用。果蔬罐制品常见的质量问题及其控制措施如下。

一、胀罐（bulging）

正常情况下，罐头底盖呈平坦或内凹陷状态，但由于物理、化学和微生物等因素，罐内压力大于罐外气压，罐盖则呈外凸状态，这种现象称为胀罐（bulging），也称胖听。轻胀罐头罐盖经回压后可恢复原状，稍微严重的经回压后另一端随之凸起，硬胀罐则呈永久外凸，无法弹压。果蔬罐头食品产生低真空、胀罐的原因，主要有以下三方面。

（一）物理性胀罐（physical bulging）

物理性胀罐又称假胀。罐头内容物装量过多，顶隙太小，导致加热杀菌后内容物膨胀；加热杀菌后，冷却速度太快，锅内压力下降过快，罐头内容物压力过大而膨胀；罐头排气不足，罐内中心温度过低；内容物组织内部空气含量较多，封盖杀菌冷却后，出现低真空现象，这些因素都可能会导致罐头食品发生物理性胀罐。这种胀罐的内容物并未败坏，可以食用。

针对上述原因，在罐头食品加工时应该采取以下措施予以防止：

（1）原料装罐前进行抽空处理，以减少组织内的空气。

（2）严格控制合理的装罐量和留有适当的顶隙，一般控制在 3~8 mm。

（3）适当提高排气时的罐内中心温度，以备封罐后能形成较高的真空度。

（4）提高排气时封口机真空度。

（5）加热杀菌后的罐头食品应注意内外压的基本平衡，防止反压消除速度太快。

（6）还要注意控制罐头的储藏温度等。

（二）化学性胀罐（chemical bulging）

化学性胀罐多出现于酸性或高酸性金属罐罐头中，由于罐内容物中有机酸含量较高，罐内壁迅速腐蚀，罐制容器中锡、铁元素与有机酸发生化学反应，产生大量的氢气，使罐内压增大而导致胀罐，又称为氢胀罐（hydrogen bulging）。氢胀严重的马口铁罐，两端底盖凸起，很难与细菌性胀罐区别，开罐后内容物虽然有时尚未失去食用价值，但不符合质量标准。

防止措施：采用涂层完整而均匀的抗酸全涂料钢板制罐，以提高容器对酸的抗腐蚀性能，并防止空罐内壁受机械损伤而出现裸铁现象。

（三）细菌性胀罐（bacterial bulging）

由于微生物生长繁殖而出现食品腐败变质所引起的胀罐称为细菌性胀罐，是最常见的一种胀罐现象。其主要原因是杀菌不充分，残存下来的微生物或罐头裂漏从外界浸染的微生物繁殖生长。细菌性胀罐是罐头生产中最常见的一种胀罐现象。罐头酸度不同，导致胀罐的腐败菌也不同。低酸性果蔬罐头胀罐时常见的腐败菌，大多数属于专性厌氧嗜热芽孢杆菌和厌氧嗜温芽孢菌一类；酸性果蔬罐头胀罐时常见的腐败菌，有专性厌氧嗜温芽孢杆菌；高酸性果蔬罐头胀罐时常见的腐败菌，有小球菌以及乳杆菌、明串珠菌等非芽孢杆菌。

防治措施：

（1）罐头食品使用的原辅材料，应新鲜并彻底清洗干净。加快生产流程及加工过程的卫生管理，必须特别注意应尽可能缩短半成品处理时间，原料预煮到杀菌时间不应超过 2.5h，罐头封盖到杀菌时间不应超过 30 min。

（2）严格杀菌规程，针对不同品种、罐型，采取适宜的杀菌条件。

（3）对低酸性果蔬半成品进行适当的酸化处理，降低罐头内容物的 pH，提高杀菌效果。

（4）严格封罐质量，防止密封不严而泄漏，冷却水应符合食品卫生要求，或经氯化处理等。

（5）生产过程中及时抽样保温检验，发现问题及时处理。

二、罐制容器的腐蚀

（一）罐头外壁的腐蚀（external corrosion）

金属罐罐头在储藏过程中，由于空气湿度大，储藏温度高，罐外壁表面会有冷凝水形成，这种现象称为"出汗"。由于空气中含有 CO_2、SO_2 等氧化物，水分就会成为罐外壁良好的电介质，促进罐外壁的生锈。因此，在罐头储藏时一定要控制适宜的储藏条件，储藏温度应不高于 20 ℃，相对湿度低于 75%。

（二）罐内壁的腐蚀（internal corrosion）

罐内壁腐蚀的原因较复杂，概括有以下几点。

（1）酸性均匀腐蚀。罐头内壁锡面在酸性果蔬的腐蚀下，全面而均匀地出现溶锡现象，在铁皮内壁上出现羽毛状斑纹或鱼鳞状腐蚀纹，称为酸性均匀腐蚀。均匀腐蚀会导致罐内容物含锡量增加，含量较低时（≤200 mg/kg）对食品品质无不良影响，腐蚀严重时食品含锡量急剧增加，食品含金属味。同时，若出现集中腐蚀，铁与酸发生反应，产生大量氢气，会造成氢胀罐。

（2）集中腐蚀。罐内壁出现有限面积的溶铁现象，如蚀孔、蚀斑、麻点、黑点，严重时在罐壁上出现穿孔。集中腐蚀多发生于低酸性罐制品或含空气多的水果罐头中。

（3）局部腐蚀。罐头食品开罐后，常会在顶隙和液面交界处发现有暗褐色腐蚀圈存在，这是在酸性介质中顶隙部位残留氧对罐壁腐蚀的结果。

（4）异常脱锡腐蚀。果蔬罐头原料常含有硝酸盐，在罐内残留氧量多和酸度低的情况下，在短时间内常会出现硝酸盐腐蚀罐壁而大量脱锡的现象，当脱锡完成后，迅速造成氢胀罐。

（5）硫化腐蚀。富含蛋白质的食品，在受热时会产生硫化氢，与罐壁中铁、锡作用产生黑色的化合物，称为硫化腐蚀，如花椰菜、青豆、芦笋罐头常有这种现象。水果罐头生产中，若采用亚硫酸法生产的白砂糖配制糖液也会出现硫化腐蚀现象。

（6）其他腐蚀。例如盐类会加速罐壁的腐蚀，抗坏血酸在加工过程中转化为脱氢抗坏血酸，花青素对罐头的腐蚀作用等。

防治措施：

（1）对含酸或含硫高的内容物，采用抗酸、抗腐蚀、抗硫涂料容器，并防止空罐机械伤。

（2）对原料进行抽空处理，以减少原料组织含气量。

（3）罐液调配时应煮沸并保温在85 ℃以上灌注。

（4）采用新鲜度高的原料，不影响产品质量前提下，适当延长预煮和漂洗时间。

（5）严格杀菌规程，缩短工艺流程。

（6）密封后倒置杀菌，进库正放，仓储期间反复倒罐，以减少氧化圈和硫化铁黑点的产生。

三、变色及变味

许多果蔬罐头在加工或贮运期间，常发生变色、变味的质量问题，这是果蔬中的某些化学物质在酶或罐内残留氧的作用下，或长期储温偏高而产生的酶促褐变和非酶促褐变所致。

防止措施：

（1）选用花青素及单宁含量低的原料。

（2）加工过程中，对某些易变色的原料，根据不同品种的制罐要求，采取护色处理。

（3）对某些果蔬罐头，在汤液中加入适量的抗坏血酸等抗氧化剂，可起到有效的防止变色的效果。

（4）配制汤液应煮沸，随配随用；如需加酸，加酸的时间不宜过早，避免蔗糖的过度转化，否则过多的转化糖遇氨基酸等易产生非酶褐变。

（5）加工中，防止原料与金属器具直接接触，并注意加工用水的重金属含量应符合标准要求。

（6）避光储存，控制储存温度。

四、罐内汁液的混浊（cloudy）和沉淀（precipitation）

此类现象产生的原因有多种：加工用水中钙、镁等金属离子含量过高（即水的硬度大），原料成熟度过高，热处理过度，罐头内容物软烂；制品在运销中震荡过剧，而使果肉碎屑散落；在贮存过程中受冻，化冻后内容物组织松散、破碎；微生物分解罐内食品等。针对上述原因，应分别采取相应的控制措施。

五、平盖酸败（flat cover rancidity）

有些罐头产品外观很正常而内容物却在平酸菌的作用下严重变酸，这种现象叫平盖酸败。造成平盖酸败的微生物称平酸菌。这种菌产酸不产气，所以罐头外观正常。引起低酸性罐头制品平盖酸败的是嗜热脂肪芽孢杆菌，番茄制品有时会发生凝结芽孢杆菌平盖酸败。

预防平酸现象的发生，必须加强食品卫生，严防半成品积压；定期对原料、半成品、辅料、设备、工器具等进行耐热芽孢菌数检测；制订科学合理的杀菌规程。

第五节　果蔬罐头类产品相关标准

目前，我国已颁布的现行果蔬罐头产品标准，按发布部门可以分为国家级标准、部颁标准、行业标准和地方标准。内容涵盖果蔬罐头的分类、名词术语、食品安全标准、加工技术规程、检验规则和方法等。

一、果蔬罐头的分类

《罐头食品分类》（GB/T 10784—2020）规定，按工艺及辅料不同，果蔬罐头分为九大类。

（一）糖水类水果罐头

把经分级去皮（或核）、修整（切片或分瓣）、分选等处理好的水果原料装罐，加入不同浓度的糖浆而制成的罐头产品，如糖水橘子、糖水菠萝、糖水荔枝等罐头。

（二）糖浆类水果罐头

处理好的原料经糖浆熬煮至可溶性固形物达 45%～55% 后装罐，加入高浓度糖浆等工序制成的罐头产品，又称液态蜜饯罐头，如糖浆金橘等罐头。

（三）果酱类水果罐头

按配料及产品要求的不同，分成下列种类。

1. 果冻罐头

将处理过的水果加水或不加水煮沸，经压榨、取汁、过滤、澄清后加入白砂糖、柠檬酸

（或苹果酸）、果胶等配料，浓缩至可溶性固形物65%~70%后经装罐等工序制成的罐头产品。

2. 果酱罐头

将一种或几种符合要求的新鲜水果去皮（或不去皮）、核（芯）的水果软化磨碎或切块（草莓不切），加入砂糖，熬制（含酸及果胶量低的水果须加适量酸和果胶）成可溶性固形物65%~70%和45%~60%两种固形物浓度，装罐制成的罐头产品，分为块状或泥状两种，如草莓酱、桃子酱等罐头。

（四）果汁类罐头

将符合要求的果实经破碎、榨汁、筛滤或浸取提汁等处理后制成的罐头产品。按产品品种要求不同可分为以下3种。

1. 浓缩果汁罐头

将原果汁浓缩至两倍以上质量浓度的果汁。

2. 果汁罐头

由鲜果直接榨出（或浸提）的果汁或由浓缩果汁兑水复原的果汁，分为清汁和浊汁。

3. 果汁饮料罐头

在果汁中加入水、糖液、柠檬酸等调制而成，其果汁含量不低于10%。

（五）清渍类蔬菜罐头

选用新鲜或保藏良好的蔬菜原料，经加工处理、预煮漂洗（或不预煮），分选装罐后加入稀盐水或精盐混合液等制成的罐头产品，如青刀豆、清水笋、清水荸荠、蘑菇等罐头。

（六）醋渍类蔬菜罐头

选用鲜嫩或盐腌蔬菜原料，经加工修整、切块装罐，再加入香辛配料及醋酸、食盐混液制成的罐头产品，如酸黄瓜、甜酸藠头等罐头。

（七）盐渍（酱渍）蔬菜罐头

选用新鲜蔬菜，经切分（或腌制）后装罐，再加入砂糖、食盐、味精等汤汁（或酱）制成的罐头产品，如雪菜、香菜心等罐头。

（八）调味类蔬菜罐头

选用新鲜蔬菜及其他配料，经切片（块）、加工烹调（油炸或不油炸）后装罐制成的罐头产品，如油焖笋、八宝菜等罐头。

（九）蔬菜汁（酱）罐头

将一种或几种符合要求的新鲜蔬菜榨成汁（或制酱），经调配、装罐等工序制成的罐头产品，如番茄汁、番茄酱、胡萝卜汁等罐头。

二、食品安全标准

《食品安全国家标准　罐头食品》（GB 7098—2015）对果蔬类罐头的术语和定义、技术要求进行了规定。其中，果蔬类罐头定义为以水果和蔬菜为原料，经加工处理、装罐、密封、加热杀菌等工序加工而成的商业无菌罐装食品；该标准从原料要求、感官要求、污染物限量、微生物限量、食品添加剂方面对果蔬类罐头技术要求进行了规定。《食品安全国家标准　罐头食品生产卫生规范》（GB 8950—2016）适用于罐头食品的生产，规定了罐头食品生产过程中原料采购、加工、包装、贮存和运输等环节的场所、设施、人员的基本要求和管理准则。

该标准对商业无菌、杀菌工艺规程、余氯、杀菌偏差和热力杀菌关键因子进行了定义；从厂房选址及厂区环境、厂房和车间、设施和设备、卫生管理、食品原料与食品添加剂及食品相关产品、生产过程的安全控制、检验、贮存与运输、产品的召回管理、培训、管理制度和人员、记录和文件管理要求作出了规定。《罐头食品企业良好操作规范》（GB/T 20938—2007）规定了罐头食品企业的术语和定义、厂区环境、厂房和设施、设备和工器具、人员管理与培训、物料控制与管理、加工过程控制、质量管理、卫生管理、成品贮存和运输、文件和记录、投诉处理和产品召回以及管理制度的建立与审核等方面的基本要求。本标准适用于罐头食品厂的设计、建造、改造、生产管理和技术管理。《罐藏食品工业术语》（QB/T 5218—2018）规定了罐藏食品工业的一般术语、原料术语、容器术语、工艺术语、包装术语和质量术语。本标准适用于罐藏食品工业生产、科研、教学及其他相关领域。

三、加工技术规程

《桃罐头加工技术规程》（DB37/T 2696—2015）规定了桃罐头的术语和定义、原料选择、加工流程、工艺要求、包装和标志及运输等要求。该标准适用于桃罐头产品的加工。其中工艺要求对分级、对开挖核、去皮、挑选和修整、抽空、装罐、装汤汁、封口、杀菌、检验、装箱和入库进行了详尽阐述。《鲜食玉米真空包装加工技术规程》（T/QGSX 003—2022）规定了鲜食玉米真空包装加工的术语和定义、设施与卫生要求、原材料要求、加工工艺、人员要求、检验控制和生产记录。该规程适用于以乳熟后期至蜡熟初期的鲜食玉米穗为原料的真空包装鲜食玉米的加工保藏。《柑橘罐头加工技术规程》（DB43/T 2406—2022）适用于柑橘罐头加工，规定了柑橘罐头加工技术的原辅料、食品添加剂、生产过程卫生、加工工艺、标签、标志、包装、贮存、运输等要求。其中加工技术要求对选果、清洗、漂烫、剥皮分瓣、脱囊衣、装罐、杀菌和冷却进行了详尽阐述。

四、检验规则和方法

《罐头食品的检验方法》（GB/T 10786—2022）适用于罐头食品的检验，规定了罐头食品的感官、可溶性固形物、净含量和固形物含量、pH、干燥物、顶隙和真空度的检验方法。果蔬类罐头商业无菌要符合《食品安全国家标准　食品微生物学检验　商业无菌检验》（GB 4789.26—2023）的规定。《罐头食品商业无菌快速检测方法》（SN/T 2100—2008）规定了罐头食品商业无菌快速检测的基本要求、操作程序和结果判定。本标准适用于食用菌、水果、蔬菜和商业无菌罐装饮料等各种密封包装，经过适度的热杀菌后达到商业无菌，在常温下能较长时间保存的罐头。《中华人民共和国轻工行业标准　罐头食品检验规则》（QB/T 1006—2014）适用于罐头食品的出厂检验和型式检验。本标准规定了罐头食品的检验项目分类、检验分类、组批、抽样、判定规则、转移规则和检验的暂停与恢复。果蔬类罐头食品的感官检验应符合 QB/T 3599—1999 的规定，食品中蔗糖的测定按 GB 5009.8—2023 操作，砷测定按GB 5009.11—2024 操作，铅测定按 GB 5009.12—2023 操作，食品中山梨酸、苯甲酸、甜味剂测定按 GB 5009.28—2016 操作，着色剂测定按 GB 5009.35—2023 操作，食品中氯化钠测定方法按照 GB 5009.44—2016 操作，总酸测定按 GB 12456—2021 操作，亚硝酸盐测定按 GB 5009.33—2016 操作。

五、产品标准

《什锦蔬菜罐头》（QB/T 1395—2014）规定了什锦蔬菜罐头的产品代号、要求、试验方法、检验规则和标志、包装、运输、贮存。本标准适用于以青豌豆、马铃薯、胡萝卜等不少于 5 种蔬菜为原料，经原料预处理、装罐、加盐水、密封、杀菌、冷却而制成的什锦蔬菜罐藏食品。《绿色食品　水果、蔬菜罐头》（NY/T 1047—2021）则从绿色食品角度规定了绿色果蔬类罐头的术语和定义、要求、检验规则、标志和标签、包装、运输和贮存，适用于绿色食品预包装的果蔬类罐头。《青刀豆罐头》（GB/T 13209—2015）规定了青刀豆罐头的术语和定义、产品分类、要求、试验方法、检验规则和包装、标志、运输、贮存的基本要求。本标准适用于以新鲜青刀豆为原料，经原料挑拣、切端、驱虫、清洗、预煮、装罐、加盐水、密封、杀菌、冷却制成的罐藏食品。《黄瓜罐头》（QB/T 4625—2014）适用于以乳黄瓜为原料，经调味、酸化、装罐、密封、杀菌制成的黄瓜罐藏食品，其规定了黄瓜罐头的术语和定义、产品分类及代号、要求、试验方法、检验规则和标志、包装、运输和贮存。《混合水果罐头》（QB/T 1117—2014）规定了混合水果罐头的术语和定义、产品分类及代号、要求、试验方法、检验规则和标志、包装、运输、贮存，其适用于以不少于两种的新鲜、速冻或罐装水果为原料，经预处理、装罐、加汤汁、密封、杀菌、冷却而制成的混合水果罐藏食品。《食用菌罐头质量通则》（GB/T 14151—2022）规定了食用菌罐头的产品分类及代号、要求、试验方法、检验规则、标志、包装、运输和贮存，其适用于以鲜、冻、干或盐渍食用菌为原料，经加工制成的罐藏食品。

第六节　果蔬罐头生产实例

一、糖水桃罐头

（一）工艺流程

原料→挑选→分级→切半→去皮→护色→挖核→烫漂→冷却→整理→称重→装罐→注糖水→排气→封口→杀菌→冷却→擦罐→保温→打检→倒垛→装箱→入库

（二）操作要点

1. 原料

选用适合加工制罐的早、中、晚熟品种。在北京地区，制罐头的优良品种是丰黄、黄露、京玉、京艳及金童 5 号、6 号、7 号、8 号（金童系列是由美国引进的，加工质量特佳），也可继续使用我国的兼用种大久保、岗山白，以七成熟为合适，过熟则软烂、混汤。选择时还应剔除核洼有红线的以及个头小、虫、病、伤果。如使用冷藏果为原料，则要求果实中心温度在 15 ℃以上，并应注意剔除过软、过硬、过大、过小以及霉烂、有疤伤或整个果片不匀称的果实。

2. 切半

沿桃的缝合线将桃对切为二，防止切偏，并忌重刀剁碎果片。此工序可用劈桃机进行。

切后立即浸入1%食盐水溶液中护色。

3. 去皮

绝大多数厂使用氢氧化钠溶液去桃皮，碱液浓度为6%～12%，温度为85～90 ℃，处理时间为30～70 s。可使用夹层锅用人工处理，也可用碱液去皮机或淋碱机机械去皮。从碱液中捞出果片后，及时用清水冲净至无碱味为止。以事先配制的1%食盐水做护色液，防止氧化变色。

蒸汽去皮适用于一些品种，如北京京艳（24号白桃），成熟度要在九成左右。将桃在高热蒸汽中处理5 min，然后速冷，由于冷热的刺激，果皮很易脱落，且无化学药剂污染。此方法由于受品种及成熟度限制，效果虽好但是不适合所有品种。

4. 去核

从护色液中捞出果片，用勺形挖核器去核。要求核洼光滑，不留红线。

5. 烫漂预煮

把桃片放入100 ℃沸水中烫漂4～8 min，使桃片呈半透明状，以柔而不烂为标准。预煮水在事先用蒸汽煮沸后，加入0.1%柠檬酸，再倒入桃片，捞出后及时用软化水冷却。

6. 护色

为了防止酶褐变，从去皮到灌注糖水期间，每个工序都要保证将桃片浸于1%食盐溶液中护色。

7. 整理

对准备装罐的原料，要逐片检查，看其块形是否规整，大小是否合乎要求，桃片上有无未去净的桃皮存在，有否伤疤、黑点以及虫眼等缺陷存在，如发现必须及时将其修整，还要对毛边片、核洼有红线的桃片加以修整。

8. 称重

按照有关要求，黄、白桃罐头的固形物含量均应在55%以上。对于820型六旋瓶总重为750 g，其固形物重为430 g。

9. 注糖水

装罐后立即注入浓度为25%～30%、温度为80 ℃以上的热糖水，再加入0.1%的柠檬酸和0.03%的异抗坏血酸。

10. 排气、封罐

在排气箱热力排气，至中心温度75 ℃立即封罐；或抽真空排气，真空度为0.03～0.04 MPa。

11. 杀菌、冷却

在沸水中杀菌10～20 min，然后冷却至38 ℃左右。

二、糖水橘子罐头

（一）工艺流程

原料选择→分级→洗涤→漂烫→剥皮→去络、分瓣→酸碱处理→漂洗→整理分选→装罐→排气→密封→杀菌→冷却→入库

（二）操作要点

1. 原料选择、分级

应选择肉质致密，色泽鲜艳，香味浓郁，含糖量高，糖酸比适度的原料。果实皮薄，无核，如温州蜜柑，分级时，横径每差 10 mm 为一级。

2. 洗涤

用清水洗涤，洗净果面的尘土及污物。

3. 漂烫

一般用 95~100 ℃的热水浸烫，使外皮与果肉分离，易于剥皮。热烫时间为 1 min 左右。

4. 剥皮、去络、分瓣

经漂烫后的橘子趁热剥皮，剥皮有机械和手工去皮两种。去皮后的橘果用人工方法去络，然后按橘瓣大小，分开放置。

酸碱混合处理法：将橘瓣先放入 0.9~1.2 g/L 的盐酸液中浸泡，温度约 20 ℃，浸泡 15~20 min。取出漂洗 2~3 次，接着再放入碱液中浸泡，氢氧化钠浓度为 0.7~0.9 g/L，温度为 35~40 ℃，时间为 3~6 min，除去橘瓣囊衣，以能见砂囊为度。将处理后的橘瓣用流动的清水漂洗 3~5 次，从而除去碱液。

5. 整理、分选

将橘瓣放入清水盆中，除去残留的囊衣、橘络、橘核，剔除软烂、缺角的橘瓣。

6. 装罐

橘瓣称重后装罐，原料约占总重的 60%。糖液浓度为 24%~25%。为了调节糖酸比，改善风味，装罐时常在糖液中加入适量柠檬酸，调整 pH 为 3.5 左右。

7. 排气及密封

一般多为采用真空抽气密封，真空度为 0.059~0.067 MPa。

8. 杀菌及冷却

杀菌的目标菌为巴氏固氮梭状芽孢杆菌，即 pH 为 3.7~4.5 时，D_{100} 为 0.1~0.5 min。不同型号的罐头杀菌工艺条件不同。例如，净重 567 g 的罐头杀菌公式为：5′-6′-5′/100 ℃

三、青刀豆罐头

（一）工艺流程

原料验收→预处理→装罐、加汤汁→排气、密封→杀菌、冷却→成品

（二）操作要点

1. 原料验收

罐藏用的青刀豆要求荚色深绿，柔软脆嫩，肉质厚，无纤维或筋，成熟度一致，含糖量高，风味好，干物质含量在 8%以上，豆粒占豆荚重的 10%~20%，豆荚横径不大于 6.3 mm，长度不超过 76 mm。嫩荚收获以种子尚未形成或仅具雏形时为好。

2. 预处理（挑选、切端、清洗、分级、切分、预煮）

进厂后的原料在输送带上挑去老豆、畸形和病虫害等不合格豆，去除夹杂物。用切端机或手工切去两端的蒂柄及尖细部分，投入清水中进行清洗。

将切端后的刀豆，根据豆荚横径大小分 6 级：0 级 ≤4.8 mm，1 级 4.8~5.8 mm，2 级

5.8~7.3 mm，3 级 7.3~8.3 mm，4 级 8.3~9.5 mm，5 级 9.5~11.2 mm，6 级 ≥11.2 mm。1、2、3 级用于制作整装罐头，其他的进行切分，切成 25~50 mm 左右的长段。

用连续预煮机沸水预煮 3~4 min，预煮水需常更换，保持清洁。预煮后立即用冷水冷却透。

3. 装罐

采用涂料罐，具体装罐情况参考表 3-7。

表 3-7　青刀豆罐头装量情况表

罐号	净重/g	刀豆/g	汤汁/g
7116#	425	260~275	150~165
8117#	567	350~375	192~217
9124#	850	520~560	290~330

4. 加汤汁

盐水浓度 2.3%~2.4%，煮沸过滤后注入罐内，注入罐内时温度在 95 ℃左右。

5. 排气、密封

热力排气，中心温度 75 ℃；抽气密封，真空度为 0.03 MPa。

6. 杀菌、冷却

7116#罐及 8117#罐杀菌公式为：10′-25′-15′/119 ℃；9124#罐杀菌公式为：10′-30′-15′/119 ℃，反压降温至 38 ℃左右。

7. 成品质量要求

青刀豆呈黄绿色，汤汁较清澈；组织细嫩，同罐中色泽、大小均匀。固形物含量 ≥60%，氯化钠 0.8%~1.5%。

（三）生产注意事项

（1）刀豆原料越新鲜越好，要求自采摘至加工过程时间最长不超过 24 h（冷藏可适当延长时间），夏天更要缩短加工流程。

（2）剪口很易变褐色，故剪后应立即投入盐水中浸泡。

（3）刀豆采收和贮运过程中要严格选除草屑、竹枝、豆叶等外来杂质。生产过程中的工器具采用抗腐蚀金属材料制成。

（4）刀豆易发生"酸败"，加工过程中要防止原料污染及注意生产卫生，做好消毒工作。工艺流程要快速及时。

（5）刀豆杀菌采用高温短时较好。

四、蕨菜罐头

（一）工艺流程

选料→预处理→配汤汁→装罐→排气→封口→杀菌、冷却→成品

（二）操作要点

1. 选料

加工用的原料要选用菜叶卷缩如拳、鲜嫩、粗壮、绿色或紫色的蕨菜。

2. 预处理

将鲜蕨菜除去梗的老化部分，用清水将其洗净，于开水中烫漂 3~4 min，立即用冷水冷却，捞起沥干水分。若是蕨菜干，则用清水浸泡 3 h 左右，待其复水后捞起沥干。将处理过的蕨菜切成 5 cm 左右的小条。姜、蒜洗净后混合在一起打浆，煮 30 min 后过滤。

3. 调味汤汁（以 100 kg 计）

（1）美味蕨菜为生抽 4 kg、白砂糖 3 kg、味精 3.5 kg、异亮氨酸+甘氨酸 200 g、酵母精 300 g、食盐 4 kg、生粉 1.2 kg、姜 3 kg、蒜 3 kg，加水至 100 kg。

（2）麻辣蕨菜为麻辣酱 18 kg、白砂糖 3 kg、味精 3.5 kg、异亮氨酸+甘氨酸 200 g、食盐 4 kg、生粉 1.1 kg、姜 3 kg、蒜 3 kg，加水至 100 kg。

4. 装罐

采用四旋盖玻璃瓶，清洗后经 90 ℃以上热水消毒，沥干水分后进行装瓶，汤汁加入时温度在 80 ℃以上。每瓶装入量参考如下标准。

（1）美味蕨菜为蕨菜 180 g、麻油 10 g、精炼豆油 10 g、汤汁 50 g，控制净含量 250 g。

（2）麻辣蕨菜为蕨菜 180 g、精炼豆油 10 g、汤汁 60 g，控制净含量 250 g。

5. 排气、密封

采用四旋盖，90 ℃左右热力排气 15 min，抽真空封盖。

6. 杀菌、冷却

杀菌公式为：10′-25′-20′/100 ℃，冷却至 40 ℃左右。

7. 成品质量标准

要求产品呈墨绿色或紫黑色，蕨菜条长 5 cm 左右，同一瓶中色泽及长短一致，固形物含量≥68%。

五、酸黄瓜罐头

（一）工艺流程

原料处理→配料处理→汤汁配制→装罐→排气→封罐→杀菌→冷却

（二）操作要点

1. 原料的选择与处理

选择无刺或少刺，瓜条幼嫩，直径在 3~4 cm，粗细均匀，无病虫害，无腐烂以及色泽一致的黄瓜。选好后用清水洗净，放入水中浸泡 6~7h（硬水更适宜），浸泡后洗净，再按罐头的高度切段，各段要顺直。黄瓜的用量可按 265 g/500 mL 的比例来计算。目前，酸黄瓜有罐头加工专用品种，如哈研 5 号、娜莎和玛莎等。

2. 配料处理与汤汁配制

（1）选料。选择新鲜且无病虫害损伤及无枯黄腐烂的茴香、芹菜叶、辣根（叶）、荷兰芹叶、薄荷叶，切成 4~6 cm 小段，再将干月桂叶和去籽的红辣椒切成 1 cm 小段，最后将大蒜去皮后洗净切成 0.5 g 的小片，用食用酸味剂将汁液 pH 调至 4.2~4.5。

（2）配料。配料量依罐头的容量而定。500 g 罐头的配料量为：鲜茴香 5 g、芹菜叶 3 g、辣根 3 g（或 2 片叶）、荷兰芹叶 1.5 g（2 片）、薄荷叶 0.25 g（2 片）、月桂叶 1 片、红辣椒 0.5 g、大蒜 0.5 g（1 片）。

（3）汁液的配制。500 g 容量的罐头需配制汁液 225 g。

3. 装罐

将做罐头用的瓶（罐）、盖及橡皮圈洗净，用沸水消毒。装罐时，先装入配料，再装入黄瓜，最后装汤汁，保持顶隙 6~8 mm 为宜。汤汁温度不低于 75 ℃，有利于排气。

4. 排气和封罐

装好后送入排气箱（锅），使罐内温度达 90 ℃，维持 8~10 min，取出趁热封罐。

5. 杀菌与冷却

杀菌温度和时间依罐头的大小而定。500 g 的玻璃罐在 100 ℃下经 10 min 就可达到杀菌目的。冷却方法由罐的材料决定，玻璃罐应采取阶段冷却法，以每阶段温差不超过 20 ℃ 为宜；马口铁罐要放入冷水中冷却。

六、鲜食玉米穗软包装罐头

（一）工艺流程

原料验收→剥叶去须→预煮→漂洗→整理装袋→抽气→密封→杀菌→冷却→干燥→成品

（二）操作要点

1. 原料验收

鲜食玉米原料应选择新鲜、无杂色粒、无机械损伤和杂质，籽粒细嫩饱满、排列整齐、成熟适度，无明显秃尖、缺粒和畸形，无虫蛀、无腐烂和霉变的完整玉米穗，并符合 GB 2761—2017、GB 2762—2022、GB 2763—2021 的规定。同时各品种鲜食玉米原料还应符合 NY/T 523—2020 的规定。

企业视频

2. 剥叶去须

将玉米剥去苞叶，并除尽玉米须。

3. 预煮、漂洗

沸水下锅煮 10~15 min，煮透为准，预煮水中加 0.1% 柠檬酸、1% 食盐。预煮后用流动水急速冷却漂洗 10 min。

4. 整理

将玉米棒切除两端，每棒长度基本一致，控制在 16~18 cm。玉米棒切除两端削料可制软包装玉米粒罐头，制作技术同软包装玉米棒。

5. 装袋

按长度、粗细基本一致的单穗或多穗装袋。

6. 封口

在 0.08~0.09 MPa 下抽气密封。

7. 杀菌、反压冷却

杀菌温度 121 ℃、时间 10~20 min，冷却介质压力为 0.196 MPa（2 kg/cm²）。冷却时要保持压力稳定，直到冷却至 40 ℃。

8. 干燥

杀菌冷却后袋外有水，采用手工擦干或热风烘干，以免造成袋外微生物繁殖，影响外观质量。

9. 成品包装

为避免软包装成品在贮藏、运输及销售过程中的损坏，须进行软包装的外包装，可采用纸袋或聚乙烯塑料袋，然后进行纸箱包装。

【思考题】

1. 简述果蔬罐制的基本原理。

2. 罐制食品的酸度与微生物耐热性有何关系，对罐制食品杀菌条件的选择有何意义？

3. 罐制食品中如何确定杀菌对象，为什么把肉毒梭状芽孢杆菌作为低酸性罐头杀菌的主要对象菌？

4. 如何理解杀菌规程？

5. 罐制食品对容器有何质量要求？

6. 罐制品装罐过程中应注意哪些问题？

7. 简述罐制品加工过程中排气的作用。

8. 试述罐头加工工艺过程，并详述其具体步骤和工艺要点。

9. 影响果蔬罐头的质量问题有哪些，试述其相应的防止措施。

【课程思政】

食用罐头很安全，但需避免"罐头思维"

我国的《罐藏食品工业术语》（QB/T 5218—2018）中对罐头食品的定义为：食品原料经加工处理，装罐或灌装入金属罐、玻璃瓶、半刚性容器或软包装容器，采用密封、杀菌方式或杀菌、密封方式，达到商业无菌要求的食品。这类食品中使用的技术可统称为罐藏技术，它是以食品微生物学、食品生物化学和物理学为理论基础，在常温下能使食品较长期贮存的加工技术。由于这种特殊的加工保藏方式，无须添加防腐剂就能达到保持产品较高品质和延长保质期的目的。因此，曾经某平台上的自媒号在一篇"健康科普"文章中，称罐头是6种"催人老"的食物之一，并提出"营养被破坏""蛋白质变质""添加大量防腐剂""危害身体健康"等描述，纯属谣言，是伪科学，但这却引发了公众对罐头食品的疑惑与担忧，进而会阻碍罐头行业的发展。作为食品人，我们应该好好学习食品科学技术知识，在生活中积极传播正确的食品科普知识、食品的法律法规和食品文化，不信谣、不传谣，更要有能力和勇气进行辟谣。

《中国罐头行业品牌打造三年专项行动计划（2021—2023 年）》顺利完成，营造出罐头食品"营养、健康、时尚、潮流"的舆论氛围，行业企业实现内、外销市场互补发展，国内市场人均罐头消费量有较大幅度提升，有力支撑了国际国内市场同步发展。罐头是我们需要的食品，但我们在生活和工作中则要尽量避免或摆脱"罐头思维"，它是一种特殊的思维方式，出自英国伦敦大学哲学教授斯泰宾所著的《有效思维》一书中，它表现为接受简化的、现成的结论或观点，而不愿意进行深入的思考。它通常出现在人们面对复杂问题时，出于思维的懒惰性，更倾向于接受那些简单易得的论断或观点。这些论断或观点虽然简单易理解，但可能缺乏足够的逻辑支撑或事实依据，因此被形象地称为"罐头思维"。罐头思维的形成往往与懒惰的思维习惯有关，它可能导致人们丧失独立思考的能力，从而在面对复杂问题时难以作出准确的判断或提出有价值的见解。因此，跳出罐头思维，鼓励独立思考和深入分析是提高思维质量和深度的关键。

【延伸阅读】

罐头的起源和历史

罐藏食品的发明，有效解决了食品（包括果蔬食品）的长期保藏问题。罐制技术起源于19世纪末的法国，当时拿破仑政府出于战争需要，重金悬赏供军用食品保藏的方法。巴黎的一位糖食师傅阿培尔（Nicolas Appert）于1804年发明了用玻璃瓶罐藏食品的方法，1809年获得了奖金。1810年他发表了专著《密封容器贮藏食品之法》，提出了密封和加热的保藏方法。但当时对引起食品腐败变质的主要因素——微生物还没有认识，故技术上进展缓慢。同年，英国的杜兰德（Peter Durand）发明了镀锡薄板金属罐，使罐头食品得以投入手工生产。

随后，1864年，法国科学家巴斯德（Louis Pasteur）首次揭示了微生物生长繁殖是导致食品败坏的主要原因，此后又提出了加热杀菌的理论，从而阐明了罐制技术的基本原理。1874年配有控制设施的高压蒸汽杀菌锅面世，缩短了罐头杀菌时间，提高了操作安全性，由此罐制技术得到普遍的推广。1920~1930年，比奇洛（Bigelow）和鲍尔（Ball）提出用数学方法来表示杀菌温度和时间之间的关系，1948年斯塔博和希克斯（Stumbo & Hicks）进一步提出了罐头杀菌理论的基础 F 值，从而使杀菌理论趋于完善。与此同时，杀菌工艺和设备也不断得到改进，无菌灌装工艺进一步提高了罐制食品的品质，包装容器也日益新颖和实用。

第四章　果蔬糖制品加工

本章课件

【教学目标】

1. 了解果蔬糖制加工中糖的有关特性。
2. 掌握果蔬糖制的基本原理。
3. 掌握果蔬糖制的主要加工工艺。
4. 熟悉糖制品常见的质量问题及控制措施。

【主题词】

果蔬糖制品（sugar products of fruits and vegetables）；蜜饯（preserved fruit）；果酱（jam）；糖制品标准（standards for sugar products）

果蔬糖制是利用高浓度糖液的渗透脱水作用，将果品蔬菜加工为糖制品的一种加工技术。果蔬糖制品是我国的传统休闲食品，具有悠久的历史，最早的糖制品是利用蜂蜜糖渍饯制而成，称为蜜饯（preserved fruit）。甘蔗糖（白砂糖）和饴糖等食糖的开发和应用，促进了糖制品加工业的迅速发展，逐步形成种类繁多，风味、色泽独具特色的我国传统蜜饯，如苹果脯、蜜枣、糖梅、山楂脯、糖姜片、冬瓜条以及各种凉果和果酱。果蔬糖制品具有高糖、高酸等特点，不仅改善了原料的食用品质，赋予制品良好的色泽和风味，而且提高了贮藏品质。

第一节　果蔬糖制品的分类与特点

糖制品原料众多，加工方法多样，形成的制品种类繁多、风味独特。按加工方法和产品形态，可将果蔬糖制品分为蜜饯和果酱两大类。

一、蜜饯的分类

蜜饯是以果蔬为主要原料，添加（或不添加）食品添加剂及其他辅料，经糖或蜂蜜等腌制（或不腌制）加工而成的制品。蜜饯的种类很多，可以大致分为以下几类。

（一）按产品形态及风味分类

果蔬或果坯经糖渍或糖煮后，含糖量一般约60%，个别较低。糖制的成品有些要进行烘干处理，有些不需要烘干。根据含水量的不同，可将蜜饯类产品分为以下3种。

1. 湿态蜜饯

果蔬原料糖制后，按罐藏原理保存于高浓度糖液中，果形完整，饱满，质地细软，味美，呈半透明状，如蜜饯海棠、蜜饯樱桃、糖青梅、蜜金橘等。

2. 干态蜜饯

糖制后晾干或烘干，不粘手，外干内湿，半透明，有些产品表面裹一层半透明糖衣或结晶糖粉，如橘饼、蜜李子、蜜桃子、冬瓜条、糖藕片等。

3. 凉果

凉果是指用咸果坯为主要原料，甘草等为辅料制成的糖制品。果品经盐渍、脱盐、晒干，加调配料蜜制，再干制而成。制品含糖量不超过 35%，属低糖制品，外观保持原果形表面干燥，皱缩，有的品种表面有层盐霜，味甘美，酸甜，略咸，有原果风味，如陈皮梅、话梅、橄榄制品等。

（二）按产品传统加工方法分类

1. 京式蜜饯

京式蜜饯主要代表产品是北京果脯，又称"北蜜""北脯"。产品厚实，口感甜香，色泽鲜艳，工艺考究，如各种果脯、山楂糕、果丹皮等。

2. 苏式蜜饯

苏式蜜饯主产地苏州，又称"南蜜"。选料讲究，制作精细，形态别致，色泽鲜艳，风味清雅，是我国江南一大名特产。代表产品有以下 2 类。

（1）糖渍蜜饯类。表面微有糖液，色鲜肉脆，清甜爽口，原果风味浓郁，如糖青梅、雕梅、糖佛手、糖渍无花果、蜜渍金柑等。

（2）返砂蜜饯类。制品表面干燥，微有糖霜，色泽清新，形态别致，酥松味甜，如天香枣、白糖杨梅、苏式话梅、苏州橘饼等。

3. 广式蜜饯

广式蜜饯以凉果和糖衣蜜饯为代表产品，又称"潮蜜"，主产地广州、潮州、汕头，已有 1000 多年的历史。代表产品有以下 2 类。

（1）凉果。甘草制品，味甜、酸、咸适口，回味悠长，如奶油话梅、陈皮梅、甘草杨梅、香草芒果等。

（2）糖衣蜜饯。产品表面干燥，有糖霜，原果风味浓，如糖莲子、冬瓜条、蜜菠萝等。

4. 闽式蜜饯

闽式蜜饯主产地福建漳州、泉州、福州，已有上千年的历史，以橄榄制品为主产品。制品肉质细腻致密，香味突出，爽口而有回味，如大福果、丁香橄榄、加应子、蜜桃片、盐金橘等。

5. 川式蜜饯

川式蜜饯以四川内江地区为主产地，始于明朝，有名扬中外的橘红蜜饯、川瓜糖、蜜辣椒、蜜苦瓜等。

二、果酱的分类

果酱是将水果、糖、酸按照一定比例混合熬制而成的富有水果风味与营养价值的凝胶状物质。按照 GB/T 22474—2008 多重标准进行分类，从原料上来看，它可分为：水果果酱、蔬菜果酱、混合类果酱。市场中较为常见的是前两种果酱，混合果酱是近些年来开发的新产品，不仅可以改变果酱营养与风味过于单一的性状，还能相互弥补在颜色和口感上的不足之处；其次，按照原料的配比：一般原料添加量≥25%时称为果酱，反之，添加量≤25%时，称为果味酱；按照罐装方式进行分类：以罐头工艺生产果酱的产品为果酱罐头，而利用袋装等包装方式生产的果酱称为其他果酱；按照产品用途主要分为：原料类果酱、冷冻饮品类果酱、酸乳类果酱、烘焙类果酱、佐餐类果酱和其他果酱。果酱制品无须保持原来的形状，但应具有原有的风味，一般多为高糖高酸制品。按其制法和成品性质，可分为以下数种。

（一）果酱

果酱分泥状及块状果酱两种。果蔬原料经处理后，打碎或切成块状，加糖（含酸及果胶量低的原料可适量加酸和果胶）浓缩的凝胶制品，如草莓酱、杏酱、苹果酱、番茄酱等。

（二）果泥

一般是将单种或数种水果混合，经软化打浆或筛滤除渣后得到细腻的果肉浆液，加入适量砂糖（或不加糖）和其他配料，经加热浓缩成稠厚泥状，口感细腻，如枣泥、苹果泥、山楂泥、什锦果泥、胡萝卜泥等。

（三）果冻

果冻指用含果胶丰富的果品为原料，果实软化、压榨取汁，加糖、酸（原料含酸量高时可省略）以及适量果胶（富含果胶的原料除外），经加热浓缩后制得的凝胶制品。该制品应具光滑透明的形状，切割时有弹性，切面柔滑而有光泽，如山楂冻、苹果冻、橘子冻等。

（四）果糕

将果实软化后，取其果肉浆液，加糖、酸、果胶浓缩，倒入盘中摊成薄层，再于 50~60 ℃烘干至不粘手，切块，用玻璃纸包装，如山楂糕等。

（五）马茉兰

马茉兰最早用榅桲制成，现一般采用柑橘类原料生产，制造方法与果冻相同，但配料中要适量加入用柑橘类外果皮切成的块状或条状薄片，均匀分布于果冻中，有柑橘类特有的风味，如柑橘马茉兰。

（六）果丹皮

果丹皮是将制取的果泥经摊平（刮片）烘干制成的柔软薄片，如山楂果丹皮、柿子果丹皮、桃果丹皮等。

第二节　果蔬糖制的基本原理

一、原料糖的种类及其与糖制有关的特性

（一）原料糖的种类

适用于果蔬糖制的糖种类较多，不同原料糖的特性和功能不尽相同。

1. 白砂糖

白砂糖（甘蔗糖、甜菜糖）是加工糖制品的主要用糖，蔗糖含量高于 99%。糖制时，要求白砂糖的色值低，不溶于水的杂质少，以选用优质白砂糖和一级白砂糖为宜。

2. 饴糖

饴糖又称麦芽糖浆，是用淀粉水解酶水解淀粉生成的麦芽糖、糊精和少量的葡萄糖、果糖的混合物，其中含麦芽糖和单糖 53%~60%，糊精 13%~23%，其余多为杂质。饴糖在糖制时一般不单独使用，常与白砂糖结合使用，有防止糖制品晶析的作用。麦芽糖甜度是蔗糖的 30%~40%，具有甜味温和、清香可口、和蔗糖混用时没有甜味协同作用等优势，适用于生产低甜度口感的食品。

3. 淀粉糖浆

淀粉糖浆主要成分是葡萄糖、糊精、果糖以及麦芽糖等。工业生产淀粉糖浆有葡萄糖值（DE 值，即糖浆中还原糖含量占总糖含量的百分数）为 42、53 及 63 三种，其中以葡萄糖值为 42 的最多。淀粉糖浆 DE 值为 42 的甜度约等于白砂糖的 30%，其甜味是由成分中的葡萄糖、果糖与麦芽糖组合而呈现出的。淀粉糖浆的添加量通常在质量分数 10%~40% 不等。蔗糖与淀粉糖浆同时存在时，虽然蔗糖本身的溶解度有所降低，但增加了饱和溶液中固形物的含量，提高了饱和溶液的溶解度。蔗糖及淀粉糖浆中各组分以分子状态随机排列，相邻分子紧紧靠在一起。除了高黏度使这些分子无法移动外，其分子间存在大量氢键结合，更进一步限制分子转动，从而抑制蔗糖结晶。由于淀粉糖浆中的糊精含量高，可利用它防止糖制品返砂而配合使用，对其甜度并无要求。

4. 蜂蜜

蜂蜜具有很高的营养和保健价值，主要成分是果糖和葡萄糖，占总糖的 66%~77%，其次还含有 0.03%~4.4% 的蔗糖和 0.4%~12.9% 的糊精。蜂蜜主要是糖类（果糖、葡萄糖和一些蔗糖）的过饱和溶液，含水量低。通常情况下，蜂蜜呈现出相对高的黏度，为提高流动性，需加热以降低黏度。除了温度，蜂蜜的黏度还受其水分的影响，这两者是黏度的关键影响因素。通常情况下，蜂蜜黏度会随着水分的减少而增加。温度升高会使蜂蜜黏度降低，而水分的减少会增加蜂蜜的黏度。蜂蜜吸湿性很强，易使制品发黏。在糖制加工中常用蜂蜜作为辅助糖料，防止制品晶析。

（二）原料糖与果蔬糖制品有关的特性

果蔬糖制加工中所用食糖的特性是指与之有关的化学和物理的性质。化学方面的特性包括糖的甜味和风味，蔗糖的转化、凝胶等；物理特性包括渗透压、结晶和溶解度、吸湿性、热力学性质、黏度、稠度、晶粒大小、导热性等。其中在果蔬糖制上较为重要的有糖的溶解度与晶析、蔗糖的转化、糖的吸湿性、甜度、沸点及凝胶特性等。

1. 糖的溶解度与晶析（crystallization）

食糖的溶解度是指在一定的温度下，一定量的饱和糖液内溶解的糖量。糖的溶解度随温度的升高而逐渐增大。不同温度下，不同种类的糖溶解度存在差异，如表 4-1 所示。

表 4-1　不同温度下食糖的溶解度

种类	温度/℃									
	0	10	20	30	40	50	60	70	80	90
蔗糖/(g/100 g 水)	64.2	65.6	67.1	68.7	70.4	72.2	74.2	76.2	78.4	80.6
葡萄糖/(g/100 g 水)	35.0	41.6	47.7	54.6	61.8	70.9	74.7	78.0	81.3	84.7
果糖/(g/100 g 水)			78.9	81.5	84.3	86.9				
转化糖/(g/100 g 水)			56.6	62.6	69.7	74.8	81.9			

当糖制品中液态部分的糖，在某一温度下其浓度达到过饱和时，即可呈现结晶现象，称为晶析，也称返砂。返砂降低了糖的保藏作用，有损于制品的品质和外观。但果脯加工时也可利用这一性质，适当地控制过饱和率，给一些干态蜜饯上糖衣，如冬瓜条、糖核桃仁等。糖制加工中，为防止蔗糖的返砂，常加入部分饴糖、蜂蜜或淀粉糖浆。因为这些食糖和蜂蜜中含有大量的转化糖、麦芽糖和糊精，这些物质在蔗糖结晶过程中，有抑制晶核的生长、降低结晶速度和增加糖液饱和度的作用。此外，糖制时加入少量果胶、蛋清等非糖物质，也同样有效。因为这些物质能增大糖液的黏度，抑制蔗糖的结晶过程，增加糖液的饱和度。

2. 糖的转化（transformation）

蔗糖、麦芽糖等双糖在稀酸与热或酶的作用下，可以水解为等量的葡萄糖和果糖，称为转化糖。酸度越大（pH 越低），温度越高，作用时间越长，糖转化量也越多。各种酸对蔗糖的转化能力见表 4-2。

表 4-2　各种酸对蔗糖的转化能力（25 ℃以盐酸转化能力为 100 计）

种类	转化能力	种类	转化能力
硫酸	53.60	柠檬酸	1.72
亚硫酸	30.40	苹果酸	1.27
磷酸	6.20	乳酸	1.07
酒石酸	3.08	醋酸	0.40

糖转化的意义和作用：①适当的转化可以提高糖溶液的饱和度，增加制品的含糖量；②抑制糖溶液晶析，防止返砂，当溶液中转化糖含量达 30%～40% 时，糖液冷却后不会返砂；③增大渗透压，减小水分活性，提高制品的保藏性；④增加制品的甜度，改善风味。

糖转化不宜过度，否则，会增加制品的吸湿性，回潮变软，甚至使糖制品表面发黏，削弱保藏性，影响品质。对缺乏酸的果蔬，在糖制时可加入适量的酸（多用柠檬酸），以促进糖的转化。糖长时间处于酸性介质和高温下，它的水解产物会生成少量羟甲基呋甲醛（HMF），使制品轻度褐变。转化糖与氨基酸反应也易引起制品褐变，生成黑蛋白素。所以，制作浅色糖制品时，要控制条件，勿使蔗糖过度转化。

3. 糖的吸湿性（hygroscopicity）

糖的吸湿性对果蔬糖制的影响主要是糖制品吸湿以后降低了糖浓度和渗透压，因而削弱了糖的保藏作用，引起制品败坏和变质。

各种糖的吸湿性不尽相同，这与糖的种类及环境相对湿度密切相关，如表 4-3 所示。

表 4-3　几种糖在 25 ℃中 7 d 内的吸湿率　　　　单位:%

种类	空气相对湿度/%		
	62.7	81.8	98.8
果糖	2.61	18.58	30.74
葡萄糖	0.04	5.19	15.02
蔗糖	0.05	0.05	13.53
麦芽糖	9.77	9.80	11.11

果糖的吸湿性最强，其次是葡萄糖和麦芽糖，蔗糖为最小。各种结晶糖的吸湿量与环境中相对湿度呈正相关，相对湿度越大，吸湿量越大。当各种结晶糖吸水达 15% 以后，便开始失去晶状而成液态。含有一定数量转化糖的糖制品，必须用防潮纸或玻璃纸包装，否则吸湿回软，产品发黏、结块，甚至霉烂变质。

4. 糖的甜度

食糖是食品的主要甜味剂，食糖的甜度影响着制品的甜度和风味。温度对甜味有一定程度的影响。以 10% 的糖液为例，低于 50 ℃ 时，果糖甜于蔗糖，高于 50 ℃ 时，蔗糖甜于果糖。这是因为不同温度下果糖异构物间的相对比例不同，温度较低时，较甜的 β-异构体比例较大。蔗糖风味纯正，能迅速达到最大甜度。蔗糖与食盐共用时，可降低甜咸味，而产生新的特有风味，这也是南方凉果制品的独特风格。在番茄酱的加工中，也往往加入少量的食盐，使制品的总体风味得到改善。

5. 糖液的浓度和沸点

糖液的沸点随糖液浓度的增大而升高。在 101.325 kPa 的条件下不同浓度果汁—糖混合液的沸点如表 4-4 所示。

表 4-4　果汁—糖混合液的沸点

可溶性固形物/%	沸点/℃	可溶性固形物/%	沸点/℃
50	102.22	64	104.6
52	102.5	66	105.1
54	102.78	68	105.6
56	103.0	70	106.5
58	103.3	72	107.2
60	103.7	74	108.2
62	104.1	76	109.4

糖制品糖煮时常用沸点估测糖浓度或可溶性固形物含量，确定熬煮终点。例如干态蜜饯出锅时的糖液沸点达 104~105 ℃，其可溶性固形物在 62%~66%，含糖量约 60%。蔗糖液的沸点受压力、浓度等因素影响，其规律是糖液的沸点随海拔高度的提高而下降。糖液浓度在 65% 时，在海平面的沸点为 104.8 ℃，海拔 610m 时为 102.6 ℃，海拔 915 m 时为 101.7 ℃。

因此，同一浓度糖液在不同海拔高度地区熬煮糖制品时，沸点有所不同。在同一海拔高度下，糖浓度相同而糖的种类不同，其沸点也有差异，如60%的蔗糖液沸点为103℃，60%葡萄糖液沸点为105.7℃。

（三）果胶的凝胶（gelling）特性

果胶在植物细胞中充当亲水填充物，形成网络基质。在细胞壁中，大部分果胶会与纤维素、半纤维素、酚类及蛋白质等其他大分子发生缔合。果胶具有凝胶特性，而果胶酸的部分羧基与钙、镁等金属离子结合时，也形成不溶性果胶酸钙（或镁）的凝胶。

果胶的酯化度（degree of esterification，DE）或甲酯化度（degree of methylation，DM）是指果胶分子中半乳糖醛酸（galacturonic acid）残基的C-6位上带有的甲氧基，即以甲酯化形式存在的百分比。果胶可根据DE的高低分为高甲氧基果胶（high methoxyl pectin，HMP）和低甲氧基果胶（low methoxyl pectin，LMP）。果胶在结构上主要分为三种：半乳糖醛酸聚糖（homogalacturonans，HGA）、鼠李半乳糖醛酸聚糖Ⅰ（rhamnogalacturonans Ⅰ，RGⅠ）和鼠李半乳糖醛酸聚糖Ⅱ（rhamnogalacturonans Ⅱ，RGⅡ）。HGA为线性糖链，由100~500个半乳糖醛酸残基组成。RGⅠ由半乳糖醛酸和鼠李糖交替连接而成，有不同种类的中性或酸性寡聚糖侧链结合在鼠李糖残基的C-4位置上，其取代的比例受植物来源及提取方式等影响，一般为1/5~4/5。RGⅡ的分子量较小，其分子结构与RGⅠ完全不同，含有11种不同的糖残基，结构非常复杂。

通常将甲氧基含量高于7%的果胶称为高甲氧基果胶，低于7%的称低甲氧基果胶。果胶形成的凝胶类型有两种：一种是高甲氧基果胶的果胶—糖—酸凝胶，另一种是低甲氧基果胶的离子结合型凝胶。果品所含的果胶是高甲氧基果胶，用果汁或果肉浆液加糖浓缩制成的果冻、果糕等属于前一种凝胶；蔬菜中主要含低甲氧基果胶，与钙盐结合制成的凝胶制品，属于后一种凝胶。

1. 高甲氧基果胶的胶凝

高甲氧基果胶（HMP，简称果胶）凝胶原理在于高度水合的果胶胶束因脱水及电性中和而形成凝聚体。高甲氧基果胶形成的凝胶通常被称为氢键凝胶，其三要素为果胶、酸和糖，其主要作用力包括氢键和疏水作用力。糖分子中含有较多的羟基基团，具有极性。糖的加入会改变果胶分子周边的水化结构，使体系的水分活度下降。果胶分子间的距离会随着糖的加入而逐渐减小，果胶分子不断集聚，形成松弛交错的三维网状结构。在氢键和分子力的作用下，有较多的糖水合分子吸附于果胶网络的空隙中。在联结区，甲基通过疏水作用力相互结合，未解离的羧基通过氢键与乙醇的羟基结合，形成外形似固体、饱含水分的凝胶状结构。果胶胶束在一般溶液中带负电荷，当溶液的pH低于3.5，脱水剂含量达50%以上时，果胶即脱水，并因电性中和而凝聚。在果胶胶凝过程中，糖起脱水剂的作用，酸则起消除果胶分子中负电荷的作用。果胶胶凝过程是复杂的，受多种因素所制约。

（1）pH。pH影响果胶所带的负电荷数，降低pH，即增加氢离子浓度而减少果胶的负电荷，易使果胶分子氢键结合而胶凝。当电性中和时，凝胶的硬度最大。胶凝时pH的适宜范围是2.0~3.5，高于或低于这个范围值均不能胶凝。当pH为3.1左右时凝胶硬度最大；pH在3.4时，凝胶比较柔软；pH为3.6时，果胶电性不能中和而相互排斥，就无法胶凝，此值即为果胶的临界pH。

（2）糖液浓度。果胶是亲水胶体，胶束带有水膜，食糖的作用使果胶脱水后发生氢键结合而胶凝。但只有含糖量达50%以上才具有脱水效果，糖浓度大，脱水作用强，胶凝速度快。据 Singh 氏实验结果（表4-5、表4-6）：当果胶含量一定时，糖的用量随酸量增加而减少。当酸的用量一定时，糖的用量随果胶含量提高而降低。

表 4-5　果胶凝冻所需糖、酸配合关系（果胶量 1.5%）　　　　　　　　　　单位：%

总酸量	0.05	0.17	0.30	0.55	0.75	1.30	1.75	2.05	3.05
总糖量	75	64	61.5	56.5	56.5	53.5	52.0	50.5	50.0

表 4-6　果胶凝冻所需糖、果胶的配合关系（酸量 1.5%）　　　　　　　　　单位：%

总果胶量	0.90	1.00	1.25	1.50	2.00	1.30	1.75	2.05	3.05
总果糖量	65	62	61.5	52	56.5	53.5	52.0	50.5	50.0

（3）果胶含量。果胶的胶凝性强弱取决于果胶含量、果胶分子质量以及果胶分子中甲氧基含量。果胶含量高易胶凝，果胶分子质量越大，多聚半乳糖醛酸的链越长，所含甲氧基比例越高，胶凝力越强，制成的果冻弹性越好。甜橙、柠檬、苹果等的果胶，均有较好的胶凝力。原料中果胶不足时，可添加适量果胶粉或琼脂，或其他含果胶丰富的原料。

（4）温度。当果胶、糖和酸的配比适当时，混合液能在较高的温度下胶凝，温度较低，胶凝速度加快。50 ℃以下，对胶凝强度影响不大；高于 50 ℃，胶凝强度下降，这是因为高温破坏了果胶分子中的氢键。

高甲氧基果胶胶凝的基本条件如图 4-1 所示，形成良好的果胶凝胶最合适的比例是果胶量 1%左右，糖浓度 65%～67%，pH 2.8～3.3。

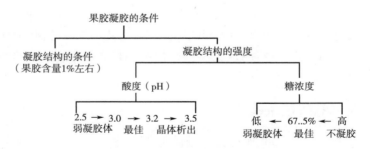

图 4-1　高甲氧基果胶的凝胶条件

2. 低甲氧基果胶的胶凝

低甲氧基果胶（LMP）依赖果胶分子链上的羧基与多价金属离子相结合而串联起来，形成网状的凝胶结构。LMP 凝胶属于离子键凝胶，其形成机理与 HMP 完全不同。LMP 凝胶体系中需要添加多价金属离子，使之形成离子键架桥，通常利用 Ca^{2+} 形成钙架桥，即"蛋壳模型"：两个反向排列的果胶分子的两个解离羧基与一个 Ca^{2+} 结合形成架桥。LMP 的凝胶机制受到多种因素的调控，包括内在因素（如果胶分子量、DE 值、HG 结构域等）和外在因素（如 pH、Ca^{2+} 的浓度、加热方式、共溶质等）。当体系中存在 Ca^{2+} 时，LMP 可以在无糖的条件下形成凝胶，可用于低热量食品的生产，满足肥胖和糖尿病人等特殊人群的需要，这也使 LMP 的需求量越来越大。

对于果胶的内在因素，"蛋壳模型"的连接形成主要取决于非甲酯化的半乳糖醛酸残基数量。通常来说，甲酯化程度越高，半乳糖醛酸单元中就有越多的甲酯化羧基，其不带电荷且无法与 Ca^{2+} 结合形成钙桥，影响蛋壳结构的形成，从而影响体系的凝胶特性。而分子量直接与果胶的分子链长短相关，具有较高分子量的果胶链更长，因此具有更多的 Ca^{2+} 结合位点，有助于钙桥的形成和网络结构的连接，有利于凝胶体系的建立和机械性能的提高。

（1）Ca^{2+}（或 Mg^{2+}）浓度。对于外在因素，金属阳离子浓度是影响凝胶的最重要因素。以 Ca^{2+} 为例，较高的 Ca^{2+} 浓度能够加速其在体系中的扩散，促进钙桥的形成，从而产生具有良好硬度和均匀网络结构的凝胶，直到体系中的 Ca^{2+} 浓度饱和。通常使用 R 值（$R = 2[Ca^{2+}]/[COO^-]$）描述体系中 Ca^{2+} 含量，当达到饱和后，凝胶状态保持恒定甚至弱化，这是由于过量的 Ca^{2+} 会与果胶链上的其他阴离子位点结合，加强果胶分子之间的静电排斥作用，阻碍致密凝胶网络结构的形成。而当 Ca^{2+} 浓度保持一定时，凝胶硬度与果胶浓度成正比，随着果胶浓度的增加，有效结合位点数量增多，有利于凝胶网络的形成。Ca^{2+} 等金属离子是影响低甲氧基果胶胶凝的主要因素，用量由果胶的羧基数决定，每克果胶的 Ca^{2+} 最低用量为 4~10 mg，碱法制取的果胶为 30~60 mg。

（2）pH。pH 对果胶的胶凝有一定影响，pH 在 2.5~6.5 都能胶凝，以 pH 为 3.0 或 5.0 时胶凝的强度最大，pH 为 4.0 时，强度最小。当 pH 大于 5 时，随着羧基阴离子解离的增加，未解离的羧基之间的氢键逐渐消失。此时疏水相互作用非常弱，果胶链之间的静电排斥占主导地位，导致果胶解聚，凝胶性质与 pH 无关。随着 pH 下降，果胶的电荷密度会降低，氢键的数量增加，但果胶对 Ca^{2+} 的亲和力下降，两种相互作用之间的平衡改变了凝胶的强度，但基本不改变凝胶的孔隙结构。

（3）温度。温度对胶凝强度影响很大，在 0~58 ℃ 范围内，温度越低，强度越大，58 ℃ 时强度为零，0 ℃ 时强度最大，30 ℃ 为胶凝的临界点。因此，果冻的保藏温度宜低于 30 ℃。

（4）低甲氧基果胶的胶凝与糖用量无关，即使在 1% 以下或不加糖的情况下仍可胶凝，生产中加用 30% 左右的糖仅是为了改善风味。

二、果蔬糖制品的保藏原理

果蔬糖制是以食糖的防腐保藏作用为基础的加工方法。食糖本身对微生物无毒害作用，低浓度糖还能促进微生物的生长发育。高浓度糖对制品的保藏作用主要有以下几个方面。

（一）高渗透压作用

正常的渗透压对微生物的生存和生长至关重要，如果微生物的生存环境低于最适渗透压，微生物细胞就会吸水膨胀，渗透压太低可致细胞破裂；反之，微生物处于高渗环境下，微生物细胞受到高渗胁迫而发生脱水，甚至死亡。不同的微生物对高渗透压的抵抗能力不尽相同。

糖溶液都具有一定的渗透压，糖液的渗透压与其浓度和分子质量大小有关，浓度越高，渗透压越大。1% 葡萄糖溶液可产生 121.59 kPa 的渗透压，1% 的蔗糖溶液具有 70.927 kPa 的渗透压。糖制品一般含有 60%~70% 的糖，按蔗糖计，可产生相当于 4.265~4.965 MPa 的渗透压，而大多数微生物细胞能耐受的渗透压只有 0.355~1.692 MPa，糖液的渗透压远远超过微生物的渗透压，使微生物脱水而抑制其繁殖。

（二）降低糖制品的水分活度

水在食品中以游离水与结合水两种形式存在，结合水是与食品中的蛋白质、可溶性物质如糖、盐等结合的水，微生物不能利用此部分水，微生物的生长繁殖与游离水息息相关。水分活度 A_w 是指食品中水分存在的状态，即水分与食品结合程度（游离程度），水分活度越高，结合程度越低，相反水分活度越低，则结合程度越高。食品的储藏稳定性与水分活度有着密切的关系。因此就水与微生物的关系而言，食品中各种微生物的生长繁殖，是由其水分活度而不是由其含水量所决定的，即食品的水分活度决定了微生物在食品中萌发的时间、生长速率及死亡率。

大部分微生物适宜生长的水分活度（A_w）在0.9以上。当食品中可溶性固形物增加，游离含水量则减少，即 A_w 值变小，微生物就会因游离水的减少而受到抑制。例如干态蜜饯的 A_w 值在0.65以下时，能抑制一切微生物的活动，果酱类和湿态蜜饯的 A_w 值在0.75~0.80时，霉菌和一般酵母菌的活动被阻止。但耐渗透压的酵母菌，需借助热处理、减少空气或真空包装才能被抑制。

各种酶的活性对食品的储藏稳定性有着重要作用，而酶活性与水分活度相关。一般酶活性在水分活度0.75~0.95范围内达到顶点，超过这个范围酶促反应速度则下降。这种变化可能是由于高水分活度对酶和底物的稀释作用。水分活度对非酶褐变也有影响，当食品的水分活度在一定的范围内，非酶褐变随着水分活度的增大而加速，水分活度在0.60~0.70时，褐变最为严重；随着水分活度的下降，非酶褐变就会受到抑制而减弱，当水分活度降低到0.25~0.30时，能有效地减慢或者阻止非酶促褐变进行。但如果水分活度大于褐变高峰的水分活度值，则由于溶质浓度的下降而导致褐变速度减缓。水溶性色素的分解与水分活度有着直接关系。一般情况下，若水分活度增大，则水溶性色素分解的速度就会加快。

基于 A_w 理论的中等湿度食品，水分含量为10%~40%、A_w 为0.6~0.9，无须像高水分含量的食品那样为了延长保质期而必须进行冷冻或高温杀菌。中等湿度食品的主要保质方法是添加亲水性物质，即降 A_w 剂，如多元醇类、酸类、盐类和有机溶液等，但因原料物性、加工工艺、产品指标等量效关系不同，降 A_w 剂的选择及其使用效果也不同，如含水20.3%、含糖45.6%左右的蓝莓脯添加0.25%乳酸钠可使 A_w 值降至0.65；添加乳酸钠0.3%、柠檬酸0.3%、丙二醇0.6%可使含糖45%~55%的板栗脯 A_w 值仅为0.538；高含水量的脱水菜心使用葡萄糖8 g/dL、乳糖4 g/dL、氯化钠2 g/dL、麦芽糊精7.5 g/dL后的 A_w 值为0.69~0.70；NaCl、乳酸钠和丙三醇联合使用是含糖35%猕猴桃果脯的适宜降 A_w 剂组合；柠檬酸1%、丙二醇1.25%、甘油1%、乳酸钠1.25%可以使低糖姜脯的水分活度降到0.665。

（三）降低糖液的溶氧量

氧气在糖液中的溶解度小于在水中的溶解度，糖浓度越高，氧气的溶解度越低。例如浓度为60%的蔗糖溶液，在20 ℃时，氧气的溶解度仅为纯水含氧量的1/6。糖液中氧含量的降低，有利于抑制好氧型微生物的活动，也利于制品色泽、风味和维生素的保存。

（四）加速糖制原料脱水吸糖

高浓度糖液的强大渗透压，也加速原料的脱水和糖分的渗入，缩短糖渍和糖煮时间，有利于提高制品的质量。然而，糖制初期若糖浓度过高，也会使原料因脱水过多而收缩，降低成品率。蜜制或糖煮初期的糖浓度以 30%～40% 为宜。

三、果蔬糖制品其他原辅料

（一）甜味剂

甜味剂是指能赋予食品甜味的非糖类食品添加剂。目前，世界上广泛使用的甜味剂有 20 余种，我国已批准使用的约有 15 种。根据来源，甜味剂可分为两类：第一类为天然甜味剂，如葡萄糖、蔗糖、果糖及木糖醇等；第二类为化学合成甜味剂，该类甜味剂完全是由化学方法合成的。甜味剂还可分为非营养性的高倍甜味剂和营养性的低倍甜味剂两类，高倍甜味剂可分为化学合成和天然提取物两类。天然的高倍甜味剂包括：甜菊苷、罗汉果甜、索马甜和甘草甜，其中甘草甜（包括甘草酸铵和甘草酸钾）已确认具有医疗功能。营养性甜味剂中的糖醇，包括：山梨糖醇、麦芽糖醇、甘露醇、乳糖醇，这些都属于六元醇，普遍具有防龋齿和不影响血糖值的功能，可作为糖尿病人的食糖替代品。

（二）酸味剂

酸味剂（acidulant）是指赋予食品酸味的食品添加剂。酸味剂能给人以爽快的感觉，可以增进食欲；又有助于溶解纤维素及钙、磷等物质，帮助消化，增加营养；酸味剂一般具有防腐效果，可调节食品的 pH。酸味剂的阴离子对食品的风味有影响，多数有机酸具有爽快的酸味，而多数无机酸（如盐酸）却具有苦涩味，这主要是阴离子的影响。不同的酸味剂具有不同的酸味感。酸味剂分为有机酸味剂和无机酸味剂。食品中天然存在的酸味剂主要是有机酸味剂，如柠檬酸、酒石酸、苹果酸和乳酸等，目前作为酸味剂使用的主要也是这些有机酸。无机酸主要是磷酸，一般认为其风味不如有机酸好，应用较少。

（三）二氧化硫

二氧化硫（SO_2）处理，即在蜜饯生产工艺中采用熏硫磺或浸泡亚硫酸盐的手段，使蜜饯看上去色彩鲜艳。一般情况下，熏蒸使用在杏脯、苹果脯等蜜饯中。添加 SO_2 或亚硫酸可以钝化酶活性，抑制或减轻褐变，如 1 mg/L SO_2 可降低酶活性 20%，10 mg/L SO_2 可使酚酶活性完全得到抑制。SO_2 是还原剂，可以抑制抗坏血酸酶、氧化酶和过氧化酶等的活性，有利于维生素 C 和维生素 A 原的保护。果蔬加工中葡萄糖易与氨基酸反应产生美拉德反应引起褐变，而 SO_2 能与糖结合形成磺酸，使褐变减轻。果蔬半成品经熏硫处理后 SO_2 含量应在 0.1% 左右，装在不漏气的容器内，贮藏于阴凉的低温室中可长期保存。

（四）防腐剂

虽然蜜饯食品由于其较高的含糖量能够抑制大多数微生物生长，但一些耐糖性微生物仍可能会生长繁殖导致产品腐败变质，且在产品包装流通等过程中也可能导致产品的再次污染。防腐剂能够抑制微生物的生长，蜜饯中常用的防腐剂包括苯甲酸钠、山梨酸钾等。

（五）着色剂

着色剂是一类人工合成色素，主要用来增加产品的色彩，有一定的毒性。食品着色剂是以食品着色为主要的目的，赋予或改善食品色泽的一类物质。目前世界上常用的食品着色剂有 60 余种，我国允许使用的有 46 种，按其来源和性质可以分为食品天然着色剂和食品合成着色剂两大类。

食品天然着色剂主要是从植物组织中提取得到的，一些动物、微生物和矿物也是天然色素的来源。天然色素如姜黄、胡萝卜素、叶绿素等，是无毒、安全的色素，但染色效果和稳定性较差。人工色素有苋菜红、胭脂红、赤藓红、新红、柠檬黄、日落黄、亮蓝、靛蓝等。人工色素具有着色效果好、稳定性强等优点，但不得超过 GB 2760—2024 食品添加剂使用卫生标准规定的最大使用量。为增进染色效果，有时用明矾作为媒染剂。

第三节　果蔬糖制加工工艺

一、蜜饯类加工工艺

蜜饯类加工工艺流程：

原料→前处理→漂洗→预煮→糖制→装罐→封罐→杀菌→冷却→蜜饯

（一）原料选择

糖制品质量主要取决于外观、风味、质地及营养成分。蜜饯类因需保持果实或果块形态，则要求选择原料肉质紧密，耐煮性强的品种。另外，还应考虑果蔬的形态、色泽、糖酸含量等因素，用来糖制的果蔬要求形态美观、色泽一致、糖酸含量高等。例如生产青梅类制品的原料，宜选鲜绿质脆、果形完整、果核小的品种，于绿熟时采收；生产蜜枣类的原料，要求果大核小，含糖量较高，耐煮性强，于白熟期采收加工；生产杏脯的原料，要求用色泽鲜艳、风味浓郁、离核、耐煮性强的品种；橄榄制品一般在肉质脆硬、果核坚硬时采收，过早或过迟采收的果实，都会影响制品质量；适用于生产红参脯的胡萝卜原料，要求选用果心呈黄色、果肉红色，含纤维素较少的品种。

（二）原料前处理

果蔬糖制的原料前处理包括分级、清洗、去皮、去核、切分、切缝、刺孔等工序，还应根据原料特性差异、加工制品的不同进行腌制、硬化、硫处理、染色等处理。

1. 去皮、切分、切缝、刺孔

对果皮较厚或含粗纤维较多的糖制原料应去皮，常用机械去皮或化学去皮等方法。大型果蔬原料宜适当切分成块、条、丝、片等，以便缩短糖制时间。小型果蔬原料，如枣、李、梅等一般不去皮和切分，常在果面切缝、刺孔，加速糖液的渗透，切缝可用切缝设备。

2. 盐腌

用食盐或石灰腌制的盐胚（果胚），常作为半成品保存方式来延长加工期限，大多作为南方凉果制品的原料。盐胚腌渍包括盐腌、曝晒、回软和复晒 4 个过程。盐腌有干腌和盐水腌制两种。干法适用于果汁较多或成熟度较高的原料，用盐量依种类和贮存期长短而异，一般为原料重的 14%~18%（表 4-7）。

表 4-7　果胚腌制实例

果胚种类	100 kg 果实用料量/kg			腌制天数/d	备注
	食盐	明矾	石灰		
梅	16~24	少量		7~15	
桃	18	0.13~0.25		15~25	
毛桃	15~16	0.13~0.25	0.25	15~25	
杨梅	8~14	0.10~0.30		5~10	
杏	16~18			20	
橘、柑、橙	8~12		1~1.25	30	水胚
金柑	24			30	分两次腌制
柠檬	22			60	
橄榄	20			1	盐水腌制
李子	16			20	

　　腌制时，分批拌盐，拌匀，分层入池，铺平压紧，下层用盐较少，由下而上逐层加多，表面用盐覆盖隔绝空气，便能保存不坏。盐水腌制法适用于果汁稀少或未熟果或酸涩、苦味浓的原料，将原料直接浸泡到一定浓度的腌制液中腌制。盐腌结束，可作水坯保存，或经晒制成干坯长期保藏，腌渍程度以果实呈半透明状为度。

　　果蔬盐腌后，延长了加工期限，同时改善某些果蔬的加工品质，减轻苦、涩、酸等不良风味。但是，盐腌在脱去大量水分的同时，会造成果蔬可溶性物质的大量流失，降低了果蔬营养价值。

　　3. 保脆和硬化

　　为提高原料耐煮性和酥脆性，在糖制前要对某些原料进行硬化处理，即将原料浸泡于石灰（CaO）、氯化钙（$CaCl_2$）或亚硫酸氢钙［$Ca(HSO_3)_2$］等稀溶液中，使 Ca^{2+}、Mg^{2+} 与原料中的果胶物质生成不溶性盐类，细胞间相互黏结在一起，提高硬度和耐煮性。用 0.1% 的氯化钙与 0.2%~0.3% 的亚硫酸氢钠（$NaHSO_3$）混合液浸泡 30~60 min，可以发挥护色兼硬化的双重作用。凡含酸量低的原料用氯化钙和亚硫酸盐为宜，如苹果、胡萝卜蜜饯等一般用 0.1% $CaCl_2$ 溶液处理 8~10 h，以达到硬化的目的。蜜枣、蜜姜片等原料本身就比较耐煮，一般不做硬化处理。

　　4. 护色处理

　　为了使糖制品色泽明亮，常在糖煮之前进行护色处理，既可防止制品氧化变色，又能促进原料对糖液的渗透。护色可用按原料质量的 0.1%~0.2% 硫黄，在密闭的容器或房间内点燃进行熏蒸处理。熏硫后的果肉变软，色泽变淡变亮，核窝内有水珠出现，果肉内含 SO_2 的量不低于 0.1%。也可用亚硫酸盐溶液浸泡，常用的亚硫酸盐有亚硫酸钠（Na_2SO_3）、亚硫酸氢钠（$NaHSO_3$）和焦亚硫酸钠（$Na_2S_2O_5$）等。配制 0.1%~0.15% 浓度的亚硫酸盐溶液，将处理好的原料投入亚硫酸盐溶液中浸泡数分钟即可。经硫处理的原料，在糖煮前应充分漂洗，以除去剩余的亚硫酸盐溶液。

（三）漂洗和预煮

凡经亚硫酸盐保藏、加盐、染色及硬化处理的原料，在糖制前均需漂洗或预煮，除去残留的 SO_2、食盐、染色剂、石灰或明矾，避免对制品外观和风味产生不良影响。另外，预煮可以软化果实组织，有利于糖在煮制时渗入，对一些酸涩、具有苦味的原料，预煮可起到脱苦、脱涩作用。预煮可以钝化果蔬组织中的酶，防止氧化变色。

（四）糖制

糖制是蜜饯类加工的主要工艺。糖制过程是果蔬原料排水吸糖的过程，糖液中糖分依赖扩散作用进入组织细胞间隙，再通过渗透作用进入细胞内，最终达到要求的含糖量。糖制方法有蜜制（冷制）和煮制（热制）两种。蜜制适用于皮薄多汁、质地柔软的原料；煮制适用于质地紧密、耐煮性强的原料。

1. 蜜制

蜜制是指用糖液进行糖渍，使制品达到要求的糖度。此方法适用于含水量高、不耐煮制的原料，如糖青梅、糖杨梅、樱桃蜜饯、无花果蜜饯以及多数凉果，都是采用蜜制法制成的。此法的基本特点在于分次加糖，不用加热，能很好地保存产品的色泽、风味、营养价值和应有的形态。在未加热的蜜制过程中，原料组织保持一定的膨压，当与糖液接触时，细胞内外渗透压存在差异而发生内外渗透现象，使组织中水分向外扩散排出，糖分向内扩散渗入。但若糖液浓度过高，糖制时会出现失水过快、过多，使其组织膨压下降而收缩，影响制品饱满度和产量。为了加速扩散并保持一定的饱满形态，可采用下列蜜制方法。

（1）分次加糖法。在蜜制过程中，首先将原料投入到40%的糖液中，剩余的糖分2~3次加入，每次提高糖浓度10%~15%，直到糖制品浓度达60%以上时出锅。

（2）一次加糖多次浓缩法。在蜜制过程中，每次糖渍后，将糖液加热浓缩提高糖浓度，然后将原料加入到热糖液中继续糖渍。其具体做法：首先将原料投放到约30%的糖液中浸渍，之后，滤出糖液，将其浓缩至浓度达45%左右，再将原料投入热糖液中糖渍。反复3~4次，最终糖制品浓度可达60%以上。由于果蔬组织内外温差较大，此法加速了糖分的扩散渗透，缩短了糖制时间。

（3）减压蜜制法。果蔬在真空锅内抽空，使果蔬内部蒸气压降低，然后破坏锅内的真空，因外压大可以促进糖分快速渗入果内。其方法：将原料浸入含30%糖液的真空锅中，抽空40~60 min后，消压，浸渍8 h；然后将原料取出，放入含45%糖液的真空锅中，抽空40~60 min后，消压，浸渍8 h；再在60%的糖液中抽空、浸渍至终点。

生产凉果的原料预先经过腌渍、脱水处理，制成果坯。加工时果坯再经过多次冷水漂洗，充分脱去盐分。糖制方法与上述工艺基本相同，分期加糖，逐步提高浓度。凉果风味独特、厚重，具有甜、咸、酸、香等复杂风味，主要原因是在蜜制过程中，添加了一种或多种调味料，如甜味料有蔗糖、红糖、饴糖；咸味料为食盐；酸味料有各种食用有机酸和酸味较强的果汁；香味料大多是植物天然香料和中草药，主要有：甘草、丁香、肉桂、豆蔻、大小茴香、陈皮、檀香、山奈、杜松、桂花、玫瑰、厚朴等。香料中除少数外，大多不宜单独使用，应加以适当选择和调配，使各种配料风味和谐一致，柔和爽口，完成蜜制和调配香料后，进行晒制，脱除部分水分，达到一定的干燥程度后，即可以半干态进行包装或贮存。

2. 煮制

煮制分常压煮制和减压煮制两种。常压煮制又分一次煮制、多次煮制和快速煮制三种。减压煮制分间歇性减压煮制和连续性扩散煮制两种。

（1）一次煮制法。经预处理好的原料在加糖后一次性煮制成功，如苹果脯、蜜枣等。其方法：先配好40%的糖液入锅，倒入处理好的果实。加热使糖液沸腾，果实内水分外渗，糖进入果肉组织，糖液浓度渐稀，然后分次加糖使糖浓度缓慢增高至60%~65%再停火。分次加糖的目的是保持果实内外糖液浓度差异不致过大，以使糖逐渐均匀地渗透到果肉中去，这样煮成的果脯才显得透明饱满。

此法快速省工，但持续加热时间长，原料易煮烂，色、香、味差，营养成分破坏严重，糖分难以达到内外平衡，致使原料失水过多而出现干缩现象。因此，煮制时应注意渗糖平衡使糖逐渐均匀地进入到果实内部，初次糖制时，糖浓度不宜过高。

（2）多次煮制法。是将处理过的原料经过多次糖煮和浸渍，逐步提高糖浓度的糖制方法。一般煮制的时间短，浸渍时间长。适用于细胞壁较厚，难以渗糖、易煮烂的或含水量高的原料，如桃、杏、梨和番茄等。

将处理过的原料投入30%~40%的沸糖液中，热烫2~5 min，然后连同糖液倒入缸中浸渍10余小时，使糖液缓慢渗入果肉内。当果肉组织内外糖液浓度接近平衡时，再将糖液浓度提高到50%~60%，热煮几分钟或几十分钟后，制品连同糖液进行第二次浸渍，使果实内部的糖液浓度进一步提高。将第二次浸渍的果实取出，沥去糖液，放在竹屉上（果面凹面向上）进行烘烤除去部分水分，至果面呈现小皱纹时，即可进行第三次煮制。将糖液浓度提高到65%左右，热煮20~30 min，直至果实透明，含糖量已增至接近成品的标准捞出果实，沥去糖液，经人工烘干整形后，即为成品。多次煮制法所需时间长，煮制过程不能连续化，费时、费工，采用快速煮制法可克服此不足。

（3）快速煮制法。将原料在糖液中交替进行加热糖煮和放冷糖渍，使果蔬内部水气压迅速消除，糖分快速渗入而达到平衡。处理方法是将原料装入网袋中，先在30%热糖液中煮4~8 min，取出立即浸入等浓度的15℃糖液中冷却。如此交替进行4~5次，每次提高糖浓度10%，最后完成煮制过程。快速煮制法可连续进行，煮制时间短，产品质量高，但糖液需求量大。

（4）减压煮制法。又称真空煮制法。原料在真空和较低温度下煮沸，因组织中不存在大量空气，糖分能迅速渗入到果蔬组织里面达到平衡。温度低，时间短，制品色、香、味、形都比常压煮制好。其方法是将前处理好的原料先投入盛有25%稀糖液的真空锅中，在气压为83.545 kPa，温度为55~70℃下热处理4~6 min，消压，糖渍一段时间，然后提高糖液浓度至40%，再在真空条件下煮制4~6 min，消压、糖渍，重复3~4次，每次提高糖浓度10%~15%，使产品最终糖液浓度在60%以上为止，属于间歇性减压煮制。

（5）扩散煮制法。是在真空糖制的基础上进行的一种连续化煮制法，机械化程度高，糖制效果好。先将原料密闭在真空扩散器内，抽空排出原料组织中的空气，而后加入95℃的热糖液，待糖分扩散渗透后，将糖液顺序转入另一扩散器内，再在原来的扩散器内加入较高浓度的热糖液，如此连续进行几次，制品即达到要求的糖浓度。

（五）烘晒与上糖衣

除糖渍蜜饯外，多数制品在糖制后需要进行烘晒，除去部分水分，使表面不粘手，利于保藏。烘干温度不宜超过 65 ℃，过高会使糖易结块或焦化。烘干后的蜜饯，要求保持完整饱满、不皱缩、不结晶，质地柔软，含水量 18%~22%，含糖量 60%~65%。

烘晒前先从糖液中取出坯料，沥去多余的糖液，必要时可将表面的糖液擦去，或用清水冲掉表面糖液，然后将其铺于烘盘中烘烤或晾晒。烘干温度宜在 50~60 ℃，不宜过高，以免糖分焦化。若生产糖衣（或糖粉）果脯，可在干燥后进行。

上糖衣，即用过饱和糖液处理干态蜜饯，当糖液干燥后会在表面形成一层透明状的糖质薄膜。糖衣蜜饯外观好看，保藏性也因此提高，可以减少蜜饯保藏期间的吸湿、黏结等不良现象。上糖衣的过饱和糖液，常以 3 份蔗糖、1 份淀粉糖浆和 2 份水配成，混合后煮沸到 113~114.5 ℃，离火冷却到 93 ℃即可使用。操作时将干燥的蜜饯浸入制好的过饱和糖液中约 1 min，立即取出散置于 50 ℃下晾干，此时就会形成一层透明的糖膜。另外，将干燥的蜜饯在 1.5% 的果胶溶液中蘸一下取出，在 50 ℃下干燥 2 h，也能形成一层透明胶膜。以 40 kg 蔗糖和 10 kg 水的比例煮至 118~120 ℃后将蜜饯浸入，取出晾干，也可在蜜饯表面形成一层透明的糖衣。

上糖粉，即在干燥蜜饯表面裹一层糖粉，以增强保藏性，也可改善外观品质。糖粉的制法是将砂糖在 50~60 ℃下烘干磨碎成粉即可。操作时，将收锅的蜜饯稍稍冷却，在糖未收干时加入糖粉拌匀，筛去多余糖粉，成品的表面即裹有一层白色糖粉。上糖粉可以在产品回软后，再行烘干之前进行。

（六）整理、包装与贮存

干燥后的蜜饯应及时整理或整形，以获得良好的商品外观。例如，杏、蜜枣、橘饼等产品，干燥后经整理，外观整齐一致，便于包装。干态蜜饯的包装以防潮、防霉为主，常用阻湿隔气性好的包装材料，如复合塑料薄膜袋、铁听等。湿态蜜饯可参照罐头工艺进行装罐，糖液量为成品总净重的 45%~55%。密封后，在 90 ℃温度下杀菌 20~40 min，冷却。对于未杀菌的蜜饯制品，要

果脯加工

求其可溶性固形物应达 70%~75%，糖分不低于 65%。蜜饯贮存的库房要清洁、干燥、通风，尤其是干态蜜饯，库房墙壁要用防湿材料，库温控制在 12~15 ℃，避免温度低于 10 ℃引起蔗糖晶析。贮藏时糖制品若出现轻度吸潮，可重新进行烘干处理，冷却后再包装。

二、果酱类加工工艺

果酱类制品有：果酱、果泥、果冻、果膏、果糕、果丹皮和马茉兰等产品。果酱类制品是以果蔬的汁、肉加糖及其他配料，经加热浓缩制成。原料在糖制前需先进行破碎、软化或磨细、筛滤或压榨取汁等预处理。然后按产品质量的不同要求，进行加热浓缩及其他处理。

果酱类产品加工的主要工艺流程：

原料处理→加热软化→配料→浓缩→装罐→封罐→杀菌→果酱类

　　　　　　　　　→制盘→冷却成型→果丹皮、果糕类

　　　　→取汁过滤→配料→浓缩→冷却成型→果冻、马茉兰

（一）原料选择及前处理

制造果酱的原料应具有良好的色、香、味，并含有丰富的有机酸和果胶物质。常见的大部分果品（如草莓、苹果、杏子、猕猴桃等）和部分蔬菜（如胡萝卜、番茄、南瓜等）都可以制作果酱。果泥常用苹果、枣、李、桃和罐头加工时剔除的果心、皮渣等废弃部分来制作。果丹皮常用山楂、柿子以及果蔬加工中的废弃部分来制成。果胶和有机酸含量较高的山楂、花红、苹果、枇杷等适宜制作果冻。生产中的一些残次落果，只要符合卫生要求，也可加以利用，对其糖、酸含量进行调整后，同样能制出优质产品。

果酱的原料不用分级，只需挑出不能食用的果实，进行洗涤和除去不可食用部分。肉质坚硬的原料要进行预煮，使其软化。预煮时加入果实重量10%～20%的水进行软化。软化以后用打浆机打浆。果肉柔软的桃、杏、草莓等果实，无须软化和打浆，直接加糖煮即可。果泥要求质地细腻，在预煮后进行打浆筛滤，或预煮前适当切分，预煮后捣成泥状再打浆。有些原料在第一次打浆后，加糖稍加浓缩后进行第二次打浆和精滤。多数果蔬制作果冻时，宜先行预煮，使肉质柔软，同时使原果胶转化为果胶，以便取得大量的果胶和酸。对于汁液丰富的浆果类，预煮时无须加水，破碎后煮沸2～3 min即可。肉质紧密的种类宜加水预煮，加水量一般为果肉重的1～3倍。预煮时间依果蔬种类而异，一般为20～60 min。果胶和果酸丰富的种类，如山楂等，为了充分提汁，应预煮2～3次，最后将所得汁液混合使用。

（二）加热软化

加热软化的目的主要是：破坏酶的活性，防止变色和果胶水解；软化果肉组织，便于打浆或糖液渗透；促使果肉组织中果胶的溶出，有利于凝胶的形成；蒸发一部分水分，缩短浓缩时间；排除原料组织中的气体，以得到无气泡的酱体。

软化前先将夹层锅洗净，放入清水（或稀糖液）和一定量的果肉。一般软化用水为果肉重的20%～50%。若用糖水软化，糖水浓度为10%～30%。开始软化时，升温要快，蒸汽压力为0.2～0.3 MPa，沸腾后可降至0.1～0.2 MPa，不断搅拌，使上下层果块软化均匀，果胶充分溶出。

（三）取汁过滤

生产果冻、马茉兰等半透明或透明糖制品时，果蔬原料软化后，用榨汁机压榨取汁；对于汁液丰富的浆果类果实，压榨前不用加水，直接取汁；而对肉质较坚硬致密的果实如山楂、胡萝卜等软化时，需加适量的水，以便压榨取汁。压榨后的果渣为了使可溶性物质和果胶更多地溶出，应再加一定量的水软化，并再行一次压榨取汁。

（四）配料

按原料的种类和产品要求而异，一般要求果肉（果浆）占总配料量的40%～55%，砂糖占45%～60%（其中允许使用淀粉糖浆，用量占总糖量的20%以下）。这样，果肉与加糖量的比例为1：（1～1.2）。为使果胶、糖、酸形成恰当的比例，有利于凝胶的形成，必要时可根据原料所含果胶及酸的多少，添加适量柠檬酸、果胶或琼脂。柠檬酸补加量一般以控制成品含酸量0.5%～1%为宜。果胶补加量，以控制成品含果胶量0.4%～0.9%较好。配料时，应将砂糖配制成70%～75%的浓糖液，柠檬酸配成45%～50%的溶液，并过滤。果胶按料重加入2～4倍砂糖，充分混合均匀，再按料重加水10～15倍，加热溶解。琼脂用50 ℃的温水浸泡软化，洗净杂质，加水，为琼脂重量的19～24倍，充分溶解后过滤。果肉加热软化后，在浓缩时分次加入浓糖液，临近终点时，依次加入果胶液或琼脂液、柠檬酸或糖浆，充分搅拌均匀。

（五）浓缩

当各种配料准备齐全，果肉经加热软化或取汁以后，就要进行加糖浓缩。其目的在于通过加热，排除果肉中大部分水分，使糖、酸、果胶等配料与果肉煮至渗透均匀，提高浓度，改善酱体的组织形态及风味。加热浓缩的方法，目前主要采用常压浓缩和真空浓缩两种方法。

1. 常压浓缩

常压浓缩是将原料置于夹层锅内，在常压下加热浓缩的方法。常压浓缩应注意：①浓缩过程中，糖液应分次加入。这样有利于水分蒸发，缩短浓缩时间，避免糖色变深而影响制品品质。②浓缩时间要恰当掌握，不宜过长或过短。过长直接影响果酱的色、香、味，造成转化糖含量高，以致发生焦糖化和美拉德反应；过短则转化糖生成量不足，在贮藏期间易产生蔗糖的结晶现象，且酱体凝胶不良。③需添加柠檬酸、果胶或淀粉糖浆的制品，当浓缩到可溶性固形物为60%以上时再加入。

2. 真空浓缩

真空浓缩时，待真空度达到53.32 kPa以上，开启进料阀，浓缩的物料靠锅内的真空吸力进入锅内。浓缩时，真空度保持在86.66~96.00 kPa，料温60℃左右，浓缩过程应保持物料超过加热面，以防焦煳。待果酱升温至90~95℃时，即可出料。

果酱类熬制终点的测定可采用下述方法。

手持折光仪或比重计测定：用手持折光仪直接测定，当果酱可溶性固形物达66%~69%时即可出锅，用比重计测定后，须经查表换算。

温度计测定：果酱的沸点与其可溶性固形物含量呈线性关系，当果酱的温度达103~105℃时，可溶性固形物达60%~70%，说明熬煮结束。

挂片法：是生产上常用的一种简便方法。用搅拌的木片从锅中挑起浆液少许，横置，生产者根据刮片的形状和脱落的速度判断终点。若果酱呈现片状脱落，即为终点。

（六）装罐密封（制盘）

果酱、果泥等糖制品含酸量高，多以玻璃罐或抗酸涂料铁罐为容器。装罐前应彻底清洗容器并消毒。果酱出锅后应迅速装罐，一般要求每锅酱体分装完毕不超过30 min。密封时，酱体温度在80~90℃。

果糕、果丹皮等糖制品浓缩后，将黏稠液趁热倒入钢化玻璃、搪瓷盘等容器中再铺平，进入烘房烘制，然后切割成型，并及时包装。

（七）杀菌冷却

加热浓缩过程中，有害微生物绝大部分被杀死。由于果酱是高糖高酸制品，一般装罐密封后残留的微生物是不易繁殖的。在生产卫生条件好的情况下，果酱密封后只要倒罐数分钟，进行罐盖消毒即可。但一些果酱罐头也发现有生霉和发酵现象。为安全起见，果酱罐头密封后，进行杀菌是必要的。一般以100℃温度下杀菌5~10 min为度。杀菌后冷却至38~40℃，擦干罐身的水分，贴标装箱。

第四节　果蔬糖制品常见质量问题及控制

果蔬糖制品，尤其是果脯蜜饯类，由于采用的原料种类和品种不同，或加工操作方式不当，可能会出现一些质量问题，如变色、返砂、流汤、煮烂、皱缩等。

一、变色

各种干态蜜饯产品的颜色大多为金黄色至橙黄色，湿态蜜饯的颜色多为浅褐色。然而在加工过程及贮存期间糖制品都可能发生变色。例如，原料发生酶促褐变、非酶褐变或色素类物质遭到破坏，从而导致褪色。此外，糖煮时间、温度、转化糖的含量、操作方式等均会影响颜色的变化。

在加工期间的预处理中，变色的主要原因是氧化引起的酶促褐变，其控制办法为必须做好护色处理，即去皮后要及时浸泡于盐水或亚硫酸盐溶液中，有的含气高的产品还需进行抽气处理，在整个加工工艺中尽可能地缩短产品与空气接触的时间，防止氧化。

非酶促褐变则伴随在整个加工过程和贮藏期间，其主要影响因素是温度，即温度越高，变色越深。因此控制办法是在加工中要尽可能缩短受热处理的过程；而果脯类加工要配合使用足量的亚硝酸盐；在贮存期间要控制温度在较低的条件下，如 $12 \sim 15 \, ℃$；对于易变色品种最好采用真空包装；在销售时要注意避免阳光暴晒，减少与空气接触的机会。另外，微量的铜、铁等金属的存在（ $0.001\% \sim 0.0035\%$ ）也能使产品变色，因此，加工用具一定要用不锈钢制品。

变色的解决措施：

（1）熏硫。可以防止果实在煮制时颜色变褐，已在生产上广泛应用。

（2）热烫处理。热烫处理能够破坏酶活性，抑制酶促褐变，但如果热烫温度达不到要求，酶的活性未被破坏，甚至还会促进变色。

（3）缩短煮制时间。煮制蜜饯时引起变色的一个重要原因是糖与果实中的氨基酸发生美拉德反应。糖煮时间越长，温度越高，转化糖越多，越能加速这种褐变。因此，应在达到热烫和糖煮作用的前提下，尽可能缩短糖煮时间。

（4）护色液浸泡。新鲜果实中含有丰富的单宁类物质，果实去核后在空气中容易发生氧化且反应迅速，使果实变为褐色或者暗褐色。因此，去皮的果实应当迅速放入护色液中。生产上常用的护色液是 1% 的柠檬酸或盐酸，或者 $1\% \sim 1.5\%$ 的食盐，它们均可起到不同程度的护色作用。

（5）改进干燥措施。非酶褐变不仅在糖煮时发生，在干燥过程中也能继续反应。特别是烘房内温度高、通风不良、干燥时间偏长的情况下，产品颜色会呈现深暗的状态，这可通过改进烘干设备、缩短烘烤时间加以解决。

二、返砂和流汤

返砂即糖制品经过糖制、冷却后，成品表面或内部出现晶体颗粒的现象，它使产品口感变粗，外观质量下降；流汤则是指果脯蜜饯类制品在包装、贮藏及销售过程中发生吸潮、表面发黏等现象，主要容易发生在高温、潮湿的季节。

果蔬糖制品出现的返砂和流汤现象，主要是成品中蔗糖和转化糖之间的比例不合适造成的。当蜜饯中含水量为17%~19%，总糖含量为68%~72%时，转化糖的含量占总糖含量的60%左右，此时蜜饯不会发生返砂现象。而当蜜饯中转化糖含量占总糖含量的50%以下时，将出现不同程度的返砂现象。果脯蜜饯类产品一旦过度返砂，不仅质地变得粗糙，外观表面也会失去光泽。此外，它还能导致产品含糖量降低，不利于贮藏。

防止糖制品出现返砂和流汤，最有效的方法是控制原料在糖制时蔗糖和转化糖之间的比例。影响糖转化的主要因素有糖液的pH和温度。当糖液的pH为2.0~2.5时，加热条件下可以促进蔗糖的转化，提高转化糖的比例。杏脯少有返砂现象，是因为原料杏子中含较多有机酸，糖煮时可降低糖液的pH，有利于蔗糖的转化。而对于含酸量较少的水果，如苹果、梨等，糖煮时可加入一些煮过杏脯的糖液，或通过添加柠檬酸来调节糖液的pH，以避免返砂现象。

在贮藏时一定要注意控制恒定的温度，且不能低于12 ℃，否则，糖液在低温条件下溶解度下降会过饱和而造成结晶。同时，对于散装糖制品一定要注意贮藏环境湿度不能过低，即要控制在相对湿度为70%左右。如果相对湿度太低，则易造成结晶（返砂），如果相对湿度太高则又会引起吸湿回潮（流汤）。糖制品一旦发生返砂或流汤，将不利于长期贮藏，也影响制品外观。

糖制品产生流汤的原因很多，如蔗糖转化过度，糖液中加酸过多，或者糖液反复使用；糖的纯度不够高，含有较多杂质，使糖制品吸湿性增强；贮藏环境空气湿度过高，引起吸湿返潮；烘烤温度过高，时间短，产品水分没有完全释放。针对上述原因，解决的措施主要包括：糖煮时加酸不宜过量，煮制时间不宜过长，后续干燥时初温不宜过高；在贮藏过程中，对制品进行密封保存，防止吸湿返潮。

三、煮烂与皱缩

蜜饯生产中，原料品种选择不适宜、预处理方式不正确、加热煮制的温度和时间掌握不当、糖渍时间太短，均可能引起煮烂和皱缩现象发生。

发生煮烂现象的原因：部分原料（如蜜枣）在煮制时，划皮太深，划纹相互交错，经过煮制后易开裂破损。此外，成熟度也是影响蜜饯煮烂的重要因素。

发生皱缩现象的原因：蜜饯的皱缩主要是由于"吃糖"不足。果蔬成熟度过低、糖渍或糖煮时糖浓度差过大、糖渍或糖煮时间太短、糖液浓度不够，在干燥后均易出现皱缩干瘪。

解决措施：采用成熟度适当的果实作为原料，是保证蜜饯质量的前提。此外，在煮制前用$CaCl_2$溶液浸泡果实，也有一定的作用；为防止产品皱缩，在糖制过程中应分批次加糖，使糖浓度逐步提高，延长糖渍的时间，即增加糖液平衡时间，在原料充分吸糖饱满后再进行适当的糖煮。

四、微生物败坏

发生微生物败坏主要是由于产品含糖量太低或含水量过大，或者在贮藏过程中通风不良、卫生条件差等。糖制品在贮藏期间最易出现的微生物败坏是长霉菌和发酵产生酒精味。这主要是由于制品含糖量没有达到要求的浓度（65%以上）。解决措施主要有：控制成品含糖量和含水量；加强加工和贮藏中的卫生管理；适当添加防腐剂。

加糖时一定按糖度要求添加。对于低糖制品一定要采取防腐措施，采用真空包装，必要时加入一定的抗氧化剂，保证较低的贮藏温度。对于罐装果酱，一定要注意封口严密，以防表层残氧过高，为霉菌提供生长条件，另外，杀菌要充分。

第五节　果蔬糖制品相关标准

一、食品安全标准

果蔬糖制品主要分为蜜饯和果酱。《果酱》（GB/T 22474—2008）规定了果酱的相关术语和定义、产品分类、要求、检验方法和检验规则以及标识标签要求。其中，定义果酱是以水果、果汁或果浆和糖等为主要原料，经预处理、煮制、打浆（或破碎）、配料、浓缩、包装等工序制成的酱状产品。果味果酱是加入或不加入水果、果汁或果浆，使用增稠剂、食用香精、着色剂等食品添加剂，加糖（或不加糖），经配料、煮制、浓缩、包装等工序加工制成的酱状产品。从原辅料和包装材料、感官要求、理化指标、微生物指标、食品添加剂、净含量方面对果酱技术要求进行了规定。

《蜜饯质量通则》（GB/T 10782—2021）规定了蜜饯的术语和定义、产品分类、原辅料、技术要求、检验方法、检验规则、标签和标志、包装、贮运、销售等质量要求。本文件适用于各类蜜饯产品。其中，定义蜜饯是以果蔬等为主要原料，添加（或不添加）食品添加剂和其他辅料，经糖或蜂蜜或食盐腌制（或不腌制）等工艺制成的制品，如蜜饯类、果脯类、凉果类、话梅类、果糕类、其他类；从原辅料、感官要求、理化指标、净含量方面对蜜饯技术要求进行了规定。

二、加工技术规程

《食品安全国家标准　蜜饯生产卫生规范》（GB 8956—2016）规定了蜜饯生产过程中原料采购、加工、包装、贮存和运输等环节的场所、设施、人员的基本要求和管理准则。该标准适用于蜜饯的生产，果胚的生产应符合相应条款的规定。该标准从果胚、腌制、干燥晾晒场、腌制容器对蜜饯生产过程的原材料、预处理、加工场所及设备进行了规定；对蜜饯加工场地选址及厂区环境进行了规定；从设计和布局、建筑内部结构与材料对厂房和车间进行了规定；从一般要求、腌制容器、干燥晾晒房、对设施与设备进行了规定；从一般要求、食品原料、食品添加剂、食品相关产品对产品质量进行了规定。

三、卫生指标检验方法

《果酱》（GB/T 22474—2008）规定了果酱卫生指标的分析方法。规定白砂糖要符合 GB/T 317—2018 的规定，柠檬酸要符合 GB 1886.235—2016 的规定，水要符合 GB 5749—2022 的规定，感官要求、理化指标要符合 GB/T 22474—2008 的规定，微生物指标要符合 GB 7098—

2015 的规定，食品添加剂要符合 GB 2760—2024 的规定，净含量应符合《零售商品称重计量监督管理办法》的规定，总糖按 GB 5009.8—2023 规定的方法测定，可溶性固形物按 GB/T 10786—2022 规定的方法测定，铅按 GB 5009.12—2023 规定的方法测定，总砷按 GB 5009.11—2024 规定的方法测定，锡按 GB 5009.16—2023 规定的方法测定，微生物指标商业无菌按 GB 4789.26—2023 规定的方法测定，菌落总数、大肠菌群、霉菌和致病菌的检验按 GB 4789.24—2024 规定的方法测定，净含量按 JJF 1070—2023 中规定的方法测定。

《蜜饯质量通则》（GB/T 10782—2021）规定了蜜饯卫生指标的分析方法。产品的理化指标、感官要求要符合 GB/T 10782—2021 的规定，净含量要符合《定量包装商品计量监督管理办法》的规定，感官、总糖按 GB/T 10782—2021 操作，水分按 GB 5009.3—2016 操作，氯化钠按 GB 5009.44—2016 操作，净含量按 JJF 1070—2023 操作。

第六节　果蔬糖制品生产实例

一、低糖胡萝卜果脯

（一）原料的选择

1. 主要原料

选择新鲜、颜色鲜亮的胡萝卜。

2. 辅料

蔗糖、木糖醇、明胶、氯化钠、柠檬酸钠、柠檬酸等。

（二）工艺流程

原料清洗→切条→烫漂→冻结→糖煮→糖渍→干燥→成品

（三）操作要点

1. 原料选择及预处理

选用新鲜、颜色鲜亮、直径在 3 cm 左右的胡萝卜，清洗干净去蒂去皮后，切成长 5 cm、厚度为 8 cm 左右的胡萝卜条。

2. 烫漂

烫漂液组成：0.1%氯化钠、1%柠檬酸钠、0.5%柠檬酸。将切好的胡萝卜条在 80 ℃条件下烫漂 5 min，立即用冷水冷却，以钝化氧化酶，防止色泽劣变，加快脱水和渗糖。

3. 冻结

将经烫漂处理的胡萝卜条封入保鲜袋，置于冰箱，在-18 ℃下进行冻结，冻结时间以 6 h 为佳。如果冻结时间过短，达不到软化组织的效果；而冻结时间过长，则会导致解冻后其质地过于软烂，使成品失去韧性。

4. 糖煮

将自然条件下解冻的胡萝卜条加入浓度为 40%的糖液（蔗糖：木糖醇＝1∶1）中煮沸 10 min。

5. 常温糖渍

糖煮后在常温常压下糖渍 8 h，使胡萝卜果脯组织内的糖液平衡稳定。

6. 干燥

糖渍后置于电热鼓风干燥箱中，将胡萝卜果脯干燥 6~7 h，温度为 60 ℃，直至胡萝卜果脯表面不粘手为止。

（四）质量要求

成品色泽橘红有光泽，口感软硬适中，有嚼劲，外形晶莹剔透略有透明感，甜度适中且饱满度好。

二、圣女果果脯

（一）工艺流程

原料选择→清洗→原料处理→护色硬化→流水清洗→糖制→香料浸泡→烘干→回软→包装→成品

（二）操作要点

1. 原料选择与清洗

选取成熟度、颜色一致，无病虫害的圣女果，用清水洗净。

2. 原料处理

将洗净的圣女果进行热烫去皮、划缝、扎孔等处理。热烫去皮：放入 95~100 ℃热水 1~2 min，捞出后立即冷却，去除果皮。划缝：用牙签在果皮划 2 条十字交叉缝。扎孔：用牙签均匀地扎 15 个孔，深度约 1 cm。

3. 护色硬化

采用 1.5% NaCl 溶液护色，并用 0.4% 葡萄糖酸内酯硬化果坯。在护色剂中添加葡萄糖酸内酯，将圣女果倒入护色硬化液中浸泡 4 h，后用流动水清洗 30 min，清除残留表面的护色硬化液。

4. 糖制

以 0.4% 明胶、0.3% 柠檬酸、25% 白砂糖配制糖液，将圣女果放入糖液中煮至软透，放冷糖渍 16 h。

5. 香料浸泡

量取 1000 mL 水，添加 1% 食盐和 6 g 罗汉果等煮至出味，配成风味果脯配料液。将糖制后的圣女果放入风味配料液中浸泡 9 h。

6. 烘干

圣女果捞出沥干后放入干燥箱干燥。

7. 回软和包装

烘制后果脯回软 1~2 d，放入食品专用包装袋密封保存。

三、冬瓜脯

（一）工艺流程

冬瓜原料→选择→去皮去瓤→切分→硬化→烫煮→冷却→糖渍（第 1 次糖浸→第 1 次糖煮→第 2 次糖浸→第 2 次糖煮）→起锅→冷却上糖衣→包装→成品

（二）操作要点

1. 预处理

将冬瓜去皮、去瓤和籽，切成长 5~7 cm，宽 1~2 cm，厚 1~1.2 cm 的长条。

2. 硬化处理

在糖煮前用 1.5%氯化钙溶液在 25 ℃条件下硬化处理瓜条 8 h。处理后不要漂洗。

3. 烫煮

将果坯置于 95~100 ℃热水中热烫 5 min，然后捞起，浸入冷水中急速冷却。

4. 加糖浸渍和煮制

采用两次糖渍、两次糖煮法，糖制时间共 26 h。

5. 烘烤与上糖衣

将冬瓜从糖液中捞出，沥干，铺散在烘盘中，置于 50~60 ℃烘箱内烘干。上糖衣用的过饱和溶液以 3 份砂糖、1 份淀粉糖浆和 2 份水配合而成。将混合浆液加热至 113~114.5 ℃，离火冷却至 93 ℃即可使用。将欲上糖衣的冬瓜果脯浸入以上糖液中约 1 min，立即取出，在 50 ℃下晾干，冬瓜果脯表面即能形成透明的糖质薄膜。

6. 整理与包装

剔除收缩变形破裂的果脯，然后用食品塑料袋密封包装。

四、山楂枸杞胡萝卜果酱

（一）生产工艺流程

原料选择→清洗→切分预煮→打浆（加入枸杞粉）→浓缩→装罐→密封→杀菌→成品

（二）操作要点

1. 原料选择

选择颜色亮红、果皮比较光滑、无虫眼、质地稍硬、果粒较大的山楂；挑选色泽饱满、表面光滑、无虫害、无伤痕、个体大小适中、圆柱形的新鲜胡萝卜。

2. 原料处理

山楂和胡萝卜用流动的清水冲洗，洗净、沥干，山楂去核，将山楂和胡萝卜切成小块，称重，并及时投入 1%食盐水中护色 2 min。

3. 预煮

将小块山楂放入不锈钢锅中，加果重 60%的水，加热至沸腾，并保持微沸 15 min，要求果肉煮透，使之软化兼防变色；胡萝卜用高压锅煮 15 min。

4. 打浆、浓缩

用匀浆机进行打浆并加入枸杞粉；再将果浆倒入锅中，分 2~3 次加入 80%白砂糖制成的糖液，在浓缩过程中不断搅拌，当浓缩至酱体可溶性固形物达 65%时即可出锅，出锅前加入 0.5%的果胶，快速搅拌均匀。

5. 装罐密封

出锅后立即装罐，封口时酱体的温度不低于 85 ℃，装罐不宜过满，所留顶隙以 3 mm 左右为宜，若瓶口附有果酱，应用干净的布擦净，避免储藏期间果酱变质。

6. 杀菌冷却

封罐后立即放入沸水中杀菌 15 min，排气后及时拧紧瓶盖（瓶盖、胶圈均经过清洗和消毒）；果酱分段冷却，65 ℃/10 min，45 ℃/10 min，再通过冷水冷却至常温。

五、低糖山楂糕

（一）工艺流程

山楂的挑选→清洗→去核→护色→软化→打浆→加入绵白糖、赤藓糖醇、蜂蜜、复合凝胶等熬煮→加入氯化钙、柠檬酸溶液→浓缩→倒入模具→烘制→成品

（二）操作要点

1. 挑选

山楂为市面上所出售的优质山楂、大小均匀、果粒饱满、颜色鲜艳。

2. 清洗

将山楂置于流动的清水下冲洗，以去除泥沙、杂质等。

3. 原料预处理

山楂清洗后，用打孔器去掉山楂核，对半切开。

4. 护色

山楂中的酚类物质与氧气接触后，会发生酶促褐变，影响产品感官品质、降低营养价值，为了减少酶促褐变的发生，将预处理后的山楂置于质量分数为 0.08% 的异抗坏血酸溶液中浸泡 3 min，沥水后备用。

5. 软化

将山楂加入清水（质量比为 1∶1）加热软化 5 min。

6. 打浆

将上述经过软化处理的原料倒入打浆机中，加入山楂水（质量比为 5∶3）打浆，打浆后用滤网过滤。

7. 熬煮浓缩

将过滤后的 130 g 山楂泥先进行熬煮，再加入 25 g 绵白糖、赤藓糖醇 6 g、蜂蜜 4 g 搅拌均匀。小火慢煮，熬煮过程中防止产生气泡，当浓缩的山楂泥铲取斜置成片状落下，则达到终点。

8. 加入复合凝胶剂

在熬煮的过程中，加入琼脂 0.5 g、黄原胶 1.5 g 等复合凝胶剂。

9. 加入氯化钙、柠檬酸溶液

复合凝胶溶解后先加氯化钙溶液，再加柠檬酸溶液（0.1 g 氯化钙、0.1 g 柠檬酸与水的比例均为 1∶50）。

10. 倒入模具

将熬煮好的山楂泥倒入不锈钢盘中。

11. 烘制

放置于烘箱（55 ℃）中进行烘制，待山楂糕凝固成型、不粘手即可。

12. 成品

烘制好的山楂糕晾凉后，按 3∶4 比例切块，独立真空密封包装。

【思考题】

1. 简述果蔬糖制品的分类。
2. 影响果蔬糖制品保质期的因素有哪些？
3. 如何预防蜜饯类产品的煮烂、皱缩现象？
4. 如何预防低糖果酱脱水现象的发生？
5. 怎样预防糖制品出现返砂、流汤等质量问题？

【课程思政】

匠心打造"甜蜜事业"

北京果脯，是老北京的特色风味小吃，誉满京师，驰名全国，远销海外。早在1915年，老字号"聚顺和"的果脯就曾获得巴拿马万国博览会金奖。北京果脯在明清时代达到鼎盛时期并传入民间，李时珍所著的《本草纲目》一书中，将当时的蜜饯加工方法概括为"盐曝糖藏蜜煎为果"，这是迄今为止对于这一工艺最准确、最简约的总结。

北京果脯精工细作的8大步骤，即选料、原料初加工、清洗护色、发酵、化糖、制糖、烘制、加工成型等，共29道工序的"北京果脯制作技艺"工艺流程，既确保了老字号产品的原汁原味，又实现了机械化规模生产和现代化管理。2021年6月10日，北京红螺食品公司的"北京果脯制作技艺"被国务院列入第五批国家级非物质文化遗产代表项目名录。

北京果脯是深厚的历史承载和传统的技艺，在保持传统口味的路上，传承的不仅是工匠的技艺，更能让人品尝出坚守的味道。尊古不泥古，创新不失宗。北京果脯传承文化和技艺始终有灵魂、有形态、有发展，在制作中凝聚特有的民族智慧，为红螺食品始终坚守这份甜蜜的事业、用真心酿造甜蜜、用甜蜜温暖人心、把北京果脯传承百年的精神而点赞！

【延伸阅读】

雕　梅

雕梅是白族传统名特食品，雕梅因在青梅果上雕刻花纹而得名。据史书记载，远在唐代南诏时期，就有探亲访友相互馈赠雕梅的风俗。主产区为云南省大理白族自治州大理市和洱源县。青梅果实风味独特，营养丰富，含有多种人体所需的有机酸、维生素、矿物质等。制作雕梅需要选择果实大，果形圆，皮薄半透明，肉厚核小的青梅作为原料。

原料经过清洗、浸泡、刻刀雕纹，梅核挤出，梅肉轻轻压扁，形成如菊花般的造型。随后，将压好的梅饼放入清水中，撒上少量食盐去除多余的酸味。将梅饼放入砂罐内，与红糖、蜂蜜、花瓣、白酒等一同浸渍数月，待梅饼呈金黄色时，便可取出食用。

钟祥. 大理的名特食品炖梅与雕梅 [J]. 云南林业，2002（4）：21.

第五章　蔬菜腌制品加工

本章课件

蔬菜腌制是我国最传统、应用最普遍的蔬菜加工保藏方法，即利用添加的食盐或（和）其他物质渗入到蔬菜组织内部，降低水分活度，提高其结合水含量及渗透压或脱水等作用，同时使其发生一系列的生物化学变化，有选择地控制有益微生物的活动，抑制腐败菌的生长，从而达到保持或提高其食用品质以及商品品质的目的。蔬菜腌制品是蔬菜加工品中产量最大的一类，可占到蔬菜加工品的50%以上，其制法简单，成本低廉，产品容易保存，风味多样，咸酸甜辣，深受消费者欢迎。我国的蔬菜腌制距今约有3000年的历史，根据各地的制作习惯，形成了许多颇具特色的产品，如重庆涪陵榨菜、四川泡菜、四川南充的冬菜、宜宾芽菜、北京的冬菜和酸菜、浙江绍兴的梅干菜、萧山萝卜干、江苏扬州酱菜、云南大头菜、山东酱蘑菇等。有关酱腌菜的术语请参见行业标准《调味品名词术语　酱腌菜》SB/T 10301—1999，标准中规定的名词术语适用于酱腌菜，不适用于其他的副食品和调味品。

第一节　蔬菜腌制品的分类及加工基本原理

一、蔬菜腌制品的分类

（一）非发酵性腌制品

该类腌制品的特点是腌制时所用食盐浓度较大，腌制过程中的发酵作用微弱，产品的含酸量很低，但含盐量较高，通常感觉不出产品有酸味。这类产品依据所加配料及风味不同，又可分成以下几类。

（1）咸菜类（盐渍菜类或盐渍品）。是将蔬菜经过盐腌后而制成的制品。根据制品状态不同可分为：湿态，即腌制成后，菜不与菜卤分开，如腌白菜、腌雪里蕻、腌黄瓜等；半干态，即制成后，菜与菜卤分开，如榨菜、大头菜、冬菜、萝卜干等；干态，即腌制成后，再经不同方法干燥的，如梅干菜、干菜笋等。

（2）酱渍菜类（酱菜或酱渍品）。先将原料用食盐腌制成半成品，再将半成品用酱或酱油进行酱渍处理，使产品具有浓郁的酱香味和酱色，如扬州酱黄瓜、北京八宝菜、天津什锦酱菜、酱姜片、酱油萝卜、酱芥菜等。

（3）糖醋渍菜类（醋渍品）。这类产品一般是先用少量食盐腌制原料，再用食醋和糖进行浸渍或调味而成，如糖醋蒜、糖醋萝卜、糖醋黄瓜、糖醋嫩姜等。

（4）糟渍菜类（糟渍品）。糟渍菜类是以蔬菜咸胚为原料，经脱盐、脱水后，再用酒糟糟渍而成，产品具有糟的特有风味，如糟瓜、糟萝卜、独山盐酸菜等。

（5）糠渍菜类（糠渍品）。一般是将原料用盐腌制后，再用稻糠或米糠与香辛料混合糠渍而成，产品具有糠的特有风味，如米糠萝卜等。

（6）菜酱类。菜酱是以蔬菜为原料经过预处理后，经盐渍或不经盐渍，再拌入调味料、辛香料制作而成的糊状蔬菜制品，如辣椒酱、天津蒜蓉辣酱等。

（二）发酵性腌制品

该类产品的特点是在腌制时用盐量较少或不用盐，腌制过程中有比较旺盛的乳酸发酵现象，同时还伴有微弱的酒精发酵与醋酸发酵，利用发酵所产生的乳酸与加入的食盐、香料、调味料等的防腐能力使产品得以保藏，并增进其风味。产品一般都具有明显的酸味。其代表种类主要有：酸菜和泡菜。

（1）湿态发酵腌渍品。该类包括盐水渍菜类和清水渍菜类，一般是将蔬菜放入预先调制好的盐水（或卤水）或清水中进行发酵，如泡菜、酸黄瓜、北方的酸白菜等。

（2）半干态发酵腌渍品。先将蔬菜原料采取一定方式脱去部分水分，然后进行盐腌，让其自然发酵后熟而成的一类蔬菜腌渍品，如半干态发酵酸菜等。

（3）干态发酵腌渍品。腌制过程中不用加水，而是将粉末状的食盐及辅料与蔬菜均匀混合，利用腌出的蔬菜汁液直接发酵而制成产品，如西欧的酸菜、韩国的辣白菜等。

二、蔬菜腌制的基本原理

蔬菜腌制的原理主要是利用食盐的保藏作用、微生物的发酵作用、蛋白质的分解作用、辅料的辅助作用以及其他一系列的生物化学作用，抑制有害微生物的活动，改善产品的色、香、味，达到长期保藏的目的。

（一）食盐的保藏作用

有害微生物在蔬菜上的大量繁殖和酶的作用，是造成蔬菜腐烂变质的主要原因，也是导致蔬菜腌制品品质变坏的重要因素。食盐之所以具有防腐保藏作用，主要是因为它能产生高渗透压，并具有抗氧化性和降低水分活度的作用。

1. 食盐的高渗透压作用

在蔬菜腌制过程中，一般都要加入一定量的食盐，依靠食盐的渗透作用，把蔬菜组织中的水分脱出，形成卤水，使蔬菜浸泡在卤水中。食盐溶液具有很高的渗透压，1%的食盐溶液能产生 0.61 MPa（6.1 个大气压）压力，腌渍时食盐用量在 4%～15%，能产生 2.44～9.15 MPa（24.2～90.6 个大气压）压力。而一般植物组织细胞（包括微生物细胞）所能耐受的渗透压为 0.3～1.69 MPa（3～16.7 个大气压），当食盐溶液渗透压大于微生物细胞渗透压时，微生物细胞内水分就会外渗而使细胞脱水，最后导致微生物原生质体和细胞壁发生质壁分离，从而使微生物活动受到抑制，甚至会由于生理干燥而死亡。所以，利用食盐溶液的高渗透性，能起到很好的防腐作用。

但是，不同种类的微生物，具有不同的耐盐能力。表 5-1 是几种微生物在中性溶液中所能耐受的最大食盐浓度，超过此浓度时这些微生物就基本停止活动。

表 5-1　几种微生物能耐受的最大食盐浓度

菌种名称	食盐浓度/%
植物乳杆菌 Lactobacillus plantarum	13
短乳杆菌 Lact. brevis	8
甘蓝酸化菌 Bacterium brassicae fermentati	12
黄瓜酸化菌 Bact. cucumeris fermentati	13
丁酸菌 Bact. amylobacter	8
大肠杆菌 Bact. coli	6
肉毒杆菌 Clostridium botulinum	6
普通变形杆菌 Proteus bulgaris	10
（酒花酵母）醭酵母 Mycoderma	25
（能产乳酸的）霉菌 Oidium lactis	20
霉菌 Moulds	20
酵母菌 Yeasts	25
肉毒杆菌 Clostridium botulinum	6

从表 5-1 可以看出，霉菌和酵母菌对食盐的耐受力比细菌大得多，而酵母菌的抗盐性最强。例如，大肠杆菌和变形杆菌（致腐败细菌）在 6%～10% 的食盐溶液中就可以受到抑制，而霉菌和酵母菌则要在 20%～25% 的食盐溶液中才能受到抑制。这种耐受力都是指当溶液呈中性时的最大耐受力。如果溶液呈酸性或 pH 小于 7 时，上表中所列的微生物对食盐浓度的耐受力就会降低。蔬菜腌制时，卤水的 pH 均小于 7，尤其是发酵性腌制品的卤水，pH 更低。pH 越低即介质越酸，微生物耐受力越低。如酵母菌在溶液 pH 为 7 时，对食盐的最大耐受浓度为 25%，但当溶液的 pH 降为 2.5 时，其对食盐的最大耐受浓度只有 14%。

2. 食盐的抗氧化作用

食盐对防止食品的氧化也具有一定的作用。这是因为：第一，食盐溶液比水中的氧气含量低，这就使蔬菜处在氧气浓度较低的环境中；第二，食盐的渗透作用还可排除蔬菜组织中的氧气，从而减轻氧化作用，抑制好氧性微生物活动，降低微生物的破坏作用；第三，食盐溶液还能钝化酶的催化作用，尤其是氧化酶类，其活性随食盐浓度的提高而下降，从而减少或防止氧化作用的发生。

3. 食盐降低水分活性的作用

食盐有降低水分活性的作用。食盐溶解于水后就会电离，并在每一离子的周围聚集着一群水分子，水化离子周围的水分聚集量占总水分量的百分率随着食盐浓度的提高而增加。相应地，溶液中的自由水分减少，其水分活性就会下降。微生物在饱和食盐溶液中不能生长，一般认为这是由于微生物得不到自由水分的缘故。简而言之，食盐降低了水分活度，使微生物得不到生长发育所需要的自由水分，抑制了微生物引起的腐败。

4. 食盐中离子的毒害作用

食盐分子溶于水后会发生电离，并以离子状态存在。在食盐溶液中，除了有 Cl^-、Na^+ 以外，还有 K^+、Ca^{2+}、Mg^{2+} 等一些离子。低浓度的这些离子对微生物的生活是必需的，它们是微生物所需营养的一部分；但当这些离子达到一定的浓度时，它们就会对微生物产生生理毒害作用，使微生物的生命活动受到抑制，从而抑制微生物引起的败坏。

5. 食盐对酶活力的抑制作用

微生物的各种生命活动实质都是在酶作用下的生化反应，酶的活性决定了生化反应的方向和速度。但酶的作用要依赖于其特有的构型，而这种构型的存在又与水分状况、溶液中离子的存在及离子的带电性等因素直接相关。微生物在各种生命活动中分泌的酶的活性会因食盐的存在而降低。因为食盐溶液中的 Na^+ 和 Cl^- 可以与酶蛋白中的肽键结合，从而破坏酶分子特定的空间构型，使其催化活性降低，导致微生物的生命活动受到抑制。

总之，食盐的防腐作用随着食盐浓度的提高而加强。一般而言，在蔬菜腌制品中食盐浓度达到10%左右就比较安全，如果浓度再增加，虽然防腐作用增强，但也延缓了有关的生物化学变化，如含盐量超过12%，不但使成品咸味太重、风味不佳，也会使制品的后熟期相应地延长。因此，在蔬菜腌制过程中的用盐量必须很好地控制，不能仅仅依靠高浓度的食盐来防腐，而要结合装紧压实、隔绝空气、保证原料卫生等措施来防止微生物引起的败坏，以生产出品质良好的蔬菜腌制品。

（二）微生物的发酵作用

蔬菜发酵加工是以各种蔬菜为原料，利用有益微生物的活动及控制其一定的生长条件对蔬菜进行加工的一种方式。蔬菜发酵体系是一种微生态环境，其中含有乳酸菌、酵母菌和醋酸菌等多种微生物。发酵作用以乳酸发酵为主，辅以轻度的酒精发酵和醋酸发酵，相应地生成乳酸、酒精和醋酸。微生物引起的正常发酵作用，能抑制有害微生物的活动而起到防腐作用，还能使制品产生酸味和香气。传统自然发酵是利用原料本身带入的微生物引起的发酵作用，可控性较差和产品质量不稳定；现代蔬菜腌制发酵是在对起正常发酵作用的微生物类群深入研究的基础上，采取人工接种发酵（直投式发酵），可达到提高产品整体质量和缩短加工周期等目的。

1. 乳酸发酵（lactic acid fermentation）

乳酸发酵是蔬菜腌制过程中最主要的发酵方式，任何蔬菜腌制品在腌制过程中都存在乳酸发酵，只不过有强弱之分。乳酸菌广泛分布于空气中、蔬菜的表面上、加工用水中以及容器和用具等物品的表面。从应用方面讲，凡是能产生乳酸的微生物都可称为乳酸菌，其种类甚多，有球菌、杆菌等，属兼性厌氧性的居多，一般生长的最适温度为 26~30 ℃。

在蔬菜腌制过程中主要的微生物有乳酸片球菌（*Pedicoccus acidilactice*）、植物乳杆菌（*Lactobacillus plantarum*）、黄瓜酸化菌（*Bacterium cucumeris fermentati*）等八大种，还有酵母菌等。这类乳酸菌能将单糖和双糖发酵生成乳酸而不产生气体，称为同型乳酸发酵或正型乳酸发酵，这类发酵过程的总反应式如下：

$$C_6H_{12}O_6 \longrightarrow 2CH_3CHOHCOOH（乳酸）$$

在蔬菜腌制过程中除了上述的乳酸菌外，还有其他各种乳酸菌和非乳酸菌也在进行活动，同样能将糖类发酵产生乳酸，所不同的是，它们还会产生其他产物及气体，这类微生物称为异型乳酸菌，如肠膜明串珠菌（*Leuconostoc mesenterides*）等，其发酵方式称为异型乳酸发酵。

$$C_6H_{12}O_6 \rightarrow 2CH_3CHOHCOOH（乳酸）+C_2H_5OH（酒精）+CO_2\uparrow$$

又如，短乳杆菌（*Lactobacillus brevis*）将单糖发酵除产生乳酸外，还生成醋酸及 CO_2 等。

在蔬菜腌制前期，微生物的种类繁多，加之腌制环境中的空气较多，酸度较低，故前期以异型乳酸发酵占优势，但异型乳酸发酵菌一般不耐酸，到发酵的中后期，由于酸度的增加，异型乳酸发酵基本停止，而以同型乳酸发酵为主。

影响乳酸发酵的因素比较多，在生产实践中，应当根据具体情况控制发酵进程。影响乳酸发酵的主要因素如下。

（1）食盐浓度。腌制时盐液浓度较低时，乳酸发酵启动早、进行快，发酵结束也早；随着盐液浓度的增加，发酵启动时间拉长，且发酵延续时间较长。在 3%~5% 的盐液中，发酵产酸最为迅速，乳酸生成量也多；食盐浓度在 10% 以上时，乳酸发酵作用大为减弱，生成的乳酸也少；食盐浓度在 15% 以上时，乳酸发酵作用几乎停止。

在实际生产中，低盐度的腌菜能迅速而较多地产生乳酸，并兼有少量的醋酸、乙醇、CO_2 等物质生成，而这些产物都具有一定的抑菌防腐能力，因而使腌制品对有害菌的抗侵染能力也有所增强。此外，酸度的提高还可降低微生物的耐盐能力，如酵母菌在 pH 为 7 的环境中，抑制其活动需要高达 25% 的食盐；但当 pH 为 2.5 时，只需 14% 的食盐就可以了。生产中，对发酵性腌制品，其用盐量一般控制在 5%~10%，有时可低到 3%~5%；而对于弱发酵的腌制品，其用盐量一般在 15% 以上，有时用盐量达到 25% 以上。在这样高浓度的盐溶液中，乳酸菌的活动受到抑制，乳酸发酵基本停止。

（2）环境温度。各种微生物活动都有其适宜的温度范围。乳酸菌生长的适温为 20~30 ℃。在这个温度范围内，腌制品发酵快，成熟早；低于适宜温度时，则需要较长的发酵时间。例如，在制作酸白菜时，温度不同，产酸量不一样，乳酸发酵的启动和进行情况也不一样。在 10 ℃ 的温度下，乳酸发酵启动慢、发酵时间长、产酸量低（仅为 0.5% 左右）；但在 20 ℃ 时，乳酸发酵启动快，产酸量高（可达 1.5% 左右），制作出的产品质量稳定，色泽、风味较好。

（3）发酵液的 pH。不同微生物所适应的最低 pH 是不同的，腐败菌、丁酸菌和大肠杆菌的耐酸能力均较差，而乳酸菌的耐酸能力较强，在 pH 为 3 的环境中仍可发育，至于抗酸力强的霉菌和酵母菌，它们都是好气微生物，只有在空气充足条件下才能发育，在缺氧条件下则难以繁殖。

不同的乳酸菌株的耐酸能力各不相同。在腌制过程中耐酸能力不同的乳酸菌接力发酵，使腌菜的发酵得以顺利完成。在腌制初期，由产酸不多、繁殖快而不耐酸的肠膜明串珠菌或粪链球菌占优势，当含酸量达到 0.7%~1.0% 时，它们就受到抑制，由植物乳杆菌或耐酸的片球菌继续发酵，当含酸量达到 1.3% 左右时，植物乳杆菌也受到抑制，则让位于短乳杆菌和戊糖醋酸乳杆菌，它们能耐受的含酸量高达 2.4%，使酸菜发酵完成。

腌制过程中乳酸的产量及乳酸与醋酸的比例是影响渍物品质的重要因素。腌制液的酸度主要由乳酸形成。在腌制期间，乳酸生成较多且快，而醋酸生成较少，并始终维持在一定水平。随着发酵的继续进行，总酸量不断增加，但这种增加几乎全来自于乳酸的增加，同时乳酸与醋酸的比值也不断加大。一般认为，含酸量在 0.5%~0.8%，乳酸与醋酸之比为（4~10）：1 时，腌菜的质量较好；酸度过低或过高，乳酸与醋酸的比值过小或过大，渍物风味都将受到影响。

（4）空气含量。空气与微生物的生长有着密切关系。在腌制初期，由于蔬菜和腌制环境中存在有一定量的空气，这时附着在菜株、空气及水中的好气微生物可以进行活动。随着蔬菜细胞和细菌自身的呼吸，很快就造成腌制环境中的缺氧状态，好气性微生物随之受抑制，而乳酸菌群繁殖旺盛。

腌制发酵的最初 30 h 内，好气性细菌繁殖，它们都是革兰氏阴性菌。当腌制缸中空气逐渐消失时，它们也随之消失，于是产酸的乳酸菌开始繁殖并产酸。如果腌制过程中容器密封不好，会造成酵母菌繁殖，使酸度迅速下降。霉菌和酵母菌等有害菌都属于好气性的，而乳酸菌通常为嫌气性的。所以，在腌制时，如能尽量减少空气，造成缺氧环境，就有利于乳酸发酵，防止渍物败坏，并还可减少维生素 C 的损失。因而，腌菜时要将蔬菜压实，并立即加入充足的盐水将菜体全部淹没，不留空隙，并迅速密闭。

（5）营养条件。在蔬菜腌制过程中，乳酸菌的繁殖和乳酸发酵，都需要有一定的物质基础即营养条件。一般而言，用于腌制的蔬菜营养丰富，菜汁渗透出来所提供的营养条件为乳酸菌的活动提供了物质基础。所以，腌制时一般不用再补充养分，但对那些含糖量不足的蔬菜，如能适量加入一些葡萄糖或不断补充一些含糖量高的新鲜蔬菜，则可以促进发酵作用的顺利进行。

2. 酒精发酵（alcoholic fermentation）

在蔬菜腌制过程中也存在着轻微的酒精发酵，酒精含量可达 0.5%~0.7%，对乳酸发酵并无影响。酒精发酵是由于酵母菌将蔬菜中的糖分解生成酒精和 CO_2，其化学反应式如下：

$$C_6H_{12}O_6 \rightarrow 2C_2H_5OH（酒精）+2CO_2 \uparrow$$

酒精发酵除生成酒精外，还能生成异丁醇和戊醇等高级醇。另外，腌制初期发生的异型乳酸发酵中也能形成部分酒精。蔬菜在被卤水淹没时所引起的无氧呼吸也可产生微量的乙醇。在酒精发酵过程中和其他作用中生成的酒精及高级醇，对于腌制品在后熟期中品质的改善及芳香物质的形成起到重要作用。

3. 醋酸发酵（acetic acid fermentation）

在蔬菜腌制过程中也有微量的醋酸形成。醋酸的主要来源是由醋酸菌（*Bact. aceti*）氧化乙醇而生成，这一作用称为醋酸发酵，其化学反应式如下：

$$2CH_3CH_2OH+O_2 \longrightarrow 2CH_3COOH（醋酸）+2H_2O$$

除醋酸菌外，某些细菌的活动，如大肠杆菌、戊糖醋酸杆菌（*Bact. pentoaceticum*）等，也能将糖转化为醋酸和乳酸等。

$$2C_6H_{12}O_6 \longrightarrow 2CH_3CH_2OH+CH_3COOH+HOOCCH_2CH_2COOH（琥珀酸）+2CO_2+H_2$$

$$C_5H_{10}O_5（戊糖）\longrightarrow CH_3CHOHCOOH（乳酸）+CH_3COOH（醋酸）$$

极少量的醋酸不仅不会破坏腌制品的品质，反而对品质有利。只有醋酸含量过多时才会影响成品的品质。醋酸菌仅在有空气存在的条件下才可能使乙醇氧化变成醋酸。因此，腌制品要及时装坛封口，隔离空气，以避免醋酸的产生。

4. 有害微生物的发酵作用

（1）丁酸菌发酵作用。丁酸菌会将蔬菜中的糖与乳酸发酵生成丁酸和其他产物，丁酸具有强烈的不愉快气味，但微弱的丁酸发酵对制品没有什么影响。利用较高的酸度、较浓的食盐液与较低的温度可以综合抑制丁酸菌发酵。

（2）腐败菌作用。腐败菌在蔬菜腌制过程中会分解蔬菜组织中一些蛋白质、氨基酸、糖、单宁、果胶、纤维素，可使产品变质、产生恶臭味，同时产生一些有害物质，如亚硝酰胺。

（3）有害产膜酵母的作用。产膜酵母能分解腌渍液和蔬菜组织中的一些有机物质，在盐液表面生成一层白色菌膜。

（4）有害霉菌作用。曲霉、青霉等一些有害菌，会在盐液表面或菜缸上层出现生霉现象。这些菌会消耗产品中大量的糖类物质，引起产品的腐烂，但不会产生臭味。

总之，在蔬菜腌制过程中微生物的发酵作用，主要是乳酸发酵，其次是酒精发酵，醋酸发酵非常轻微，而丁酸菌、腐败菌、产膜酵母和有害霉菌的发酵都是要尽量避免的。因此在制造泡菜和酸菜时，需要利用乳酸发酵，抑制有害发酵。

（三）蛋白质的分解作用

供腌制用的蔬菜除含糖分外，还含有一定量的蛋白质和氨基酸。不同蔬菜所含蛋白质及氨基酸的总量和种类不同。在腌制和后熟期中，蔬菜所含的蛋白质受微生物的作用和蔬菜本身所含的蛋白质水解酶的作用，而逐渐被分解为氨基酸。这一变化在蔬菜腌制过程和后熟期中是十分重要的，它是腌制品色、香、味的主要来源，但其变化是缓慢而复杂的。蛋白质水解过程的化学反应式可以概括如下：

$$蛋白质 \rightarrow 多肽 \rightarrow R \cdot CH（NH_2）COOH（氨基酸）$$

蛋白质水解生成的某些氨基酸本身就具有一定的鲜味和甜味，如果氨基酸进一步与其他化合物起作用，就可以形成更为复杂的产物。

蔬菜腌制品色、香、味的形成都与氨基酸有关，具体内容将在腌制对蔬菜品质的影响中进行论述。

（四）香辛料和有机酸的防腐作用

在蔬菜的腌制加工过程中，常加入一些香辛料，如大蒜、生姜、豆蔻、芫荽等，有的还人为添加一定量的醋酸，这些添加物不但起调味作用，而且还具有不同程度的防腐能力，主要是它们中大部分都含有一些特殊的植物杀菌素（植物化学物质）。例如大蒜、洋葱中的大蒜素、辣椒中的辣椒油酰胺、花椒中的花椒油酰胺、胡椒中的胡椒油酰胺和芥末籽中黑芥子苷分解所产生的芥籽油等均具有极强的防腐力，而另外一些香料如豆蔻、芫荽、生姜、芹菜等所含精油的防腐能力较差。同样，有机酸也具有防腐作用，腌渍环境中的有机酸对微生物的活动有极大影响，如醋酸浓度在1%以上时，可以抑制腐败细菌如大肠杆菌、丁酸菌的活动。通常只有乳酸菌、酵母菌和霉菌可以在酸性条件下活动，但前两种菌对人体有益，还能够抑制其他细菌，保持腌渍品不坏。为了避免一些有害微生物的活动，可以在腌制开始时迅速提高腌渍环境的酸度。一般可采用以下方法：第一，腌制开始时可以加入适量的醋；第二，适当提高发酵初期的温度，促使乳酸迅速生成；第三，分批加盐也可以抑制有害微生物的生长。

三、蔬菜腌制的品质变化及其调控

蔬菜在腌渍加工过程中会发生一系列复杂的物理变化、化学变化、生物化学变化和微生物的发酵作用，从而引起其组织结构、色泽、质地、风味的变化，决定蔬菜腌制品最终品质的优劣。

（一）组织细胞结构的变化

蔬菜腌制加工中使用食盐、酱、酱油和食醋等，能产生很高的渗透压，致使蔬菜细胞内外的物质发生一系列的变化，造成蔬菜细胞形态发生变化。生产工艺不同，蔬菜细胞形态结构上的变化也有差异。

1. 盐渍菜类

腌制初期，蔬菜仍具有生命活性，此时细胞膜是具有选择透性的半透膜，由于外界盐水的水势低于蔬菜细胞内的水势，细胞液的水分就向外流出，这虽然会造成蔬菜养分的一定流失，但具有消除蔬菜组织汁液的辛辣味，改善腌制的风味品质的作用。

当蔬菜腌制进入中后期时，由于食盐溶液的作用，蔬菜组织严重脱水，致使蔬菜细胞失活，原生质膜变为全透性膜，失去了选择透性，外部的腌渍液不断向蔬菜组织内扩散，这不仅促进了蔬菜腌制过程，而且使蔬菜细胞由于渗入了大量的腌渍液而恢复了膨压。

2. 酱渍菜、糖醋渍菜等渍菜类

这类菜是在腌制基础上再渍制而成的，因此，这类产品细胞结构的变化有别于盐渍菜。腌制好的咸坯在酱渍之前，需经过脱盐、脱水两步，先用清水浸泡咸坯脱盐，再用压榨的方法脱除部分水分，然后将处理好的咸坯放入酱等辅料中。在渍制过程中，咸坯细胞液与渍制液之间存在较大的浓度差，而此时咸坯的细胞膜已成为全透膜，渍制液中的有关成分能顺利进入细胞内，故酱等渍制液中营养物质大量地向咸坯细胞内扩散，进而形成独特的风味，恢复了细胞的外观形态。因此，经渍制液渍制后的产品在形态上与盐渍品没有多大差别，但由于扩散作用的结果，酱腌菜细胞内的营养成分发生了很大的变化。

因为扩散速度与浓度梯度呈正比，故要使渍制品尽快吸收更多的物质，就必须加大浓度梯度。在酱渍过程中，浓度梯度即是酱与咸坯细胞液的浓度差，它们差值越大，生产周期越短，要加大浓度差，一方面可增加渍制液的浓度，另一方面要降低咸坯的食盐浓度，咸坯含盐量低，则扩散速度就快。

（二）蔬菜质地（脆度）的变化及保脆措施（硬化）

1. 脆度变化

蔬菜的质地指蔬菜入口时的齿感，是酱腌菜评价的主要感官指标之一。蔬菜的脆性主要与鲜嫩组织细胞的膨压和细胞壁的原果胶成分的变化有关。

当蔬菜失水萎缩致使细胞膨压降低时，脆性减弱。但当使用大量的盐水进行腌制时，盐水与细胞壁之间的渗透平衡，能够恢复和保持蔬菜细胞的膨压，也不会造成脆性的显著降低。在那些先经湿腌再晾晒至干燥的腌菜中，由于细胞失去一部分水分，腌制品由"坚脆"变为"柔脆"，使其质地具有独特的风格。

蔬菜细胞胞间层中含有大量的果胶物质，在蔬菜腌制过程中，原果胶水解而影响腌制品的脆性。如果原果胶受原果胶酶和果胶酶的作用而水解为果胶，或由果胶进一步水解为果胶酸和半乳糖醛酸等产物时，就会丧失黏连作用，细胞彼此分离，蔬菜组织硬度下降，组织变软，这样会严重影响产品的脆度。在蔬菜腌制过程中，原果胶水解有两方面的原因：一是蔬菜原料成熟度过高，有机械伤，原果胶酶的活性增强使细胞间的原果胶水解；二是腌制过程中一些有害微生物生长繁殖，分泌果胶酶水解果胶物质，导致蔬菜变软而失去脆性。

2. 保脆措施

由于腌渍菜脆性降低的因素很多，为保持腌渍菜的脆性，应采取相应的措施。

（1）选择成熟适度的新鲜蔬菜为原料。采收的蔬菜要及时进行腌制，避免呼吸消耗细胞内营养物质引起蔬菜品质下降。在腌制前，剔除那些过熟的或受过机械伤的蔬菜。

（2）抑制有害微生物的生长繁殖。有害微生物大量生长繁殖是造成腌渍蔬菜脆性下降的重要原因之一，所以在渍制过程中要控制环境条件（如盐水浓度、菜卤的 pH 和环境的温度）来抑制有害微生物的活动。

（3）原料腌制前进行适度脱水。如榨菜、大头菜等腌制前的晾晒和盐渍用盐量必须恰当，要保持产品一定的含水量，有利于保脆。

（4）适当使用硬化剂。为了保持腌制菜的脆度，在腌制前将原料放入 GB 2760—2024《食品安全国家标准　食品添加剂使用标准》允许的保脆剂（石灰、氯化钙、亚硫酸氢钙等）溶液中进行短时间浸泡，此时蔬菜中的果胶酸与 Ca^{2+} 结合生成不溶性的果胶酸钙，黏连细胞，保持渍制品的脆性。

（三）色泽的变化及形成

1. 蔬菜原料中天然色素物质的变色及控制

绿色蔬菜均含有大量的叶绿素，叶绿素的稳定性受酸碱性影响，在酸性介质中易失绿成为褐色或绿褐色，在碱性介质中则比较稳定。

花青素使菜体呈现红色、紫色、蓝色等颜色，它也不稳定，易于变色。花青素在酸性介质中呈红色，碱性呈蓝色，它受酸碱性的影响，分解和氧化均能破坏花青素而失去原有的颜色。类胡萝卜素、番茄红素等呈现红、橙、黄等色，这些色素都比较稳定，渍制后不易变色。

酱渍菜的色泽是重要的感官指标之一，蔬菜原料中所含的叶绿素在腌制过程中也会逐渐失去其鲜绿的色泽，特别是发酵性腌制品中的酸性介质最容易使叶绿素变成黄褐色。非发酵性腌制品，如咸菜类装坛后在其发酵后熟的过程中，叶绿素消退后也会逐渐变成黄褐色或黑褐色。因此，尽可能保持其天然色泽是生产过程中一个重要的问题。

在腌制非发酵性的腌制品时，为尽量保持其原有的绿色，一般可采取以下措施：

（1）采收的原料要合理暂时贮藏并及时加工。绿色蔬菜采收后，在光照和氧化作用下，叶绿素就会迅速分解使蔬菜失去绿色，原来被绿色掩盖的类胡萝卜素的颜色就呈现出来。

（2）腌渍菜加工过程中要及时进行翻倒。因初腌时，大量蔬菜堆放在一起，大量的呼吸热不能及时排除，就会升高温度，加快乳酸发酵，引起叶绿素分解，而使蔬菜失去绿色。

（3）适当掌握用盐量。绿色蔬菜初腌时，要适当掌握用盐量，一般为10%～22%的食盐溶液，这样既能抑制微生物的生长繁殖，又能抑制蔬菜呼吸作用。用盐量过高，虽然能保持绿色，但会影响渍制品的质量和出品率，还会浪费食盐。若盐量过低，则不足以抑制有害微生物活动。

（4）用碱水浸泡处理。蔬菜在初腌前，先用微碱水溶液浸泡。例如腌黄瓜时，先把黄瓜浸在 pH 为 7.6 左右的碱水里，然后再用盐渍，就可保持黄瓜的绿色。

（5）热烫处理。可在腌制前先将原料经沸水烫漂，以钝化叶绿素酶，防止叶绿素被酶催化而变成脱植醇（或叶绿醇）叶绿素（绿色褪去），可暂时保持绿色。若在烫漂液中加入微量的 Na_2CO_3 或 $NaHCO_3$，使叶绿素变成叶绿素钠盐，也可保持一定的绿色。

通常采用一般的方法，很难持久地保持蔬菜腌制品的绿色，也不必过分强调产品的绿色。因为不同的腌制品本来就有不同的颜色。

2. 腌制菜的褐变及其控制

褐变是蔬菜加工中常见的一种现象，可分为酶促褐变和非酶褐变。

（1）酶促褐变。酶促褐变是一个复杂的过程，蔬菜中的酚类和单宁物质，在氧化酶的作用下发生氧化，先生成醌类，再由醌类经过一系列变化，最后生成一种称为黑色素的褐色产物。

蔬菜腌制品在腌制及保藏期间，蛋白质水解所产生的酪氨酸，在微生物或原料组织中所含酪氨酸酶的作用下，经过一系列的氧化作用，最后生成一种黄褐色或黑褐色的黑色素（又称为黑蛋白）。

此氧化反应中，氧来源于戊糖还原为丙二醛时所释放出的氧，即使腌制品装得十分紧实，隔绝空气，但色泽依然可以由于氧化而逐渐变黑，只不过该过程是极其缓慢而复杂的。

（2）非酶褐变。蔬菜制品中的非酶褐变是由于产品中的还原糖与氨基酸（主要蛋白质分解作用产生）发生化学反应引起的。氨基酸与还原糖作用生成带有香气的黑色素，使腌制品色泽变黑。一般来说，腌制品装坛后的后熟时间越长、温度越高，则黑色素的形成越快越多。所以，保存时间长的咸菜（如梅干菜、冬菜）比刚腌制成的咸菜颜色更深、香气更浓。如四川南充的冬菜装坛后还要经过三年的日晒才算完全成熟，其成熟的标准就是冬菜变得乌黑而有光泽，香气浓郁而醇正，味鲜而回甜，组织坚实而嫩脆。

白色或浅色蔬菜原料在腌制过程中防止褐变的方法：

①选择含单宁物质少，还原糖较少，品质好，易保色的品种作为酱腌菜的原料。成熟的蔬菜单宁物质、氧化酶、含氮物质含量均高于鲜嫩的蔬菜，故成熟的蔬菜不如幼嫩的蔬菜利于保色。

②抑制或破坏氧化酶的活性，由于氧化酶能参与单宁和色素的氧化反应，抑制或破坏氧化酶、过氧化酶、酚酶等酶系，会有效地防止渍制品的褐变。破坏酶系统可以用沸水或蒸

气处理，用硫磺熏蒸、亚硫酸溶液浸泡也可破坏氧化酶系统。

③褐变反应的速度与温度的高低有关，春夏季渍制品要比秋冬褐变得快。

④由于糖在碱性介质中分解得非常快，糖类参与糖胺型褐变反应也就更容易，所以渍制液的 pH 应控制在 4 左右，以抑制褐变速度。

⑤减少游离水，隔绝空气，避免日光直射都可以抑制褐变。

（3）对辅料色素的吸附。外加色素可通过物理吸附作用渗入蔬菜内部。蔬菜细胞在腌制加工过程中，细胞膜变成全透性膜，蔬菜细胞就能吸附其他辅料中的色素而改变原来的颜色。还有些酱腌菜需要着色，常用的着色剂有姜黄、辣椒、红曲等。

（四）风味（香气和滋味）的变化与形成

蔬菜经过腌制，一般都会发生风味上的改变。有时原有的某些香气和味觉会消失，形成新的香气和味觉，蔬菜腌制品的香气和滋味的形成十分复杂，其风味物质是蔬菜在腌制过程中经过理化变化、生化变化和微生物的发酵作用形成的。这种腌制的作用十分重要，主要有以下几个方面。

1. 异味的减轻或消除

有些新鲜采摘的蔬菜中含有一些辛辣物质，在高浓度食盐溶液的渍制时，蔬菜细胞失水，辛辣味的物质随水渗出，从而降低了原来的辛辣味，如芥菜、雪里蕻等。

十字花科蔬菜常含有糖苷物质，尤其是芥菜类含黑芥子苷较多，使其具有苦味。芥菜在腌制时，经过搓揉或挤压使细胞破裂，黑芥子苷在黑芥子苷酶的作用下分解，产生一种芳香而又带刺激性气味的黑芥子油而使苦味消失。

腌制不仅消除或减轻了不良气味，添加的各种调味料、乳酸发酵作用及蛋白质的分解作用等产生的香气和滋味在腌制过程中也可以渗透到蔬菜之中，从而改进了腌制品的风味。

2. 蛋白质水解形成鲜味和香气

蔬菜中含有一定量的蛋白质和氨基酸，一般蔬菜含蛋白质 0.6% ~ 0.9%，菜豆类含 2.5% ~ 13.5%，黄豆高达 40%。在腌制过程中及后熟期间，所含的蛋白质因微生物的作用和蔬菜原料本身所含蛋白质水解酶的作用而被分解为氨基酸，尽管由蛋白质水解所生成的某些氨基酸具有一定的鲜味，但是，蔬菜腌制品的鲜味来源，主要是由谷氨酸与食盐作用生成的谷氨酸钠。其化学反应式如下：

$$HOOCCH_2CH_2CH（NH_2）COOH（谷氨酸）+NaCl \longrightarrow NaOOCCH_2CH_2CH（NH_2）COOH（谷氨酸钠）+HCl$$

蔬菜腌制品中不只含有谷氨酸，还含有其他多种氨基酸。这些氨基酸均可生成相应的盐类。因此，腌制品的鲜味远远超过了谷氨酸钠单纯的鲜味，这是多种呈味物质综合的结果。此外，在乳酸发酵作用中某些氨基酸（如氨基丙酸）水解生成的微量乳酸，也是腌制品鲜味的来源。

氨基酸与戊糖的还原产物 4-羟基戊烯醛作用，生成含有氨基类的烯醛类香味物质。其反应式如下：

$$C_5H_{10}O_5（戊糖）\longrightarrow CH_3（HO）C = CHCH_2CHO（4-羟基戊烯醛）+H_2O+O_2$$

$$CH_3（HO）C = CHCH_2CHO+RCH（NH_2）COOH \longrightarrow$$

$$OHCCH_2CH = C（CH_3）OOCCH（NH_2）—R（氨基类的烯醛）+H_2O$$

3. 发酵作用产生的香气和滋味

蔬菜在腌制过程中都进行不同程度的发酵作用，正常的微生物发酵作用是以乳酸为主并伴随少量的酒精发酵和微量的醋酸发酵，这些发酵的生成物有乳酸、醋酸和酒精等物质，它们既对渍制品有防腐作用，又给产品带来一定的酸味和酒精的香气。腌制品的风味物质十分复杂，主要是微生物发酵产物之间和发酵产物与调味品之间发生的酯化反应，能产生乳酸乙酯、醋酸乙酯、氨基丙酸乙酯、琥珀酸乙酯等不同的芳香物质（酯类化合物）。反应式如下：

$$CH_3CHOHCOOH（乳酸）+CH_3CH_2OH（乙醇）\rightarrow CH_3CHOHCOOCH_2CH_3（乳酸乙酯）+H_2O$$

$$CH_3CH（NH_2）COOH（氨基丙酸）+CH_3CH_2OH\rightarrow CH_3CH（NH_2）COOCH_2CH_3（氨基丙酸乙酯）+H_2O$$

此外，乳酸发酵中产生的乳酸和其他酸类（如琥珀酸、柠檬酸），在微生物（如 *Leuconostoc citrovorum*、*Leuc dextranicus*）的作用下生成具芳香气味的丁二酮。代谢途径为：

$$C_6H_{12}O_6\longrightarrow CH_3COCOOH（丙酮酸）$$

$$C_6H_8O_7（柠檬酸）\longrightarrow CH_3COCOOH（丙酮酸）$$

$$CH_3COCOOH（丙酮酸）\longrightarrow CH_3COCOCH_3（丁二酮）$$

4. 吸附辅料的香气和滋味

腌制菜的生产过程中，加入了花椒、辣椒末、酱、醋、糖等调味料，进一步增加了这类腌制品的香气和滋味。

综上所述，腌制品的风味与微生物发酵作用有密切关系，要使产品产生良好的风味物质，首先，要保证乳酸发酵正常进行，因乳酸菌是嫌气性的，故腌制蔬菜时，要将菜体隔绝氧气，来抑制有害的好气性微生物的生长繁殖；其次，腌制品生产过程中产生香气都需要一定的时间，产生香气的酯化作用在低温下形成速度较慢，所以要生产优良风味的产品，需保证一定的生产周期。

（五）营养成分的变化

蔬菜在腌制过程中，由于乳酸菌的发酵作用，其含糖量大大降低，而有机酸的含量则相应增加，非发酵性（发酵作用弱）的酱腌制品与原料相比，含酸量基本没有变化，但含糖量降低，而酱菜与糖醋制品含糖量增高。

含氮物质含量常常降低，在发酵性腌制品中其被微生物分解消耗，部分含氮物质渗入发酵液中。咸菜类（非发酵性腌制品）含氮物质含量因渗出而减少，而酱菜类则由于酱内蛋白质渗入而使制品的蛋白质含量有所增高。

维生素 C 在腌制过程中易损失，但维生素 C 在酸性环境中较为稳定，乳酸发酵蔬菜中维生素 C 含量比别的腌制品高。其他维生素如维生素 B_1、维生素 B_2、尼克酸、胡萝卜素等在腌制品中含量变化不大，酱渍品还会使某些维生素含量相对提高。

相对于蔬菜原料而言，水分含量在湿态腌制品，如酸黄瓜、酸白菜等中没有明显改变。而干态或半干态发酵制品中，如梅干菜、冬菜、腌萝卜干等含水量明显减少。

酱菜类在酱制过程中，酱内食盐及有关化合物大量渗入，所以与新鲜原料相比，其含钙量及其他矿物质的含量均有明显提高。

第二节　咸菜类、酱菜类、泡酸菜类的加工工艺

一、咸菜类加工工艺

咸菜（brined vegetable），又叫盐渍菜（salted vegetable），它是酱腌菜产品中量最大的一类，它不仅可以作为成品直接销售，而且还可以作为酱渍菜和其他渍菜的半成品。所以，其品质的好坏，直接影响到其他渍制品的质量。

（一）工艺流程

原料选择→原料处理→盐渍→倒菜→渍制→（半）成品→脱盐→脱水→配料拌匀→装罐（袋）→封口→杀菌→冷却→检验→贴标签→装箱→成品

（二）操作要点

原料的选择及处理已在绪论中讲过，现从盐渍工序起简要地介绍各工艺的操作要点。

（1）盐渍。盐渍一般都采用压腌法，即把蔬菜洗净后，按蔬菜与食盐的一定比例，顺序排放在容器内，排列方式为一层菜一层盐，食盐用量下少上多。也可把食盐与蔬菜拌匀后进行腌制。一般容器中部以下用盐 40%，中部以上用盐 60%，顶部封盖一层盖面盐。在蔬菜上面压盖后再放上重石，利用食盐的渗透作用使菜汁外渗，菜汁逐渐把菜体浸没，食盐渗入菜体内，达到渍制、保藏的目的。用盐量根据蔬菜品种而定，一般来说，随产随销的盐渍菜每 100 kg 用盐 6~8 kg，需长期贮存的盐渍菜每 100 kg 用盐 16~18 kg。

（2）倒菜。盐渍菜在盐渍过程中应当进行倒菜，使食盐均匀地接触菜体，使上下菜渍制均匀，并尽快散发腌制过程中产生的不良气味，增加渍制品的风味，缩短渍制时间。

（3）渍制。此阶段为静止渍制阶段，实际上是渍制品的后熟期和半成品的保藏期。食盐进一步渗入菜体，蔬菜通过微生物的作用产生各种特殊的风味物质。渍制到一定的时间后，蔬菜的风味就已基本定型，大头菜、榨菜等腌渍菜的生产，这一阶段是最重要的。在这一过程中，要采取各种方法使菜体与空气隔绝，以防止蔬菜的腐败变质。待蔬菜渍制成熟后，就可以作为产品出售，也可以继续密封保藏，供加工即食方便咸菜的原料使用。

（4）脱盐、脱水。按照传统制作方法，盐渍菜的加工工艺就此结束。这种菜可以直接用于销售。但是，以这种形式销售的产品未经过任何杀菌处理，产品在运输和销售过程中的腐败现象较严重，因此，销售规模受到很大制约。现代蔬菜加工企业常将这种腌渍蔬菜的半成品进行再加工，先将其脱盐、脱水，然后进行包装和杀菌处理，生产成瓶装或袋装的即食产品，以防止微生物的侵染，减少由腐败引起的损失。脱盐的一般方法是，将半成品按照加工的要求切分成一定的形状，用清水漂洗至蔬菜呈微咸的口感，然后将蔬菜进行压榨或离心脱水，根据产品标准对水分的要求来确定压榨或离心的时间。

（5）配料、拌匀。经过脱盐和脱水的蔬菜半成品，风味很淡，必须经过配料才能食用。配料的成分一般为食用油、味精、食盐、辣椒、胡椒、柠檬酸等。具体配料的种类及用量可根据各地的口味而定。为了确保产品不腐败变质，可根据国家食品添加剂使用卫生标准（GB 2760—2024）的规定加入适量的防腐剂。可以先将水溶性的物质用少量凉开水溶解后与蔬菜

混合均匀，然后把油溶性的物质溶解到食用油当中，最后把二者混合拌匀。

（6）装罐（袋）、封口、杀菌冷却等后续工序。方便咸菜的包装材料主要有玻璃瓶和薄膜蒸煮袋。玻璃瓶和薄膜蒸煮袋都要能够满足杀菌对温度的要求。装罐（袋）时要根据产品规格的大小进行定量，然后用真空封口机进行密封封口。再根据产品 pH 的高低，按照罐头杀菌原理选择杀菌温度和时间进行杀菌，杀菌后迅速冷却和吹干，然后检验、贴标和装箱。这部分工序就是罐头的制作工艺，咸菜制成这种形式的产品后就可以长期保藏。

二、酱菜类加工工艺

酱菜的种类很多、口味不一，但其基本制造过程和操作方法大同小异。一般酱菜都要先经过盐腌，制成半成品，然后，用清水脱去一部分盐，再用酱或酱油腌制。若盐腌后就进行酱制可减少用盐量。也有少数的蔬菜，可以不经盐腌而直接制成酱菜。现将酱菜的几种制作方法简介如下。

（一）传统酱渍工艺

1. 工艺流程

原料选择→原料处理→盐腌→切分→脱盐→脱水→酱制→成品

2. 操作要点

盐腌操作要点已在前节叙述，在此仅从切分工序述起。

（1）切制加工。蔬菜腌成半成品（咸坯）后，有些咸坯需要切分成各种形状，如片、条、丝状等。

（2）脱盐。有的半成品盐分很高，不容易吸收酱液，同时还带有苦味。因此，首先要放在清水中浸泡。浸泡时间要根据腌制品盐分多少来定。一般浸泡 1~3 d，也有泡半天即可的。夏天可以少泡些时间，0.5~1 d；冬天可以多泡些时间，2~3 d 即可。为了使半成品全部接触清水，浸泡时每天要换水 1~3 次。

（3）压榨脱水。浸泡脱盐后，将菜坯捞出，沥去水分。为了利于酱制，保证酱汁浓度，必须进行压榨脱水，除去咸坯中的一部分水。压榨脱水的方法有 3 种，第一种是把菜坯放在袋或筐内用重石或杠杆进行压榨；第二种是把菜坯放在箱内用压榨机压榨脱水；第三种是利用离心机脱水。无论采用哪种脱水方法，咸坯脱水都不要太多。咸坯的含水量一般为 50%~60%。水分过少，酱渍时菜坯膨胀过程较长或根本膨胀不起来，会造成酱渍菜外观不饱满。

（4）酱制。酱制即把脱盐后的菜坯放在酱或酱油内进行浸渍。不同种类蔬菜酱制时间有所不同。酱制完成后，要求菜的内外全部变成酱黄色，口味完全像酱或酱油一样鲜美。

酱制时，将上述经脱盐和脱水的咸坯装入空缸内酱制。体形较大或韧性较强的可直接放入酱中。有些体形小的或质地脆、易折断的蔬菜，如姜芽、草石蚕、八宝菜等，若直接装入缸内，则会与酱混合，不易取出。因此，要把这些蔬菜装入布袋或丝袋内，用细麻线扎住袋口，再放入酱缸中进行酱制。

在酱制期间，白天每隔 2~4 h 须搅拌一次，搅拌可以使缸内的菜均匀地吸收酱液。搅拌时用酱把在酱缸内上下搅动，使缸内的菜（或袋）随着酱把上下更替旋转，把缸底的翻到上面，把上面的翻到缸底。直到缸面上的一层酱油由深褐色变成浅褐色，就算完成第一次搅拌。经 2~4 h，缸面上一层又变成深褐色，即可进行第二次搅拌。如此类推，直到酱制完成。一般酱菜酱制两次，第一次用使用过的酱，第二次用新酱。第二次用过的酱还可压制次等酱油，剩下的酱渣作饲料。酱制后的产品可以直接销售，但这种产品没有经过杀菌处理，其货架期有限，因此难以实现规模化销售和生产。现在，一般把经过酱渍的酱菜用玻璃瓶或蒸煮袋包装，然后按照罐头杀菌方法进行杀菌等处理后再进行销售。

（二）酱汁酱菜工艺

1. 工艺流程

$$制酱→压榨→酱汁$$
$$↓$$
$$咸菜坯→切分→水浸脱盐→脱水→渍制→成品$$

2. 操作要点

切分、脱盐和脱水与上述"传统酱渍工艺"的操作一样。

（1）浸出。天然酱汁用酿造好的天然酱 100 kg，经压榨后，提取头淋酱汁 50 kg 左右，用头淋酱渣加三淋酱汁 80 kg 榨压出二淋酱汁 70 kg，用二淋酱渣加 13 °Bé 盐水 80 kg 榨压出三淋酱汁 70 kg，头淋酱汁在此工艺中做高酱菜，二淋酱汁做中酱菜，三淋酱汁用作淋头酱渣。

（2）酱渍。将脱盐脱水后的坯菜放入酱汁中浸泡。浸泡时间根据蔬菜种类及气温来掌握。一般酱渍 6~10 d（酱黑菜、酱什锦菜、碎菜坯 6~7 d；酱萝卜等大块菜坯 10 d）。以酱菜里外颜色均呈棕褐色为度。

同样，现代加工企业一般把酱渍后的酱菜再通过包装和杀菌处理，制成瓶装或袋装产品进行销售。

3. 酱汁酱菜工艺的优点

（1）在保证产品质量的前提下可节省原酱用量的 2/3（原 1 kg 天然酱可腌制 1 kg 酱菜，采用此法仅用 350 g 酱即可）。

（2）周期短、成熟快。传统酱渍工艺生产周期大约要 20 d，采用此法仅需 5~7 d，比传统方法缩短 15 d 左右。

（3）产品质量稳定，出品率高。由于酱的质量便于掌控管理，酱菜的质量也便于掌握，酱菜不像过去因每缸天然酱的质量不同而造成酱菜的质量不稳定，克服了干面、滑皮、发酵等现象。

（4）改善了生产条件，降低了劳动强度。由于酱汁是液状，可用水泵循环来代替过去倒缸环节。

（三）真空渗酱酱菜工艺

这是我国近年发展的又一新的酱菜加工工艺。

1. 工艺流程

$$面/豆酱→加水加温→搅拌、装袋→榨取酱汁$$
$$↓$$
$$蔬菜咸坯→切分→排水脱卤→真空渗酱→灌装→真空封口→杀菌→冷却→检验→贴标签→装箱→成品$$

2. 操作要点

（1）榨取酱汁。面酱呈糊状，黏度较大，取汁时加入 12.5% 的 80 ℃ 热水，搅拌、装袋，压榨挤酱，取出酱汁。100 kg 面（豆）酱取出酱汁 50~60 kg，可溶性固形物浓度 20% 以上，酱汁使用至还原糖降至 10% 时停止使用。

（2）排水脱卤。把咸菜坯放入水缸内用清水浸泡，以排水脱卤，利于菜坯吸收新的酱液，起到改善酱菜风味的作用。排水脱卤后，菜坯紧密，呈半透明状态，加工处理时不易折断，菜坯脱卤 50%~55% 为宜。

（3）真空渗酱。把经过脱卤的菜坯和榨取的酱汁装入抽空锅内，加盖密封。在抽空泵和抽空锅之间安装气液分离器。抽空锅上安装真空表，放气阀、抽空泵、抽空锅、气液分离器之间用管道连接。在 0.09 MPa 的真空度及菜温 38~40 ℃ 条件下进行渗酱，48 h 即成酱菜。该工艺具有许多优点，不仅保持了酱菜的风味，减轻了劳动强度，而且节约资金，降低成本，改善加工过程中的卫生条件，大大缩短了生产周期。

（4）灌装、真空封口、杀菌、冷却、检验、贴标签、装箱等。按照传统的销售方式，酱菜通过真空渗酱后便可以直接销售。但是，现代加工企业一般将酱菜采用瓶装或蒸煮袋包装，然后进行杀菌处理，以延长产品的保藏期。这种包装方式，大大延长了产品的货架期，增加了食用的方便性，扩大了产品的销售规模，使生产实现了规模化。这一工艺环节及其原理与罐头的生产工艺相同。

三、泡菜、酸菜类加工工艺

泡菜和酸菜是将各种鲜嫩的蔬菜用食盐溶液或清水腌泡而制成的一类带酸味的发酵性腌制品。其含盐量一般为 2%~4%。现将泡菜和酸菜的加工方法分述如下。

（一）泡菜

1. 工艺流程

原料选择→预泡→入坛发酵→（半）成品

配制泡菜水

2. 操作要点

（1）根据原料的耐贮性选料。制作泡菜的原料可分为三类：可泡一年以上的原料，如子姜、薤头、大蒜、苦瓜、洋姜等；可泡 3~6 个月的原料，如萝卜、胡萝卜、青菜头、草食蚕、四季豆、辣椒等；随泡随吃的原料，如黄瓜、莴笋、甘蓝等。绿叶菜类中的菠菜、苋菜、小白菜等，由于叶片薄、质地柔嫩、易软化，一般不适宜用作泡菜的原料。要求根据泡制时间的长短选择原料，原料要新鲜。

（2）预泡（出坯）。即将原料用 20%~25% 的食盐溶液预泡一定时间后，再取出沥干明水，加入泡菜液进行泡制。预泡时间因原料而异，一般而言，辛香类蔬菜如蒜等可预泡 1~2 周，根菜类蔬菜可预泡 1~2 d，叶菜类预泡 1~12 h。

原料进行出坯有三大好处：一是减弱原料的辛辣、苦等不良风味；二是不改变老泡菜水的食盐浓度，从而可避免大肠杆菌等杂菌或劣等乳酸菌的活动；三是杀死蔬菜细胞，增强组织透性，以使糖分快速渗出，提早和加速发酵。

（3）泡菜水的配制。井水和泉水是含矿物质较多的硬水，可保持泡菜成品的脆度，适合配制泡菜盐水，经处理后的软水则不宜用来配制泡菜盐水。

为增强泡菜的脆性，可在配制泡菜盐水时酌加少量的钙盐，如氯化钙，用量为 0.05%，碳酸钙、乳酸钙等对于增加脆度也有作用。如果用生石灰，可将生石灰配置成 0.2%~0.3% 的溶液。先将原料经短时间浸泡，取出用清水清洗后再用盐水泡制，也可有效地增加其脆性。但是，在生产实践中，要使用任何添加剂，都必须严格遵守国家有关食品添加剂使用的最新标准规定（GB 2760—2024）。

泡菜水的含盐量以 4%~6% 为宜。为了增进泡菜的品质，可以在盐水中按比例加入 2.5% 的白酒，2.5% 黄酒，1% 的甜醪糟，2% 的红糖及 3% 的干红辣椒；也可加入各种香料，即每 100 kg 盐水中加入草果 0.05 kg，八角茴香 0.10 kg，花椒 0.05 kg，胡椒 0.08 kg 及陈皮少量。此外，各种香辛蔬菜的种子如芹菜、芫荽等也可酌量加入，各种香料最好碾成细粉用布包裹，置于坛内一同浸泡。泡制白色蔬菜如子姜、白萝卜、大蒜头等时，则不可加入红糖及有色香料，以免影响泡菜的色泽。

（4）入坛（发酵）泡制。泡菜坛子使用前要洗涤干净、沥干。将准备就绪的蔬菜原料装入坛内。装至半坛时可将香料包放入，再装原料至距坛口 7 cm 左右时为止，并用竹片等将原料卡住或压住，以免原料浮于盐水之上。随即注入所配制的泡菜盐水，务必使盐水能将蔬菜浸没。将坛口用小碟盖上后即将坛盖覆盖，并在水槽中加入清水。如此便形成了水封口，于阴凉处任其自然发酵。1~2 d 后，由于食盐的渗透压作用，坛内原料的体积缩小，盐水下落，此时宜再适当添加原料和盐水，务必使液面至离坛口 4 cm 左右时为止。顶隙过大，残留在坛内的空气多，液面可能会生膜、发臭。

（5）泡菜的成熟期限。泡菜的成熟期随所泡蔬菜的种类及当时的气温而异。一般新配的盐水在夏天泡制时间需 5~7 d 即可成熟，冬天则需 12~16 d 才可成熟。叶菜类如甘蓝时间较短，根菜类及茎菜类则较长一些。

传统的泡菜一般随泡随吃。泡菜取食后，新添原料再泡时除应按比例（占原料的 5%~6%）适当补充食盐外，其他的如白酒、黄酒、醪糟及红糖等也应适当添加。如果直接利用陈泡菜水泡制，其成熟期可以大为缩短。因为陈泡菜水中不仅含有较多的乳酸而且含有大量的乳酸菌群以及各种芳香酯类。原料入坛后很快就可进行乳酸发酵，因而其成熟期自然加快，制品风味也特别醇厚香脆、咸酸可口。民间使用陈泡菜水达数十年之久。

（6）灌装、真空封口、杀菌、冷却等后续工序。与酱菜一样，传统泡菜常常是随泡随吃，自给自足。但是，现代加工企业一般将泡菜采用瓶装或蒸煮袋包装，然后进行杀菌处理，以延长产品的保藏期。泡菜的酸度高，其 pH 均低于 4.5，因此，可采用巴氏杀菌。即将包装后的泡菜在 85~100 ℃ 的温水中杀菌 5~10 min，然后冷却、吹干就成方便的即食产品。

（二）酸白菜

选包心结实、菜叶白嫩的大白菜，切去菜根与老叶，纵切，使之每块小于 1 kg。洗净后，用手捏住叶梢，把菜梗先伸进锅内沸水中，再徐徐把叶鞘全部放入锅内烫漂 2 min 左右。当菜柔软透明、菜梗变成乳白色时，迅速捞入冷水中冷却。然后，菜梗朝里，菜叶朝外，层层交叉放入缸内，用石块压实，加入清洁的冷水，使水漫过菜体 10 cm 左右。自然发酵 20 d 后，口味微酸，质脆，即成酸白菜半成品。

以上是熟渍酸白菜的制作过程，生渍酸白菜不需烫漂。但在洗涤后，应将大白菜置阳光下晒 2~3 h，其间翻菜一次，其他操作与上述熟渍酸白菜相同。酸白菜的半成品一般用密封法保藏，即将酸白菜密封在池内或缸内。为了减少酸白菜在流通期间的腐烂损失，扩大酸白菜的销售空间，经常将酸白菜在进入市场前用聚乙烯蒸煮袋进行真空密封包装，再采用巴氏杀菌处理，延长货架期。

第三节　蔬菜腌制品相关标准

一、食品安全标准

《食品安全国家标准　酱腌菜》（GB 2714—2015）对酱腌菜的术语和定义、技术要求进行了规定。该标准定义酱腌菜为以新鲜蔬菜为主要原料，经腌渍或酱渍加工而成的各种蔬菜制品，如酱渍菜、盐渍菜、酱油渍菜、糖渍菜、醋渍菜、糖醋渍菜、虾油渍菜、发酵酸菜和糟渍菜等；从原料要求、感官要求、污染物限量、微生物限量和食品添加剂方面对酱腌菜技术要求进行了规定。黑龙江省地方标准《酱腌菜小作坊生产卫生规范》（DBS 23/019—2023）规定了酱腌菜小作坊的术语和定义、生产加工场所、设施与设备、卫生管理及食品原辅料、食品添加剂和食品相关产品、生产过程控制、检验、标签标识、贮存运输、记录管理，其适用于黑龙江省区域内以新鲜蔬菜为主要原料，采用腌渍或酱渍工艺制作酱腌菜的小作坊。

二、加工技术规程

《叶用芥菜腌制加工技术规程》（NY/T 3340—2018）规定了叶用芥菜的术语和定义、原料采收时间和质量要求、预脱水、腌制、加工、运输、储存、产品质量要求、其他要求、检验方法、检验规则等要求。该标准适用于叶用芥菜的留卤腌制、倒置腌制及加工。其从感官、污染物限量、农药最大残留量方面对原料质量要求进行了规定；从留卤腌制的腌制发酵容器（设施）要求、排菜、撒盐与压菜、发酵与腌坯质量要求，以及倒置腌制的压黄、分拣、切菜、清洗、脱水、加盐搅拌、装料、发酵与腌坯质量要求方面对腌制技术规程进行了规定；从预处理、调味、分装、杀菌、冷却和包装要求方面对腌制后的加工技术规程进行了规定；从感官、固形物含量、污染物限量、微生物指标和净含量方面对产品质量要求进行了规定；对生产过程卫生要求、食用盐、食品添加剂、接触材料、包装与标识的要求进行了规定，并规定了亚硝酸盐、pH、感官要求、固形物含量、污染物含量、微生物指标、净含量的检验方法及出厂检验、型式检验的检验规则。

三、卫生指标检验方法

《酱腌菜卫生标准的分析方法》（GB/T 5009.54—2003）规定了酱腌菜卫生指标的分析方法，规定感官检查和微生物限量要符合 GB 2714—2015 的规定，理化指标中水分按 GB 5009.3—2016 中直接干燥法操作，砷按 GB 5009.11—2024 操作，铅按 GB 5009.12—2023 操作，防腐剂和甜味剂按 GB 5009.28—2016 操作，着色剂按 GB 5009.35—2023 操作，食盐按

GB/T 5009.51—2003 中 4.8 操作，总酸按 GB/T 5009.51—2003 中 4.6 操作，氨基酸态氮按 GB/T 5009.39—2003 中 4.2 操作，亚硝酸盐按 GB 5009.33—2016 操作。中华人民共和国商业行业标准《酱腌菜检验规则》（SB/T 10214—1994）规定了酱腌菜检验时的采样原则、采样量、采样方法、采样标签、样品的送检、样品的检验及检验报告，其适用于以蔬菜为主要原料经腌渍而成的蔬菜制品。

四、产品标准

《酱腌菜》（SB/T 10439—2007）规定了酱渍菜、盐渍菜、酱油渍菜、糖渍菜、醋渍菜、糖醋渍菜、虾油渍菜、盐水渍菜和糟渍菜的术语和定义、主料和辅料要求、感官特性要求、理化指标（水分、食盐、总酸、氨基酸态氮、还原糖）含量要求、食品添加剂质量、品种和使用量要求，以及卫生指标、净含量和生产加工过程的卫生要求，并规定了检验方法、检验规则及标签、包装、运输和贮存要求。中华人民共和国农业行业标准《绿色食品酱腌菜》（NY/T 437—2023）则从绿色食品角度规定了绿色食品酱腌菜的术语和定义、要求、检验规则、标志和标签、包装、运输和贮存，适用于绿色食品预包装的酱腌菜产品。

第四节　蔬菜腌制品生产实例

一、四川榨菜

榨菜是一种半干态非发酵性腌制品，以茎用芥菜为原料腌制而成，是我国名特产品之一，其中中国涪陵榨菜与法国酸黄瓜、德国甜酸甘蓝菜被称为"世界三大名腌菜"，历来被列为素菜佳品。榨菜在 1898 年始见于中国重庆涪陵，时称"涪陵榨菜"。因加工时需用压榨法榨出菜中水分，故称"榨菜"。榨菜是茎用芥菜的加工产品，它的营养丰富，质地脆嫩爽口，还具有一种特殊酸味和咸鲜味，主要产于重庆和浙江。目前，国内已形成重庆涪陵榨菜和浙江铜钱桥榨菜两大主要品牌。重庆榨菜与浙江榨菜加工工艺的基本区别在于前者先经晾晒脱水再腌制，后者则不经晾晒，直接腌制。从 20 世纪 70 年代开始，榨菜除以大包装形式（原坛）外运销售外，已经普遍采用真空、密封和杀菌技术进行罐装或软包装等小型包装销售。下面以重庆榨菜的加工为例，简要介绍榨菜的加工工艺，其主要过程需经原料修整、脱水、盐腌、修剪、淘洗、拌料装坛和贮存后熟等工序。

（一）原料的选择

1. 主要原料

茎用芥菜（青菜头）为加工榨菜的主要原料。一般以质地细嫩紧密、纤维质少、菜头突出部浅小、呈圆形或椭圆形的菜头为好。

2. 辅料

食盐、辣椒面、花椒、混合香料面（其中：八角 55%、山奈 10%、甘草 5%、沙头 4%、肉桂 8%、白胡椒 3%、干姜 15%）。

（二）工艺流程

青菜头→脱水→腌制→修剪→淘洗→配料、装坛→存放后熟→（半）成品

（三）操作要点

1. 脱水

多采用风脱水方法，主要操作如下：

（1）搭架。架地选择河谷或山脊，风力好、地势平坦宽敞的碛坝，使菜架全部能受到风力吹透。架子一般用桩木、绳、藤、竹等材料搭成。

（2）晾晒。晾晒又称为风脱水。晾晒前，先去掉菜头上的叶片及基部的老梗，再将菜头对切（大者可一切为四）。切分时应注意均匀，老嫩兼备，青白齐全。用竹丝穿串，将菜头的白面向上，两头回穿后搭在架上，每串 4~5 kg。晾晒时要使菜块易干不易腐，受风均匀，尽可能保持本色。一般风脱水 7~10 d，用手捏感觉其周身柔软无硬心，晒 100 kg 干菜块所需鲜菜头质量因其收获期而不同，如表 5-2 所示。晒干后的菜块要求无腐烂现象，无黑麻斑点。将菜块进行整理后再进行腌制发酵。

表 5-2　晒 100 kg 干菜块所需鲜菜头的质量

收获期	头期菜	中期菜	尾期菜
需鲜菜头量/kg	280	320	340~350
下架率/%	40~45	34~38	36~38

2. 腌制发酵

晒干后的菜块下架后应立即进行腌制。在生产上一般分为三个步骤，其用盐量多少是决定品质的关键。一般 100 kg 干菜块用盐 13~16 kg。

第一次腌制：100 kg 干菜块可用盐 3.5~4.0 kg，以一层菜一层盐的顺序下池（下层宜少用盐），用人工或机械将菜压紧，经过 2~3 d，起出上囤，去掉明水（实际上是利用盐水边淘洗，边起池、边上囤），第一次腌制后称为半熟菜块。

第二次腌制：将池内的盐水引入贮盐水池，按 100 kg 半熟菜块加 7~8 kg 盐的比例，一层菜一层盐放入池内，用机械或人工压紧，经 7~14 d 腌制后，淘洗、上囤。上囤 24 h 后，称为毛熟菜块。第三次加盐在装坛时进行。

3. 修剪看筋及整形

将沥干盐水的毛熟菜块用剪刀或小刀除去老皮、虚边，抽去硬筋，刮尽黑斑烂点，并加以整形，做到无粗筋、老皮，大小基本一致。按照销售要求分成若干等级，分别进行生产，作为不同等级商品出售。

4. 淘洗

利用贮盐水池里的盐水，将修剪整形分级过的毛熟菜块进行淘洗，以除去泥沙污物，达到清洁卫生的目的。淘洗后，再次上囤 24 h。榨菜的最终脱水是采用上榨的方法进行的，因此而取名"榨菜"。

5. 拌料

取洗净榨干的毛熟菜块 100 kg，先将食盐 5~6 kg、红辣面 1.5%~20%、花椒 0.03% 和复

合香料面 0.10%~0.12%混合均匀，再与毛熟菜块拌匀，即可装坛。

6. 装坛、密封、后熟

盛装榨菜的坛子必须两面上釉，无砂眼。坛子应先检查不漏气，再用沸水消毒、抹干。将已拌匀的毛熟菜块装入坛内。要层层压紧。一般装坛时地面要先挖有装坛窝，形状似坛的下半部，并稍微大一点，深约坛的 3/4。放入空坛时，四周围要先放入稻草，将坛放平放稳，以使装坛时不摇晃。装入菜时，用擂棒等木制工具压紧。一坛菜分 3~5 次装菜压紧，以排除空气。装至坛颈为止。撒上红盐层，每坛 0.1~0.15 kg（红盐：100 kg 盐中加入红辣椒面 2.5 kg 混合而成）。在红盐上交错盖上 2~3 层玉米皮，再用干萝卜叶覆盖，扎紧封严坛口，即可存放后熟，该过程一般需 2 个月左右。

在存入后熟过程中，要检查坛口 1~2 次，观察菜块是否下沉、发霉、变酸。若有这些情况应及时进行清理排除。在存放后熟期间，坛内会产生翻水现象，待夏天后翻水停止，表示已后熟，即可用水泥封口，以便起坛、运输、销售。这种产品，还可以作为再加工成方便榨菜的半成品，即将后熟的产品按照各地的消费习惯，调制成不同风味的产品，然后装罐、密封、杀菌、冷却、检验、贴标和装箱。

二、内蒙古卜留克酱菜

卜留克又名芜菁甘蓝（*Brassica napobrassica* D.C.），在我国主要生长在内蒙古兴安盟阿尔山地区，收获于秋冬季节，是一种高寒根茎蔬菜。其因维生素 C 含量达 54 mg/100 g，在蔬菜中特有"维 C 之王"的美誉。近年来，"南榨北卜"的酱腌菜市场趋势逐渐形成。目前，内蒙古科沁万佳食品有限公司作为卜留克酱腌菜加工典型的地区性企业，在卜留克行业中起到带头和引领作用，其产品出口到以色列、美国、法国、德国、英国、日本、泰国等 30 多个国家和地区。以下参考《兴安盟冷凉蔬菜卜留克酱腌菜加工技术规范》（DB15/T 2271—2021）的相关内容对卜留克酱菜的加工过程进行简要介绍。

（一）原料的选择

1. 主要原料

加工用卜留克要求直径为 10 cm 以上的扁圆形肉质根；其外表平滑，清洁，无畸形、腐烂，无冻害、病虫害、糖心、空心、机械伤；表皮淡黄色，顶部淡绿色；口感爽脆、微甜、肉质紧密，无异味。有关原料卜留克的其他要求请参见《兴安盟冷凉蔬菜卜留克》（DB15/T 2270—2021）的相关规定。

2. 辅料

食盐和卜留克腌制酱汁（用大米和大豆发酵制备的卜留克专用味噌酱、酱油醪液及水制成）等其他不同风味调配料。

（二）工艺流程

新鲜卜留克→清洗→腌渍→精选→清洗→切制→脱盐→脱水→调味→灌装→灭菌→成品→装箱

（三）操作要点

1. 清洗

选择直径为 10 cm 以上符合加工要求的卜留克，经过清洗机清洗（2~3 次），至表面无泥污，无泥沙等杂质混入。

2. 腌渍

原料脱水后加入 8% 盐水腌渍 2~3 d 后进行补盐至 12% 封池，在 20 ℃ 下可保存一年左右。

3. 精选与清洗

经腌制成熟（约 30 d）后去除沙石、异物、表面的黑皮、虫道，再用滚动清洗机对卜留克盐坯再次进行清洗。

4. 切制

使用切菜机进行切制，将卜留克切制成需要的形状和尺寸，菜型应表面光滑、无连刀。

5. 脱盐

切制后的菜经过脱盐机脱盐，盐分降低至 4% 以下。

6. 脱水

脱盐后的卜留克进入脱水机脱水，脱水率 70%~90%。

7. 调味

脱水的卜留克与辅料经混拌机混拌均匀。

8. 灌装

将灭菌后的不同品种调配汁液与经调味处理的卜留克灌装到容器中，抽真空封口。

9. 灭菌

将灌装好的产品经过灭菌机灭菌，灭菌温度 ≥80 ℃，灭菌时间 ≥10 min。

10. 装箱与贮运

将灭菌后的产品装箱。根据产品特点，需要常温保存的，应选择避光、阴凉干燥处；需要冷藏保存的温度应控制在 0~8 ℃。

三、东北酸菜

东北酸菜是东北地区的一种家常特色食物。主要采用大白菜经乳酸发酵腌制而成，极具东北地方特色。酸菜，古称菹，《周礼》中就有其名。北魏的《齐民要术》，详细介绍了白菜（古称菘）等原料腌渍酸菜的多种方法。白菜等蔬菜经乳酸杆菌发酵制成的酸菜能最大限度地保留原有蔬菜的营养成分，富含维生素 C、氨基酸、膳食纤维等营养物质。由于酸菜采用的是乳酸菌优势菌群的储存方法，所以含有大量的乳酸菌，有资料表明乳酸菌是人体肠道内的正常菌群，有保持胃肠道正常生理功能的功效。目前，酸菜加工基本实现从传统家庭制作到工业化生产的转变，依据所用的有益微生物的来源不同，其生产工艺可分为自然发酵工艺和直投式人工接种发酵工艺两种。以下针对主要工艺流程及操作要点进行简要介绍。

（一）原料配比

大白菜或甘蓝等、清水或 2%~3% 的食盐水适量，乳酸菌发酵剂［植物乳杆菌（*Lactobacillus plantarum*）、嗜酸乳杆菌（*Lactobacillus acidophilus*）］应符合 QB/T 4575—2023 的要求。

（二）工艺流程

原料→晾晒→清理→热烫→冷却→入缸或罐→压紧→注入清水或盐水和菌液→密封→发酵后熟

（三）操作要点

1. 自然发酵

原料采收后晾晒 1~2 d，去掉老叶、菜根，株形大的将其划 1~2 刀，洗净后可放在沸水中烫 1~2 min，热烫时先烫叶帮，然后将整株菜放入，烫完后捞出，冷却或不冷却，放入缸内。也可不烫直接入缸，层层压紧，放满后加压重石，并灌入凉水或 2%~3% 的盐水，使菜完全浸在水中，自然发酵 1~2 个月后成熟。成品菜帮呈乳白色，叶呈黄色，存放在冷凉处，其保存期可达半年左右。

2. 直投式人工接种发酵

采用人工接种发酵酸菜加工过程应符合 GB 14881—2013 及有关规定，且还应符合以下工艺要求。

（1）选料。人工挑选，去除病虫害、机械损伤、烂心菜、冻害菜等。

（2）预处理。投料前，白菜应采用自然堆放方式预处理，处理时间 1 d。

（3）清洗漂烫冷却入罐。气泡清洗机内清洗用水要及时更换。清洗后进入漂烫机，温度控制在 82~85 ℃，时间 1~1.5 min。冷却应彻底，使漂烫后白菜迅速降到 27 ℃ 以下。

亲民酸菜

（4）辅料准备。腌渍用盐按原料总量的 2%~2.5% 配制盐水（留出 100 kg 盐备用）打入储存罐备用。每批次配制菌液约 3 t。菌液总投入量为原料重量的 3%。

（5）盐液、菌液的添加。放入白菜至三分之一、三分之二时，分别加入盐液约 2 t、乳酸菌液 1 t；在白菜放满时，加水至浸没白菜并加入剩余盐液和乳酸菌液，盖上篦子并均匀撒上备用的 100 kg 腌渍盐。

（6）腌渍。发酵时间为 30~40 d。

（7）切丝。切丝宽度为：一等菜 3 mm，二等菜 2 mm。

（8）包装杀菌。灭菌包装并水浴杀菌。

按上述工艺生产的发酵酸菜产品质量应符合黑龙江省地方标准 DB23/T 1818—2016《地理标志产品　红星酸菜》的相关规定。

四、西北浆水菜

浆水菜是我国最具有地域代表性的发酵蔬菜之一，浆水菜出现的历史最早可以追溯到西周时期。在我国，浆水菜主要盛行于陕西、甘肃、四川、山西、河南等地，其中以天水浆水菜与安康浆水菜最为著名。发酵成熟后的浆水菜汤汁呈乳白色、口感酸爽，营养价值高，汤汁中含有多种对人体有益的维生素和有机酸、乳酸菌群等，使其具有清热解暑、调中引气、调理肠胃、降血压等功效。以下对浆水菜加工的一般工艺进行简要介绍。

（一）原料的选择

1. 主要原料

一般选用鲜嫩的绿叶时令蔬菜，如芹菜、萝卜缨、长叶青菜（青不老）、包菜（即莲花白），夏季还采集可食野菜作原料，如蒲公英、葛蓬草、苜蓿等。企业生产浆水酸菜所用的蔬菜应该新鲜、干净，无污染、无腐烂、无霉斑，应符合 GB 2762—2022、GB 2763—2021 的规定。

2. 辅料

小麦粉或玉米粉或其他辅料。

（二）工艺流程

制备米汤或面汤
↓

选菜→清洗→切配→漂烫→冷却→入缸（罐）→发酵→计量称重→灌装→杀菌→冷却→浆水菜成品

（三）操作要点

1. 蔬菜原料预处理

精选适宜加工的时令蔬菜，经清洗和适度切配后进行热烫处理（沸水，2~3 min），冷却备用，不能沾染油脂，否则容易发生软烂。

2. 面汤或米汤的制备

制备浆水菜不加食盐、白糖、花椒等调味料，只是添加面汤或米汤泡制而成。面汤浓度一般以 2%~3% 的面粉加量为宜，将面粉与水混匀后煮沸，冷却备用。

3. 发酵器具

浆水菜发酵容器以陶瓷坛（罐）发酵效果最好，也可选用玻璃罐进行盛放，企业生产也可选用不锈钢的发酵缸、罐、池等。将处理好的蔬菜原料按容器体积的 70%~80%（体积分数）进行装料，注入制备好的面汤，接种或不接种，最后对容器进行密封。

4. 发酵

浆水菜加工可采用自然发酵或人工接种发酵（以乳酸菌为主的高效复合发酵剂或加入 4%~6% 陈浆水作为引子）。一般发酵温度 25~30 ℃，成熟时间取决于原料、发酵微生物种类和发酵温度。发酵成熟后的浆水菜汤汁呈乳白色、口感酸爽，菜呈黄绿或深绿色。

5. 包装

发酵成熟的浆水菜可取出计量后装瓶或袋，真空密封。

6. 保藏工艺

浆水菜成熟周期短，发酵后期易污染耐酸的杂菌，保质期短，传统制作工艺一般是每批加工量较小，成熟后 2~3 d 食用完。大量生产时，需结合罐藏工艺来提高保藏性，也可以将物理和化学技术结合，如巴氏杀菌后冷藏。

目前，随着地域性浆水菜产业的发展，加工规模逐渐扩大，加工工艺技术研究的深入与应用，浆水菜产品的质量也有了相对统一的标准，如甘肃省卫生健康委员会发布了《食品安全地方标准　浆水酸菜》（DBS 62/015—2023），其对浆水菜加工的原料要求、产品的理化指标、污染物限量和微生物限量等方面作了规定。

五、腊八蒜

腊八蒜作为我国北方的传统酱菜，有悠久的历史和特殊的文化传承。华北大部分地区在腊月初八这天有用醋泡蒜到除夕时开封食用的习俗，因腌制于腊月初八而称为"腊八蒜"。腊八蒜通体碧绿，颜色喜人，偏酸微辣，爽脆可口。腊八蒜逐渐受到人们的青睐，并非只是因为传统习俗和色味俱佳，更是因为它具有较强的食疗保健作用，如治疗慢性肠炎、消食化瘀、驱热散寒、预防感冒、减缓神经症和疲劳症等的功效。以下对腊八蒜最新的加工工艺进行简要介绍。

（一）原料的选择

1. 主要原料

加工腊八蒜的大蒜以紫皮蒜为优，应注意蒜瓣完整无外伤、颗粒饱满、大小均匀、色泽乳白、无冻伤、无霉变、无损伤、紧实且未发芽。

2. 辅料

食醋（米醋为佳）和其他配料（如白糖、白酒等）。

（二）工艺流程

大蒜→冷藏→剥皮→清选→沥干→修整→绿变→包装→贮藏

（三）操作要点

1. 解除休眠

大蒜是具有休眠特性的植物，春季新收获的大蒜处于生理休眠期，不能绿变，故不适合腌制腊八蒜。秋季收获的大蒜在腌制腊八蒜之前要将大蒜充分预冷，以加速大蒜打破休眠，休眠打破得越充分，绿变效果越好。

2. 剥皮

可采用机械去皮或手工去皮或二者配合。

3. 清选与沥干

精心选取没有病害、无机械损伤、大小合适的蒜米，用清水冲洗并晾干。

4. 修整

切去蒜的底端，使醋酸等物质能更快地进入蒜的内部，可加速大蒜绿变。

5. 绿变

绿变是腊八蒜加工的关键环节，其方法主要有醋液泡制法和熏蒸法。

（1）醋液泡制法（传统方法）。最好选用玻璃或陶瓷材质的盛装容器（需洁净、无油和水），将预处理的蒜瓣和5%的醋酸溶液以1∶1（W/V）浸泡，食醋的液面要漫过蒜瓣，但也不可倒入过多，需要与容器口有一定距离，以防止溢出。在0~8 ℃时，20 d左右为最佳食用期；20 ℃以上腌制，一周左右即可食用。腌制时间不宜过长，以防止部分营养成分流失。

（2）大帐熏蒸法。将预处理的大蒜装在网兜里（防止蒜米从食品筐中掉出）放入食品筐中。熏蒸蒜米时，蒜米在食品筐中摆放厚度以3~4个蒜米厚为宜，每个筐中放3个蒸发皿，蒸发皿中放食品级冰醋酸共40 mL（浓度2 g/L）。底层食品筐中不放大蒜，只放盛有冰醋酸蒸发皿，食品筐一层层码放整齐，根据生产条件合理调整码放的层数多少而定。用塑料大帐覆盖住食品筐，大帐下摆用胶带粘在地板上进行密封。控制熏蒸温度为15 ℃，熏蒸8~10 d后，成品率在90%~95%以上。

在有条件的情况下，也可用乙酸和CO_2协同熏蒸，需通入预先配好的混合气体（20% CO_2，5% O_2），气体流速为100 mL/min（CO_2、O_2和N_2分别由CO_2、O_2和N_2钢瓶提供）。

此外，也可采用高密度二氧化碳（dense phase carbon dioxide，简称DPCD）技术处理新鲜解除休眠的大蒜，但需要借助特殊的耐高压密封装备，其处理条件为10 MPa，55 ℃，

40 min 时得到的腊八蒜品质最佳，并且 DPCD 技术使腊八蒜绿变的时间从原来 7 d 缩短到 40 min，通体碧绿，品质优于传统腊八蒜。

6. 真空包装及贮藏条件

将腌制或熏制变绿的腊八蒜装入蒸煮袋或瓶中，抽真空（真空度为 0.085 MPa 以上）并密封，于低温（0~4 ℃）避光贮藏等条件能延长腊八蒜的储藏期至 3 个月以上，在此期间仍能保持令人满意的绿色。

六、黑蒜

黑蒜（black garlic）是鲜蒜经预处理、高温熟化、干燥等工序精制而成的黑色产品。按产品形态分为黑蒜头（独头黑蒜、多瓣黑蒜）和黑蒜米（独头黑蒜米、多瓣黑蒜米）两类。黑蒜因其良好的口感（柔软、有弹性、甘甜可口、无辛辣味和刺激性臭味）和较强的生理作用（如抗氧化、调节血糖血脂、保肝护肝和抗肿瘤等），深受消费者的喜爱并成为保健食品的新宠。目前，我国黑蒜加工技术在最初从国外（日本和韩国）引进的基础上进行了不断改进，如今黑蒜加工工艺主要是非发酵加工工艺（固态加工和液态加工）和发酵加工工艺。其中，非发酵固态加工是企业生产黑蒜最常用的方式。以下对黑蒜非发酵固态加工工艺进行简要介绍。

（一）原料的选择

原材料应符合《大蒜等级规格》（NY/T 1791—2009）的要求，大蒜应成熟、色泽一致、形状规则、坚实饱满、完整（无散瓣、皱缩空腔）、干燥，无霉变、腐烂、发芽、虫蛀等现象，并符合 GB 2762—2022 和 GB 2763—2021 的规定。

（二）工艺流程

大蒜原料的选择→检测→冷库贮藏→预处理→分级挑选→装盘→高温高湿加工→杀菌消毒→包装→产品质量检测→成品

（三）操作要点

1. 预处理工艺

除一般性预处理外，在黑蒜生产应用中，在高温高湿加工前，对去皮或带皮大蒜采用低温冷冻、微波、超声波、超高压或热风干燥等方法进行预处理可有效缩短黑蒜加工时间（传统加工一般需要 60~90 d），提高加工效率，同时提高黑蒜中的功能性成分，加强功能效果。例如，可以对大蒜先经微波进行预处理，再在高温高湿条件下制备黑蒜。具体条件为：微波预处理功率 490 W，微波预处理时间 12 s，制备处理时间 10 d（其中前 120 h 温度为 80 ℃，后期温度为 70 ℃），相对湿度维持在 60%~80%。在该工艺条件下，黑蒜的总酚、还原及总酸含量均极显著高于对照，感官评定结果较好。

2. 高温高湿加工工艺

传统高温高湿一般是在温度为 60~90 ℃和环境相对湿度为 60%~80%的条件下加工 60~90 d 制得黑蒜产品。目前，黑蒜快速加工工艺中，结合预处理技术和变温处理工艺，可在保证产品品质的前提下明显缩短加工周期。例如，将去皮、分选的蒜瓣先在 90 ℃下进行热风干燥，使原料的初始水分活度降低到 0.87 左右；然后在湿度 80%、温度 70 ℃条件下处理 14 d 即可获得较高品质的黑蒜产品。此外，采用变温处理工艺，即前期高温 80 ℃，熟化 10 d；后期低温 65 ℃，熟化 3 d，也可得到理想产品。

3. 产品杀菌与包装

成熟的黑蒜产品可选用微波杀菌，采用复合塑料袋、塑料罐或玻璃瓶进行定量或称重销售包装，封口严密，不得透气。包装应符合 GB/T 191—2008 规定。

4. 产品的质量检验标准

国家市场监督管理总局和国家标准化管理委员会共同发布的《黑蒜质量通则》（GB/T 42205—2022）对黑蒜的术语和定义、技术要求（生产原料、感官指标和理化指标）、试验方法、检验规则以及包装、运输和贮存条件等进行了规定。中华全国供销合作总社发布的《黑蒜》GH/T 1440—2023 规定了黑蒜的技术要求，描述了相应的试验方法，同时对检验规则、标志和标签、包装、运输和储存进行了规定。部分企业也修订发布了黑蒜及相关制品的标准，如江苏维昌生物科技有限公司企业标准《黑蒜》（Q/JSWC 0001S—2022）和良运集团景县生物工程有限公司企业标准《黑蒜及其制品》（Q/LJS 0001S—2023）。

【思考题】

1. 发酵性腌制品与非发酵性腌制品的保藏机理分别是什么？

2. 根据《酱腌菜分类》（SB/T 10297—1999）标准，酱腌菜产品可以分为哪几类，各自的特点是什么？

3. 简述食盐的防腐保藏作用。

4. 简述腌制品鲜味、香气和色泽的形成机理。

5. 阐述微生物的发酵作用与蔬菜腌制品品质的关系。

6. 阐述各类蔬菜腌制品的生产工艺流程及操作要点。

7. 阐述蔬菜腌制品容易出现的质量问题有哪些，如何控制？

8. 试比较四川泡菜、东北酸菜和西北浆水菜之间的区别与联系。

9. 如何在酱腌菜加工中实现产品"低盐、增酸、适甜和功能化"的有机融合？

【课程思政】

"土坑酸菜事件"的警示

园艺产品品质及评价符合我国新发展格局中质量强国的发展理念。古人云"无规矩不成方圆"，园艺产品品质及评价应该严格按照国家的标准来执行，要严格保证食品安全，不能以次充好，维护广大老百姓的权益。凡事要定规矩，懂规矩，守规矩。每年"3·15"晚会上曝光不少食品黑名单，不乏园艺产品方面的食品安全事件。其中，震惊全国的"土坑酸菜事件"影响极大，其在加工过程中，出现芥菜不清洗、赤脚加工、抽完的烟头直接扔到酸菜上等情况，带来了较大的食品安全隐患，损害了消费者的合法权益，对社会造成重大的影响。由于没有按照标准执行，事件曝光后，相关企业受到了应有的惩处，企业经济效益受到较大冲击。作为食品人，做任何事情都要定规矩、懂规矩、守规矩，严格遵守国家法律法规和食品卫生标准，恪守职业道德，践行责任担当，保证人民"舌尖上的安全"。

【延伸阅读】

四川泡菜

　　四川泡菜是我国传统特色发酵产品，有文字记载的制作历史就有1500多年，是中华饮食文化中的一朵奇葩，被誉为"川菜之骨"，具有独特优势和巨大潜力。四川把泡菜作为农业产业化经营的特色优势产业重点发展，特别是融入现代科技创新工艺，应用现代分子生物学技术，系统开展了四川不同地区泡菜微生物菌群结构及变化的研究；研究开发出泡菜现代产业关键技术20余项；研制出泡菜生产负压程序高精度脱盐、连续压榨脱水、多态负压拌料、注射定量添加、自控真空定量灌装等关键设备，有力地促进了泡菜产业的健康发展。四川泡菜实现了"由初级加工向精深加工、由传统加工工艺向先进技术、由小批量分散加工向企业规模生产"的跨越。

王继发，蒋俊伟. 产学研紧密协同　产业生态逐步形成——四川泡菜加工从传统走向现代 [N]. 中国食品报，2024-01-17（4）.

第六章 园艺产品干制品加工

【教学目标】

1. 了解干制技术的发展历程。
2. 掌握园艺产品干制加工的基本原理。
3. 熟悉干制过程中果蔬各种物理和化学变化及对干制品质量的影响。
4. 掌握园艺产品干制加工工艺及常用的干燥方法。

【主题词】

园艺产品干制（horticultural product drying）；水分活度（water activity）；干燥速率曲线（curve of drying rate）；隧道式干制（tunnel drying）；带式干制（belt drying）；喷雾干燥（spray drying）；流化床式干燥（fluidized bed drying）；真空干燥（vacuum drying）；冷冻干燥（freeze drying）；果蔬脆片（fruits and vegetables chips）；果蔬粉（fruits and vegetables powders）

园艺产品干制是一种既经济又大众化的加工方法。干制也称为干燥（drying），是指在自然条件或人工控制条件下促使物料中水分蒸发的工艺过程。自然干燥，主要是利用自然界的能量除去园艺产品中的水分，如晒干、风干及阴干等方式；而人工干燥是在人工控制的条件下除去园艺产品中的水分，如热风干燥、冷冻干燥等方式。因为干制设备可简可繁，简易的生产技术容易掌握，可以就地取材、当地加工，所以生产成本比较低廉。干制品体积小，重量轻，携带方便，容易运输和保存。此外，干制品可以调节园艺产品生产的淡旺季，有利于解决周年供应问题，对勘测、航海、旅行、军用等方面都具有重要意义。

第一节 园艺产品干制品加工基本原理

果品蔬菜的腐败变质多数是由于微生物生长繁殖的结果。微生物在生长和繁殖过程中离不开水和营养物质，果蔬既含有大量的水分，又富有营养，是微生物良好的培养基，只要遇到适当的机会（如创伤、衰老等），微生物就乘虚而入，造成果蔬腐烂。另外，园艺产品本身就是一个生命体，采后仍在不断地进行新陈代谢，即使不被微生物所侵染，营养物质也会逐渐消耗，最终失去食用价值。

干燥是园艺产品达到安全贮藏的手段之一，可以延长园艺产品的货架寿命，减少腐烂损失以及提高附加值等。园艺产品干制后除可基本保持其原有风味外，还具有以下特点：①体积缩小，质量减轻，便于运输和贮藏；②食用方便；③单位质量营养成分增加；④抑制微生物的生长和繁殖，耐贮藏；⑤有一定的复水率。

园艺产品干制是借助于热力作用，将园艺产品中水分减少到一定限度，使制品中的可溶性物质提高到不适于微生物生长的程度。与此同时，由于水分下降，酶活性也受到抑制，这样制品就可得到较长时间的保存。园艺产品干制是一个复杂的工艺过程，这个过程不仅应保持园艺产品的质量指标，而且还应尽可能地改善这些指标。

园艺产品干制过程是热现象、扩散现象、生物和化学现象的复杂综合体，在广义上被看作是多相反应，这种多相反应取决于化学、物理化学、生物化学和流变学过程的综合结果。要获得高质量的干制品，必须了解原料的性质，干制中水分的变化规律，干燥介质中空气温度、湿度、气流循环等对园艺产品干制的影响。

一、园艺产品中水分的状态

干燥过程尤其是热干燥过程是物料中的水分变成蒸汽状态，蒸汽再扩散到周围环境中。因此，了解物料中的理化特性、水分状态和水分同干物质结合形式的分类，具有极其重要的意义。

（一）园艺产品中水分存在的状态

新鲜水果、蔬菜中含有大量的水分。一般果品含水量为 70%~90%，蔬菜为 75%~90%。园艺产品物料是水分同固体间具有不同结合形式的体系。人们通常只是简单地将物料中的水分分为结合水与非结合水。但物料的体系类似于胶体体系，其中的水分子处在间架分子力场中，随水分子与间架距离的增大，它们之间的结合力逐渐减弱。按水分与物料间的结合形式不同可将物料中的水分划分为以下 5 种。

1. 化学结合水

化学结合水是经过化学反应后，按严格的数量比例，牢固地同固体间架结合的水分，只有在化学作用或非常强烈的热处理下才能除去，除去它的同时会造成物料物理性质和化学性质的变化，即品质的改变。化学结合水在物料中的含量很少，为 5%~10%，如乳糖、柠檬酸晶体中的结合水。一般情况下，物料干燥不能也不需要除去这部分水分。化学结合水的含量通常是干制品含水量的极限标准。

2. 吸附结合水

吸附结合水是指在物料胶体微粒内、外表面上因分子吸收力而被附着的水分。胶体物料中的胶体颗粒与其他胶体相比，具有同样的微粒分散度大的特点，使胶体体系中产生巨大的内表面积，从而有极大的表面自由能，从而产生了水分的吸附结合。处于物料内部的某些水分子受到各个方向相同的引力，作用的结果是受力为零；而处在物料内胶体颗粒外表面上的水分子在某种程度上受力不平衡，具有自由能；这种自由能的作用又吸引了更外一层水分子，但该层水分子的结合力比前一层要弱。所以，胶体颗粒表面第一单分子层的水分结合最牢固，且处在较高的压力下（可产生系统压缩）。吸附结合水具有不同的吸附力，在干燥过程中除去这部分水时，除应提供水分汽化所需要的汽化潜热外，还要提供脱附所需要的吸附热。

3. 结构结合水

结构结合水是指当胶体溶液凝固成凝胶时，保持在凝胶体内部的一种水分，它受到结构的束缚，表现出来的蒸气压很低。果冻凝胶体即属此类。

4. 渗透压结合水

渗透压结合水是指溶液和胶体溶液中被溶质所束缚的水分。这一作用使溶液表面的蒸气压降低。溶液的浓度越高，溶质对水的束缚力越强，水分的蒸气压越低，水分越难以除去。

5. 机械结合水

机械结合水是食品湿物料内的毛细管（或孔隙）中保留和吸附的水分以及物料外表面附着的润湿水分，又称游离水或自由水，园艺产品中该水分含量较高。这些水分依靠表面附着力、毛细力和水分黏着力而存在于湿物料中，这些水分上方的饱和蒸汽压与纯水上方的饱和蒸汽压几乎没有太大的区别，在干燥过程中既能以液体形式又能以蒸汽的形式移动。

食品湿物料在干燥中所除去的水分主要是机械结合水和部分物理化学结合水。在干燥过程中，首先除去的是结合力最弱的机械结合水，其次是部分结合力较弱的物理化学结合水，最后才是结合力较强的物理化学结合水。在干制品中残存的是那些结合力很强，难以用干燥方法除去的少量水分。

（二）园艺产品中的水分活度和保藏性

1. 水分活度（A_w）

水分活度并不是食品的绝对水分，常用于衡量微生物忍受干燥程度的能力。水分活度可用以估量被微生物、酶和化学反应触及的有效水分。因此，了解水分活度值，可以为确定加工工艺参数提供一定的理论依据。

水分活度又称为水分活性，是指溶液中水的逸度（fugacity）与纯水逸度之比，可以近似地用溶液中水分的蒸气压与同温度下纯水的饱和蒸气压之比来表示，其计算公式如下：

$$A_w = \frac{P}{P_0} = \frac{ERH}{100}$$

式中：A_w——水分活度；

　　P——溶液或食品中水的蒸气分压；

　　P_0——纯水的饱和蒸气压；

ERH——平衡相对湿度（equilibrium relative humidity），即物料达到平衡水分时的大气相对湿度。

水分活度反映了食品中水分的热力学状态，其大小与食品中的含水量、所含各种溶质的类型和浓度以及食品的结构和物理特征都有关系。

水分活度可以用来表示食品中水分存在的状态，即水分与食品的结合程度（游离程度）。水分活度值越高，结合程度越低；水分活度值越低，结合程度越高。水分活度是 $0\sim1$ 的数值，纯水的 A_w 为1。因溶液的蒸气压降低，所以溶液的 A_w 小于1。园艺产品中的水总有一部分是以结合水的形式存在，因此其水分活度总是小于1。

2. 水分活度与微生物

水溶液与纯水的性质是不同的，在纯水中加入溶质后，溶液分子间引力增加，沸点上升，冰点下降，蒸气压下降，水的流速降低。游离水中的糖类、盐类等可溶性物质增加，*溶液浓*

度增大，渗透压增高，造成微生物细胞壁分离而死亡，因而可通过降低水分活度，抑制微生物的生长，保存食品。虽然食品有一定的含水量，但如果水分活度低，微生物就不能利用。

各种产品有一定的 A_w 值，各种微生物的活动和各种化学与生物化学反应也都有一定的 A_w 阈值。对于微生物及化学与生物化学反应需水分活度条件的了解使人们有可能预测食品的耐贮性。新鲜产品水分活度很高，降低水分活度，可以提高产品的稳定性，减少腐败变质。

食品中常见的微生物类群生长的最低 A_w 值，如表6-1所示。当水分活度降低时，首先是腐败性细菌受到抑制，其次是酵母菌，最后是霉菌。一般而言，A_w<0.9 时，细菌便不能生长；A_w<0.87 时，大多数酵母菌受到抑制；A_w<0.65 时，霉菌不能生长。

表6-1　一般微生物生长繁殖的最低 A_w 值

微生物种类	生长繁殖最低 A_w 值
革兰氏阴性杆菌、一部分细菌的孢子和某些酵母菌	1.00~0.95
大多数球菌、乳杆菌、杆菌科的营养细胞、某些霉菌	0.95~0.91
大多数酵母菌	0.91~0.87
大多数霉菌、金黄色葡萄球菌	0.87~0.80
大多数耐盐细菌	0.80~0.75
耐干燥霉菌	0.75~0.65
耐高渗透压酵母菌	0.65~0.60
任何微生物都不能生长	<0.60

3. 水分活度与酶活性

引起食品变质的原因除了微生物外，还常与其自身酶的作用有关。酶的活性与水分活度有关，水分活度降低，酶的活性也降低。园艺产品干制时，酶和底物两者的浓度同时增加，使酶的生化反应速率变得较为复杂。只有当干制品的水分降到1%以下时，酶的活性才算消失。但实际干制品的水分不可能降到1%以下。因此，为了控制干制品中酶的活性，可将原料在干制前进行湿热或化学钝化处理，如酶在 100 ℃下就能失活。

食品中的酶在加热时通常会由于蛋白质变性而失活。但是，酶在干制加工后的某些产品中仍保持相当的活性，而酶促反应的速度和生成物的量与食品的水分活度成正比，水分活度值越高，酶促反应速度越快，生成物的量也越多。例如，淀粉与淀粉酶的混合物在水分活度值较高时，极易发生淀粉的分解反应，当水分活度值下降到 0.70 时，则淀粉不发生分解。但这又与物质存在的环境有关，如果将这种混合物放到毛细管中，水分活度值即使在 0.46 时也能引起淀粉酶解。另外，如脂肪氧化酶、多酚氧化酶等处在毛细管充满水时，作用就更大。这也表明了酶的活性除与水分活度值有关外，还与水分存在的场所有关。

4. 水分活度与园艺产品的保藏性

园艺产品脱水是为了保藏，保藏性不仅和水分含量有关，与产品中水分的状态也有关。水溶液与纯水的性质不同，在纯水中加入溶质后，溶液的沸点上升，冰点下降，蒸气压下降，水的流速降低。当游离水中的糖类、盐类等可溶性物质增多时，溶液浓度增大，渗透压增高，造成微生物细胞质壁分离而死亡。因此可通过降低水分活度，抑制微生物的生长，提高产品的保藏性能。

各种产品都有一定的 A_w 值，各种微生物的活动和各种化学与生物化学反应也都有一定的 A_w 阈值。新鲜产品水分活度很高，降低水分活度，可以提高产品的稳定性，减少腐败变质。即使同样含水量的产品，在贮藏期间的稳定性也是因种类而异的。这是因为食品的成分和质构状态不同，水分的束缚度不同，因而 A_w 值也不同。大多数果蔬的水分活度都在 0.99 以上，所以各种微生物都可能导致果蔬的腐败。细菌生长所需的最低水分活度最高，当果蔬的水分活度值降到 0.90 以下时，就不会发生细菌性腐败，而酵母菌和霉菌仍能旺盛生长，导致果蔬腐败变质。一般认为，在室温下贮藏干制品，其水分活度应降到 0.70 以下，但还要根据其他条件，如果蔬种类、贮藏温度和湿度等因素而定。

园艺产品干燥过程并不是杀菌过程，而是随着水分活度的下降，微生物慢慢进入休眠状态的过程。换句话说，干制并非无菌，在一定环境中吸湿后，微生物仍能恢复，引起制品变质，因此，干制品要长期保存，还要进行必要的包装。

二、园艺产品干燥过程

目前常规的加热干燥，都是以空气作为干燥介质。园艺产品在干制过程中，水分的蒸发主要依赖两种作用，即水分外扩散作用和内扩散作用。当园艺产品所含的水分超过平衡水分并与干燥介质接触时，自由水分开始蒸发，水分从产品表面的蒸发称为水分外扩散（表面汽化）。干燥初期，水分蒸发主要是外扩散，由于外扩散的结果，产品表面和内部水分之间出现水蒸气压差，使内部水分向表面移动，称为水分内扩散。此时胶体结合水开始蒸发，因此，干制后期蒸发速度明显减缓。此外，干燥时由于各部分温差的出现，还存在水分的热扩散，其方向为从温度较高处向较低处转移，与水分内扩散方向相反，但因干燥时内外层温差甚微，热扩散较弱。如果水分外扩散远远超过内扩散，则原料表面会过度干燥而形成硬壳，降低制品的品质，阻碍水分的继续蒸发。这时由于内部水分含量高，蒸汽压力大，原料较软部分的组织往往会被压破，使原料发生干裂现象。干制品含水量达到平衡水分状态时，原料的品温与外界干燥空气的温度相等。因此，干制时必须使水分的表面汽化和内部扩散相互衔接，配合适当，这是缩短干燥时间、提高干制品质量的关键。

园艺产品干燥过程的特性可以用水分含量曲线、干燥速率曲线及温度曲线等来进行分析和描述（图 6-1）。

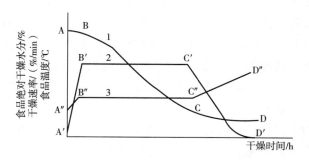

图 6-1　园艺产品干制过程中干燥曲线图

1—水分含量曲线；2—干燥速率曲线；3—温度曲线

（一）水分含量曲线

水分含量曲线是反映干燥过程中园艺产品含水量随干燥时间而变化的关系曲线，如图6-1中曲线1所示，由ABCD线段组成。从图中可以看出，在干燥开始后的很短时间内（AB段），园艺产品的含水量变化较小。这是因为当新鲜园艺产品被置于加热的空气中进行干燥时，首先园艺产品被预热，表面受热后水分就开始蒸发，但此时存在温度梯度使水分的迁移受到阻碍，因而水分的下降较缓慢。这个阶段持续的时间取决于物料的厚度。随着热量的传递，温度梯度减小或消失，则园艺产品中的自由水（毛细管水分和渗透水分）蒸发，内部水分迁移快速进行，水分含量迅速下降，几乎是直线下降（BC段）；当达到较低水分含量（C点）时，水分下降减慢，此时物料中的水分主要是多层吸附水，水分的转移和蒸发相应减少，该水分含量被称为干燥的第一临界水分。当原料表面和内部水分达到平衡状态时（CD段），原料的温度与空气的干球温度相等，水分的蒸发作用停止，干燥过程结束。水分含量曲线特征的变化主要是由物料内部水分的迁移与表面水分蒸发或外部水分扩散所决定的。

（二）干燥速率曲线

干燥速率曲线反映园艺产品干燥过程中任何时间内水分减少的快慢或速度的大小。干燥速率是指单位时间内绝对水分含量降低的百分数。典型的干燥速率曲线如图6-1中曲线2所示，曲线由A′B′C′D′线段组成。

园艺产品被加热，水分开始蒸发，干燥速率逐渐上升，随着热量的传递，干燥速率很快达到最高值（A′B′段），为升速阶段；达到B′点时，干燥速率为最大，此时水分从表面扩散到空气中的速率等于或小于水分从内部转移到表面的速率，干燥速率保持稳定不变，这是第一干燥阶段，又称恒速干燥阶段（B′C′段）。在此阶段，园艺产品内部水分很快移向表面，并始终为水分所饱和，干燥受表面汽化控制，所去除的水分大致相当于物料的非结合水分。干燥速率曲线C′点对应于物料第一临界水分（C）。物料表面不再全部为水分润湿，干燥速率开始下降，由恒速干燥阶段到降速干燥阶段的转折点C′，称为干燥过程的临界点。临界点是干燥由表面汽化控制到内部扩散控制的转折点，物料由去除非结合水到去除结合水。干燥过程跨过临界点后，进入降速干燥阶段（C′D′段），该阶段开始汽化物料的结合水，干燥速率随着物料含水量的降低，迁移到表面的水分不断减少而逐渐下降。在达到一定含水量时，园艺产品含水量的下降速度将放慢，最后达到其平衡含水量，干燥速率为零，干燥过程即停止。

（三）温度曲线

温度曲线是表示干燥过程中物料温度与干燥时间的关系曲线，反映干制过程中园艺产品物料本身温度的高低，如图6-1中曲线3所示，曲线由A″B″C″D″组成。干制初期，园艺产品物料受热（A″B″段），温度由室温逐渐上升达到B″点，此时干燥速率稳定不变，该阶段热空气向物料提供的热量全部消耗于水分蒸发。物料表面温度等于水分蒸发温度，即和热空气干球温度和湿度相适应的湿球温度。在恒速阶段，物料表面温度等于湿球温度并维持不变（B″C″段）。达到C″点时，干燥速率下降，水分蒸发减少，由于干燥速率的降低，空气对物料传递的热量已大于水分汽化所需的潜热，因而物料的温度开始不断上升，物料表面温度比空气湿球温度高，物料温度明显上升（C″D″段），当干燥达到平衡水分，干燥速率为零时，物料温度上升到和热空气温度相等，为空气的干球温度（D″）。

总之，干燥曲线的特征因为水分和物料的结合形式、水分扩散历程、物料结构和形状大小而异。物料内部水分转移机制、水分蒸发的推动力以及水分从物料表面经边界层向周围介质扩散的机制都将对物料干制过程的特性产生影响。

三、影响干燥速度的因素

干燥速度的快慢对产品品质起决定性的作用。在其他条件相同的情况下，干燥越快，越不容易发生不良变化，产品的品质越好。影响干燥速度的因素，就其内因而言，是原料的化学组成及其质构等；而就其外因，最主要的影响因素是干燥介质的温度、湿度及其风速等。

（一）原料的种类

不同园艺产品原料，由于所含化学成分的保水力不同、组织和细胞结构性的差异，在同样干燥条件下，干燥速度各不相同。叶菜类由于具有较大的表面积，所以比根菜类或块茎类容易干燥。一般，可溶性固形物含量高、组织紧密的产品，干燥速度慢。反之，干燥速度快。例如采用同样的烘干方法干制红枣时，河南灵宝产的泡枣，由于组织比较疏松，烘房干制 24 h即可，而陕西大荔产的疙瘩枣则需 36 h 才能达到要求的干燥程度。

（二）原料的状态

原料的去皮切分与否以及切块大小、厚度不同，干燥的速度也不同。去皮使园艺产品原料失去表皮的保护，有利于水分蒸发。原料切分后，比表面积增大，水分蒸发速度也增大。切分越薄，干燥速度越快，因为这种状态缩短了热量向物料中心传递和水分从物料中心向外扩散的距离，从而加速了水分的扩散和蒸发，缩短干制的时间。例如，将胡萝卜切成片状、丁状和条状进行干燥，片状干燥速度最快，丁状次之，条状最差。

此外，热烫和熏硫均能改变细胞壁的透性，降低细胞持水力，使水分容易移动和蒸发。例如热烫处理的桃、杏、梨等，干燥所需要的时间比不进行热烫处理的缩短 30%～40%。果面包有蜡质的果品如葡萄，干制前需碱液处理除去蜡质，可使干燥速度显著提高。例如经浸碱处理的葡萄，完成全部干燥过程只需 12～15 d，而未经浸碱处理的则需 22～23 d。

（三）干燥介质的温度和湿度

作为干燥介质的空气，有两个功能：一是传递园艺产品干燥所需要的热能，促使园艺产品水分蒸发，二是将蒸发出的水分带走，使干燥作用继续不断地进行。为加快原料的干燥，就必须适当提高空气和水蒸气的温度，降低环境的相对湿度。

1. 温度

热空气温度越高，在相同湿含量的情况下，热空气的相对湿度就越低，它饱和前所能容纳的蒸汽量将增大，热空气干燥能力就越强。因此，热空气温度的提高有利于物料表面水分的蒸发，可加快干燥。

干制过程中，所采用的高温是有一定限度的，温度过高会加快园艺产品中糖分和其他营养成分的损失或致焦化，影响制品外观和风味；此外，干燥前期高温还易使园艺产品组织内汁液迅速膨胀，细胞壁破裂，内容物流失；如果开始干燥时，采用高温低湿条件，则容易发生结壳现象。相反，干燥温度过低，使干燥时间延长，产品容易氧化变色甚至霉变。因此，干燥时应选择适合的干燥温度。

不同种类和品种的园艺产品，其适宜的干燥温度不同，一般在 40～90 ℃的范围内。凡富含淀粉和挥发油的园艺产品，通常宜用较低的温度。蔬菜干制时，为了更好地抑制酶活性，除进行必要的预处理外，干燥初期还可在 75~90 ℃ 高温干燥，后期（将近终点）则使干燥温度降至 50~60 ℃，这样既有利于加速干燥进行，又能提高制品质量。

2. 相对湿度

如果用空气作为干燥介质，热空气的干燥能力与热空气相对湿度有关，热空气相对湿度低，吸湿能力增强。食品中水分下降程度是由空气相对湿度决定的，这是因为食品最终的含水率要与周围热空气的湿度处于平衡状态。在温度不变的情况下，空气的相对湿度越低，空气的饱和差越大，制品的干燥速度越快。

升高温度同时又降低相对湿度，使原料与外界水蒸气压差增大，水分容易蒸发，干燥速度加快，产品含水量相应降低。例如干燥后期的红枣，分别在 60 ℃ 的两个烘房中进行干制，一个烘房的相对湿度为 65%，干制后红枣的含水量为 47.20%，另一个烘房的相对湿度为 56%，干制后其含水量为 34.15%。

3. 介质流速

空气介质流速加快，园艺产品干燥速率也增加。园艺产品表面所形成的界面层主要与空气流速有关。一方面热空气流速高，形成的界面层薄，有利于物料与热空气的湿热交换，便于干燥的进行。另一方面，热空气流速高，可将物料表面所蒸发的水蒸气迅速带走，维持物料表面与附近介质空气中的水蒸气压差。此外，热空气流速大，带来更多的热量，能较好地保证园艺产品中水分蒸发所需要的热量。

4. 环境压力

环境压力影响水的平衡，因而能够影响干燥。在 1 个标准大气压时，水的沸点为 100 ℃。如果大气压下降，水的沸点也相应下降。气压越低，沸点就越低。因此在真空室内加热干燥时，可以选择较低的温度条件。对热敏性物料进行干燥时，低温加热和缩短干燥时间对保证品质极为重要。

四、原料在干燥过程中的变化

园艺产品干燥过程中，会发生一系列物理化学变化，主要有以下两方面。

（一）物理变化

1. 体积减小、质量减轻

体积减小、质量减轻是园艺产品干制后最明显的变化，一般干制后的体积为新鲜园艺产品体积的 20%~35%，质量为鲜重的 6%~20%。体积和质量减小，便于产品的携带和运输。

原料种类、品种以及干制成品含水量的不同，干燥前后质量差异很大，用干燥率（原料鲜重与干燥成品质量之比）来表示。几种果品、蔬菜的干燥率见表6-2。

表6-2　几种果品蔬菜的干燥率

名称	干燥率	名称	干燥率
苹果	6~8：1	香蕉	7~12：1
梨	4~8：1	柿	3.5~4.5：1
桃	3.5~7：1	枣	3~4：1
李子	2.5~3.5：1	甘蓝	14~20：1

续表

名称	干燥率	名称	干燥率
杏	4~7.5:1	菠菜	16~20:1
荔枝	3.5~4:1	胡萝卜	10~16:1
甜菜	12~14:1	番茄	18~20:1
马铃薯	5~7:1	菜豆	8~12:1
洋葱	12~16:1	黄花菜	5~8:1
南瓜	14~16:1	辣椒	3~6:1

2. 透明度的改变

优质的干制品通常会保持半透明状态。透明度取决于园艺产品组织细胞间隙存在的空气，空气存在越多，制品越不透明，空气越少则越透明。在干制过程中，园艺产品组织内及细胞间的空气被排除，既可改善外观，又能减少氧化，增强制品的保藏性。

3. 干缩

园艺产品在干燥时，因为水分被除去而体积缩小，组织细胞的弹性部分或全部丧失的现象称为干缩。干缩对脱水园艺产品的质量有不利的影响，造成形状的变化、体积减小、硬度增加等。干缩的程度与园艺产品的种类、干燥方法及条件等因素有关。一般情况下，含水量多、组织脆嫩的原料干缩程度大，而含水量少、纤维质物料的干缩程度较轻。干缩有均匀干缩和非均匀干缩两种情形。有充分弹性的细胞组织均匀而缓慢地失水时，就会产生均匀干缩。如果发生非均匀干缩，往往造成干制品奇形怪状的翘曲，影响产品的外观。

4. 多孔性结构

园艺产品类物料都是高含湿多孔介质，其营养物质大部分都存在于内部的溶液之中。当快速干燥时，物料表面的干燥速度比内部水分迁移速度快得多，因而迅速干燥硬化。在内部继续干燥收缩时，内部应力将使组织与表层脱开，干制品中会出现大量的裂缝和孔隙，形成所谓的多孔性结构。例如，快速干制的马铃薯丁有轻度内凹的干硬表面，而内部有较多的裂缝和孔隙。缓慢干制的马铃薯丁则没有这种现象。马铃薯的膨化干制就是利用外逸的水蒸气来促进组织结构的蓬松。真空干燥时的高真空度也会促使水蒸气迅速蒸发并向外扩散，从而形成多孔性的制品。

多孔性结构的形成有利于干制品的复水和减小干制品的松密度。松密度是指单位体积的制品中所含干物质的量。在干燥过程中，内部营养物质会随着加工时间的增加而不断发生物理、化学等变化。例如常见的果蔬干燥"流糖""网膜"等现象不仅导致物料表面结壳、干燥效率降低、能耗增加，而且还会导致干燥后产品品质严重下降。此外，多孔性结构的形成使产品氧化速度加快，不利于储藏。

5. 表面硬化

表面硬化，即干制品外表干燥而内部仍然软湿的现象。发生表面硬化后，物料表层的透气性将变差，使干燥速度急剧下降，延长了干燥过程。

有两种原因造成表面硬化，其一是园艺产品干制时，物料内部的溶质随水分不断向表面迁移，积累在表面上形成结晶；其二是产品表面干燥过于强烈，而内部水分扩散速度慢，不能及时移动到产品表面，从而使表面迅速形成一层干硬膜。第一种表面硬化现象常见于可溶性固形物含量较高的园艺产品干燥过程，而第二种情况与干燥条件有关，是可以控制的，如可以通过降低干燥温度、提高相对湿度或减小风速来调控。

（二）化学变化

除了物理变化外，园艺产品在干燥时会发生许多化学变化，如颜色变化、营养成分损失和风味的变化。

1. 颜色变化

园艺产品在干制过程中或贮藏时，常会变成黄色、褐色或黑色等。引起色泽变化的原因主要有色素物质的变化、酶促褐变和非酶褐变等。

（1）色素物质的变化。园艺产品中所含的色素，主要是叶绿素、类胡萝卜素、黄酮类色素、花青素等。其中，以胡萝卜素和叶黄素在加工过程中性质比较稳定，不容易发生变色。而叶绿素和花青素在加工过程中不稳定，容易引起变色。

绿色果蔬在加工处理时，由于与叶绿素共存的蛋白质受热凝固，叶绿素游离于植物体中，并处于酸性条件下，加速了叶绿素变为脱镁叶绿素，使制品由绿色变成黄褐色或褐色。在干制前将绿色蔬菜用 60~75 ℃ 热水烫漂，可保持其鲜绿色。

花青素的种类很多，通常以花色素苷的形态存在于果实及植物细胞的液胞中。花青素能溶于水，表现出的颜色因介质的 pH 不同而异。花青素在加工过程中很不稳定，在长时间高温处理下也会发生变化。例如茄子果皮中的花青素，经氧化后则变成褐色。此外，花青素和核黄素都是光敏色素，遇到光照也会发生变色，引起干制品颜色的变化。

（2）酶促褐变。在园艺产品的干燥过程中，可能会发生褐变、脂质氧化、变色等现象。褐变反应可分为酶促褐变和非酶褐变。植物细胞内的酶作为呼吸的传递介质，不断保持酚和醌的动态平衡，当细胞遭受机械损伤后，O_2 大量侵入，导致醌类化合物的连续生成，造成酚和醌之间的失衡，醌的大量积累使醌进行多聚化或与其他物质相结合生成黑褐色聚合物，发生褐变，如马铃薯、苹果等去皮后的变色。通常果蔬中的酶促褐变是不受欢迎的，因为其会导致产品颜色和风味的劣变。

影响园艺产品酶促褐变的因素包括底物（单宁、酪氨酸等）、酶（主要是多酚氧化酶和过氧化物酶）和活性氧。三者中只要控制其中之一，即可抑制酶褐变。因此，在果蔬干制时，应尽量选择单宁含量少而且充分成熟的原料。酶促褐变是在氧化酶和过氧化物酶构成的氧化酶系统中进行的，如果破坏酶系统的一部分，就可终止酶褐变。酶在一定温度下因变性而失活，如氧化酶在 71~73.5 ℃，过氧化物酶在 90~100 ℃ 的温度下 5 min 可被钝化。因此，应用加热、二氧化硫或亚硫酸盐和酸可以控制褐变劣变程度，但是往往会导致维生素的破坏。通过亚硫酸溶液浸泡、盐水浸泡或清水浸泡能隔绝氧，也可采用真空包装或充气包装，从而防止酶促褐变的发生。

（3）非酶褐变。非酶褐变是指果蔬在没有酶参与时所发生的褐变反应。这种褐变在果蔬干制和干制品贮藏中都可能发生。

非酶褐变的原因之一是发生了羰—氨反应，也称为美拉德反应（Maillard reaction）。不同的还原糖对褐变影响不同，其反应速度为：五碳糖为核糖>阿拉伯糖>木糖，六碳糖为半乳糖>甘露糖>葡萄糖。抗坏血酸是果蔬的重要营养组分之一，包括还原型抗坏血酸和脱氢抗坏血酸两种类型，其中前者为天然存在的主要类型。抗坏血酸可氧化成 L-酮基古乐糖酸，进一步脱水形成羟甲基糠醛。此产物在有氧条件下可继续氧化形成二酮基，在无氧条件下可与氨基化合物进行美拉德反应，从而导致果蔬褐变反应发生。温度和时间直接影响羰氨反应速度。温度升高、羰氨反应明显加速，褐变加重；同样，温度低，如果时间延长，也会发生褐变，可见羰氨反应的温度与时间关系很密切。非酶褐变的温度系数很高，温度上升 10 ℃，褐变率增加 5~7 倍。因此，低温储藏干制品是控制非酶褐变的有效方法之一。此外，重金属会促进褐变，如单宁与铁生成黑色的化合物，单宁与锡共同长时间加热生成玫瑰色的化合物。硫处理对非酶褐变有抑制作用，因为二氧化硫与不饱和的糖反应形成磺酸，可减少黑色素的形成。一般来说，控制褐变的方法可分为化学方法和物理方法，如冷却、气调包装、食用包衣、辐照等，主要是通过降低温度和氧气浓度来减缓酶促褐变，抑制酶的活性。

糖分的焦糖化也是非酶褐变的类型之一。首先糖分解为各种羰基中间物，然后发生聚合反应形成褐色聚合物。过度的焦糖化，会使产品产生焦糊味及苦味，降低产品质量。

2. 营养成分的变化

园艺产品中的主要营养成分有碳水化合物、维生素、矿物质、蛋白质等，在园艺产品干制时，会发生不同程度的变化。一般情况，糖类和维生素损失较多，矿物质和蛋白质则较稳定。

（1）糖类的变化。园艺产品自然干制时，因干燥缓慢，酶活性不能很快被抑制，呼吸作用仍在进行，从而消耗了部分糖类和其他有机物质。干制时间越长，糖类损失越多，干制品的质量越差，重量也相应降低。人工干制园艺产品，能很快抑制酶的活性和呼吸作用，干制时间短，可减少糖类的损失，但较高的干燥温度对糖类也有很大影响。糖类在加热时极易引起分解和焦化，特别是葡萄糖和果糖经过高温长时间干燥易产生大量损耗。一般来说，糖类损失随温度的升高和时间的延长而增加，温度过高时糖类焦化，颜色加深，味道变差。

（2）维生素的变化。园艺产品中含有丰富的维生素，干制也会造成各种维生素的破坏损失，其中以维生素 C 氧化破坏最快。维生素 C 的破坏程度除与干制环境中的氧含量和温度有关外，还与抗坏血酸酶的活性和含量密切相关。氧化与高温共同影响，可能使维生素 C 全部破坏，但缺氧加热的条件则可以使其免遭破坏。此外，阳光照射和碱性环境也易使维生素 C 遭到破坏，但维生素 C 在酸性溶液或者在浓度较高的糖溶液中则较稳定。因此，干制时对原料的处理方法不同，维生素 C 的保存率也不相同。

干燥前的预处理对于营养物质的影响同样很重要。大多数维生素，如维生素 A、维生素 C 和硫胺素，对热和氧化降解敏感。硫化可以破坏硫胺素和核糖体蛋白，而预处理如亚硫酸盐溶液中的漂烫和浸渍可以减少干燥过程中维生素的损失。在未漂烫钝酶工艺中蔬菜的胡萝卜素含量可能会降低 80%，充分钝酶后则减少到 5% 以下。因淀粉凝胶保护作用，马铃薯漂烫后维生素 C 损失很小。与热水漂烫相比，蒸汽漂烫的菠菜保留了更多的维生素 C，秋葵则在亚硫酸盐溶液中热烫后能保留更多的维生素 C。

第二节　园艺产品干制方法与设备

园艺产品干燥的方法，大多数是利用热力除去园艺产品中的水分，达到干燥的目的。热力包括太阳能、燃烧热、电热、红外线热等。根据热量来源不同，园艺产品干制方法可分为自然干制和人工干制两种，目前多采用人工干制。人工干制是人为控制干制环境和过程而进行产品干燥的方法。与自然干制相比，人工干制可大大缩短干制时间，并获得高质量的干制产品，但人工干制成本较高。采用不同的方法和设备进行园艺产品干燥，干制品的品质差异较大。

人工干制的方法很多，根据压力的不同可以分为常压干燥和真空干燥。按照操作方法的不同可以分为间歇式干燥和连续式干燥。按照热能传递机理的不同可分为对流干燥、传导干燥、辐射干燥、喷雾干燥以及冷冻干燥等。近年来，又出现了电子束固化、波长在 50 μm 以上的红外线干燥，以及单体直接用光激发聚合成膜的光固化干燥等新型技术。用于进行物料干燥的设备统称为干燥器。干燥器形式很多，如隧道式、传送带式、滚筒式和喷雾式等。

一、空气对流干燥

空气对流干燥，又称热风干燥或热空气干燥，是简单经济、易于推行的机械干燥方法。该方法以热空气为干燥介质，产生自然或强制对流循环，与物料进行湿热交换。由于干燥介质是大气压下的空气，温度和湿度容易控制。对流干燥包括气流干燥法、流化床干燥法、喷雾干燥法等。干燥室的形状、空气与物料的流向，以及物料输送方式的不同可通过多种干燥设备来实现。

（一）厢式干燥

厢式干燥是在一个外型为厢（柜）的干燥器内进行干燥的方法。厢式干燥器是以物料堆积在容器中或用框架、小车等其他支撑物承物的方式在热风中进行干燥。它属于常压间歇操作的干燥器。厢式干燥的柜体是一个内藏保温层的箱式结构，材料为金属板材，内设多层框架，其上放置料盘。箱内夹层的保温层材料为耐火、耐潮的材料等。在干燥物料时通常使用热风循环烘箱，热风在箱内循环流动，热效率高，节约能源，烘箱内设有可调式分风板，物料干燥均匀，且适用范围广，可干燥各种物料，具有投资少、管理方便等优点，是一种通用的干燥设备。

（二）隧道式干制

隧道式干燥是在厢式干燥设备的基础上，将干制室改为狭长的隧道形式。装好原料的载车，进入隧道干燥室，沿通道向前运动，热空气流经各层料盘表面与其相互接触进行湿热交换，然后从隧道另一端推出，小车在通道内停留的时间正好是干燥所需时间。小车可连续或间歇地进出通道，实现连续或半连续操作。

隧道式干制机有各种不同的设计，可分为单隧道式、双隧道式及多层隧道式等几种，大小也不相同，干制室一般长 12~18 cm、宽 1.8 m、高 1.8~2 m，在单隧道式干制室的侧面或双隧道室的中间是加热器，并设有吹风机，以推动热空气进入干制室，使原料干制。余热气一部分从排气口排出，另一部分回流到加热室继续使用。隧道式干制机可根据被干制的产品和干制介质的运动方向分为逆流式、顺流式和混合式三种形式。

1. 逆流式干制

逆流隧道式干燥装置如图 6-2 所示。装原料的载车前进方向与干热空气流动的方向相反。原料由隧道低温高湿的一端进入，由高温低湿的一端完成干制过程出来。在逆流干制机中，原料行进时遇到的气流温度不断升高，湿度则越来越低，这样提高了干制后期的脱水效果，产品容易达到最后的干制要求。但需注意，干制后期的温度不宜过高，否则容易引起硬化和烧焦。汁液黏厚的果实，如含糖量高的水果桃、李子、杏、葡萄等，适合采用这种干制机进行干制，但需控制最高温度不宜超过 72 ℃，其中葡萄不宜超过 65 ℃。在高温低湿的空气条件下，干制品的平衡水分也将相应降低，可低于 5%。

逆流干燥，湿物料装载量不宜过多。因为干燥初期，水分蒸发速度比较缓慢，若低温的湿物料装载量过多，就会长时间和接近饱和的低温高湿空气接触，可能出现物料增湿现象而导致细菌生长迅速，引起物料腐败变质。

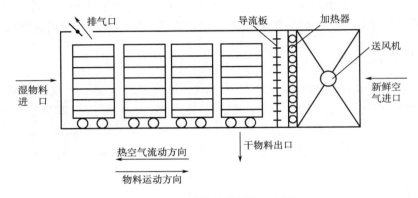

图 6-2　逆流式隧道干燥示意图

2. 顺流式干制

顺流隧道式干燥装置的热空气流动方向与载车的前进方向一致。原料从高温低湿的热风一端进入。开始水分蒸发很快，随着载车的前进，湿度增大，温度降低，干制速度逐渐减缓。在此情况下，原料在开始时失水快，但在后期脱水能力减弱，难以将水分降至 10% 以下，因此吸湿性较强的物料不宜采用顺流式干燥设备。

3. 混合式干制

混合式干制机有两个鼓风机和两个加热器，分别设在隧道的两端，热风由两端吹向中间，通过原料后，一部分热气从中部集中排除，另一部分回流加热再利用。原料载车首先进入顺流式隧道，用较高的温度和较大的热风吹向原料，加快原料水分的蒸发。随着载车向前推进，温度逐渐下降，湿度也逐渐增大，水分蒸发趋于缓慢，有利于水分的内扩散，不致使产品发生硬壳现象，待原料大部分水分蒸发以后，载车又进入逆流隧道，从而使原料干制比较彻底。混合式干制机具有能连续生产、温湿度易控制、生产效率高、产品质量好等优点。应用较广泛，可应用于干燥蔬菜如胡萝卜、洋葱、大蒜、马铃薯等。

（三）带式干制

带式干制是将原料放置在输送带上，热空气自下而上或平行吹过物料，进行湿热交换而获得干燥的方式。常用的输送带有帆布带、橡胶带、涂胶布带、钢带和钢丝网带等。输送带可以是单根，也可以布置为上下多层。当上层部位温度达到 70 ℃，将原料从干制机顶部的一端定时装入，随着传送带的转动，原料依次由最上层逐渐向下移动，至干制完毕后，从最下层的一端出来。这种干制机用蒸汽加热，暖管装在每层金属网的中间，新鲜空气由下层进入，通过暖管变成热气，使原料水分蒸发，湿气由顶部出气口排出。带式干制法生产效率高，干燥速度快，特别适合果蔬单品种、整季节的大规模生产，如苹果、胡萝卜、洋葱、马铃薯和甘薯都可在带式干制机上进行干制。

（四）喷雾干燥

喷雾干燥是液体果蔬原料比较理想的干燥方法，经喷雾干燥技术制备的果蔬粉具有良好的溶解性和分散性，可保持果蔬原有风味和营养物质，储存和运输方便。将原料浓缩，经喷嘴使原料雾化为微细的液滴（直径为 10~100 μm），再于干燥室中与 150~200 ℃的热空气接触进行热交换，于瞬间形成微细的干燥粉粒。尽管干燥时热空气温度很高，但原料雾滴的水分蒸发迅速，并且水分蒸发所需要的汽化潜热大而不致使原料温度过高，通常能保持在周围空气的湿球温度（50 ℃）左右，对产品质量影响很小。喷雾干燥果蔬粉产率和品质取决于喷雾干燥参数，包括进风温度、助干剂种类和添加量、进料浓度、进料流量等。

1. 进风温度

喷雾干燥的热量与进风温度有直接的联系。黑枣粉、香芋粉、紫玉米芯花色苷粉等果蔬粉研究中，进风温度为 160~200 ℃，喷雾干燥果蔬粉产率随进风温度升高，产率逐渐增多，当达峰值后，产率呈下降趋势。进风温度太低，不足以使雾滴在干燥室内完全干燥，部分未干燥颗粒粘壁，产率较低。高温有利于喷雾干燥雾滴传热传质，促进雾滴干燥，减少产物含水量，抑制喷雾干燥粘壁。

2. 助干剂种类和添加量

果蔬喷雾干燥助干剂有：麦芽糊精、β-环糊精、阿拉伯胶、大豆分离蛋白、可溶性淀粉等。这些助干剂都有一些共同点，如玻璃化转变温度高，溶解度、安全性能好，有一定成膜能力，热稳定性好，高浓度下黏度低等。较高的玻璃化转变温度有利于增加果蔬粉产品玻璃化转变温度，减少喷雾干燥粘壁问题。麦芽糊精水溶性好、吸湿性低，阿拉伯胶乳化性、成膜性好，易溶于水，二者广泛用于果蔬粉喷雾干燥。

3. 进料浓度

一般来说进料浓度增加，产率逐渐增大，当进料浓度达一定值后，产率呈下降趋势。当进料浓度较低时，雾滴中含水量大，喷雾干燥过程中料液蒸发所需热量大，产物含水量高，呈半湿状态，喷雾干燥粘壁现象严重，产率低；当增大进料浓度时，料液中的含水量相对较少，喷雾干燥所得粉末含水量少，减轻了粘壁现象，提高了产品产率；当进料浓度过大时，料液黏度增大，流动性变差，且易堵塞喷嘴，产率下降。果蔬粉喷雾干燥进料浓度不宜过大，一般为 25%左右比较适宜。

4. 进料流量

当进料流量较低时，料液在雾化器中雾滴小，干燥室内有足够的热量将产品干燥，此时过小的进料流量使样品过度干燥，出风温度大，原料易发生焦糖化反应，粘壁严重，出粉率低；随着进料流量增高，干燥室中热风提供的热量和水分蒸发所需的热量达到平衡，此时干燥效果最好，产率最高；当进料流量继续升高，雾滴在干燥室内传热传质效率下降，干燥难度增加，产品含水量增加，粘壁逐渐严重，产率下降，严重时甚至无产品可收集。此外，对于果蔬品质来说，较低的进料流量会引起出风温度升高，干燥完全，粉末含水量较低，一些热敏性成分结构容易被破坏。实验室喷雾干燥设备一般进料流量为 5~16.7 mL/min，其最佳条件需根据设备和样品种类进行优化。

（五）流化床式干燥

流化床式干燥法是将颗粒状果蔬原料置于干燥床上，使热空气以足够大的速度自下而上吹过干燥床，使物料在流化态下获得干燥的方法。流化床干燥如图6-3所示。在分布板上加入待干燥的颗粒物料，热空气由多孔板的底部送入使其均匀分散，并与物料接触。当气体流速较小时，固体颗粒间的相对位置不发生变化，气体在颗粒层的间隙中通过，干燥原理与厢式干燥设备完全类似。当气流速度增加后，颗粒开始松动，并在一定区间变换位置，床层略有膨胀，但颗粒仍不能运动，床层处于初始或临界流化状态。当流速再增高时，颗粒即悬浮在上升的气流中随机运动，颗粒与流体之间的摩擦力与其净重力相平衡，此时形成的床层称为流化床。由固定床转为流化床时的气流速度称为临界流化速度。流速越大，流化床层越高；当颗粒床层膨胀到一定高度时，固定床层空隙率增大而使流速下降，颗粒又重新落下而不会被气流带走。若气体速度进一步增高，大于颗粒的自由沉降速度，颗粒就会从干燥器顶部吹出，此时的流速称为"带出速度"。所以流化床中的适宜气体速度应在临界流化速度与带出速度之间。

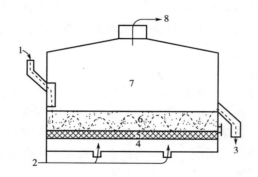

图6-3　流化床干燥示意图

1—湿物料进口；2—热空气进口；3—干物料出口；4—通风室；

5—多孔板；6—流化床；7—绝热风罩；8—排气口

流化床干燥适宜处理粉粒状果蔬物料。当粒径范围为 30 μm~6 mm，静止物料层高度为 0.05~0.15 m 时，适宜的操作气流速度可取颗粒自由沉降速度的 0.4~0.8 倍。若粒径太小，气体局部通过多孔分布板，床层中容易形成沟流现象；粒度太大又需要较高的流化速度，动力消耗和物料磨损都很大。

流化床式干燥的优点在于食品与热空气接触面积大，湿热交换十分强烈，干燥速度快。流化床内温度分布较均匀，可采用较高的温度而不引起食品的损伤。其缺点是热空气的利用率较低，颗粒食品易被气流带走而损耗掉，颗粒在干燥器内停留时间不均匀，导致干制品含水量不均匀。

（六）其他干燥

1. 泡沫干燥

泡沫干燥法主要用于液体食品如果汁的脱水，它是先将液态或浆汁状的食品制成均匀稳定的泡沫状结构，然后将它们铺成一薄层，厚度不超过 1.5 mm，再采用常压空气对流干燥的方法进行干燥。这种干燥方法除了具有一般热空气干燥法的优点以外，还具有干燥速度快、干制品质量好、复水性好等优点。

2. 膨化干燥

膨化干燥就是将食品物料在一个密闭的干燥容器中加热到常压下的沸点以上，室内压力也上升到预定值，此时迅速打开容器，则压力突然下降，物料中的水分瞬间蒸发，并促使物料结构膨化为多孔状态，这既有利于产品脱水，也利于产品复水。

二、接触干燥

接触干燥是指被干燥物料与加热面处于直接接触状态，蒸发水分的能量来自于被加热的固体接触面，热量以传导的方式传递给物料，热源常用热蒸汽、油和电热。在常压状态下干燥时，需要借助空气流动带走蒸发的大量水蒸气，此时空气与物料也存在热交换。但空气不是热源，其功能是载湿移动，以加速物料水分的进一步蒸发。热传导干燥也可在真空状态下进行，典型的接触干燥是滚筒干燥。

滚筒干燥的主要特点是可以实现快速干燥，热效率高（可达 70%~80%）；对不易受热影响的物料是一种费用较低的干燥方法，可适用于浆状、泥状、糊状、膏状、液态物料，如甘薯泥、南瓜酱、香蕉和糊化淀粉等的干制。但滚筒表面温度很高，易使制品带有煮熟味和不正常的颜色。在干制水果、果汁这类热塑性食品时，处于高温状态下的干制品会发黏并呈半熔化状态，干燥后很难刮下或即使刮下也难以粉碎，对此可在刮料前先行冷却，或在真空滚筒干燥设备中进行冷却。

三、真空干燥

一些对热敏感的果蔬在温度较高的情况下干燥时容易发生褐变、氧化等反应，而引起产品风味、色泽和营养价值等损害，因此有必要在较低的温度下进行干燥。但低温时水分蒸发慢，如果降低大气压，在低压下则水分的沸点相应降低，水分可在较低温度下蒸发，真空干燥就是基于这样的原理。在低气压（一般 0.3~0.6 kPa）条件下，可在较低温度下（37~82 ℃）干燥物料。

真空干燥设备与一般干燥设备相比，主要由可抽真空和维持真空的真空系统、可密封和耐受外界压力的真空室（干燥箱）、冷凝水收集装置和以传导或辐射方式供热的加热系统等组成。真空系统采用真空泵或蒸汽喷射泵。用蒸汽喷射泵抽真空时，从真空室内不但抽出空气，而且同时将带入的水蒸气冷凝，因而需要有冷凝器。

四、冷冻干燥

真空干燥是在低压和室温或加热条件下进行的，若将温度降低至冷冻温度下进行，则为冷冻干燥。冷冻干燥是一种较理想的蔬菜脱水方式。冷冻干燥，又称为真空冷冻干燥，利用热力学中三相平衡原理，水的三相点温度为 0.0098 ℃，三相点压力为 609.3 Pa。在水的相变过程中，当环境压力低于水的三相点压力时，固态冰可以直接转化为气态，称为升华。真空冷冻干燥就是利用了冰晶升华的原理，将物料首先进行深冻，物料中的水在低温下冻结成冰晶体，然后在高真空度条件下，将已经冻结物料中的水分不经过冰的融化直接从固体升华为蒸汽逸出，使物料得以干燥。

按工作方式分类，冷冻干燥设备分为间歇式和连续式两种。

（一）间歇式冷冻干燥

间歇式冷冻干燥设备的冻结、抽真空、加热升华、冷凝除霜和制冷循环等操作都是单独而间歇进行的。将物料预先冻结再放入干燥室内，也可以在干燥室内直接冻结。冷阱与干燥室分开。操作时将待干燥物料放入料盘，再置于干燥室中利用制冷系统进行冻结，冻结完毕后停止制冷剂循环。然后开始加热，同时与冷阱接通进行升华干燥。冷阱由制冷系统供冷，使升华出来的水蒸气在冷凝器表面结霜。冷阱内的不凝结气体由真空泵抽出。当水蒸气从冷冻干燥室中出来时，用冷凝器收集，增加干燥效率和防止真空泵的污染。此设备适合多品种小批量生产，特别适用于季节性强的果蔬生产，并且方便控制物料干燥时不同阶段的加热温度和真空度。

（二）连续式冷冻干燥

连续式冷冻干燥设备是从进料到出料连续进行操作的装置。按照冻干室形状可将装置分为方形、圆形和隧道式。连续式冷冻干燥设备处理量大，适合于单品种生产；设备利用率高，便于实现生产的自动化。但设备投资费用较大。

真空冷冻干燥，与其他干燥技术或方法相比具有很多优点，对热敏性、易氧化成分的保存率较高。物料在升华脱水前先被冻结，形成了稳定的固体骨架，当冰晶升华时，固体骨架基本保持不变，干制品保持原有形状；干燥没有液态过程，避免了一般干燥方法因物料内部水分向表面移动而将无机盐和其他可溶性物质携带到物料表面形成硬质薄皮，也不会因中心水分移向物料表面时对细胞的纤维产生张力而使细胞收缩变形。另外，真空冷冻干燥后的物料呈多孔、疏松结构，具有更好的复水性。

五、辐射干燥

辐射干燥机制不同于空气对流干燥，是利用微波、红外线、远红外线、高频电场等为能源直接向物料传递能量，使物料内外同时受热，没有温度梯度，加热速度快，热效率高，加热均匀，不受物料形状限制，从而提高干制品质量。

（一）微波干燥（microwave drying）

微波干燥是将微波作为一种能源来加以利用，当物质与微波相互作用时，产生分子极化、取向、摩擦、碰撞，吸收微波能而产生热效应。微波一般是指波长 $0.001 \sim 1.0$ m，频率为 $300 \sim 300000$ MHz，具有穿透性的电磁辐射波。所用的微波管为磁控管，常用的加热频率为 $245 \sim 915$ MHz。微波干燥的原理是：微波发生器将微波辐射到干燥物料上，当微波射入物料内部时，穿透使水等极性分子随微波的频率做同步旋转，例如干燥蔬菜类制品采用 915 MHz 的微波，则蔬菜内的极性分子等每秒转动 9.15 亿次，水等极性分子做如此高速旋转的结果是使物料瞬时产生摩擦热，导致物料表面和内部同时升温，使大量的水分子从物料中逸出，达到干燥的效果。

微波加热是介质材料自身损耗电场能量而发热，不同介质材料在微波电磁场作用下的热效应也不一样。由极性分子组成的物质，能较好地吸收微波能。水分子呈较强的极性，是吸收微波的最好介质，所以凡含水分子的物质必定吸收微波。由非极性分子组成的物质，它们基本上不吸收或很少吸收微波，这类物质有聚四氟乙烯、聚丙烯、聚乙烯、聚砜、塑料制品和玻璃、陶瓷等，它们能透过微波，而不吸收微波。这类材料可作为微波加热用的容器或支承物，而金属导体材料能很好地反射微波，可作其密封材料。

微波在园艺产品干燥方面有广阔的应用前景，如马铃薯微波干燥，可获得高品质的膨化干片，便于规模化流水线生产；洋葱经微波干制可获得原色原味的干片，适于工厂化生产。微波干制果蔬的后期易出现焦化现象，应降低微波强度，即低强度处理。使用不同强度的微波处理，可使果蔬物料在 20~30 min 内彻底干燥。不同微波功率干燥对干制品品质的影响（以香椿为例）如表 6-3 所示。

表 6-3 不同干燥方法对香椿干制品的影响

干燥方法	干燥比/%	复水比	含水量/%	维生素 C 含量/(mg/100 g)	叶绿素含量/(mg/100 g)
微波干燥（高火）	14.83	6.26	5.66	4.23	823.9
微波干燥（中火）	13.79	6.04	6.46	5.86	116.0
微波干燥（低火）	14.47	5.70	6.96	1.71	315.7
真空干燥	14.06	6.14	5.30	11.77	413.0
冷冻升华干燥	12.80	6.34	5.20	69.13	17.1
恒温干燥	14.28	6.29	5.70	14.85	34.0

（二）远红外线干燥（far-infrared drying）

远红外技术是一种高效节能的干燥新技术。远红外线干燥法就是利用红外线的高热辐射效率（波长 3~1000 μm），使光能变成热能而实现干燥，远红外线的穿透热效应使物料深处的水分产生剧烈运动而升温，在温度梯度与湿度梯度和压差作用下，加快内部扩散控制，使表面汽化控制与内部扩散控制速度相一致，达到理想的干燥速率。一般来说适宜的红外线干燥时间为热风干燥时间的十分之一左右。

远红外线依靠发射远红外线的物质获得，主要是氧化钴、氧化锆、氧化铁、氧化钇之类氧化物的混合物。远红外线辐射元件的形式很多，主要由三部分构成：即金属或陶瓷的基体、基体表面发射远红外线的涂层以及使基体涂层发热的热源。由热源产生的热量传导到表面涂层，然后由表面涂层发射出远红外线。利用远红外线干制时速度快，生产效率高。远红外线干燥的果蔬产品外观品质和内部组织结构均优于传统干燥产品，主要由于产品表层和表层以下同时吸收远红外线，所以干制均匀，制品的性能较好。远红外线干燥后产品内部组织很少有空洞，表面比较平整，颜色鲜艳。

六、干燥技术的发展

现代化的干制设备是干制技术发展的基础，近年来不断有新型、高效的干制技术出现，下面介绍几种国内外比较先进的干制技术。

（一）热泵干燥

热泵是一种本身消耗一部分能量，从低温热源吸收热量，在较高温度下放出可以利用热量的装置。热泵干燥系统主要由两个子系统组成，即热泵系统和空气系统组成。热泵干燥就是通过热泵系统吸收空气的热量并将其转移到烘干房内，提高烘干房的温度，配合相应的设备实现物料的干燥。与常规热风干燥相比，热泵干燥中空气在烘干室与除湿机之间为密闭循环，基本上不排气。因此，热泵干燥又称为除湿干燥。

与常规干燥相比，热泵干燥具有下列特点：能量利用率高，节约能源，应用在蔬菜脱水中节能高达90%；热泵干燥是一种温和的干燥方式，加热温度低（15~35 ℃），远低于传统干燥的热风温度，物料表面水分的蒸发速度与内部水分向表面迁移速度接近，使被干燥物料的色、香、味及外观好，产品质量高；热泵干燥过程中，循环空气的温度、湿度及循环流量可得到精确、有效的控制，且温度调节范围为20~100 ℃（有辅助加热装置），相对湿度调节范围为15%~80%，适合热敏性物料的干燥；热泵干燥可24 h不停运转，连续干燥加工产品，生产效率高、运行成本低；此外，对环境友好也是热泵干燥的优点。其不足是干燥效率低、处理量小。

（二）过热蒸汽干燥

过热蒸汽干燥技术是利用过热蒸汽直接与被干燥物料接触而去除水分的干燥方法。这种干燥方式以蒸汽作为干燥介质，过热蒸汽的热传递特性优于同温度下的空气，物料的温度较高，因而水分迁移率高。在蒸汽环境中，物料不会出现"硬皮"现象，这就消除了进一步干燥可能出现的障碍，产品具有多孔结构。

与热风干燥相比，过热蒸汽干燥的干燥机排出的废气全部是蒸汽，利用冷凝的方法可以回收蒸汽的潜热再加以利用，因此热效率高，有时可高达90%。用过热蒸汽作为干燥介质时，物料表面湿润、干燥应力小，不易产生开裂、变形等干燥缺陷；同时过热蒸汽干燥无氧化反应，可以避免物料氧化。例如，使用过热蒸汽干燥胡萝卜块，干燥后产品的复水性、颜色、维生素保留率均高于真空干燥的产品。

过热蒸汽干燥物料的温度是操作条件下水的沸点温度，在干燥食品物料的同时，能消灭细菌和其他有害微生物。此外，过热蒸汽干燥还具有安全性好、节能、环保的优点。但过热蒸汽干燥物料温度超过100 ℃，对一些热敏性物料是不适宜的，并且当大气温度条件下的物料进入设备时，开始会有结露现象产生，使干燥时间加长。为了解决这个问题，可以采用低压过热蒸汽干燥的方法，使物料中的水分在50~60 ℃时就能够蒸发。

（三）渗透干燥

园艺产品渗透干燥技术是在一定的温度下，将水果或蔬菜原料浸入含有可食用溶质的、高渗透压的水溶液中，利用细胞膜的半渗透性使物料中的水分转移到溶液中，达到除去部分水分的一种技术。常用的溶质包括蔗糖、葡萄糖、果糖、玉米糖浆、麦芽糊精、乳糖、氯化钠、柠檬酸钠等。一般，糖溶液用作水果的渗透脱水液，盐溶液用作蔬菜的渗透脱水液。通过渗透脱水，果蔬中的水分减少50%左右，可用于生产中等湿含量食品，或作为脱水蔬菜的预处理过程。渗透干制与传统干制方法的不同主要表现在一个浸泡过程实现了脱水和配方加工的双重效果。

渗透脱水能耗较少，而且可以减小对产品的热损伤，保留果蔬的香味，但渗透脱水通常是一个缓慢的过程。因此，在不影响果蔬品质的前提下有必要采用一定的辅助方法，如真空渗透脱水、电渗透脱水、超声渗透脱水、高流体静压渗透脱水、离心力渗透脱水等，加速渗透脱水过程中的质量传递，其中真空渗透脱水因效率高、营养损失少、环保卫生等优点而日益受到人们的青睐。

（四）气体射流冲击干燥技术

气体射流冲击干燥是利用一个或多个蒸汽喷嘴向物料表面垂直喷射气流。干空气和过热蒸汽是射流干燥中最主要的两种干燥介质。用过热蒸汽作为干燥介质时，在干燥开始的瞬间会有部分蒸汽凝结在产品的表面，就像过热蒸汽与冷的固体接触时发生的现象一样。喷嘴产生的高速气流可以产生一个气化床，使产品处于悬浮状态，从而形成一个虚拟的颗粒流化床。颗粒状果蔬原料干燥速率更快，水分分布均一，通过提高干燥介质温度可显著提高干燥速率。气体射流冲击干燥技术干燥速度快、应用普遍，但在生产过程中，蒸汽可能引起产品质地的变化，影响产品感官品质。

（五）园艺产品低温吸附干燥

低温吸附干燥是一种综合利用了冷冻除湿和吸附干燥的新型非热力干燥方法，由于在能耗、环保和品质保持方面的优势，被认为是发展新型干燥设备的首选技术之一。低温吸附干燥技术采用吸附石转轮除湿器和表面式冷却器提供温度为 $10 \sim 30$ ℃，相对湿度5%以下的低温低露点空气为干燥介质，能有效地避免高温对营养成分的破坏，干燥速率快，相对于真空冷冻干燥节能效果显著。

（六）联合（组合）干燥

不同的干制技术既有各自的优点，又有其不同的局限性，因此，在不断完善各种干制技术方法和设备的同时，依据园艺产品物料的特性，将两种或两种以上的干制方法优势互补，采取分段式干燥，或者叠加方式进行联合干制，可以获得更好的效果。例如，热风干燥、真空干燥、微波干燥、冷冻干燥等各种干制方法可以相结合，如热风—冷冻联合干燥、热风—微波联合干燥、热风—微波干燥等。与热风干燥相比，真空微波干燥显著缩短了干制的时间，加快干燥速率，降低干燥温度，获得最佳的产品。再如，特征远红外技术是微波与远红外技术的有机结合，其光线穿透力强、能耗低、辐照均匀、干制时间短，不会引起物料物理结构的变化，能较好地保持物料的色、香、味。

第三节 园艺产品干制加工工艺

园艺产品原料种类繁多，干制的方法较多，干制品的品质要求也不尽相同。园艺产品干制加工的工艺流程可简单表示为：

原料的选择→预处理→干制→包装前处理→包装→贮运

一、原料的选择

园艺产品干制时要考虑原料本身对干制品的影响。干制对果品原料的要求是：干物质含量高，风味色泽好，肉质致密，果心小，果皮薄，肉质厚，粗纤维少，成熟度适宜。对蔬菜原料的要求是：干物质含量高，风味好，皮薄肉厚，组织致密，粗纤维少。对蔬菜来说，大部分蔬菜可进行干制，只有极少数品种的蔬菜组织结构不适宜作为干制加工的原料，如黄瓜、莴笋干制后失去柔嫩松脆的质地；芦笋干制后，质地粗糙，组织坚硬，不宜食用。

二、原料的处理

园艺产品加工原料进厂后，首先要进行分级、洗涤、去皮、切分破碎、热烫护色等处理，以保证产品的质量和规格要求。其中，分选、洗涤对所有的原料均是必要的，其他则根据原料及产品的种类而定。

三、园艺产品的干制

食品干制方法分为自然干燥法和人工干燥法两类。自然干燥法是利用太阳的辐射使食品中的水分蒸发出去，或者利用寒冷天气使食品中的水分冻结，再通过冻融循环而除去水分的干燥方法。人工干燥法则是利用特殊的装置调节干制工艺条件，使物料中水分脱除的干燥方法。人工干燥方法依热交换方式和水分除去方式不同，又可分成常压对流干燥法、真空干燥法、辐射干燥法和冷冻干燥法等。

（一）自然干燥法

自然干燥法包括晒干和风干等自然方法。晒干是指直接利用太阳光的辐射能进行干燥的过程。风干是指利用湿物料的平衡水蒸气压与空气中水蒸气压的压差进行脱水干燥的过程。晒干过程中通常包含风干作用。晒干过程物料的温度低于或等于空气温度，炎热干燥和通风良好的气候环境条件适宜晒干。晒干和风干方法可用于固态食品物料的干燥（如果、蔬、鱼、肉），尤其适宜以湿润水分为主的物料的干燥（如粮谷类等）。

食品晒干可采用悬挂架式或用竹、木制成的晒盘、晒席作为干燥支撑物。物料不宜直接铺在场地上晾晒以保证食品卫生品质。晒干需要较多场地，场地宜选在向阳，光照时间长，通风位置并远离家畜厩棚、垃圾堆和养蜂场，场地便于排水，防止灰尘及其他污染。

为加速并保证食品均匀干燥，晒干时应注意控制物料层厚度。物料层不宜过厚，并注意定期翻动物料。晒干时间随食品物料的种类和气候条件而异，一般 2~3 d，长则 10 多天，甚至更长的时间。

（二）人工干燥法

人工干燥法是利用特殊的装置来调节干燥工艺条件，去除食品中水分的干燥方法。按其干燥原理、工艺、流程，大致分为空气对流干燥、接触干燥、冷冻干燥以及辐射干燥等。

四、包装前的处理

为了防止干制品发生虫害，改进制品品质，园艺产品干燥完成后，一般在包装前要经过一些处理，如均湿、挑选分级、防虫、压块后才能包装和保存。

（一）均湿（equilibration）

均湿，又称回软，目的是使制品中的水分均匀一致。干制品翻动或厚薄不均匀，以及生产批次不同会造成制品中水分含量不均，有的部分可能过干，有的部分却干燥不够，往往形成外干内湿的情况，这时需要将它们放在密闭室内或容器内短暂贮藏，使水分在干制品内部及干制品之间重新扩散和分布，从而达到均匀一致的要求。均湿处理过程合理地控制空气的相对湿度，有利于加速干制品吸附与解吸之间的平衡。不同的园艺产品干制品均湿处理所需时间不同，一般果干需要 2~5 d，菜干需要 1~8 d。

（二）筛选分级

筛选就是剔除园艺产品干制品中的杂质和异物，而分级的目的是使成品的质量合乎规格标准。在包装前干制品常用振动筛等分级设备进行筛选分级，剔除块片和颗粒大小不合标准的产品或其他碎屑杂质等物质。挑选操作应在干燥洁净的场所进行，不宜拖延太长时间，以防干制品吸潮和再次污染。分级应按照产品质量标准进行。通常采用振动筛进行筛选分级。对大小

葡萄干

合格产品还需要进一步进行人工挑选，将杂质和残缺、不良成品挑选出来，并经磁铁吸除金属杂质。若在自动化程度高的生产线上，可通过色泽、质量等进行自动分级。例如新疆葡萄干的分级主要以色泽来定，一、二、三级产品的绿色率分别要求为 90%、80% 和 75%。

（三）防虫处理

园艺产品干制品中常会有虫卵混杂现象，可能是原料携带进入或在干燥过程中混入。通常情况下，包装干制品用的容器密封后，处在低水分干制品中的虫卵很难生长，但是包装破损后，它的孔眼若有针眼大小，昆虫就能自由地出入，并在适宜的条件下生长繁殖，造成产品大量损失。常见的虫害有蛾类如印度谷蛾和无花果螟蛾，蚋类如露尾虫、米扁虫和菌蚋，还有壁虱类等。为了保证干制品的贮藏和食用安全，主要采取以下的防虫方法。

1. 物理防治法

利用环境因素中的某些物理因子（如温度、氧气、放射线等）的作用来抑制或杀灭害虫。例如低温杀虫，可将干制品贮藏在 2~10 ℃ 条件下，控制虫卵发育；高温杀虫，将果蔬干制品在 75~80 ℃ 条件下处理 10~15 min 后立即冷却，或利用热蒸汽处理 2~5 min。还可利用高频加热和微波加热杀虫，害虫因为热效应同样会被杀灭。高频加热、微波加热和辐射杀虫操作简便、杀虫效率高。

2. 化学防治法

化学药剂防治法是目前应用最广泛的一类方法，如利用甲基溴、二硫化碳（CS_2）、二氧化硫（SO_2）等，多采用熏蒸剂杀虫。此外，氧化乙烯和氧化丙烯等环氧化合物也是目前常用的烟熏剂。在一些产品中也使用甲酸甲酯、乙酸甲酯来预防虫害，用量约为 0.03%。需熏硫或高温处理、低温贮藏的干制品通常不需要进行灭虫处理。

3. 压块

干制品的压块是指在不损伤干制品品质的前提下，将干制品压缩为密度较高的砖块状。脱水蔬菜大多要进行压块处理，因为蔬菜干燥后，呈蓬松状，不利于包装和运输。一般干制的蔬菜，压块后体积可缩小 3~7 倍。此外，成品包装越紧密，包装袋内含氧量相对就越低，减少了物料与氧气的接触，降低氧化作用，还能减少虫害。

蔬菜干制品一般可在水压机中用块模压块，采用专用的连续压块机。压块压力一般为 70 kg/cm²，维持 1~3 min；含水量低时，压力要加大。蔬菜干制品水分含量低且易碎，压块前需要经过回软处理或直接用蒸汽加热 20~30 s，促使软化以便于压块并减少破碎率。有些呈热塑性的水果干制品，可用 93 ℃ 的干热空气加热处理 10 min 左右，再在 7~10 MPa 下加压

处理，压为圆块或棒状。

五、干制品的包装

干制品的包装应在低温、干燥、清洁和通风良好的室内进行，最好将相对湿度控制在30%以下。

（一）干制品的包装要求

干制品的保质期受包装的影响较大。干制品的包装应达到以下要求：能防止干制品吸湿回潮，以免结块和长霉；包装材料在90%相对湿度中，每年水分增加量不超过2%；能防止外界空气、灰尘、虫、鼠和微生物以及异味的侵入；不透外界光线；贮藏、搬运和销售过程中具有耐久牢固的特点，在高温、高湿的情况下也不会破烂；与食品相接触的包装材料应符合食品卫生要求，无毒、无害，并且不会导致食品变性、变质；包装的大小、形状和外观要有利于商品的推销。

（二）干制品的包装容器

干制食品的保藏性除了与食品组成成分、质构以及干制过程的条件控制密切相关外，所用包装材料也非常重要。包装干制品的容器要求能够密封、防虫、防潮。

常用的包装材料和容器包括：木箱、纸箱、金属罐、聚乙烯袋、复合薄膜袋等。一般内包装多用有防潮作用的材料，如聚乙烯、聚丙烯、复合薄膜、防潮纸等；外包装常用起支撑保护及遮光作用的金属罐、木箱、纸箱等。在气候干燥地区，也有用麻袋包装，为了使干制品得到很好的保存，在木箱或纸盒内须铺垫防潮纸和蜡纸；在内外壁，或只在内壁涂防水材料，如干酪乳剂、石蜡等进行防潮。

（三）包装方法

干制品的包装方法主要有普通包装、充气包装和真空包装等。很多干制品特别是粉末状干制品包装时还常附装干燥剂、吸氧剂等。

普通包装是指在普通大气压下，将经过处理和分级的干制品按一定量装入容器中。对密封性能差的容器，如纸盒和木箱，包装前应先在里面垫入蜡纸，在容器内壁涂防水材料。

真空包装和充气（氮、二氧化碳）包装，则是将产品先抽真空或充惰性气体（氮、二氧化碳），然后进行包装的方法。这种方法降低了贮藏环境的氧气含量，有利于减少制品氧化损失，增强制品的保藏性。干制品内充氮后氧气降低至2%以下，能增强维生素的稳定性并且降低产品在储藏期间的损耗。抽真空包装和充气包装可分别在真空包装机或充气包装机上完成。

六、干制品的贮藏

干制品最好贮藏在光线较暗、干燥和低温的环境中。贮藏干制品的库房要求干燥，通风良好，清洁卫生，具有防鼠措施。在贮藏干制品时，不要同时存放潮湿、有异味的其他物品。在储藏仓库内堆放装箱的干制品时，一般以总高度 2.0～2.5 m 为限，箱与墙之间要保持 0.3 m 的距离，箱与天花板至少保持 0.8 m 的距离，以利于空气流通和管理操作。

七、干制品的复水

很多干制品，尤其是蔬菜干制品需要复水后才进行烹饪食用。复水就是干制品吸收水分恢复原状的一个过程。干制品复水后恢复原来新鲜状态的程度是衡量干制品品质的重要指标。干制品的复原性就是干制品重新吸收水分后在质量、大小、形状、质地、颜色、风味、成分、结构等各方面恢复原来新鲜状态的程度。复原性越高，说明干制品的质量越好。在评价干制品复水性能好坏时，也常用复水性来衡量。干制品的复水性就是新鲜果蔬干制后能重新吸回水分的程度。

实际上，干制品复水后很难完全恢复到新鲜原料的状态及品质，干制品的复水并不是干燥历程的简单重复。这是因为干燥过程中所发生的某些变化并非可逆，如若胡萝卜干制的温度采用93 ℃，则它的复水速度和最高复水量就会下降，并且在高温条件下干燥时间越长，复水性就越差。各种蔬菜的复水倍数如表6-4所示。

表6-4 一些脱水菜的复水倍数

脱水菜种类	复水率	脱水菜种类	复水率
胡萝卜	5.0~6.0	菜豆	5.5~6.0
萝卜	7.0	刀豆	12.5
马铃薯	4.0~5.0	甘蓝	8.5~10.5
洋葱	6.0~7.0	茭白	8.0~8.5
番茄	7.0	菜豌豆	3.5~4.0

复水时水的用量和水质对干制品的复水影响较大。一般用水量为菜重的12~16倍，如用水量过多，会使水溶性色素（如花青素、黄酮类色素等）和水溶性维生素溶解损失。水的酸碱度不同，果蔬制品的颜色也会发生变化，如在碱性溶液中，白色蔬菜（花椰菜、洋葱等）变为黄色。

第四节 果蔬脆片与果蔬粉加工

果蔬脆片（fruit and vegetable crisps）口感酥脆、风格各异、老少皆宜，既保留了新鲜果蔬纯天然的色泽、营养和风味，又具有低脂肪、低热量和高纤维的特点，深受广大消费者欢迎和喜爱。加工果蔬脆片的原料非常广泛，如蔬菜中的马铃薯、豌豆、洋葱、胡萝卜、南瓜等，水果类包括苹果、香蕉、菠萝、芒果等。

一、果蔬脆片的加工

果蔬脆片的加工方法较多，常用的有油炸、真空低温油炸、挤压膨化、气流膨化等。

（一）油炸（frying）

油炸是以食用油脂为热传递介质进行果蔬食品熟制和干制的一种加工方法。它使被炸果蔬原料中的淀粉糊化、蛋白质变性，并使物料水分降低，具有酥脆的口感。油炸温度和时间是影响油炸果蔬脆片质量的主要因素。通常油炸温度以160 ℃为宜，不要超过200 ℃。这种方法耗油量大，且成品含油量高，制品易产生哈喇味，产品的长期保藏较为困难。

（二）真空低温油炸（low-temperature vacuum frying）

真空低温油炸是利用在真空状态下热油介质的热传导，使果蔬中的水分迅速蒸发，由于强烈的沸腾汽化产生较大的压强使果蔬细胞膨胀，在很短的时间内水分蒸发95%以上，果蔬水分含量降至3%~5%，经冷却后即呈酥松状。此方法的优点在于加工温度低、时间短，能保留原果蔬的风味和大部分营养成分。

（三）挤压膨化加工（extrusion processing）

挤压膨化是将果蔬物料置于挤压机的高温高压状态下，突然释放至常温常压，使物料内部结构和性质发生变化的过程。先将果蔬原料按不同的配方混合，经过预处理后，进入螺杆挤压机中，在螺杆的作用下，转化为具有非牛顿流体特性的半固体，并受到剪切及加热作用。果蔬原料在30~300 s内同时完成淀粉糊化和蛋白质变性，所需的加热温度一般在50~180 ℃范围内。挤压对食品的品质产生独特的作用，如使果蔬食品的消化性、速食性、杀菌性等趋于最大，而对食品营养成分的破坏趋于最小。

（四）气流膨化技术（gas swelling technology）

气流膨化干制又称为压力膨化干制，其干制系统主要由一个体积比压力罐大5~10倍的真空罐组成。果蔬原料经预干制至水分含量15%~25%，然后将果蔬置于压力罐内，通过加热使果蔬内部水分不断蒸发，罐内压力上升至40~480 kPa，物料温度大于100 ℃，因而与大气压下水蒸气温度相比，它处于过热状态，然后迅速打开连接压力罐和真空罐（真空罐已预先抽真空）的减压阀，压力罐内瞬间降压，使物料内部水分闪蒸，导致果蔬表面形成均匀的蜂窝状结构。在负压状态下维持加热脱水一段时间，直至达到所需的水分含量再停止加热，使加热罐冷却至外部温度时破除真空，取出产品进行包装，即得到膨化果蔬脆片。

气流膨化与挤压膨化在原料和技术方面有很大区别，如表6-5所示。

表6-5　挤压膨化与气流膨化的区别

项目	气流膨化	挤压膨化
原料	主要为粒状原料，水分和脂肪含量高时，仍可进行生产	粒状、粉状原料均可，脂肪与水分含量高时，挤压加工和产品的膨化率会受到影响，一般不适合高脂肪原料加工
加工过程中的剪切力和摩擦力	无	有
加工过程中的混炼均质效果	无	有
热能来源	外部加热	外部加热和摩擦生热
压力的形成	气体膨胀，水分汽化所致	主要是螺杆与套筒间空间结构变化所致
产品外形	球形	可以是各种形状
使用范围	窄	广
产品风味和质构	调整范围小	调整范围大
膨化压力	小	大

气流膨化有以下特点：绿色天然，气流膨化产品一般都是直接进行烘干、膨化制成，在

加工中不添加色素和其他添加剂等。气流膨化技术可用来生产新型、天然的绿色膨化休闲食品，膨化果蔬产品的含水量一般在7%以下，不利于微生物生长繁殖，可以长期保存。另外，气流膨化不易引起脆片产品油脂酸败等品质劣变。

低温气流膨化干燥技术是近年来兴起的一种新型果蔬膨化干制技术。低温气流膨化干燥也称变温压差膨化干燥，又称爆炸膨化干燥（explosion puffing drying）或微膨化干燥等，是一种新型、环保、节能的非油炸膨化干燥技术。其基本原理是将经过预处理并除去部分水分的果蔬原料，放在膨化罐中升温加压，保温一段时间后瞬间泄压，物料内部水分瞬间汽化蒸发，物料瞬间膨胀，并在真空状态下脱水干燥，进而生产出体积膨胀、口感酥脆的天然果蔬膨化食品。

二、果蔬粉的加工

果蔬粉是由新鲜的水果、蔬菜通过脱水、干燥、冻干等操作，降低其含水量，进而加工为利于贮藏运输的固体粉。果蔬粉含有大量维生素、无机盐、膳食纤维和酚类化合物，具有较高的营养价值。

（一）果蔬粉的分类

果蔬粉按加工原料可分为水果粉、蔬菜粉和坚果粉；按用途可分为原料型果蔬粉和即食型果蔬粉；按成品颗粒的大小或粒度，则分为粗粉碎、细粉碎、微粉碎和超微粉碎等类型。我国果蔬粉加工主要以细粉碎（粒度0.1~5 mm）和超微粉碎（粒度10~25 μm）为主。果蔬粉的超微细化使其物理性能提高，营养成分更容易消化，口感更好。

（二）果蔬粉的特点

果蔬粉的用途广泛，不仅可单独食用，还可以复配为多功能营养粉，制作咀嚼片或以配料的形式添加到其他食品中，丰富产品种类，增强食品的营养价值，改善色泽和风味。此外，果蔬粉具有以下明显优势：

（1）营养丰富。果蔬粉基本保持原有果蔬的营养成分及风味，并且使部分营养和功能组分利于人体消化吸收。

（2）储藏稳定性好。果蔬粉的水分含量通常低于7%，能有效抑制微生物的繁殖，降低果蔬体内酶的活性，有利于贮藏。

（3）包装和运输成本低。果蔬干燥制粉后体积减小，质量减轻，节约了包装材料，同时运输费用明显降低。

（4）原料利用率高。果蔬粉对原料的大小、形状等都没有要求，可充分利用果蔬的边角料，包括一些果蔬的皮和核也可以用于加工果蔬粉，有效提高了果蔬原料的综合利用率。

（5）满足特殊消费者需求。果蔬粉可作为新鲜果蔬的替代品，满足特殊人群，如婴幼儿、老年人、航天员、地质勘探人员等特殊人群的需要。

（三）果蔬粉的加工工艺

1. 工艺流程

原料选择→清洗→预处理→压榨→打浆（护色）→干燥→粉碎→包装→成品检验

2. 操作要点

原料选择：应选择无病虫害的新鲜果蔬或果蔬加工产品的下脚料，并剔除腐烂变质部分。

清洗：选好的原料先用1%的NaCl水溶液浸泡，再用旋转式洗涤机喷射洗涤干净。

压榨：清洗后的原料在压力机或离心机中榨尽汁液，经消毒浓缩，用于生产果蔬汁饮料。

打浆：采用切割式破碎设备或螺旋推进装置粉碎，制成浆状物，加工过程中可加0.02%的抗坏血酸进行护色。

干燥：可采用不同形式的干燥方法，脱去水分。

粉碎：干燥后的颗粒状物体放入粉碎机中粉碎成粉末，可以根据要求进行超微粉碎。

包装：按质量等级分批用复合塑料包装、密封。

第五节　园艺产品干制品相关标准

一、食品安全标准

《绿色食品　干果》（NY/T 1041—2018）规定了绿色食品干果的要求检验规则标签、标志、包装、运输和储存。此标准适用于以绿色食品水果为原料，经脱水，未经糖渍，添加或不添加食品添加剂而制成的荔枝干、桂圆干、葡萄干、柿饼、干枣、杏干（包括包仁杏干）、香蕉片、无花果干、酸梅（乌梅）干、山楂干、苹果干、菠萝干、芒果干、梅干、桃干、猕猴桃干、草莓干、酸角干。

《绿色食品　脱水蔬菜》（NY/T 1045—2014）规定了绿色食品脱水蔬菜的术语和定义、要求、检验规则、标志和标签、包装、运输和贮存。此标准适用于绿色食品脱水蔬菜，也适用于绿色食品干制蔬菜；不适用于绿色食品干制食用菌、竹笋干和蔬菜粉。

二、加工技术规程

《食品安全管理体系　果蔬制品生产企业要求》（T/CCAA 0020—2014）规定了果蔬制品生产企业（水果、蔬菜干制品、腌制品、即食即用蔬菜生产企业）建立和实施以HACCP原理为基础的食品安全管理体系的技术要求，包括人力资源、前提方案、关键过程控制、检验、产品追溯与撤回。本技术要求配合GB/T 22000—2006，适用于果蔬制品生产企业建立、实施与自我评价其食品安全管理体系，也适用于对此类食品生产企业食品安全管理体系的外部评价和认证。

三、卫生指标检验方法

《食品安全国家标准　食品微生物学检验　生鲜果蔬及其制品、食用菌制品、坚果与籽类食品采样和检样处理》（GB 4789.46—2024）规定了生鲜果蔬及其制品、食用菌制品、坚果与籽类食品的采样和检样处理方法。此标准不适用于以果蔬为原料的饮料或冷冻饮品。

四、产品标准

《绿色食品　果蔬粉》（NY/T 1884—2021）规定了绿色食品果蔬粉的术语和定义、要求、检验规则、标签、包装、运输和储存。本文件适用于绿色食品果蔬粉，包括水果粉、蔬菜粉及复合果蔬粉，不适用于固体饮料类水果粉、淀粉类蔬菜粉、调味料类蔬菜粉、脱水蔬菜、脱水水果。

《果蔬脆》（QB/T 2076—2021）规定了果蔬脆的要求、生产加工过程、检验规则、标签和包装、运输、贮存，给出了分类，描述了相应的试验方法，并界定了相关的术语和定义。本文件适用于以水果、蔬菜、食用菌的一种或多种为主要原料，添加或不添加其他配料，经真空、油炸、脱水等工艺，调味或不调味而制成的口感酥脆的即食果蔬脆产品的生产、检验和销售。

《冻干果蔬制品》（T/FJSP 0009—2020）规定了冻干果蔬制品的术语和定义、产品分类、技术要求、生产加工过程的卫生要求、检验规则、标签和标志、包装、运输、贮存、保质期。本文件适用于冻干果蔬制品的生产、检验和销售。

《非油炸水果、蔬菜脆片》（GB/T 23787—2009）规定了非油炸水果、蔬菜脆片的要求、试验方法、检验规则、标签标志、包装、运输及贮存。此标准适用于非油炸水果、蔬菜脆片的生产、检验和销售。

《出口油炸水果蔬菜脆片检验规程》（SN/T 0976—2012）规定了进出口油炸水果蔬菜脆片抽样、制样、品质、安全卫生检验、重量鉴定和包装检验的方法。此标准适用于进出口油炸苹果片、猕猴桃片、四季豆、洋葱片、莲根（藕）片、胡萝卜片等果蔬脆片的检验。

第六节　园艺产品干制品生产实例

一、苹果干的加工

苹果产量和栽培面积在国内各种果树中均居首位，是我国水果市场上最重要的水果之一。苹果具有色泽鲜艳、肉质脆嫩、酸甜适度、风味浓郁的特点，深受人们的喜爱。

（一）工艺流程

原料选择→清洗→切片→浸盐水→熏硫→回软→分级→包装→成品

（二）操作要点

1. 原料选择

要求果实中等大小、含糖量高、肉质致密、皮薄、含单宁少、干物质含量高、充分成熟，并剔除烂果，以晚熟或中熟品种为宜。

2. 清洗

用流动清水清洗，以表皮洗干净为止。

3. 去皮

可用手工或机械去皮。

4. 切片

先对半切开、去心后，横切成 5~7 mm 的薄片。

5. 盐水护色

将切后的苹果片迅速浸入 3%~5% 的盐水或 0.2%~0.3% 亚硫酸氢钠溶液中护色，防止氧化变色。

6. 熏硫

将苹果片捞起串好或放入果盘中，在熏硫室中熏硫 1 h 左右，一般 1 t 原料约需 2 kg 硫磺粉。

7. 烘干

熏硫后，送入烘房进行干制，单位面积装载量为 4~5 kg/m²。干制开始时用 75~80 ℃温度，以后逐渐降至 50~60 ℃，干燥时间需 5~8 h。干燥得率为 11%~16%。

8. 回软

为使干制苹果各部分含水量均衡，质地呈适宜柔软状态，可在贮藏室的密闭容器内堆放 2~3 个星期。

9. 分级、包装

分级后包装，防止受潮。

二、柿饼的干制

柿子，属柿树科柿属植物，原产我国长江流域及其以南地区，现以黄河流域山东、河北、河南等省种植较多。柿子含有大量果糖、葡萄糖、蔗糖、多种维生素和矿物质等，新鲜柿子含碘很多，每 100 g 约含 50 mg。柿子性味甘寒，有清热、润肺、生津、止渴、祛痰、镇咳等作用。以柿果为原料加工成的柿饼肉质柔软、细腻清甜、营养丰富，是我国的一种传统加工食品。传统的柿饼加工主要采用自然干制方法，生产周期长。20 世纪 80 年代开始有人进行人工干制法的研究，人工干制法是以烘烤代替日晒，既缩短生产周期，又提高了产品质量。

（一）工艺流程

原料选择→预处理→熏硫→保温脱涩→整形→干制→装袋→抽气充氮→密封→成品

（二）操作要点

1. 原料选择

应选果形大、形状端正、果顶平坦、含糖量高、无核或少核的柿果品种。当柿果由黄转红、尚硬未软时采收。

2. 预处理

剔除烂果和软果，选用硬果来加工柿饼。对柿果进行清洗，削去果皮。削皮要干净，不得留顶皮和花皮，仅在柿蒂周围留取 1 cm 宽的果皮。

3. 熏硫

将柿果放入密闭室内熏硫 10~15 min。燃烧硫磺的用量为，去皮后的柿果每 250 kg 鲜果用硫磺 10~20 g。熏硫可杀死柿果表面的有害微生物，还可防止柿果在保温脱涩过程中的氧化褐变。

4. 保温脱涩

烘房内温度保持在 52~55 ℃，柿果经 40 h 左右就可完全脱涩。在此期间柿果组织变软，含糖量增加 3%~5%，表面轻度皱缩。在保温脱涩期间，柿果品温为 40~50 ℃，此温度条件加速了组织细胞内单宁与多酚类物质和蛋白质的聚合反应，可溶性单宁形成多聚化合物，使柿果脱涩。

5. 整形

柿果经保温脱涩后，组织软化，应及时进行整形。可手工或使用压饼机将柿果捏成圆饼形。

6. 干制

打开烘房通风孔排除 SO_2 气体，然后升温。前期温度控制在 40~50 ℃，每隔 2 h 通风一次，每次通风 15~20 min。第一阶段需 12~18 h，果面稍呈白色，进行第一次捏饼。随后使温度保持在 50 ℃左右，烘烤 20 h，当果面出现纵向横纹后，进行第二次捏饼。两次烘制时间共需 30 h 左右。再进一步干燥，进行第三次捏饼并定形。在干制期间，每 4 h 通风换气一次，加速水汽挥发，降低烘房内湿度。当柿饼水分含量降至 36%~38%时，即可停止干制。应防止干制过度，造成柿饼果肉僵硬。

7. 装袋密封

干制结束后，通风降温 5~6 h，使柿饼品温降至常温，饼面水分充分晾干。然后在包装车间内装袋，最好使用真空充氮包袋机，将塑料食品袋内空气抽出后充入氮气再密封，可有效延长柿饼贮藏期。

8. 贮存

袋装柿饼应贮存在阴凉干燥的库房内，贮存温度以 8~15 ℃为好，防止受热或受潮。贮存期间，柿饼内糖分外渗至果面形成柿霜。成品呈圆饼形，规格整齐，内外软硬一致，软糯香甜。

三、香蕉脆片的加工

香蕉果肉丰满细腻、糯甜可口、芳香扑鼻，含有丰富的糖分和各种维生素以及钾、钙、铁等矿质元素。香蕉是高钾的食品，可平衡钠的不良作用，并促进细胞及组织生长，对维持心脑血管的正常功能、醒脑十分有利。香蕉果肉中还含一种称为 5-羟色胺的物质，它可使胃酸分泌减少，因而对胃溃疡有一定保护作用。此外，香蕉有清热、润肠、解毒、生津、活血的功效。将香蕉加工为松脆口感的果蔬脆片，深受广大消费者的欢迎和喜爱。

（一）工艺流程

原料选择→清洗→去皮→切片→护色→拌料→烘干→油炸→分级→包装

（二）操作要点

1. 原料选择

选择充分成熟，有浓厚甜味和芳香味的香蕉，剔除有病虫害、腐烂的果实。

2. 洗净、去皮、切片

将香蕉倒入清水中冲洗干净，去皮，切成 0.5~1 cm 厚的薄片。

3. 护色

为了使制品在干燥与贮藏过程中不发生褐变，保持产品原有的金黄色，可在烘烤前对原料进行护色处理。可采用以下几种方法：把香蕉片放在熏硫室内，熏硫 20~30 min，每 100 kg 原料用硫磺 2 kg；利用 4%亚硫酸钠溶液浸泡香蕉片 5~10 min；采用 1%氯化钙溶液浸泡香蕉片 5 min。

4. 拌料

先将奶粉与水按一定比例混合，倒入香蕉片中，充分搅拌，使所有的香蕉片都能黏上奶粉。

5. 烘干

将香蕉片放入烘箱中升温至 80~100 ℃，使其脱水。香蕉片含水量为 16%~18% 时，即可取出。

6. 油炸

将经过烘烤的香蕉片再放入 130~150 ℃ 的油中炸至茶色，出锅即为松酥脆香的香蕉脆片。

7. 分级包装

按香蕉脆片的色泽、大小，用聚乙烯塑料食品袋进行密封包装。

四、黄花菜的干制

黄花菜又叫金针菜，是我国的一种特色蔬菜。黄花菜营养价值高、口味鲜美，深受消费者喜爱。鲜黄花菜除一部分直接在市场上销售外，其余大多用来脱水干制，调节市场。

（一）工艺流程

原料选择→浸泡→热烫→干燥→成品

（二）操作要点

1. 原料选择

用作干制的黄花菜要选择花蕾大、黄色或橙黄色的品种。在花蕾充分发育而未开放时采收。采摘黄花的时间以每日午后 1~3 时为宜。

2. 浸泡

将原料在 2% 的柠檬酸溶液中浸泡 45 min。

3. 热烫

用 98 ℃ 蒸汽处理 70~80 s 进行灭酶。当花蕾向里凹陷，不软不硬，颜色变为淡黄色时即可。

4. 干制

利用烘房进行黄花菜干制时，以每平方米烘盘面积装载黄花菜 50 g 为宜。干燥时先将烘房温度升至 85~90 ℃，然后把黄花菜放入烘房。此时黄花菜大量吸热，使烘房温度下降到 60~65 ℃，在此温度下保持 10~12 h，最后让温度自然降至 50 ℃，直至烘干为止。在干燥期间注意倒换烘盘和翻动黄花菜，防止黄花菜烘焦粘于烘盘。整个干制期间倒盘 3~4 次，并对黄花菜进行翻动。烘干后的产品，由于含水量低，极易折断，应放到容器中回软。当黄花菜以手握不易折断，手松开能恢复弹性时，即可进行包装。

也可将热风和微波联合起来对黄花菜进行干燥，先用 90 ℃ 热风将黄花菜干燥 1 h，使其含水率降到 48%，再用低功率微波干燥 15 min，既可缩短干燥时间，提高生产效率，又可保证产品质量。

【思考题】

1. 简述园艺产品干制的原理。

2. 园艺产品干制过程分为几个阶段？各个阶段有何特点？

3. 园艺产品干燥速度的影响因素有哪些？如何影响？

4. 园艺产品在干制过程中有哪些物理和化学方面的变化？它对产品质量有何影响？

5. 简述目前园艺产品人工干制的主要方法或设备的特点。

6. 什么是回软处理？干燥后为什么要进行回软？

7. 干燥后为什么要进行压块？怎样进行压块？

8. 园艺产品干制品的包装和贮藏有何要求。

【课程思政】

干制的历史

作为一种古老的加工方法，干制最初是简单地采集水果和蔬菜，利用日光进行晒制。但自然干制法受气候条件的限制，制品质量难以控制。人为控制的干制方法，开始于18世纪末期，根据史料记载，1780年有人用热水处理蔬菜，然后于自然条件下或在火炉加热的烘房中进行干燥得到脱水蔬菜。我国干制历史悠久，《齐民要术》就有干制方法的记载，其中提到作白李法："用夏李。色黄便摘取，于盐中接之。盐入汁出，然后合盐晒令萎，手捻之令褊。复晒，更捻，极褊乃止。曝使干。"盐腌、日晒而成的果脯，当时多用"白"字来命名。在长期的生产实践中，我国劳动人民不但积累了丰富的经验，而且创造了多种多样的特色产品，如红枣、柿饼、葡萄干、荔枝干、金针菜、香草等。因此，我们要熟悉我国悠久的食品干制加工历史，感受中华民族的智慧与力量，增强对传统饮食文化的自信心和自豪感。

【延伸阅读】

葡萄干

葡萄是世界上最古老的果树之一，因其味道甜美、营养丰富而深受人们的喜爱。葡萄原产于西亚，在世界各地均有栽植。其种植面积、产量均居世界前列。2020年，世界葡萄总产量为2570万t，中国葡萄为1434.41万t。新鲜葡萄由于容易变质，不易保存，往往在贮藏运输过程中会造成损失。干燥是葡萄进行加工的主要方法之一，2020年世界葡萄干总产量125.27万t，中国葡萄干总产量19.6万t。

葡萄栽植历史悠久，多食可以缓解手足冰冷、腰痛、贫血等现象，可调节免疫力。葡萄中的大部分营养都集中于葡萄干中。葡萄干生产历史悠久，属于含热能较高、营养价值最完善的果品之一。根据《太平广记》记载，在南朝梁国的大同时期，高昌国即今天的吐鲁番县，曾派遣特使为梁武帝进献葡萄干。此外，考古学家还在吐鲁番的唐朝墓穴中发现了吐鲁番葡萄干。干燥是食品和生物制品保存最常用的方法之一，它可以将水分去除到非常低的含量，极大减少微生物、酶降解或任何水分介导的恶化反应。前人主要通过自然露天晒干、阴干和日光干燥，现有的主流葡萄干燥技术，有太阳能干燥、热风干燥、热泵干燥、真空脉冲干燥、真空冷冻干燥和组合干燥技术等。近年来，随着人们越来越重视天然食品的营养和健康效应，葡萄干未来发展和应用前景广阔。

马云龙，张雯，任艳君，等. 葡萄干燥的研究进展 [J]. 食品科技，2022，47（8）：27-35.

第七章 果蔬速冻产品加工

【教学目标】

1. 了解速冻果蔬的产品特点。
2. 掌握速冻果蔬的加工保藏原理。
3. 掌握速冻果蔬的加工工艺和操作要点。
4. 掌握速冻果蔬的质量问题和控制措施。
5. 了解速冻果蔬的相关标准。

【主题词】

冷冻保藏（frozen preservation）；速冻（quick freezing）；冻结（freezing）；过冷却（super cooling）；速冻工艺（quick freezing technology）；速冻设备（quick-freezing equipment）；速冻果蔬相关标准（standards for quick frozen fruits and vegetables）

果蔬速冻加工是利用人工制冷技术和设备，使经过预处理的果蔬中心温度迅速降低至 $-18\ ℃$，并在此温度下对产品进行较长时间贮藏的果蔬加工方式。速冻加工是一种较好保持果蔬产品固有质量的重要的加工方法。采收后的呼吸消耗和微生物污染是造成果蔬产品贮藏品质下降的主要原因，因此抑制或阻断果蔬的生理生化代谢和微生物生长是延长果蔬保藏期的基本思路。水是果蔬和微生物生理代谢的参与者和重要媒介，但当水转变为冰，即从液态变为固态后，便不再能够作为溶剂为化学反应和生化反应的发生提供条件，也不能作为反应物参与其中。果蔬冻藏的基本原理是通过使水转化为固态的方式，在不改变果蔬化学组分的前提下阻断了果蔬和污染微生物的生理生化代谢，使果蔬得以长期保藏。果蔬中水分的冻结率取决于冻结温度，温度越低，冻结率越大，当冻结率超过95%后，细胞内的理论水分活度（A_w）小于0.1，果蔬和微生物的生理代谢基本停止，因此冻藏果蔬的保藏期与冻结终点温度直接相关。然而冻结终点低温并不是获得良好品质冻藏果蔬的唯一条件，冻结速度影响着果蔬中的水分迁移、冰晶体积和冰晶形状，冻结速度越快，水分分布越接近新鲜状态，冰晶体积越小，细胞活性和完整性保持越好，冷冻果蔬的品质越高。因此，速冻是保证果蔬冻藏品质的必要条件。因为速冻加工过程基本不改变果蔬的化学构成和细胞结构，所以速冻果蔬在风味和营养价值方面最接近新鲜果蔬，这是速冻果蔬制品在追求健康、天然饮食的当代消费者中被广为接受的主要原因。

第一节 果蔬速冻原理

一、速冻果蔬的特征

速冻果蔬是速冻食品的一种，国际上至今没有对速冻食品的概念进行统一规定，但一般认为真正意义上的速冻食品应该在冻结介质温度、冰晶规格、冻结时间、热中心终点温度和贮藏运销条件5方面同时满足表7-1所列出的条件，因此速冻食品与普通的冷冻食品有很明显的区别。满足速冻食品条件的果蔬加工制品即为速冻果蔬。

表7-1 速冻食品的特征及其与普通冷冻食品的区别

条件	速冻食品	普通冷冻食品
冻结介质温度	≤ -30 ℃	$-25 \sim -23$ ℃
冰晶规格	≤ 100 μm	$100 \sim 800$ μm
通过最大冰晶生成带的时间	≤ 30 min	几小时至20小时以上
冻结结束时的热中心温度	≤ -18 ℃	-18 ℃
冻结后的贮藏、运输、销售温度	≤ -18 ℃	-18 ℃

二、果蔬的冻结原理

（一）冻结曲线

果蔬的冻结曲线是冻结过程中温度与所经历时间的关系曲线，反映了果蔬冻结的过程。果蔬冻结实质上是果蔬中水分的冻结，因此理解果蔬的冻结曲线可以从纯水的冻结曲线入手。

1. 纯水的冻结曲线

纯水冻结曲线如图7-1所示。将纯水体系放置在低于冰点的环境中，随着纯水向环境中释放热量，体系温度不断下降。在一个标准大气压的条件下，纯水的冰点是273.12 K（即0 ℃），但在一般的冻结过程中，纯水温度第一次降低到0 ℃时并不发生冻结，而是需要被冷却到低于0 ℃的某一温度时才开始发生冻结，该现象被称为过冷却。过冷却状态是水冻结的必要条件。因为水的冻结可视为水的结晶，结晶需要率先形成晶核，而晶核的形成过程则主要由热力学条件决定，即要求体系达到过冷却状态。晶核形成有两种形式，均相成核和非均相成核。均相成核指在一个体系中各处的成核几率相等，是体系内局部温度过低，导致气泡、微粒及容器壁等热起伏使原子或分子一时聚集形成新的集团（又称为新相和胚芽），当胚芽大于临界尺寸时就会成为晶核。均相成核主要发生在纯度较高的体系中，要求体系具有较大的过冷度（晶核形成温度与冰点温度之差），例如已发现很纯的微小水滴甚至在-40 ℃时还未结冰。除均相成核以外的晶核形成方式统称为非均相成核或异相成核，是指在尘埃、容器表面及其他异相表面等处形成晶核。非均相成核在纯度相对较低的体系中容易发生，不需要非常大的过冷度，只要温度比冰点低几度就能形成晶核，体积较大的水体系一般都具备非

均相成核的条件。晶核形成之后，冰晶开始围绕晶核
生长，结晶（纯水冻结）过程才真正开始。图 7-1 的
"a→b→c" 段为纯水从冰点以上到过冷却状态的过
程，b 为冰点温度，c 点为过冷却状态所能达到的最低
温度，称为过冷点。在 "a→b" 段，体系以水的状态
持续降温，向环境中释放显热 [4.2 J/（g·K）]；在
"b→c" 段，随着过冷度的不断增大，晶核开始形成，
但数量很少，因此尽管水的液化潜热很大 [334 J/g]，
却不足以克服降温的趋势，使该阶段体系温度继续下
降。当过冷却达到某一临界温度后，体系中晶核开始

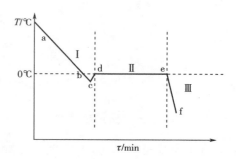

图 7-1　纯水冻结曲线
c：过冷点；d：冻结点

大量形成，发生相变的分子数量随着温度的下降急剧增多，相变潜热释放量也随之急剧增大，
在体系温度降至 c 点时出现拐点，相变潜热克服降温趋势，体系的温度开始迅速回升，直至
冰点（d 点），形成了冻结曲线的 "c→d" 段。自 d 点开始，冰晶不断生长，同时释放相变
潜热，直到体系内全部水分子完成相变，即 "d→e" 段，晶体相变在热力学上是平衡状态，
即释放的热量完全用于完成相变而不改变体系温度，因此 "d→e" 段温度恒定不变，这一温
度就是晶体的相变温度，在纯水体系中，一个标准大气压下该温度为 0 ℃，也就水的冰点。
当相变完成，全部水被冻结形成冰以后，体系再以固体的形式继续降温直至与环境温度相等，
即 "e→f" 段，因为冰的比热仅是水的一半 [2.1 J/（g·K）]，所以 "e→f" 段的斜率大于
"a→b→c" 段，理论上前者为后者的 2 倍。

2. 果蔬的冻结曲线

果蔬的主要化学成分是水，大部分果蔬水分含量高达 90% 以上，可以近似地看作是含
有糖、有机酸、矿物质等各种溶质成分的混合稀溶液体系。稀溶液的冻结曲线与纯水的冻
结曲线整体类似，也可大致分为三个阶段，但存在差异。溶液一般主要发生非均相成核，
需要的过冷度较小，因此过冷点比纯水高，甚至在实际冻结过程中由于果蔬表面潮湿、震
动等原因几乎观察不到过冷现象便直接进入相变阶段（第二阶段）。依照稀溶液依数性定
律，在相同的压力下，如果温度下降时水没有和溶质生成混合状态的固体，而是单独结晶
形成冰，则稀溶液中水的冰点会低于纯水的冰点，其冰点的降低值正比于溶液的质量摩尔
数；因此果蔬的冰点低于 0 ℃，且果蔬中可溶性固形物含量越高，冰点越低，常见果蔬冰
点如表 7-2 所示。冰不能溶解溶质，因此随着冰的析出，剩余溶液的溶质浓度不断提高，
导致冰点不断降低，使果蔬冻结曲线（图 7-2）的 d′ 点温度高于 e′ 点，但该阶段释放大量
相变潜热，降温十分缓慢，曲线斜率在 3 个阶段中最小。对于大部分果蔬而言，当温度降
至 e′ 附近时，80% 左右水分完成冻结，释放相变潜热的主要过程结束，冻结曲线出现拐点。
冻结曲线在 e′ 点之后进入第三阶段，在该阶段剩余水分继续结冰，已成冰部分进一步降温
至冻结终点温度（f′ 点）。此时体系的主要成分为冰，冰的比热比水小，进一步降温释放的
显热很少，使第三阶段的降温速率变快，曲线斜率增大，但剩余水分相变释放的潜热依然
可观，因此该阶段降温的平均速率通常小于冰点以上阶段，即斜率小于冰点以上阶段（第
一阶段）。

表 7-2　常见果蔬的冰点温度范围

种类	冰点/℃	种类	冰点/℃	种类	冰点/℃	种类	冰点/℃
苹果	-2.2~-1.7	柑橘	-2.3~-2.0	生菜	-0.6~-0.3	洋葱	-1.3~-0.9
樱桃	-4.3~-2.0	草莓	-1~-0.8	大白菜	-0.6~1.2	黄瓜	-0.9~-0.8
桃	-5~-1	葡萄	-5.3~-2.9	马铃薯	-1.8~-1.7	番茄	-1.0~-0.7

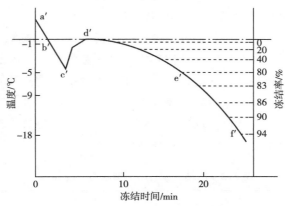

图 7-2　食品冻结曲线和冻结率

（二）冻结率

冻结率指果蔬中水分冻结的百分比（%）。由图 7-2 可以看出，随着温度的下降，冻结率上升，再结合冰点温度，冻结率可作式（7-1）的近似计算：

$$\varphi = 1 - \frac{T_1}{T} \tag{7-1}$$

式中：φ——冻结率，%；

　　T_1——果蔬的冰点，℃，可通过查表获得；

　　T——冻结终点温度，℃。

根据式（7-1）可知，当某食品冰点温度为-1 ℃时，其在-18 ℃时的冻结率约为 94%，这意味着只有 6% 的水分能够参与或辅助化学反应和生化反应进行，食品变质的速度大大降低。冻结率还影响水分活度（A_w），冻结率越高，水分活度越小，当冻结率达到 95% 时，$A_w <$ 0.1，化学反应、生化反应和微生物生长均被抑制。包括果蔬在内的大部分食品的冰点在-1 ℃附近，因此在-18 ℃时冻结率往往接近 95%，A_w 满足食品长期保藏的要求，这是大部分食品冻藏温度设置在-18 ℃以下的主要依据。

（三）最大冰晶生成带

通常将食品中 80% 水分发生冻结的温度区间称为最大冰晶生成带，对于大部分食品而言，这一温度区间为-5~-1 ℃，也包括许多果蔬。最大冰晶生成带对冷冻食品有重要的意义，由图 7-2 可知，最大冰晶生成带与冻结曲线的第二阶段基本对应，该阶段为冻结的主体过程，也是降温最为缓慢的阶段，该阶段的持续时间直接影响着冻结的速率，冻结过程中该阶段的完成时间越短，意味着冻结速率越高，而冻结速率则直接影响冷冻食品的品质。

（四）冻结速率与冻藏品质

1. 冻结速率与冻藏品质的关系

冻结会造成溶质和溶剂的分离，形成的冰晶也会对果蔬的微观结构造成影响，影响的程度主要取决于冰晶的生长位置和大小。大冰晶会对细胞膜造成较大的压力，不利于冻结后微观结构的保持；而果蔬组织细胞外的水分结冰则会造成胞内胞外渗透压的不平衡从而使水分从胞内转移到胞外，导致胞内水分丢失、细胞体积缩小以及解冻时的汁液流失。细小而均匀分布的冰晶会降低冻结过程对微观组织结构的影响。

冻结过程中冰晶体的大小与晶核数有直接关系（表7-3），晶核数量越多，生成的冰晶体就越细小。晶核数量与过冷度有关，过冷度越大，晶核数量越多，冰晶生长的速度越慢，过冷度较小时晶核数量少但体积增长迅速。在缓慢冻结过程中，成核时释放的热量无法及时转移，温度下降慢，过冷度不够大，容易形成大冰晶。而快速冻结时，成核时释放的热量能够被及时转移到环境中，温度下降快，过冷度足够大，形成的冰晶数量多而体积小，水分位移也小，因此更有利于维持果蔬组织原有的微观结构。

表7-3　冻结速度与冰晶形状之间的关系

通过 0~-5 ℃ 的时间	冰晶			
	位置	性状	大小（直径×长度）μm	数量
数秒	细胞内	针状	(1~5) ×5	极多
1.5 min	细胞内	杆状	(10~20) ×20	多数
40 min	细胞内	柱状	(50~100) ×100	少数
90 min	细胞外	块粒状	(50~200) ×200	少数

2. 冻结速率的表示方法和速冻过程的界定

（1）热中心降温速率表示法。热中心（thermal center）指降温过程中物体内部温度最高的点。对于成分均匀且几何形状规则的食品，热中心就是其几何中心。生产上常用食品热中心温度从-1 ℃降至-5 ℃所用时间长短衡量冻结快慢，若通过此温度区间的时间小于30 min，称为快速冻结；若大于30 min，称为慢速冻结。该方法中的-1~-5 ℃实际上是大部分符合稀溶液特征食品的最大冰晶生成带，因此当食品中可溶性固形物浓度升高以后，-1~-5 ℃这个温度区间应当依据最大冰晶生成带的根本定义进行修正，随着溶质浓度的升高，冰点降低，最大冰晶生成带的温度区间变宽，并向低温区移动。果蔬属于几何形状比较规则的食品，因此生产中采用该方法监测果蔬冻结过程具有较好的参考性。

（2）冰锋前移速率法。该方法最早由德国学者普朗克提出，对于几何形状不规则，不容易找到热中心的冻结对象，该方法更有实际意义。以-5 ℃作为结冰锋面（ice front），测量该截面从物体表面向内部移动的速率。并按此速率高低将冻结分成3类：

快速冻结：冰锋移动速率≥5~20 cm/h；中速冻结：冰锋移动速率≥1~5 cm/h；慢速冻结：冰锋移动速率≤0.1~1 cm/h。

此处的-5 ℃实质上依然是将冻结界面上水分冻结率达到80%作为界定结冰锋面的依据，因此当食品中可溶性固形物含量升高，冻结率达到80%所需的温度下降，结冰锋面的定义温度也应随之下降。

（3）国际制冷协会表示方法。20世纪70年代国际制冷协会提出食品冻结速率v应按式（7-2）计算：

$$v = L/t \tag{7-2}$$

式中：L——食品表面与热中心的最短距离，cm；

t——食品表面达0℃至热中心达初始冻结温度以下5 K或10 K所需的时间，h。

3. 影响冻结速率的因素

冻结速率主要受食品自身的成分结构和冻结条件的影响，食品空隙率、含水量、厚度、切片大小、冷冻介质、冻结装置、冻品的初温和终温都与冻结速率有关。

总体而言空隙率大有利于热量传递，冰锋前移速度快，冻结速率高；水的比热和相变潜热均高于脂类，因此在相同的冻结条件下，高水分含量的食品更加难以冻结；冻品厚度影响冻品中心与表面的距离L，厚度越小冻结速率越高；同一冻品不同位置的冻结速率也不一样，因为目前所有冻结方法的传热过程都是由表及里的，所以距离表面距离越短的位置冻结速率越高（图7-3）。

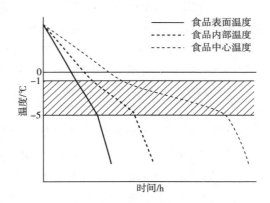

图7-3　食品不同部位的冻结过程差异

较大的冻品初温和终温差值会增加对冷量的需求，加上冻结方式的影响会增加产品干耗，因此，冻结加工之前，必须经过冷却加工将冻品初温降低到冰点附近以尽量缩小冻品初温和终温差值。不同的冷冻介质所能够提供的冷量和冻结温度不同，冻结速率也不同。冷冻加工中常见的冻结介质主要有：冷空气、金属板、干冰和液氮。

三、速冻与玻璃化转变

食物在冷链环境下可能发生相态变化，而相态变化往往关系到食物的质量、货架期和食用安全。将食物控制在最佳相态下是保障食品品质的关键因素之一，相态与食品稳定性、分子流动性和玻璃化转变温度的关系成为最新研究的关注点。食品相态的转变与食品的温度和温度变化速率有十分密切的关系。

（一）食品的玻璃化转变

玻璃态最初是高分子物理化学中的概念，用于描述非晶态的高分子化合物的相态转变。

非晶态高分子化合物形成的是分子呈非定向排列的无定形状态物质，但其相态也会随着温度的改变而发生改变，随着温度的降低，这类物质会发生如下顺序的相态转变：黏流态—高弹态（又称橡胶态）—玻璃态，三种状态流动性依次降低，黏度依次升高。与晶态化合物相态转变不同的是，非晶态化合物的相态转变不是发生在固定的温度下，而是在一段温度区间内，并且转变时不伴随相变潜热的释放或吸收。

水在固态时以定向排列的晶体状态存在，冰是水的结晶。但许多食品中由于同时含有多种成分（包括水）有可能形成更接近非晶态的无定型态物质。在冷链温度下，食品中的水可能是液态、结晶态或者玻璃态；蛋白质、多糖、脂肪等物质在冷链温度下可能是结晶态、液晶态、黏流态、高弹态或玻璃态。

玻璃态是一种近程有序、远程无序的分子分布状态，其分子分布的无序性与液态非常相似，因此，玻璃体也被视为过冷液体。从宏观物理性质看，玻璃体与液体相比具有较高的硬度和脆性，玻璃体的黏度远远大于液体，其黏度在 $10^{13} \sim 10^{14}$ Pa·s 范围内，而常温下液态水的黏度仅有 1.005×10^3 Pa·s。巨大的黏度使玻璃体具有抵抗自身重力的能力，因而有坚硬的形态。如果过冷液体黏度达到 10^{14} Pa·s，其流动速度仅 10^{-14} m/s，相当于一个世纪仅能流动 30 μm。从流动速度上看，食品在玻璃态下是非常稳定的，它不但抑制了微生物的繁殖，也控制了食品的各种生物化学反应。同时又避免了水分结晶对细胞或组织结构造成的损伤，处于玻璃态的食品内部受扩散控制的结晶、再结晶过程将不再进行，使食品在较长时间内处于稳定状态。因此玻璃化技术可以显著提高食品的稳定性。如何实现食品的玻璃态，哪些因素影响玻璃态的转变，是食品科学界研究的热点之一。

（二）食品的相图

相图能够比较清晰表达食品几种相态之间的转化关系以及转化条件，从相图中可以粗略地预判食品稳定性、货架期等信息。图 7-4 中 ABC 为冻结线，BD 为溶解度线，EFS 为玻璃化转变温度线。水溶液从 A 点开始冻结，在未达到 B 点前是冰晶与剩余溶液的混合体。当降温至 B 点时，剩余溶液中的固形物开始结晶，形成冰晶、剩余溶液和固形物晶体。当达到 C 点后，剩余溶液中能够结晶的水分已全部结晶，剩余溶液呈橡胶态。C 点称为最大冷冻浓缩点，C 点所对应的水分含量被视为不可冻结水（$1-X'_s$），它包括没有结晶的自由水和被固形物所吸附的束缚水，C 点所对应的温度为最大冷冻浓缩温度。从 C 点到 F 点没有新的晶体析出，而仅使剩余溶液从橡胶态转变为玻璃态，因此，F 点称为玻璃化转变点，所对应的温度称为玻璃化转变温度。Q 点是冻结线与玻璃化线的交点，如果 C 点与 Q 点重合，则最大冷冻浓缩温度 T'_m 与玻璃化转变温度 T'_g 相同，R 点是冻结食品中固形交织结构的玻璃化转变温度。LNO 线为 BET-单分子层水分含量线，其值由水的等温吸附曲线确定，是温度的函数，也是用水分活度评价食品稳定性的理论基础。从图 7-4 可知，BET-单分子层水分含量总是低于不可冻结水分含量。

通过水溶液相图，对已知组分适当配比的模拟食品材料进行研究，还可得到关于蔗糖、果糖、麦芽糖、淀粉、明胶等多种单一物质或者一定比例的混合物的水溶液相图，一些纯物质的 T_m、T_g 和 T'_g 也已经被获知。

近年来，对具有组织结构的动植物食品的相图的研究也陆续出现报道，较早一点的是冷冻干燥草莓和甘蓝这样实际食品的玻璃化转变温度，随后有红枣、苹果和猕猴桃等这样实际

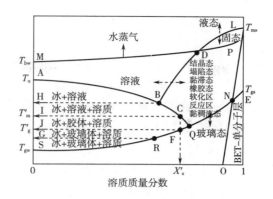

图 7-4 食品相图（李云飞，2015）

T_{bw}—沸点；T_u—共晶点；T'_m—冻结结束点；T'—冻结结束时的玻璃化转变点；T_{gw}—水的玻璃化转变点；

T_{ms}—干物质融化点；T_{gs}—干物质玻璃化转变点

食品的相图。由于实际食品组分和结构的复杂性，相关研究仍然较少，而且报道的玻璃化转变温度以及最大冷冻浓缩温度也有较大的差异。

（三）影响玻璃化转变的因素

几乎所有凝聚态物质，包括水和含水溶液都普遍具有形成玻璃态的能力。但必须具备两个条件：①物质温度 T 小于玻璃态转变温度 T_g；②该物质冷却到 T_g 以下的时间，即穿越 T_g~T_m 温度区的时间足够短，快于结晶的成核速度和晶体的生长速度。换言之，只要冷却速率足够快，温度足够低，几乎所有物质都能够从液体过冷到玻璃态固体。

即便对于同一种物质，玻璃化转变温度（T_g）也有可能不同，影响 T_g 的因素主要有：食品的水分含量、降温速度和食品非水组分。

1. 水分含量

水分含量是影响食品玻璃化转变温度的一个重要因素。一般情况下，食品体系中水分含量越高，玻璃化转变温度越低。例如，无水淀粉蔗糖混合物的玻璃化转变温度为 60 ℃，当水分上升到 2% 时，玻璃化转变温度为 20 ℃。一般而言，每增加 1% 的水分，玻璃化转变温度降低 5~10 ℃。因为物质的玻璃化转变温度是自身结构决定的，自由体积越大玻璃态转化温度越低，而水的分子量比糖、蛋白质等食品组分小，更容易发生分子运动，自身自由体积极高的同时也会增大溶质分子的自由体积。自由水含量越多越容易形成冰晶，越不容易形成玻璃态，需要保存温度足够低才能够实现玻璃化保存。

2. 降温速度

在足够快的冷却速率下，所有水溶液都可以迅速通过结晶区而不发生结晶转化，过冷成为玻璃态固体。玻璃化转变温度会随着冷却速率的变化而变化。冷却速率快，玻璃化转变温度较高；反之，则较低。由此可见，玻璃化转变温度是一个既与热力学有关，又与动力学有关的参数。

直接将食品完全冷却到玻璃态并保存是最理想的方法，但是某些食品中溶液的浓度比较小（如果蔬），要完全实现玻璃化保存，冷却速率必须达到 106 K/s 左右，而食品材料体积比较大，传热不充分，这么高的冷却速率是不可能实现的，因此实现食品的玻璃化保存只能达到部分结晶的玻璃化。

3. 食品的非水组分

分子量越小的物质越难形成玻璃态，大分子物质（如淀粉、蛋白质、脂肪）的玻璃化温度通常较高，相对易形成玻璃态。当分子量小于 3000 Dal 时，玻璃化转变温度会随着分子量的增加而升高，当分子量大于 3000 Dal 时，玻璃化转变温度与分子量无关。大多数蛋白质、多糖等物质具有非常接近的玻璃化转变曲线。

（四）玻璃化转变温度与食品稳定性

食品在玻璃态时黏度很高，束缚了食品中未被冻结的水分子，这种水分子不具有自由水的功能，因此整个食品体系是以不具有反应活性的非结晶性固体形式存在的。当食品温度在 T_g 以下时具有高度的稳定性。此时食品稳定性可采用 $(T-T_g)$ 值表示，值越大稳定性越小，反之则稳定性越大。故而将贮运温度降低至接近或小于 T_g 可以有效地提高食品的稳定性，这也是对食品进行冷链加工和贮运的又一理论依据。

四、果蔬速冻与冻藏期间品质的变化

（一）物理性质的变化

1. 体积膨胀与内压增加

果蔬含水量很高，冻结时体积容易发生膨胀。水和冰在 0 ℃时的密度分别为 0.9999 g/mL 和 0.9168 g/mL，因此 0 ℃时冰比水的体积增加约 9%。尽管温度每下降 1 ℃，冰的体积会收缩 0.005%~0.01%，但二者相比依然是膨胀大于收缩，因此水分含量越高，冻结后的膨胀比越大。冻结过程中冰层是由外向内延伸的，但当内部的水分因冻结而膨胀时，会受到外部已经冻结的冰层阻碍而产生内压，即冻结膨胀压，理论上可达到 8.7 MPa，当其超过果蔬外层承受能力后很容易导致表面组织龟裂。在冻结过程的不同阶段冻结膨胀压也不同，通常情况下冻品通过最大冰晶生成带时内压达到最大。产品厚度大、含水率高、表面温度下降较快时冻结膨胀压更高，龟裂更容易发生。例如采用液氮冻结整粒葡萄时，就很容易产生这种由冻结膨胀压导致的龟裂现象。

2. 比热下降和导热系数增加

相变会导致比热的变化，水的比热为 4.2 kJ/（kg·K），冰的比热为 2.1 kJ/（kg·K），仅为水的一半。因此所有食品冻结后比热都会下降，且水分含量越高的食品，冻结前后的比热变化越大。果蔬在常见生鲜食品中水分含量最高，因此相较于肉、乳、蛋和粮油，果蔬在冻结前后的比热变化最大。含水量高的果蔬冻结后比热甚至会下降到冻结前的 1/2 左右，低于大部分食品。水和冰都有很好的导热性，且由于比热的下降，冰的导热系数变为水的 4 倍。这使冻品在冻藏期间的稳定性变差，比热越小，导热性越大，冻品温度受环境温度波动的影响越大，越容易出现反复冻融的现象。冷冻保藏期间的反复冻融会导致小冰晶合并为大冰晶，进而影响产品的微观结构。

（二）溶质重新分布和冷冻浓缩

冻结会造成水和溶质分离，使未冻结的溶液浓度增大，冻结速率越低，浓缩效应越明显，当浓缩程度较高时则可能发生溶质结晶析出。首先，水和溶质分离会导致溶质迁移并重新分布，冻结层附近溶质的浓度相应提高，从而在尚未冻结的溶液内产生了浓度差和渗透压差，并使溶质向未冻结的溶液中部位移，冻结界面位移速度越快，溶质迁移越小，分布越均匀。其次，蛋白质在高浓度的溶液中可能会出现盐析变性；浓缩可能导致溶液 pH 发生改变，如果溶液的 pH 因浓缩而下降到蛋白质的等电点以下，蛋白质会凝固；溶液浓度变化还会改变胶体悬浮液中阴、阳离子的平衡，破坏胶体体系的稳定；气体也会因浓缩而达到过饱和，并从溶液中逸出；溶液浓缩还可能引起组织脱水，如胞内水分转移到胞外，如此则解冻后水分难以全部恢复，组织也难以恢复原有的饱满度。减小冷冻浓缩所造成的不良影响的主要手段是加快冻结速率。

（三）冰晶体成长

冻结完成后体系内部的冰晶体大小并不均匀一致。在冻藏过程中，细微的冰晶体由于表面蒸气压更大而更容易升华，气态水分的蒸气压大于冰，因此在水分没有从果蔬中散失的前提下，从小冰晶表面升华的水蒸气会重新附着在更大的还没有升华的冰晶表面，造成冰晶的生长。这导致速冻果蔬中的冰晶数量减少而体积增大。冰晶体生长给冻藏果蔬的品质带来很大的影响：主要包括组织细胞受到机械损伤、蛋白质变性、解冻后汁液流失增加等，最终使得产品的品质下降。

（四）干耗

冷冻过程不仅发生传热，也发生传质，会有一些水分从食品表面蒸发出来，从而引起干耗。干耗控制不当时散失甚至可以达到3%以上，造成大量经济损失，此外干耗也影响产品的外观，造成品质下降。食品冻结过程中的干耗（Q_m）可用式（7-3）计算：

$$Q_m = \beta A(P_f - P_a) \tag{7-3}$$

式中：β——蒸发系数，kg/（h·m²·Pa）；

A——食品的表面积，m²；

P_f——食品表面的水蒸气压，Pa；

P_a——空气的水蒸气压，Pa。

以上公式表明，蒸汽压差大，表面积大，则冻结食品的干耗也大。如果用不透气的包装材料将食品包装后冻结，由于食品表面的空气层处于饱和状态，蒸汽压差减少，就可减少食品的干耗。此外，冻结室中的空气温度和风速对食品干耗也有影响。空气温度低，相对湿度高，蒸汽压差小，食品的干耗也小。一般来说，风速越大，干耗越多。但如果冻结室内高湿、低温，加大风速可提高冻结速度，缩短冻结时间，食品也不会过分干耗。

（五）组织结构变化

冻结过程中的微观组织结构变化是由冰晶大小不均一、冻结膨胀压等综合因素引起的。果蔬属于植物组织，植物细胞中的液泡含水量高，产生的冻结膨胀压更大，组织更易被损伤。此外，植物细胞有细胞壁，动物细胞只有细胞膜，细胞壁比细胞膜厚而缺乏弹性，不能承受较大的冻结膨胀压。这些差异导致在同样速冻条件下，果蔬组织更容易产生机械损伤。但大部分果蔬蛋白质含量较低，不易像高蛋白食品那样形成由胶体重新分布引起的组织蜂巢状、海绵状等现象。

（六）色泽变化

色泽变化是果蔬加工过程中经常遇到的品质劣变现象之一，果蔬冻藏过程中的颜色变化主要由以下原因引起。

1. 制冷剂泄漏导致的颜色改变

大型冷库目前使用的制冷剂仍然为氨气，氨气呈碱性，溶于水导致冻品 pH 升高，与 pH 相关的花青苷类色素会受到影响。例如水萝卜、葡萄变成蓝色，洋葱、卷心菜、莲子的白色会变成黄色，都是由花青素在碱性条件下的颜色改变所引起的。

2. 褐变

果蔬冻藏期间的褐变主要是酶促褐变引起的，导致褐变发生的酶主要是多酚氧化酶和过氧化物酶，这两类氧化酶广泛存在于植物细胞中，在有酚类底物和氧气存在的条件下催化反应产生醌类物质，醌类物质发生聚合后会出现棕褐色，引发果蔬组织的褐变。如果速冻果蔬在前处理时没有进行充分的烫漂，则促褐变酶不能完全失活，那么即便在冻藏条件下也有可能继续催化反应。特别是过氧化物酶，对于高温的耐受性很强，是导致冻藏期间褐变的主要原因。

3. 氧化褪色

氧化褪色主要是发生在富含花青素和类胡萝卜素的速冻果蔬中，因为这两种天然色素都对氧化条件比较敏感。类胡萝卜素在氧化条件下会失去异戊二烯双键结构进而发生褪色，花青素则是在氧化条件下发生降解导致褪色。有研究表明冻藏在 $-80 \sim -20$ ℃的草莓贮藏 6 个月后花青素含量下降可达 $66.1\% \sim 80.4\%$。

（七）风味变化

果蔬的风味是滋味和气味的统称。大部分水果的香气物质是以有机酸酯类为主要构成的复杂成分，在冻藏过程中可能挥发、分解或氧化，从而使风味减淡或产生不良变化。大多数研究者认为冻藏果蔬风味的流失主要与过氧化物酶有关，意味着氧化可能是引起冷冻果蔬风味变化的重要原因。从技术上来说，更高的冻结速率和更低的冻藏温度对这些不良变化具有抑制作用。

（八）汁液流失

果蔬经速冻再解冻后，内部冰晶融化，一部分冻结时转移到胞外的水不能被细胞重新吸收回复到原来状态而成为流失液。流失液中不仅有水，而且还包括溶于水的成分，如碳水化合物、矿物质、维生素等，不仅使产品重量减轻，而且风味和营养成分也会损失。如果机械损伤轻微，因毛细管作用，流失液能保留在果肉内，需加压才能挤出。一般解冻后的流失液量与含水率有关，含水量越多，流失液量也越多。控制适宜的缓慢解冻条件有利于水分回流，可一定程度缓解汁液的流失。

（九）抗坏血酸的变化

还原型抗坏血酸保存率，或者还原型抗坏血酸含量与脱氢型抗坏血酸含量（氧化型抗坏血酸）的比值也是反映速冻果蔬质量好坏的重要指标。在冷冻过程中，抗坏血酸的损失是冻前延时和自动氧化造成的。冻藏温度高于 -18 ℃，随着冻藏天数增加，还原型抗坏血酸含量下降，脱氢型和氧化型抗坏血酸含量上升。冻结的草莓在 1.7 ℃下解冻 72 h 后，抗坏血酸含量的损失比在 $4.4 \sim 10$ ℃下解冻 24 h 和在室温解冻 5 h 的多。冷冻果蔬抗坏血酸含量损失，除了自动氧化、较高的冻藏温度和氧气的作用外，与速冻果蔬自身抗坏血酸含量、酸度、添加糖液、抗坏血酸氧化酶、多酚氧化酶、细胞色素氧化酶、过氧化物酶、光、金属离子等因素也都有一定的关系。

第二节　果蔬速冻工艺与设备

一、果蔬速冻工艺

（一）速冻果蔬加工的一般工艺

速冻果蔬加工的一般过程是依次经过：果蔬原料选择、原料预冷、原料预处理、烫漂、包装、速冻和冻藏几个步骤。

（二）工艺要点

1. 原料选择

用于速冻果蔬加工的原料一般选择新鲜、幼嫩、无病虫害、成熟度已达到速冻保藏要求的原料。速冻果蔬的主要用途是烹调原料，因此大部分情况下要求产品达到可食成熟度。

2. 原料预冷

果蔬采后有较为强烈的呼吸作用，会消耗碳水化合物等营养物质，导致产品风味下降，且温度越高，呼吸消耗越大。果蔬的采收环境往往为高温高湿条件，如果不能及时降温则产品质量下降非常快，如甜玉米，室温下存放 24 h 会损失大约 20% 的甜度，因此速冻果蔬原料的预冷必须从产地开始做起，采收后尽可能快速预冷。果蔬预冷方法主要有空气冷却、冷水预冷和真空预冷。实际过程中通常采用冷水冷却，具体方式有喷淋式和浸泡式两种。冷水冷却操作简单、成本相对低且冷却速度快，非常适合用于加工用果蔬的冷却，直径 7.6 cm 的桃在 1.6 ℃ 水中放置 30 min，可以将其温度从 32 ℃ 降到 4 ℃，直径为 5.1 cm 的桃在 15 min 内可以冷却到 4 ℃。但采用冷水预冷要注意冷却用水的清洁、消毒和更换，避免造成交叉污染。不能及时进入加工流程的原料要在冷却条件下进行贮藏。冷却贮藏的条件一般与该产品的鲜藏条件相近。

3. 原料处理

该环节主要包括清洗、修整和护色。清洗的作用是除去果蔬表面附着的灰尘、碎叶、异物和农药等，一般需要加入清洁剂。速冻果蔬加工的全流程都没有严格意义上的杀菌环节，因此，清洗对于减少微生物污染提高产品安全性至关重要。修整主要是去皮（芯）、切分，同时对原料进行护色，作用是减小体积，加快产品的冻结速度，并方便食用。速冻果蔬加工流程中没有长时间的高温灭酶环节，因此护色工艺对于提高产品质量也十分重要。常用于速冻蔬菜加工的护色剂主要是食盐、亚硫酸钠、氯化钙和碳酸钠，复配后兼具减菌、护色和保脆的作用，生产中的常用配置浓度见表 7-4。

表 7-4　常用果蔬前处理浸泡液

名称	常用浓度	功能	备注
氯化钠	2%	减菌抑菌	20~30 min
亚硫酸钠	0.1%	护色	需使用食品级
氯化钙	1%	保脆	浓度不宜过高
碳酸钠	≤0.5%	护绿	—

水果速冻预处理环节常辅以糖酸处理，目的是保护细胞壁和细胞膜，防止氧化，抑制氧化酶活性，具有改善口感、保护组织、避免褐变的作用，是保持速冻水果质量的重要步骤。糖液浓度一般为30%～50%，酸液目前多使用抗坏血酸、柠檬酸、苹果酸等，浓度为2%～4%。此外 SO_2 溶液浸渍或熏蒸也在水果速冻加工预处理中经常应用。但 SO_2 对果品的风味有一定的影响，可采用氮气稀释法减少 SO_2 的副作用。上述处理也可以复配处理液一次完成。

4. 烫漂

该环节对于速冻果蔬加工而言，是提高冻结速率，防止贮藏期间褐变的重要操作。但需要注意不能进行过度烫漂，生产速冻蔬菜时，过度烫漂也会加剧脱镁叶绿素的形成，影响色泽。漂烫后的果蔬要迅速冷却。

5. 包装

包装环节既可以在速冻之后，也可以在速冻之前。速冻前将果蔬产品包装在容器中，可以起到防止失水萎蔫，减轻氧化变色的作用。速冻食品的包装容器有涂胶的纸板杯筒、涂胶的纸盒、衬铝箔的纸板盒或纸盒内衬以胶膜、玻璃纸、聚酯层以及塑料薄膜袋等。选用时要考虑原料情况，速冻设备情况，以及操作、运输方便和使用者的要求及经济条件。切分的果品还常与糖浆共同包装速冻，可增加甜味，保存香味，同时糖浆可吸出果蔬内部的水分，冻结成冰膜，有利于防止果品氧化变色。除了包裹糖浆之外，水果在冻结前还可以撒糖粉，作用与糖液浸泡相同，糖粉与水果的比例为 1∶2～1∶10，糖粉和果片分层交叉均匀地铺放在容器中。一般加糖浆比加糖粉效果好。加糖后水果的冰点会降低，如加30%和50%浓度的糖浆冰点分别为-2.7 ℃和-7.3 ℃。为了增强糖的护色效果，可以在糖浆或糖粉中加抗坏血酸。

6. 速冻

果蔬产品经过包装后，通过传送带送入速冻机，待中心温度达-18 ℃时速冻结束。食品在冻结过程中经由表面释放出来的热量与食品的表面积、食品表面的传热系数、食品表面的温度和工作介质的温度有关，因此可以通过降低冻结初始温度、采用温度更低的降温介质、对产品进行切分以减小体积增大表面积等途径提高冻结速率。

7. 冻藏

经过速冻后的果蔬一般冻藏在-23～-18 ℃，在此温度下微生物生长发育几乎停止，酶的活性大大减弱，食品的水分蒸发减少，保质期可以达到一年左右。

8. 运输

速冻果蔬流通必须采用冷链流通系统，流动过程中产品也要维持在冻藏的温度下。装卸转移过程应保持低温，销售场所要求保持温度在-18～-15 ℃。

9. 解冻与使用

冷冻蔬菜可直接进行炖、炒、炸等烹调加工，烹调时间以短为好，过分热处理会影响质地。冷冻水果解冻后可直接食用，质量好的冷冻浆果还可作为糖制品的原料。但无论如何，速冻果蔬食用或进入其他加工工艺之前通常需要解冻，解冻过程对冻品的质量影响很大。解冻大致可视为冻结的逆过程，因此解冻过程的速度会越来越慢。不同类型的速冻食品适用的解冻策略不一样，目前的理论认为速冻果蔬适用于快速解冻法，解冻过程越短，对色泽和风味的影响就越小。解冻终温由解冻食品的用途决定。例如用作加工原料的冻品，以解冻到能用刀切断为准，此时的中心温度大约为-5 ℃。解冻介质的温度不宜太高，不能为了提高解冻速度而提高解冻介质的温度，解冻温度不宜超过 15 ℃。

解冻过程中常出现的主要问题是汁液流失，其次是微生物繁殖和酶促或非酶促等不良生化反应。除了玻璃化低温保存外，汁液流失不可避免。影响汁液流失量的因素主要包括食品的切分程度、冻结方式、冻藏条件以及解冻方式等。微生物繁殖和食品本身的生化反应速度随着解冻升温速度的增加而加速。

解冻方法很多，常用的速冻果蔬解冻方法是水解冻和电解冻（表 7-5）。其中，水解冻速度快，设备成熟，被广泛采用作为解冻速冻果蔬的方法，具体操作为浸渍或喷淋，水温一般不超过 20 ℃。电解冻法可作为水解冻的有效辅助技术。例如首先利用水解冻使冻结食品表面温度升高到-10 ℃左右，然后再采用低频电解冻技术解冻。但低频电解冻过程中冻结食品是电路中的一部分，因此要求食品表面平整，内部成分均匀，否则会出现接触不良或局部过热现象。高频电解冻和微波解冻是在交变电场作用下利用水等极性分子随交变电场方向变化而旋转的性质产生摩擦热使食品解冻。这两种方法中食品表面与电极并不接触，解冻更快，但成本高，难以控制。

表 7-5　各类解冻方式一览表

解冻类型	解冻方法		
外部加热解冻	空气解冻	静止空气解冻	
		流动空气解冻	
		加压流动空气解冻	
	水解冻	清水解冻	静水解冻
			流水解冻
			淋水解冻
		盐水解冻	
		碎冰解冻	
		减压水蒸气解冻	
	接触式解冻		
内部加热解冻	低频电流解冻（电阻型）		
	高频电介质加热解冻	超短波解冻	
		微波解冻	

二、速冻方法与设备

冻结食品的方法有很多种，但工业上目前最常用的冻结装置基本基于三种原理：冷空气冻结、金属平板冻结和冷液体喷淋冻结。三种方式有各自的特点和应用条件。

（一）冷空气冻结法

冷空气冻结法是以强烈的冷空气流流经产品使之冻结的方法。空气温度通常在-40～-30 ℃，气流速度一般为 3~5 m/s。主要设备是：隧道式速冻装置、螺旋式速冻装置、流态化速冻装置，工作过程有间歇式和连续式两种。

1. 隧道式速冻装置

隧道式速冻装置由绝热隧道（冻结室或壳体）、（制冷机的）蒸发器、液压传动装置、输送轨道、风机5个主要部分和其他辅助部分组成（图7-5）。冷空气在隧道中循环，食品通过隧道时被冻结。该冻结装置的设计有间歇式也有连续式，优点是冻结速度较快，劳动强度小；缺点是冻品表面的气流遇到阻力会改变流向和截面积，导致流速不均匀造成的冻结不均匀，干耗大，电耗大。为了控制好气流，可采用导风板挡板、强制通风室等措施来进行改善。

隧道式速冻装置根据食品通过隧道的方式可分为传送带式、吊篮式、推盘式。速冻果蔬常用的是传送带式和推盘式。在传送带式速冻隧道中冻品通过传送带在冷空气循环的隧道中由一端运动到另一端，通过计算调整传送速度，使冻品达到出口端时恰好完成冻结。传送形式有单网带式、双网带式等。该传送方式的特点是投资费用较低，通用性强，自动化程度高。

推盘式（又叫升降式）速冻隧道的传送装置由货盘推进装置和提升装置构成（图7-6）。食品装入货盘后在入口处由液压推盘机构推入冷风隧道，每次同时推进两只盘，货盘到第一层轨道末端后，被提升装置提升到第二层轨道，如此往复3次，最后经出口推出，每次出盘也是两只。相较于传送带式，该装置设备紧凑，隧道空间利用充分。

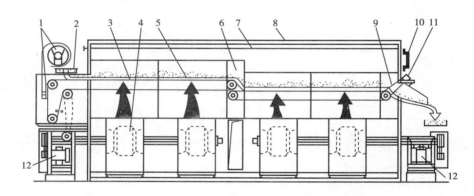

图7-5　隧道式连续冻结装置正视图（张国治，2008）

1—自动清洗和烘干输送带的装置；2—带不锈钢分配器的料斗；3—输送带的检查和控制门；4—离心风机；5—成品；6—两段的转换点；7—蒸汽除霜管；8—绝热外壳；9—卸料端口；10—冷冻控制窗口（可视）；11—减速箱；12—风机马达

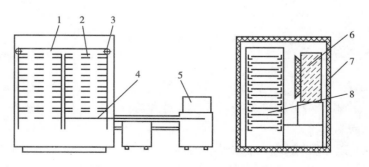

图7-6　推盘式速冻隧道示意图

1—下降装置；2—提升装置；3—拨盘器；4—进出盘推进器；5—给盘架；6—冷风机；7—保温壳体；8—货盘

2. 螺旋式速冻装置

螺旋带式冻结装置将传送带做成旋梯结构，解决了隧道式速冻装置占地面积大的问题。装置的主体为一螺旋塔，依靠摩擦力及传动机构的动力，冻品均布在传送带上随之做螺旋运动，冷气流从螺旋带的上下方同时吹入。该装置的送风方式使刚进冻的食品可尽快地达到表面冻结，减少冻结时的干耗损失和结霜量，而且输送带上的物料受双冲击气流冷冻提高了冻结速度，比常规气流设计快 15%~30%，适合速冻果蔬。该装置的缺点是小批量、间歇式生产时耗电量大，成本较高。

3. 流态化速冻装置

流态化是固体颗粒在气流的作用下翻滚飘动显示出一定的流体性质的状态。流态化速冻简单来说就是体积较小的食品单体集群在一定流速的冷空气作用下呈流态化并得到快速冻结的速冻方法。流化态速冻的特点是：冷空气高速自下而上通过食品，食品悬浮在冷空气中。为了使被冻结的食品达到悬浮在气流中的状态，首先气流的速度必须足够大，其次食品的体积要足够小，因此该方法往往用于进行单体快速冻结（individual quick freezing，IQF）。单个体积较大的食品在冻结前要切成块或片。蓝莓、樱桃、葡萄等小体积果蔬非常适用于这种方法。

流态化冻结装置通常由物料传送系统、冷风系统、冲霜系统、围护结构、进料机构和控制系统组成（图 7-7）。其主要结构是一个冻结隧道和一个多孔网带。当物料从进料口落到冻结器网带上后，就会被自下往上的冷风吹起，在冷气流的包围下，互不黏结地进行单体快速冻结。流态化冻结装置的物料传送系统一般有带式、震动槽式和斜槽式。一般蒸发器温度在 -40 ℃以下，垂直向上风速为 6~8 m/s，冻品间风速为 1.5~5 m/s，在 5~10 min 内被冻食品即可达到 -18 ℃。

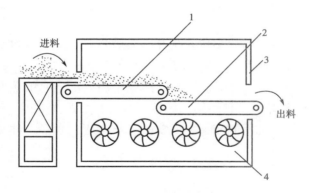

图 7-7　两段带式流态化速冻装置示意图
1—第一段；2—第二段；3—隔热外壳；4—风机

（二）间接接触速冻法

间接式接触速冻将食品放在由制冷剂（或载冷剂）冷却的平板、网带托盘或其他冷壁上，食品的一面或两面与冷壁直接接触完成速冻，但与制冷剂（或载冷剂）间接接触。主要形式有：平板式冻结、回转式冻结和履带式冻结。

1. 平板速冻装置

该装置的主要构件是一组作为蒸发器的空心平板，由钢或铝合金制成，平板与制冷剂管道接通或配蒸发管，被冻的食品压在一对平板间（图7-8）。由于食品与平板间接触密实，其传热系数很高，要求接触压力为 7~30 kPa 时传热系数可达 93~120 W/(m² · K)。平板速冻装置根据安装方式，有分体式和整体式两种，分体式将装有冻结平板及传动机构的箱体、制冷压缩机分别安装在两个装置上，在现场进行连接；整体式则是两部分组成一个整体，整体面积小、安装方便。平板速冻装置根据平板的工作位置，可分为卧式、立式；根据操作方式和机械化程度，可分为间歇式和连续式；根据制冷平板的方式，还可分为直接式和间接式。直接式装置中制冷剂直接注入空心平板，当以液氨为制冷剂时，蒸发温度为-33 ℃的液氨可以使平板的温度降到-31 ℃以下。间接式采用氯化钙溶液注入平板，当溶液温度为-28 ℃时，平板温度在-26 ℃以下。

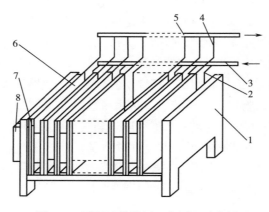

图 7-8　平板冻结装置工作原理示意图

1—机架；2、4—软管；3—供液管；5—吸入管；6—冻结平板；7—定距螺旋；8—液压装置

　　平板速冻装置适合冻结耐压的小包装食品，其特点是：冻结速度极快，干耗小，能耗少，占地面积小，投产快。厚度 1~2 cm 的食品可在 30 min 内完成冻结，适合苹果片、桃片等质地紧实、经过切分的果蔬产品。在相同的冻结温度下，它的蒸发温度可比气流冻结装置的蒸发温度提高 5~8 ℃，而且不用配风机，故电耗可减少 30%~50%，并且可在常温条件下操作。该装置的缺点是不能冻结大块食品和不耐压的食品，间歇式设备手工装卸劳动强度大。

　　2. 钢带连续式速冻装置

　　该装置的热交换方式是以产品与钢带的接触式传热为主，空气鼓风式传热为辅，产品的冻结速度很快。钢带的下面为金属冷却板，并带有低温盐水喷射装置（图7-9）。钢带采用不锈钢材质。由于盐水喷射对设备的腐蚀性很大，喷嘴易堵塞。部分设备厂家已将盐水喷射冷却系统改为钢带下用金属板蒸发器冷却。该装置适用于能与钢带很好接触的扁平状产品的单体快速冻结。

　　3. 回转式速冻装置

　　该装置是一种新型接触式连续速冻装置。主要部件为一个由不锈钢制成的回转筒，筒的外壁为冻结工作面。内壁之间的空间供制冷剂直接蒸发或载冷剂流过完成换热。制冷剂或载冷剂从一端输入筒内，从另一端输出（图7-10）。冻品呈散开状由入口被送到回转筒表面，由于回转筒表面温度很低，冻品接触后会立即贴附在上面，再由进料口传送带给冻品稍加施压，使冻品与回转筒接触良好，随回转筒旋转一周，完成冻结，转到刮刀处被刮下，然后由传送带输送到包装线进行包装。回转筒的转速根据冻结时间进行调节。该装置的特点是占地面积小、结构紧凑、冻结速度快、干耗小，缺点是对冻品形状有限制。

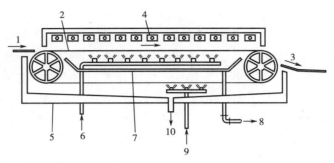

图 7-9　钢带式连续冻结装置示意图

1—进料口；2—不锈钢传送带；3—出料口；4—空气冷却器；5—隔热外壳；6—盐水入口；
7—盐水收集器；8—盐水出口；9—洗涤水入口；10—洗涤水出口

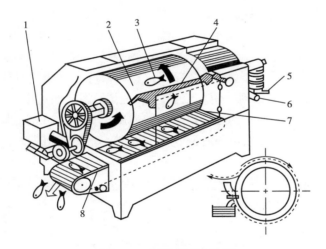

图 7-10　回转式速冻装置

1—电动机；2—滚筒冷却器；3—进料口；4、7—刮刀；5—盐水入口；6—盐水出口；8—出料传送带

（三）直接接触冻结法

直接接触冻结法是使食品和不引发食品安全问题的不冻工作液直接接触，进行热交换完成迅速降温的方法。该方法对于不冻工作液有一定的要求，包括：无毒、纯净、无异味和异样气体，无外来色泽或漂白剂，不能易燃易爆，与食品接触后不改变食品原有成分和性质。不冻工作液主要分为两类：一类是经制冷剂降温后的载冷剂，主要有冷盐水、糖溶液和丙三醇溶液；一类是低温液体，主要是液氮和液态二氧化碳。值得注意的是，目前在工业制冷机组和家用冰箱中广泛使用的制冷剂均不能用作不冻工作液。相应的方法有载冷剂浸渍冻结、载冷剂喷淋冻结、低温液体喷淋冻结、低温液体蒸发冻结。由于工作温度通常都非常低，该

类装置对铸造设备的材料也有特殊要求。

1. 载冷剂接触冻结

用于接触冻结的盐溶液的冰点必须低于−18 ℃，常用的盐类是 NaCl 和 $CaCl_2$，但当温度低于盐水的最低共溶点后，盐和水的混合物会从溶液中冻析，因此盐水有一个实际的最低冻结温度，NaCl 为−21.13 ℃。盐水冻结果蔬时必须经过包装。同时由于盐对金属具有腐蚀性，盐水中需要加入防腐蚀剂。糖溶液和丙三醇溶液可以用来直接冻结水果。糖溶液用于冻结水果时要求蔗糖具有较大的浓度，如需要达到−21 ℃则要求糖浓度（质量分数）达到 62%，该浓度的糖溶液在低温下黏稠度很大，已经很难应用于喷淋式冻结，只能进行浸渍式冻结，因而适用范围非常有限。67%（质量分数）的丙三醇水溶液的冰点为−47 ℃，但由于丙三醇有明显的甜味，不加包装的情况下只能用来冻结水果。60%（质量分数）的丙二醇冰点为−51.1 ℃，也可用于接触式冻结，但由于丙二醇有辣味，也只能针对有包装的果蔬。如果想要达到更低的温度，还可以使用聚二甲基硅醚（冰点−111.1 ℃）或右旋柠檬碱（冰点−96.7 ℃），但会增加工作液的成本。该装置一般由冻结工作槽、工作液循环泵、制冷机等几部分组成。

2. 液氮喷淋速冻装置

液氮的沸点是−196 ℃，从沸点到−20 ℃冻结终点所吸收的总热量为 383 kJ/kg，其中潜热和显热各占二分之一，是效率极高的冷媒。由于冻结速度很快，产生的冰晶细小而均匀，符合优质冻藏产品的要求。液氮速冻装置大致有喷淋式、浸渍式和冷气循环式三种。喷淋式最为常见，其外形呈隧道状，中间是不锈钢丝制的网状传送带，食品置于带上，随带移动。箱体外以泡沫塑料隔热，传送带在隧道内依次经过预冷区、冻结区、均温区，冻结完成后到出口处（图 7-11）。冷媒以一定压力进入冻结区进行喷淋冻结。吸热汽化后的氮气温度仍很低，由搅拌风机送到进料口可做预冷用。液氮速冻优点很多，如速度快、干耗小、占地少、不限制食品形态等，但也存在一些问题：由于冻结速度过快，食品表面与中心产生瞬时温差易使产品龟裂，因此冻品厚度一般以 60 mm 为限；另外，液氮冻结成本较高。

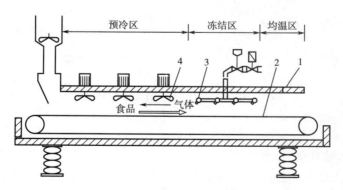

图 7-11 喷淋式液氮速冻装置示意图
1—壳体；2—传送带；3—喷嘴；4—风扇

3. 液态二氧化碳（CO_2）速冻装置

CO_2 在常压下不能以液态存在，因此高压液态 CO_2 喷淋到食品表面后会立即变成蒸汽和干冰，二者的温度均为−78.5 ℃。液态 CO_2 全部变为−20 ℃的气体时吸收的总热量为

621.8 kJ/kg，其中显热仅占 15% 左右，占份额不大，一般不做回收利用。因此液态 CO_2 喷雾速冻装置不像液氮喷淋装置那样做成长形隧道，而是做成箱形，结构及性能与隧道式速冻机更为相似。但相较于隧道式速冻机，液态 CO_2 速冻装置没有用于制冷空气的压缩机、蒸发器等构件，结构更为简单，用液态 CO_2 作为冷媒直接接触食品，温度可低达 -78 ℃，速冻效率更高，而且干耗仅为 0.8%，产品品质更好。

三、辅助冻结技术

在对食品进行制冷的同时采用辅助冻结技术有助于加快冻结速度或缩小冰晶体积。目前研究并应用较多的辅助冻结技术主要有：高压冻结、电磁场辅助冻结、电磁波辅助冻结、超声辅助冻结和真空冻结。

（一）高压冻结法

高压冻结法即利用高压条件提高冻结速率和控制冰晶大小的方法，主要分为三种形式：高压辅助冻结法（high pressure assisted freezing，HPAF）、高压切换冻结法（high pressure shift freezing，HPSF）、高压诱发冻结法（high pressure induced freezing，HPIF）。

1. 高压辅助冻结法

高压辅助冻结法是非常有应用价值的形式。其原理是通过改变冻结压力和温度获得大小、形状和密度更满足冻结产品要求的冰晶，从而提高产品的质量，如图 7-12 所示。常规压力下水冻结形成的都是 I 型冰晶，这类冰晶密度是水的 0.9 倍，会导致冻结后冰晶体积膨胀，进而损害食品的微观结构。高压下可产生的晶型有许多种，除了 I 型外其他晶型的密度均大于其所对应的水，冻结后不会产生体积膨胀，可减少冰晶对生物材料的机械破坏。图 7-12 中 ABC 高压辅助冻结获得的冰晶为 I 型，而 AGH 高压辅助冻结获得的冰晶属于Ⅲ型。

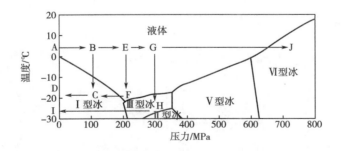

图 7-12　高压辅助冻结法（李云飞，2015）

2. 高压切换冻结法

高压切换冻结法利用了 0 ℃ 下的不冻区域，冻结是在压力释放的瞬间开始的，形成大量均匀分布的晶核，在随后的大气压下长大成为冰晶体。

如图 7-13 所示，首先对容器内的材料进行加压（1→2），当达到预定压力时开始预冷（2→3），当达到预定温度时释放压力，预定温度点 3 必须高于该压力下的初始冻结点。压力突然释放至大气压（3→4），使容器内的材料处于很大的过冷度状态，水分开始结晶并释放潜热，相变过程处于大气压下的初始冻结点（4→5），相变结束后达到冻结温度（5→6）。由于整个材料均处于等压状态，各点均有相同的过冷度，因此晶核分布均匀，形成的冰晶呈球形。研究表明，每 1 K 的过冷度，成核速率提高 10 倍，所以过冷度越大，形成的冰晶体越小。

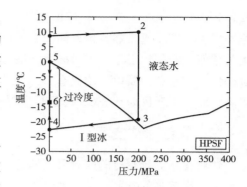

图 7-13　高压切换冻结法
（李云飞，2015）

从实际操作方便角度考虑，高压切换冻结法一般都是在大气压下完成相变，当然也可在其他特定压力下完成相变。高压切换冻结法不仅可以降低冰晶体对冻品的机械破坏，还可以降低酶活性，减缓或抑制食品中的生化反应。已有大量研究证明高压作用可灭活微生物，而高压与低温共同作用，以及冻结过程中的相转变都有利于提高微生物的灭活率。但是，高压切换冻结会使蛋白质变性，从而导致颜色、持水率、硬度值的变化。

理论上在Ⅰ型冰晶区，高压切换冻结法比高压辅助冻结法有更均匀的冰晶分布和更小的冰晶尺寸。用明胶做试验，在材料相同、冷却环境相同、相变压力相同（0.1 MPa、50 MPa、100 MPa）情况下，高压切换冻结法比高压辅助冻结法具有明显的优势，相变时间短，冰晶分布均匀。当然，与常规冻结法相比，两者均具有优势，因为压力越高，过冷度越大，冻结时间越短。

3. 高压诱发冻结法

高压诱发冻结法如图 7-14 所示，该冻结法包含两个方面，一方面如图中虚线所示，实际上是高压解冻法，先在大气压下冻结，之后再加压，其过程是一种低温解冻；另一方面如图 7-14 实线所示，对于已冻结的食品，施加压力后晶型将发生变化，一般是由Ⅰ型转变为Ⅲ型或者Ⅴ型，是固相间的转变。

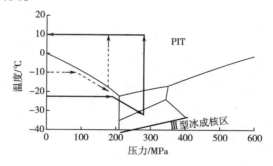

图 7-14　高压诱发冻结法（李云飞，2015）

超高压辅助冻结用于速冻果蔬加工时要注意选择耐压性好的种类和品种，一般来说浆果类水果不适用于该方法，如枸杞、蓝莓、草莓等；荔枝、芒果、菠萝、玉米、青豆和胡萝卜等肉质致密、紧实的果蔬可采用该方法。

（二）电磁场辅助冻结

电场辅助冻结作用机理还处于研究阶段，目前的观点认为，在电场作用下相变初始阶段水分子形成大的水分子簇的概率增加，更容易形成冰核，过冷点升高，但在随后液相到固相的相变过程中，电场又会抑制冰晶的生长，因为非电场方向的水分子需克服较大的位能才能进行液相到固相的转变，在特定温度下电场使溶液形成较多的同质异构体，降低了水分子簇加入晶格的可能性，离子碰撞打乱了水分子形成冰晶的次序，使原本能形成的较大的冰晶被分割开来。静电场对晶核形成的影响大于交变电场，而交变电场对冰晶生长的影响又大于静电场。电场辅助冷冻所使用的高压电较高，并且要在潮湿环境下实现冷冻过程，因此应用上存在安全隐患。

磁场辅助冷冻过程主要作用于水分子。水经过磁化后，势垒增大，具有较高的过冷度，推迟了相变，然而一旦形成晶核，其所处温度低于无磁场条件，因而相变速度加快，过程缩短，这可能与水分子间氢键的形成和溶液中离子的洛伦兹力有关。此外，磁场一定程度上限制了水分子及其团簇自由运动的范围，宏观上比无磁场处理具有更大的黏性，使水在相变过程中流动性变差，晶核生长受到抑制，冰晶偏小。

（三）微波（电磁波）辅助冻结

目前微波辅助改善冻结效果的机制还不是很清楚。目前的观点认为微波通过影响和控制水中涉及强氢键的簇 ES 和涉及弱氢键的簇 CS 之间的转化，破坏了冰的成核，抑制冰晶产生，有助于形成玻璃态。这可能是由于电磁波中水分子发生定向排列，原有的氢键断裂，水分子团尺寸减小，加快了发生在水中的各种反应的速率，增强水合作用，溶解性发生变化，可溶气体和表面疏水分子浓度增加。微波（915MHz/2450MHz）、射频（300kHz～300GHz），甚至极低频的电磁波（3～300Hz），都具有类似的效应。

（四）超声波辅助冻结

超声波辅助冷冻（UAF）发挥作用的机制不止一种。目前认为的主要机制是超声波可以通过对超声介质连续且循环的压缩和扩张进行传播，产生空化气泡，气泡经历形成、生长、振荡和破碎等过程，改变了食品的内部环境，即"空化效应"，进而促进晶核形成，并改善非均相成核造成的冰晶大小不均匀，形成数量多的小冰晶；在冰晶生长阶段"空化效应"导致压力变化与温度升高，使晶核周围的实际过冷度小于液体的平均过冷度，传质与传热效率减慢，降低了晶体的生长速率。通常来说，UAF 无须作用于整个冷冻过程，只需在相变阶段进行射频式发射，便可影响其晶核生成与改善的过程，达到改善食品品质的目的。因此，超声波对食品冷冻过程中冰晶形成阶段的影响决定了其作用效果与价值。由于材料与技术上的瓶颈，目前市场上只存在小型的实验室用 UAF 设备。此外超声波在传播过程中会发生衰减现象，使能量损失，而在大批量冷冻过程中传播距离增长，能量损失会加剧。如何保证 UAF 过程中超声功率的稳定和统一还需要结合机械工程方面的技术具体研究。

（五）真空冷冻

真空冷冻是指物料中的部分水分在真空下快速蒸发，使物料温度降低的过程。真空冷冻设备包括真空腔、真空泵、冷凝器及其他组成部分。真空冷冻过程中会产生大量的水分，因此，真空腔内一般装有蒸汽冷凝器以使水分冷凝由排水管排出。真空冷冻技术降温迅速，温度分布均匀，适于大尺寸及大堆物料的冷冻，安全卫生，饱和温度与饱和压力之间有确定的关系，使温度精准控制容易实现。但同时具有很强的样品选择性，仅适用于含水量高且具有多孔结构的物料，水分损失较高，操作不当有可能使物料产生气泡，反而破坏微观结构。

第三节　果蔬速冻制品相关标准

一、我国速冻果蔬相关标准概况

我国速冻果蔬加工呈快速发展趋势，凭借世界第一蔬菜生产大国的资源优势，我国自 20 世纪 90 年代开始出口速冻蔬菜，现已成为速冻蔬菜的生产出口大国。但与此同时，我国人均新鲜蔬菜保有量已达到 500 kg/年，居世界第一，使速冻蔬菜在国内市场占有率较低。20 世纪 80 年代，我国开始制定速冻果蔬加工相关的国家标准，如 GB/T 10470—1989《速冻水果和蔬菜的矿物杂质测定方法》，20 世纪 90 年代，速冻果蔬加工企业为了适应出口要求，也开始制定各自的企业标准。2000 以后，我国速冻果蔬相关国家标准从产品指标规范发展为对相关企业及生产过程进行规范，推进了我国的速冻果蔬产业的健康发展。2003 年，国家认监委率先颁布了《出口速冻果蔬生产企业注册卫生规范》（国认注〔2003〕51 号）。中华人民共和国国家质量监督检验检疫总局和中国国家标准化管理委员会于 2008 共同发布了我国第一部速冻果蔬生产加工相关的国家标准 GB/T 27307—2008《食品安全管理体系　速冻果蔬生产企业要求》，作为 GB/T 22000—2006《食品安全管理体系　食品链中各类组织的要求》在速冻果蔬生产企业应用的特定要求，是根据速冻果蔬生产企业特点对 GB/T 22000—2006 相应要求的具体化；于 2014 年又共同发布我国首部《速冻水果与速冻蔬菜生产管理规范》（GB/T 31273—2014）；于 2017 年再次共同发布我国首部《食用菌速冻品流通规范》（GB/T 34317—2017）。2018 年中华人民共和国国家卫生健康委员会和国家市场监督管理总局共同发布 GB 31646—2018《食品安全国家标准　速冻食品生产和经营卫生规范》；同年，中华人民共和国农业部发布 NY/T 1406—2018《绿色食品 速冻果蔬》。与此同时，各地速冻果蔬加工企业也纷纷依据自身的生产和经营情况制定或更新企业标准。目前我国的速冻果蔬已经在企业规范、生产管理规范、经营卫生规范和产品标准等方面拥有了相关的标准，保障速冻果蔬制品的质量和安全。

二、我国速冻果蔬加工相关标准内容

截至 2024 年 6 月 30 日，我国现行有效的关于速冻果蔬原料、生产加工、装备、包装、运输的标准 68 部（含 14 个速冻玉米产品相关标准），其中国家标准 11 部，行业标准 26 部，地方标准 18 部，团体标准 23 部（表 7-6）。产品方面，速冻蔬菜相关的标准最多，速冻水果的相关标准中主要以蓝莓、草莓等浆果为主，此外行业标准中涉及进出口行业的标准为 8 部，一定程度上反映了目前我国速冻果蔬加工产业的发展现状。

表 7-6　我国现行速冻果蔬相关的国家标准与行业标准

第四节　速冻果蔬生产实例

一、速冻果蔬的分类

(一) 速冻蔬菜的分类

理论上任何蔬菜都可进行速冻加工，加工过程与蔬菜所来源的植物器官有很大关系。按照来源，蔬菜分为以下六大类。

1. 果菜类

可食部分主要来源于植物的幼果，以豆科（荚果）、茄科（茄果）和葫芦科（瓠果）植物的果实为主。来源于豆科的常见果菜有：青刀豆、豇豆、菜豆等；来源于茄科的常见果菜有：茄子、番茄、青椒、辣椒；来源于葫芦科的常见果菜有：黄瓜、西葫芦、丝瓜、南瓜等。

2. 叶菜类

可食部分是菜叶和鲜嫩叶柄，常见的有：菠菜、芹菜、韭菜、叶用芥菜等。还有一部分属于结球叶菜，如甘蓝、大白菜。

3. 茎菜类

可食部分是鲜嫩的茎或变态茎，包括嫩茎、根茎、鳞茎、块茎等，常见茎菜为：马铃薯、芦笋、莴笋、洋葱、大蒜、冬笋等。

4. 根菜类

可食部分是根部，主要有：胡萝卜、甘薯、山药等。

5. 花菜类

可食部分是菜的花部器官，主要有西蓝花、菜花、金针菜等。

6. 蕈菌类

可食部分是无毒大型担子菌的子实体，我国市场上目前常见的食用蕈菌有：草菇、双孢菇、杏鲍菇、香菇、金针菇等。

(二) 适合速冻的果品

理论上所有的果品也都可被加工为速冻产品，但要选择适宜的品种和成熟度。符合速冻原料要求的果品应具备以下特性：质地坚实、可溶性固形物含量高、风味、色泽突出、耐贮性和加工适应性（耐热、抗氧化、抗褐变、机械化操作性能）强。

二、速冻玉米粒

(一) 工艺流程

玉米果穗→预冷→去皮、脱粒→清洗→烫漂→冷却→沥干→速冻→包装→冷冻贮藏

速冻玉米粒

(二) 操作单元要点

1. 原料

用于速冻加工的鲜食玉米果穗应在乳熟期适时采收，甜玉米为吐丝后 24~27 d，糯玉米

和甜加糯玉米为吐丝后 26~29 d。此时玉米籽粒基本达到最大，胚乳呈糊状，粒顶将要发硬，用手掐可掐出少许浆状水。玉米果穗应规格整齐、无病虫危害，采摘后无雨淋、曝晒和机械损伤，符合 NY/T 523—2020 的规定。

2. 预冷

玉米果穗呼吸强度非常高，糖分消耗速度非常快，因此一般采收后 6 h 内及时加工，未能及时加工的玉米穗应贮存在 0~4 ℃、相对湿度 85%~90% 的冷藏库中，并在 24 h 内完成加工。

3. 去皮、脱粒

去除苞叶和玉米花丝，剔除商品性差、有病虫害的玉米穗，切除玉米穗头尾。可采用玉米剥皮机提高工作效率。脱粒目前主要采用鲜食玉米自动脱粒机完成。

4. 清洗

用流动水冲洗干净，应符合 GB 5749 的规定。

5. 漂烫

可采用沸水或蒸汽烫漂。沸水烫漂：将玉米穗放入 100 ℃ 沸水中，沸水要完全浸没玉米穗，水沸腾开始计时。蒸汽烫漂：将玉米穗放在 100 ℃ 蒸锅中，放入时开始计时。对于不同的玉米果穗，烫漂时间不同，甜玉米沸水烫漂 12~15 min，蒸汽烫漂 14~18 min；糯玉米和甜糯玉米沸水烫漂 14~18 min，蒸汽烫漂 16~20 min。

6. 冷却

经过漂烫后的玉米穗必须立即采用两段式水预冷，第一段水温为 10~15 ℃，第二段水温为 0~5 ℃。预冷结束后玉米穗中心温度降至 10 ℃ 以下。

7. 沥干

去除表面的明水，并进一步去除有缺陷的玉米穗。

8. 速冻

将上述产品置于低于 -30 ℃ 的速冻机中进行速冻，速冻时间 15~30 min，使玉米穗中心温度 ≤ -18 ℃。

9. 包装

包装分为内包装和外包装。

内包装车间应保持 -5 ℃ 低温，包装材料应选用食品级、无异味、透气性低、厚度适宜的聚乙烯耐低温薄膜袋，包装材料应符合 GB 4806.13—2023 中的规定。

外包装完整、无污染、无破损。包装上应注明储运的温度条件。包装图示标志应符合 GB/T 191—2008 中的规定。

10. 贮藏

符合质量要求的速冻产品直接转移入 -18 ℃ 以下冷冻库中，冷冻库内产品的堆码不应阻碍空气循环，冷冻库内贮存的产品应实行先进先出制，产品保质期为 12 个月左右。

11. 运输

需采用冷链运输。物流规范应符合 SB/T 10827—2012 规定的要求。

三、速冻桃

（一）工艺流程

原料选择→切分、去皮、护色→热烫→包装、注糖液→预冷→速冻→冻藏

（二）操作单元要点

1. 原料

可参照桃罐头标准（GB 13516—2023），选择新鲜饱满、成熟适度、风味正常的桃果实原料。黄桃应为黄色至淡黄色；白桃应为乳白色至青白色，果皮、果尖、核窝及合缝处允许稍有微红色；红色品种除与果核纹孔腔相连的果肉部分有或多或少明显的杂红色以外，颜色范围在橘红色到红色；绿色品种为达到主导色为淡绿色。果实无严重畸形、霉烂、病虫害和机械伤所引起的腐烂现象。没有达到成熟度的果实可经贮藏或催熟使之达到要求的成熟度。

2. 切分

CAC（食品法典委员会）速冻桃标准中的速冻桃种类可分为以下 6 种。

（1）全果。未去核完整桃。清洗后直接进入去皮环节。

（2）对分桃。去核并切分为近似相等的 2 部分。清洗后使用劈桃机将桃沿纵轴劈成两半，再使用专用去核器去掉桃核。

（3）四分桃。去核并沿纵轴切分成近似相等的 4 部分。在对分桃的基础上通过专用切瓣机切分。

（4）楔形块。去核并切分成大致相等的楔形扇片。在对分桃的基础上通过专用切瓣机切分。

（5）碎片（规则或不规则）。去核并切分成规则或不规则大小形状。在对分桃的基础上通过切片机切分。

（6）丁。去核并切分成最大边长 15 mm 的立方体状。在对分桃的基础上通过切丁机切分。

3. 去皮

可采用酶法去皮、碱液去皮或热烫去皮。酶法去皮为 1%~1.5%果胶酶，碱液去皮采用 1.0%~2.5%热的氢氧化钠溶液烫 30~60 s 去皮，随后将桃片立即在清水中搓去桃皮，冲洗干净。热烫去皮适用于成熟度良好的原料，借助热烫工艺完成果皮的分离。

4. 热烫

将去皮的桃片放到蒸汽中蒸烫 5 min，或在沸水中烫漂 5~10 min，捞出沥干水分。烫漂后马上放入冷水中冷却，如采用热烫去皮则在此处通过冷水冲洗辅以人工剥去外皮。

5. 灌注糖液、包装

充分冷却后将果肉沥干水分，用聚乙烯袋或尼龙/聚乙烯复合袋包装，果肉与糖液比例为 70%和 30%，糖液浓度为 30%，并加入 0.3%柠檬酸、0.1%异维生素 C 和 0.2%氯化钙。

6. 冷却

将产品送入预冷隧道或预冷室降温至 0 ℃。

7. 速冻

将包装后的产品送入冷冻室，在 -30~-25 ℃下完成冻结后，放入 -18 ℃冷冻库中贮藏，

冻藏期间温度波动范围不得超过±1 ℃。

四、速冻草莓

（一）工艺流程

原料→洗果→消毒→淋洗→除萼→拣选→水洗→沥水→称重→加糖→摆盘→速冻→装袋→装箱→冻藏

（二）操作单元要点

1. 原料

应符合 GB 31646—2018 中 7.1、7.2 的规定。果实新鲜饱满、中等偏大（横径不小于 20 mm，质量 7~12 g）、匀称整齐、果肉 80%着色红色、香气明显、风味浓郁、无畸形、无腐烂、无机械伤、无病虫害。尽量于采摘当天加工处理，如不能及时加工应在 0~5 ℃冷库内摊晾保存，保持原料的新鲜度。远距离运输必须用冷藏车。

2. 洗果、除萼、拣选

在流动水槽中漂洗除去泥沙杂质，再以流水喷淋洗涤，可加入符合 GB 14930.1—2022 和 GB 14930.2—2012 规定的洗涤剂或消毒剂，但需要将洗涤剂和消毒剂用清水冲干净。人工摘除萼柄、萼片，对不易除萼的品种可用薄刀片切除花萼。同时挑出不符合标准的果实及清洗中损伤的果实。

3. 沥水、称重

在网带上沥去表面水分。按照产品规格，可分为粒状产品和块状产品，如冻品呈粒状时，沥水时间宜长，沥干为宜，如要求冻品呈块状时，沥水时间不需要太长。速冻草莓产品一般冻成块状，每块 5 kg。

4. 加糖、摆盘

按草莓重的 30%加糖，草莓糖粉交替分层撒匀，拌匀。可以在加糖时加 0.1%的抗坏血酸或柠檬酸，对于作为加工原料的冻品一般不加糖只加抗坏血酸。摆盘要平整、紧实。

5. 速冻

摆好盘后立即进行速冻，速冻室温度低于-30 ℃，10 min 内果心温度可降至-18 ℃。

6. 包装、冷藏

速冻后的草莓冻盘迅速送至温度为 0~5 ℃的冷却间进行包装。将速冻好的草莓块从盘中倒入内包装，通常为塑料袋，封口，再装入外包装，通常为纸箱，然后立即送入-18 ℃的冷库贮藏，贮藏期可达一年半左右。

五、速冻青刀豆

（一）工艺流程

青刀豆→拣选→去端、去筋→清洗→热烫→冷却→检查→预冷→沥水→单体速冻→检查→包装→贮藏

（二）单元操作要点

1. 原料

选择色泽青绿，豆荚扁平、籽小、无明显弯曲，长度 50~85 mm、宽度 15 mm、厚度 6 mm，

无明显病虫害的豆荚。

2. 挑选

手工除去虫豆、浅色豆、异色豆、粗老豆、伤豆、斑点豆等不合格豆及杂质。

3. 去端、去筋

手工去除豆荚的花末端和茎末端，摘去两侧豆筋。

4. 清洗

送入浓度为 2%~3% 的食用盐水浸泡 20~40 min，然后倒入气泡清洗机中清洗除去表面盐分和残渣。食用盐应符合 GB/T 5461—2016 的要求，清洗用水应符合 GB 5749—2022 的规定。

5. 热烫

在 95~98 ℃ 的热水中热烫 2~3 min，经常检查温度，以过氧化物酶活失活作为热烫终点。此时脂氧合酶也已经失活，可避免冻青刀豆冻藏期间出现氧化异味。青刀豆热烫不能过度，因此热烫结束后必须立即冷水喷淋冷却至 20 ℃ 以下。

6. 检查

人工去除因热烫过度而产生的变色豆、烂豆及拣选时漏掉的不合格豆。

7. 预冷、沥水

流水喷淋冷却至中心温度 5 ℃ 以下，然后通过输送网带自然沥水、振动沥水和吹风除水，除去豆荚上多余的水分。

8. 速冻

采用二段式流态化单体速冻工艺。物料层厚度约为 40 mm，物料初始温度为 5 ℃，冷空气温度为 -40~-38 ℃，第一冻结区的冷空气流速为 5~6m/s，时间为 10~15 min，第二冻结区的冷空气流速为 4~5 m/s，速冻时间为 5 min。采用此速冻工艺可使豆荚在速冻中呈现流态化，实现单体速冻，让其几何中心温度较快降到 -18 ℃ 以下，并且豆荚单体不黏连。

9. 检查、包装

在 -5 ℃ 以下的洁净环境中，拣除结块豆、黏连豆、过弯豆和杂质及前序漏检的不合格豆，然后定量装入包装袋中。包装分为内包装和外包装，内包装材料选用食品级、透气性低、厚度为 0.06~0.08 mm 的聚乙烯包装袋，应符合 GB 4806.13—2023 的规定；外包装采用瓦楞纸箱，表面涂防潮油，保持良好防潮性能，应符合 GB/T 6543—2008 的规定。

10. 贮藏

于 -18 ℃ 冷藏库中贮藏，保质期为 12 个月左右。

六、速冻西兰花

（一）工艺流程

原料挑选→整理、切分→食盐水清洗→漂洗→热烫→冷却→包装→金属检测→装箱→冻藏→成品

（二）工艺要点

1. 原料选择

选择新鲜，无腐烂、无发霉、无冻害、无病虫害及机械伤，花球紧实，球茎高不超过 8 cm 高，球面规整，未开花的原料。污染物限量应符合 GB 2762—2022 的规定，农药最大残留限

量应符合 GB 2763—2021 的规定。

2. 整理、切分

去除原料中夹带的异物和菜叶，将蕾球按簇的生长顺序切割成带嫩茎的小朵形花蕾簇。小号花球半径为 2.0～3.5 cm、茎半径<3.5 cm，大号花球半径 3.5～5.0 cm、茎半径<5.0 cm。同时剔除异色、病虫害、松散、脱落、腐烂花球，削净茎部皮层的粗老纤维。

3. 清洗

使用食盐水清洗，浓度为 1%～2%，浸泡时间 3～5 min；然后送入清洗机中清洗盐水并除去表面异物。清洗用水应符合 GB 5749—2022 的规定，设备和用具应符合 GB 4806.7—2023 和 GB 4806.9—2023 的规定。该环节还兼有护色和去除虫卵的作用。清洗后的原料要送入不锈钢网带沥干水分。

4. 热烫

使用 96～98 ℃热水进行热烫，小号花球 60～70 s，大号花球 70～90 s。

5. 冷却

热烫完成后立刻送入 16～20 ℃冷水中冷却 5～10 min，再用 0～4 ℃冰水冷却至物料中心温度达到 5 ℃以下，然后铺展在不锈钢网带上沥水，并通风吹干表面水分。

6. 速冻

将去除表面水的花球送至速冻室中，速冻室空气温度为 -40～-30 ℃，流速为 6～8m/s，小号花球速冻时间 10～12 min、大号花球 12～15 min，使花球中心温度达到 -18 ℃以下。

7. 包装

完成速冻的产品在 5 ℃以下的包装室内进行分装。包装分为内包装和外表装：内包装选用食品级、透气性低、厚度为 0.06～0.08 mm 的聚乙烯包装袋，包装规格视生产厂家实际销售需求而定，其他应符合 GB 4806.13—2023 的规定；外包装宜采用瓦楞纸箱，表面涂防潮油，并应符合 GB/T 6543—2008 的规定。

8. 贮藏

产品置于 -18 ℃以下的温度下进行贮藏，并在该温度下进行运输和销售。

【思考题】

1. 简述果蔬的速冻加工原理。
2. 简述快速冻结和缓慢冻结对果蔬质量的影响。
3. 简述果蔬速冻与冻藏期间品质的变化。
4. 简述果蔬速冻加工的一般工艺与操作要点。
5. 简述常见的果蔬速冻方法与设备。
6. 简述典型果蔬速冻加工的工艺流程与质量控制。

【课程思政】

绿色高效制冷在行动

制冷剂是制冷系统工作的关键组成部分。理想的制冷剂应具备相变潜热大、沸点低、冷凝点低、对金属无腐蚀性、不易燃烧、不爆炸、无毒无味、易于检测、易得价廉等特点。卤代烷烃（俗称"氟利昂"）兼具以上特性，曾经是冰箱等小型制冷机组的首选制冷剂。然而氟利昂排放到大气中会在紫外线的作用下分解臭氧，破坏地球大气层对太阳紫外辐射的吸收屏障，增加皮肤癌、白内障和免疫缺损症的发生率，并危害农作物和水生生态系统；此外氟利昂还是一种重要的温室气体，其温室效应是二氧化碳的 3400~15000 倍。通过缔结国际公约的方式来限制、禁止氟利昂的生产与使用是目前为止国际社会保护臭氧层最为行之有效的方法，为此，46 个国家于 1987 年签署了《维也纳保护臭氧层协定书》，开始采取保护臭氧层的具体行动。1989 年，我国加入该协定。2007 年 7 月 1 日，我国政府实施了最后一个氟利昂淘汰计划，较之前的承诺提前了两年半，为保护臭氧层作出了极大贡献。

我国人口众多，消费市场巨大，是全球最大的制冷产品生产、消费和出口国。主要制冷产品节能空间达 30%~50%。实施绿色高效制冷行动，既是节能提高能效、推进生态文明建设的必然要求，也是扩大绿色消费、推动制冷产业转型升级高质量发展的有效举措，还是积极应对气候变化、深度参与全球环境治理的重要措施。2019 年国家发展改革委等七部委联合印发《绿色高效制冷行动方案》，方案提出：在 2017 年基础上，到 2022 年，我国家用空调等制冷产品的市场能效水平提升 30% 以上，绿色高效制冷产品市场占有率将提高 20%，实现年节电约 1000 亿千瓦时。到 2030 年，大型公共建筑制冷能效提升 30%，制冷总体能效水平提升 25% 以上，绿色高效制冷产品市场占有率提高 40% 以上。

从禁止使用氟利昂到提出绿色高效制冷行动方案，中国政府和中国人民始终在积极践行保护地球生态环境的文明发展理念，体现了大国的责任与担当。

【延伸阅读】

阅读材料

速冻果蔬产业如何"墙内开花里外香"

速冻果蔬凭借不受季节限制、加工方便、保鲜期长等优势逐渐受到市场青睐。以速冻蔬菜为例，2020 年，全球速冻蔬菜市场规模达到 50 亿元，预计 2026 年将达到 58 亿元，年复合增长率为 2.2%。虽然我国速冻果蔬市场起步较晚，但凭借独特的资源优势，以及冷冻技术、冷链物流的不断完善，速冻果蔬产业近年来加速发展，产品种类日益丰富，质量也得到提高，不仅巩固和拓展了广阔的国际市场，也正在加速对国内消费市场的培育，产业迎来了前所未有的发展良机。

速冻果蔬技术是一种"农产品初加工"技术，中华人民共和国农业农村部相关文件中对农产品初加工的定义是指"不极大改变农产品体态，不损失农产品内部营养的一种加工方式"。因此，新鲜果蔬"化身"速冻果蔬，仅涉及"采收—预冷—清洗—分选—去皮去核—切分—冷冻"等主要流程，不仅果蔬表面的微生物、脏污和农残等会得到有效控制，而且营养流失缓慢，口感风味也比较稳定。

高娇娣. 向海外拓展　向国内挖潜——速冻果蔬产业如何"墙内开花里外香"[N]. 中国食品报，2022-05-09（2）.

本章课件

第八章　果蔬汁加工

【教学目标】

1. 熟悉果蔬汁的分类。
2. 掌握果蔬汁加工基本原理、工艺及要点。
3. 了解果蔬汁加工中的主要设备。
4. 理解并掌握果蔬汁常见质量问题与控制措施。
5. 了解果蔬汁产品的相关标准。

【主题词】

　　果蔬汁（fruits and vegetables juices）；均质（homogenization）；脱气（degasification）；浓缩（concentration）；芳香物回收（fragrant substance recovery）；杀菌（sterilization）；热灌装（hot filling）；冷灌装（cold filling）；无菌灌装（aseptic filling）；NFC（not from concentrate，NFC）果蔬汁

第一节　果蔬汁的分类

一、果蔬汁及其饮料的营养价值与产品特点

　　果蔬汁是果蔬的汁液部分，含有果蔬中所含的各种可溶性营养成分，如矿物质、维生素、糖、酸和果蔬的芳香成分，因此营养丰富、风味良好，无论在营养或风味上，都是十分接近天然果蔬的一种制品。果蔬汁一般以提供维生素、矿物质、膳食纤维（浑浊果汁和果肉饮料）为主，此外果蔬汁还含有一些有益于健康的植物成分，如生物类黄酮是一种天然抗氧化剂，能维持血管的正常功能，并能保护维生素 A、维生素 C、维生素 E 等不被氧化破坏；又如番茄汁含有大量的柠檬酸和苹果酸，对新陈代谢有好处，可以促进胃液生成，加强对油腻食物的消化，保护血管，防治高血压等。果蔬汁的营养成分易为人体所吸收，除一般饮用外，也是很好的婴幼儿食品和保健食品。但是不同种类的果蔬汁产品的营养成分差距比较大，澄清汁制品澄清透明、比较稳定，为消费者喜爱，但经过各种澄清工艺处理，营养成分损失很大，事实上从一定的角度看，澄清果蔬汁是一种嗜好型饮料，而浑浊汁因含有果肉微粒，在营养、风味和色泽上都比澄清汁好，如橙汁中维生素 C 的含量超过 40 mg/100 g。果蔬汁中含

有较丰富的矿物质，是一种生理碱性食品，进入人体后呈碱性，有利于保持人体血液的中性，具有重要的生理作用。

果蔬汁（fruits and vegetables juices）是果汁和蔬菜汁的合称，是以新鲜或冷藏果蔬（也有一些采用干果）为原料，经过清洗、挑选后，采用物理方法（如压榨、浸提、离心等）得到的果蔬汁液，一般称作天然果蔬汁或100%果蔬汁。以果汁或蔬菜汁为基料，加水、糖、酸或香料等调配而成的汁液，则称为果蔬汁饮料。果蔬汁有多种分类方法，按原料种类可分为果汁及果汁饮料，蔬菜汁及蔬菜汁饮料；按工艺可分为澄清果蔬汁、浑浊果蔬汁、浓缩果汁和果汁粉等。

二、果蔬汁及果蔬汁饮料分类

根据 GB/T 10789—2015《饮料通则》及 GB/T 31121—2014《果蔬汁及其饮料》，果蔬汁的分类如下所示。

（一）果蔬汁（浆）

果蔬汁（浆）是以水果或蔬菜为原料，采用物理方法（机械方法、水浸提等）制成的可发酵但未发酵的汁液、浆液制品；或在浓缩果蔬汁（浆）中加入其加工过程中除去的等量水分复原制成的汁液、浆液制品，如原榨果汁（非复原果汁）、果汁（复原果汁）、蔬菜汁、果浆/蔬菜浆、复合果蔬汁（浆）等。

可使用糖（包括食糖和淀粉糖）、酸味剂或食盐调整果蔬汁（浆）的口感，但不得同时使用糖（包括食糖和淀粉糖）和酸味剂调整果蔬汁（浆）的口感。

可回添香气物质和挥发性风味成分，但这些物质或成分的获取方式必须采用物理方法，且只能来源于同一种水果或蔬菜。

可添加通过物理方法从同一种水果和（或）蔬菜中获得的纤维、囊胞（来源于柑橘属水果）、果粒、蔬菜粒。

只回添通过物理方法从同一种水果或蔬菜获得的香气物质和挥发性风味成分，和（或）通过物理方法从同一种水果和（或）蔬菜中获得的纤维、囊胞（来源于柑橘属水果）、果粒、蔬菜粒，不添加其他物质的产品可声称100%。

1. 原榨果汁（非复原果汁）

原榨果汁（非复原果汁）是以水果为原料，采用机械方法直接制成的可发酵但未发酵的、未经浓缩的汁液制品。采用非热处理方式加工或巴氏杀菌制成的原榨果汁（非复原果汁）可称为鲜榨果汁。

2. 果汁（复原果汁）

果汁（复原果汁）是在浓缩果汁中加入其加工过程中除去的等量水分复原而成的制品。

3. 蔬菜汁

蔬菜汁是以蔬菜为原料，采用物理方法制成的可发酵但未发酵的汁液制品，或在浓缩蔬菜汁中加入其加工过程中除去的等量水分复原而成的制品。

4. 果浆/蔬菜浆

果浆/蔬菜浆是以水果或蔬菜为原料，采用物理方法制成的可发酵但未发酵的浆液制品，或在浓缩果浆或浓缩蔬菜浆中加入其加工过程中除去的等量水分复原而成的制品。

5. 复合果蔬汁（浆）

复合果蔬汁（浆）是含有不少于两种果汁（浆）或蔬菜汁（浆）、或果汁（浆）和蔬菜汁（浆）的制品

（二）浓缩果蔬汁（浆）

浓缩果蔬汁（浆）是以水果或蔬菜为原料，从采用物理方法制取的果汁（浆）或蔬菜汁（浆）中除去一定量的水分制成的、加入其加工过程中除去的等量水分复原后具有果汁（浆）或蔬菜汁（浆）应有特征的制品。

可回添香气物质和挥发性风味成分，但这些物质或成分的获取方式必须采用物理方法，且只能来源于同一种水果或蔬菜。

可添加通过物理方法从同一种水果和（或）蔬菜中获得的纤维、囊胞（来源于柑橘属水果）、果粒、蔬菜粒。

含有不少于两种浓缩果汁（浆）、浓缩蔬菜汁（浆），或浓缩果汁（浆）和浓缩蔬菜汁（浆）的制品为浓缩复合果蔬汁（浆）。

（三）果蔬汁（浆）类饮料

果蔬汁（浆）类饮料是以果蔬汁（浆）、浓缩果蔬汁（浆）、水为原料，添加或不添加其他食品原辅料和（或）食品添加剂，经加工制成的制品，如果蔬汁饮料、果肉（浆）饮料、复合果蔬汁饮料、果蔬汁饮料浓浆、发酵果蔬汁饮料、水果饮料等。

可添加通过物理方法从水果和（或）蔬菜中获得的纤维、囊胞（来源于柑橘属水果）、果粒、蔬菜粒。

1. 果蔬汁饮料

果蔬汁饮料是以果汁（浆）、浓缩果汁（浆）或蔬菜汁（浆）、浓缩蔬菜汁（浆）、水为原料，添加或不添加其他食品原辅料和（或）食品添加剂，经加工制成的制品。

2. 果肉（浆）饮料

果肉（浆）饮料是以果浆、浓缩果浆、水为原料，添加或不添加果汁、浓缩果汁、其他食品原辅料和（或）食品添加剂，经加工制成的制品。

3. 复合果蔬汁饮料

复合果蔬汁饮料是以不少于两种果汁（浆）、浓缩果汁（浆）、蔬菜汁（浆）、浓缩蔬菜汁（浆）、水为原料，添加或不添加其他食品原辅料和（或）食品添加剂，经加工制成的制品。

4. 果蔬汁饮料浓浆

果蔬汁饮料浓浆是以果汁（浆）、蔬菜汁（浆）、浓缩果汁（浆）或浓缩蔬菜汁（浆）中的一种或几种、水为原料，添加或不添加其他食品原辅料和（或）食品添加剂，经加工制成的，按一定比例用水稀释后方可饮用的制品。

5. 发酵果蔬汁饮料

发酵果蔬汁饮料是以水果或蔬菜、或果蔬汁（浆）、或浓缩果蔬汁（浆）经发酵后制成的汁液、水为原料，添加或不添加其他食品原辅料和（或）食品添加剂的制品，如苹果、橙、山楂、枣等经发酵后制成的饮料。

6. 水果饮料

水果饮料是以果汁（浆）、浓缩果汁（浆）、水为原料，添加或不添加其他食品原辅料和

（或）食品添加剂，经加工制成的果汁含量较低的制品。

三、果蔬汁按工艺的分类

（一）澄清果蔬汁

澄清果蔬汁也称为透明果蔬汁，不含悬浮物，外观呈清亮透明的状态。一般原料经过提取后所得的汁液，往往含有一定比例的微细组织及蛋白质、果胶物质等，使汁液浑浊不清，特别是放置一段时间后，出现分层现象，甚至产生沉淀。但其经过滤、静置或加澄清剂后，即可得到澄清透明果蔬汁，如苹果汁、葡萄汁、冬瓜汁等。

（二）浑浊果蔬汁

浑浊果蔬汁外观呈浑浊均匀的液态，果蔬汁内含有微粒。其制造工艺与清汁有所不同，它不经澄清处理，但须经过高压均质等处理，不允许有大颗粒，以免影响商品价值。浑浊果汁中留有果肉微粒，其营养成分大部分存在于果汁的悬浮微粒中，故风味、色泽和营养价值都较清汁要好，如橘子汁、菠萝汁、西红柿汁。

（三）浓缩果蔬汁

浓缩果蔬汁是原果蔬汁经蒸发或冷冻，或其他适当的方法，使其浓度提高到 20 °Bé 以上的浓厚果汁，不得加糖、色素、防腐剂、香料、乳化剂及人工甜味剂等添加剂。浓缩倍数有 3~6 等几种，可溶性固形物有的可高达 60%~75%。

（四）果蔬汁粉

果蔬汁粉是浓缩果蔬汁通过喷雾干燥制成的脱水干燥产品，含水量 3% 左右。

第二节　果蔬汁的加工工艺

一、工艺流程

原料→挑选→分级→清洗→破碎→热处理→酶解→打浆或取汁→过滤→

$$\left.\begin{array}{l}\text{澄清、过滤（澄清汁）}\\\text{均质、脱气（浑浊汁）}\\\text{浓缩（浓缩汁）}\\\text{干燥（果蔬汁粉）}\end{array}\right\} \to 灌装→杀菌→冷却→检测→成品$$

二、工艺要点

（一）预处理

预处理包括原料选择、清洗、破碎、加热和酶解等环节。

1. 原料选择

选择新鲜、成熟、风味好、香气浓郁、色泽稳定、汁多、酸味适度的原料，剔除霉烂果、病虫果、未熟果和杂质，以保证果汁的质量。采用干果原料时，干果应该无霉烂果或虫蛀果。

（1）具有本品种典型的鲜艳色泽，且在加工中色素稳定。

（2）具有该品种典型而浓郁的香气，香气在加工中最好能保持稳定。

（3）出汁（浆）率高，出汁（浆）率一般是指从果蔬原料中压榨（或打浆）出的汁液（或原浆）的重量与原料重量的比值。出汁率低不仅会使成本升高，而且会给加工过程造成困难。出汁（浆）率的高低与品种、成熟度等因素密切相关。主要果蔬通常的出汁率为：苹果为 77%~86%、梨为 78%~82%、葡萄为 76%~85%、草莓为 70%~80%、酸樱桃为 61%~75%、柑橘类为 40%~50%、其他浆果类为 70%~90%；出浆率则应达到如下指标：杏 78%~80%、桃 75%~80%、梨 85%~90%、李 80%~85%、浆果类 90%~95%。

（4）营养丰富且在加工过程中保存率高。

（5）具有适宜的糖酸比，一般用于加工果汁的果实糖酸比在 15~25：1 为宜，其果实含糖量一般在 10%~16%。

（6）硬度适宜，硬度太大取汁困难，太小也不利于出汁。

（7）不利成分含量低，如柑橘类果实中橙皮苷和柠碱含量高的品种制汁时，产品苦味重，严重影响果蔬汁品质，不宜采用。某些苹果中酚类物质含量高，制汁过程中褐变严重，不宜采用。胡萝卜含纤维和挥发油过高会影响到胡萝卜汁产品的风味和口感，应选用纤维和挥发油含量低的原料。

（8）可溶性固形物含量高为宜，可溶性固形物含量低时，果蔬汁中溶质较少，营养成分含量较低，会加大加工机械负荷和能量消耗等不利影响。

2. 清洗

果蔬原料洗涤是减少农药、微生物污染的重要措施。果实必须充分淋洗、洗涤。浆果类果实清洗须十分小心。分选果实，除去部分或全部腐烂果是生产优质果汁的重要工序和必要步骤。否则，只要有少量霉烂果混入好料中，就会影响大量果汁风味。原料洗涤是减少农药、微生物污染的重要措施。带皮榨汁的原料更应重视洗涤。注意洗涤水的清洁，不用重复的循环水洗涤。有的原料洗涤还需加杀菌剂，如氯气、高锰酸钾等。果蔬原料的清洗效果取决于清洗温度、清洗时间、机械力的作用方式以及清洗液的性质等因素。果蔬原料的洗涤方法，可根据原料的性质、形状以及设备的条件加以选择。

清洗可使用果蔬洗涤机进行，不同水果、蔬菜适用于不同的洗涤方式和不同的果蔬洗涤机。

（1）浸洗式。浸洗式即浸泡洗涤，适用于大多数果蔬。一般在流送槽中进行，果蔬浸泡一段时间后换水冲洗至干净，水中可加入酸、氯、臭氧等清洗剂。浸洗也常作为污染比较重的果蔬的第一道清洗。

（2）拨动式。拨动式在拨动式洗涤机中进行，适合质地较硬的果蔬如苹果、柑橘等，桨叶或搅拌器（可带毛刷）与果蔬物料接触摩擦、刷洗，带动果蔬间摩擦，达到清洗目的。

（3）喷淋式。喷淋式适合质地较软的果蔬如蓝莓、树莓等，使用喷淋式洗涤机，是在输送带的上下安置喷头对果蔬进行喷淋，达到清洗的目的，为连续式操作。

（4）气压式。气压式清洗适合多数果蔬原料。气压式洗涤机的清洗槽中安置有管道，管道上开有小孔，然后通入高压空气形成高压气泡，果蔬在槽中翻腾、碰撞，达到洗涤目的。

近年来，超声波清洗机也被用来清洗果蔬等食品原料，在果蔬专用清洗剂方面也出现了高碳醇硫酸酯盐、山梨糖醇聚氧乙烯脂肪酸酯类等更安全的表面活性洗涤剂。

3. 破碎

果蔬的破碎有磨碎、打碎、压碎和打浆等方法。水果一般以挤压、剪切、冲击、劈裂、摩擦等形式破碎，除此之外，还可采用冷冻破碎法、超声波破碎法等。冷冻破碎法是缓慢将原料冷冻至-5 ℃以下（冷冻速度低于 0.2 cm/h），使原料中出现大量冰晶，其形成过程对水果细胞壁产生作用力，使细胞壁受到机械损伤。化冻时，细胞壁的破损可使原料出汁率提高 $5\% \sim 10\%$，效果较显著。为了获得最大出汁率，果实必须适度破碎。超声波破碎法则是利用高强度（大于 3 W/cm^2）的超声波处理原料，引起果肉共振，形成不可逆的伤害，导致细胞壁破坏。原料含水量越大，声波吸收能力就越高。

原料破碎的颗粒大小会影响获汁率。破碎程度视种类品种不同而异，苹果、梨、菠萝等用辊压机破碎时以破碎到 $0.3 \sim 0.4$ cm 较好，樱桃可破碎成 0.5 cm，葡萄只需压破果皮，番茄可用打浆机破碎取汁。破碎时需喷入适量 NaCl、柠檬酸或维生素 C 等抗氧化剂。打浆是广泛应用于加工带肉果汁和带肉鲜果汁的一种破碎工序。番茄、杏、桃、梨等果蔬，加热软化后能提高出浆汁量。

果蔬破碎一般用破碎机或磨碎机进行，有对辊式、锥盘式、锤式、孔板式破碎机、打浆机等。不同的果蔬种类采用不同的破碎机械，如番茄、梨、杏宜采用锥盘式破碎机；葡萄等浆果类采用对辊式破碎机；带肉胡萝卜、桃汁可采用打浆机。

4. 加热与酶解

（1）加热。许多果蔬破碎后、取汁前需进行热处理，其目的在于提高出汁率和品质。因为加热使细胞原生质中的蛋白质凝固，改变细胞的结构，同时使果肉软化，果胶部分水解，降低了果汁黏度；另外，加热可抑制多种酶类，如果胶酶、多酚氧化酶、脂肪氧化酶、过氧化氢酶等，从而不使产品发生分层、变色、产生异味等不良变化；再者，对于一些含水溶性色素的果蔬，加热有利于色素的提取，如杨梅、山楂、红色葡萄等；柑橘类果实中的宽皮橘类加热有利于去皮，橙类加热也有利于降低精油含量，胡萝卜等具有不良风味的果蔬，加热有利于除去不良气味；但是加热果浆时，随着水溶性果胶含量的增加，果浆泥的排汁通道会被堵塞或变细，从而降低出汁率。因此，加热处理适用于果胶含量低的原料，如红葡萄、红樱桃等水果。一般的热处理条件为 $60 \sim 70$ ℃、$15 \sim 20$ min。带皮橙类榨汁时，为了减少汁液中果皮精油的含量，可在 $80 \sim 90$ ℃预煮 $1 \sim 2$ min。对于宽皮橘类，为了便于去皮，也可在 $95 \sim 100$ ℃热水中烫煮 $25 \sim 45$ s。

值得注意的是：对果胶含量高的果浆加热会加速果胶质水解，使其变成可溶性果胶进入果汁内，增加汁的黏度，同时堵塞果浆的排汁通道，难以榨汁，使过滤、澄清等工艺操作发生困难。因此，对于果胶含量高的水果应采用常温破碎，因为果蔬中的果胶酯酶和半乳糖醛酸酶等果胶分解酶的活性较强，在短时间内就能分解果胶，使高分子果胶和水溶性果胶都明显减少，以降低果浆黏度，对于澄清型果汁具有明显的优越性。

果浆的加热可在管式换热器中进行。换热器由壳体、顶盖、管板、管束和支架组成，果浆和蒸汽或热水在不同的传热管中流动进行热交换，果浆迅速升温。

（2）酶解处理。果胶酶、纤维素酶、半纤维素酶可使果肉组织分解，提高出汁率。使用时，应注意与破碎后的果蔬组织充分混合，根据原料品种控制其用量，使用果胶酶应注意反应温度与处理时间，通常控制在 55 ℃以下。反应的最佳 pH 因果胶酶种类不同而异，一般在弱酸条件下进行，pH 为 $3.5 \sim 5.5$。

5. 取汁

果蔬取汁有压榨、浸提、打浆三种方式，大多果蔬含有丰富的汁液，因此以压榨法为多，只有山楂、李子、乌梅等果采用浸提法。果蔬压榨效果取决于果蔬的质地、品种和成熟度等。

（1）压榨。压榨法取汁利用外部的机械挤压力，将果蔬汁从果蔬或果蔬浆中挤出而取得果汁，是果蔬汁饮料生产中广泛应用的一种取汁方式，主要用于含水量丰富的果蔬原料。根据榨汁时原料温度的不同，压榨可分冷榨、热榨甚至冷冻压榨等方式；根据压榨后果渣是否经浸提后再次压榨，一般压榨分为一次压榨和二次压榨。

热榨是指将破碎后的原料果浆加热，再对果浆进行压榨取汁。热榨是由原料破碎后的生化性质及果蔬汁加工工艺所决定的。在原料被破碎时，原料体内的各种化学、酶和微生物的过程突然加速，相互影响，引起一系列连锁反应。其中最主要的是被从原料组织细胞中逸出的酶所催化的各种氧化反应。氧化反应往往是引起果蔬汁质量（颜色、香味、滋味和化学成分）剧烈下降的主要原因。原料破碎后，有时会对果浆进行热处理再进行热榨，以钝化酶的活性，同时也可抑制微生物的繁殖，保证果蔬汁的质量。冷榨是相对于热榨而言的，冷榨是指原料果破碎后，不进行热处理作业，在常温或低于常温下进行榨汁。

果蔬汁加工所用压榨机必须符合下述要求：即工作快、压榨量大、结构简单、体积小、容量大、与原料接触面有抗腐蚀性等。目前主要的压榨机有：连续螺旋式压榨机、气动压榨机、卧篮式压榨机、带式压榨机、序列式压榨机、布朗压榨机（锥盘式榨汁机）和安迪森压榨机等。柑橘榨汁则采用特定的压榨机进行，常见的有布朗压榨机和安迪森压榨机。布朗压榨机基本原理是利用两个相对同向旋转的锥形圆盘在旋转中逐渐减小间隙以挤压浆料。它由刻有纵纹的锥形取汁器组成，果实进入后先一切为二，然后在锥形取汁器内挤出果汁，适合橙类榨汁。安迪森压榨机适合于宽皮柑橘类，果实自进口进入，经旋转锯切一半，然后经压榨盘压榨，压力由压榨盘狭口到挡板的距离调节，果汁由挡板上的孔眼流出，果渣则从另一端排出（图8-1）。带式榨汁机是大型果汁加工厂常采用的榨汁设备（图8-2）。带式榨汁机的工作原理是利用两条张紧的环状网带夹持果蔬浆后绕过多级直径不等的榨辊，使绕于榨辊上的外层网带对夹于两带间的果糊产生压榨力，从而使果汁穿过网带排出。连续式榨汁机的典型代表是螺旋榨汁机（图8-3），螺旋式榨汁机的结构简单，主要由螺杆、顶锥、料斗、圆筒筛、离合器、传动装置、汁液收集器及机架组成。工作时，物料由料斗进入螺杆，在螺杆的挤压下榨出汁液，汁液自圆筒筛的筛孔中流入收集器，而渣则通过螺杆锥形部分与筛筒之间形成的环状空隙排出。环状空隙的大小可以通过调整装置调节。其空隙改变，螺杆压力也发生改变。空隙大，则出汁率小；空隙小则出汁率大。连续出汁，劳动强度较小，但是其获得的汁液较浑浊，出汁率偏低，适用于浑浊果蔬汁生产。

影响榨汁效果的因素主要有果浆泥的破碎度、压榨层厚度、压榨时间、挤压压力、物料温度、纤维质含量等。在控制上述因素的前提下，为提高榨汁效果，通常向果浆泥中加入纤维类物质，改善其组织结构，缩短压榨时间，提高出汁率，此类物质称为榨汁助剂。早期的榨汁助剂一般为干树枝和稻草，近年逐渐用稻糠、硅藻土、木纤维等，添加量为2%~8%。

（2）浸提法。浸提法也是果蔬原料提汁普遍使用的方法，不仅干制果蔬原料以及如山楂等含水量少、难以用压榨法提汁的果蔬原料需要用浸提法提汁，而且对苹果、梨等通常用压榨法提汁的水果，为了减少果渣中有效物质的含量、提高提取率，有时也采用浸提法提汁工艺。浸提法主要利用果蔬原料的可溶性固形物含量与浸汁之间的浓度差，从而使果蔬原料中的可溶性固形物扩散到浸汁中。浸提方法有一次浸提法、多次浸提法、灌组式逆流浸提法和连续式逆流浸提法。影响浸提法出汁率的因素主要有浸提温度、时间、原料的破碎程度、浓度差、流速等。

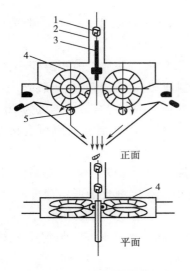

图 8-1　安迪森压榨机示意图

1—原料果实；2—进入导轨；3—旋转锯；

4—旋转压榨盘；5—旋转强出片

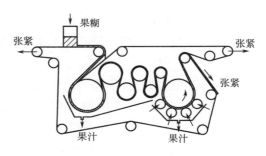

图 8-2　带式榨汁机压榨原理（以带压为主）

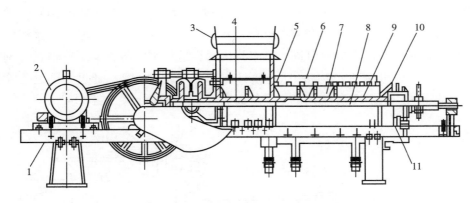

图 8-3　卧式螺旋榨汁机的结构示意图

1—机架；2—电动机；3—进料斗；4—外空心轴；5—第一棍棒；6—冲孔滚筒；

7—第二棍棒；8—内空心轴；9—冲孔套筒；10—锥形阀；11—排出管

①浓度差、加水量：在其他条件都相同的情况下，浓度差越大，扩散动力就越大，浸出的可溶性固形物也越多。在实际生产中，通常采用多次浸提法、罐组式浸提法或连续逆流浸提法，可以保持一定的浓度差，浸提效果较好。在浸提过程中加水量越大，扩散浓度差也越大，出汁率就越高，但浸汁中可溶性固形物的含量相应降低。这对于后续的浓缩工艺来说，需要蒸发的水分更多，能源消耗更大，费时，成本高，因此浸提时需要控制经济合理的加水量。

②浸提温度：浸提温度的选择首先要考虑可溶性固形物浸出的速度，其次要考虑浸汁的

用途，如果浸汁用于加工浓缩汁，特别是浓缩清汁，浸提温度不宜太高，否则过多可溶性胶体物质进入浸汁内，会给后续的过滤和澄清造成很大的困难。而用于制造果肉型饮料的浸汁则希望果胶含量高些，因此，浸提温度要高些。在工业生产中浸提温度一般选择 60~80 ℃，最佳温度为 70~75 ℃，能很好达到上述要求。

③浸提时间：浸提时间的选择要考虑原料的品种和所采用的浸提工艺。在一般情况下，单次浸提时间为 1.5~2 h，多次浸提总计时间应控制在 6~8 h。

④果实压裂程度：果实压裂后，果肉与水接触的表面积增大，并且扩散距离变小，有利于可溶性固形物的浸出。因此，果蔬在浸提前，要用破碎机压裂或用破碎机适当破碎。

山楂等水果的简便易行的浸提方法是将其放入 2 倍量的沸水中，混合后的温度为 70 ℃左右。在浸提过程中，浸提温度不可能也没有必要始终保持一致，因此混合后就可直接放置，使其自然冷却，直至浸提过程结束。

在我国，大部分果蔬汁饮料企业在浸提作业时常用低温浸提，温度为 40~65 ℃，时间为 60 min 左右，浸提汁色泽明亮，易于澄清处理，氧化程度小，微生物含量低，芳香成分含量高，适于生产各种果汁饮料。

（3）打浆。打浆是通过打浆机将破碎的果蔬原料刮磨粉碎并分离出果核、果籽、薄皮等而获得果（蔬）原浆的过程。原浆的细度可以通过选用不同的打浆机筛网的孔径实现。在果蔬汁的加工中这种方法适用于果蔬浆和果肉饮料的生产，如草莓汁、芒果汁、桃汁、山楂汁等。果蔬原料经过破碎后需要立即在预煮机中进行预煮，以钝化果蔬中酶的活性，防止褐变，然后进行打浆。生产中一般采用三道打浆，筛网孔径的大小依次为 1.2 mm、0.8 mm、0.5 mm，经过打浆后果肉颗粒变小有利于均质处理。如果采用单道打浆，筛眼孔径不能太小，否则容易堵塞网眼。

打浆机多数为刮板式，中间为带有浆叶的刮板，下部为网筛，孔径根据果浆泥的要求可调，一般为 1~3 mm。果蔬由进料口进入打浆机内部，送料浆叶将物料螺旋输送至刮板，物料被捣烂。由于离心力的存在，物料中的汁液和肉质（已成浆状），通过筛网上的筛孔进入下道打浆，果核则由出渣浆叶排出出渣口，从而实现浆渣自动分离（图8-4）。

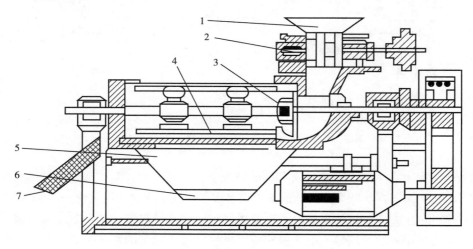

图 8-4　打浆机结构示意图

1—进料斗；2—切碎刀；3—螺旋推进器；4—破碎浆叶；5—圆筒筛；6—出料斗；7—出渣斗

6. 调配技术

为了改进果蔬汁的风味，符合一定的出厂规格要求，某些果蔬汁饮料的风味需进行调配，才能满足消费者的需求。产品需进行适当的糖酸等成分调整，一般大部分果汁的糖酸比为（13~15）：1。但是有一些100%的果蔬汁由于太酸、风味太强或色泽太浅、口感不好、外观差，不适宜直接饮用，需要与其他一些果蔬汁复合调配；而许多蔬菜汁由于没有水果特有的芳香味，而且经过热处理易产生煮熟味，风味不为消费者接受，更需要调整或复配。可以利用不同种类或不同品种果蔬的各自优势，进行复配。例如生产苹果汁时，可以使用一些芳香品种如元帅、金冠、青香蕉等与一些酸味中等或较强的品种复配，弥补产品的香气、调整糖酸比，改善产品的风味；利用玫瑰香品种提高葡萄汁的香气，利用深色品种如辛凡黛（Zinfandel）、紫北塞（Alicante Bouschet）、北塞魂（Petite Bouschet）来改善产品的色泽；宽皮橘类香味、酸味较淡，可以通过橙类果汁进行调整；许多热带水果，香气浓厚、悦人，是果蔬汁生产中很好的复配原料，如具有"天然香精"之称的西番莲现广泛用来调整果蔬汁的风味。果蔬中不良风味，比如柑橘汁、苦瓜汁中苦味，也是饮料业面临的主要问题。目前主要的脱苦方法有屏蔽脱苦、代谢脱苦、吸附脱苦、酶法脱苦、固定化细胞脱苦、超临界CO_2脱苦、膜分离脱苦和基因工程脱苦等。

不同种类或品种果蔬汁的酸度、糖度、色泽、风味及营养成分各不相同，因此根据风味协调、营养互补以及功能协调等原则，将不同的果蔬汁按适当比例相互混合，可取长补短，进而制成品质优良的混合果蔬汁。

7. 粗滤

粗滤又称筛滤。对于浑浊果蔬汁，主要去除分散于果蔬汁中的粗大颗粒和悬浮物颗粒等，同时又保存色粒以获得色泽、风味和典型的香味。对于澄清果蔬汁，粗滤后还需精滤，或先行澄清处理后再过滤，一定要除去全部悬浮颗粒。一般粗滤可在榨汁过程中进行，也可单独操作。粗滤时所用的设备是筛滤机，有水平筛、回转筛、振动筛、圆筒筛等。此类粗滤设备的滤孔大小为0.5 mm左右。

8. 澄清果汁的澄清

澄清果蔬汁为复杂的多分散相系统，果汁中的单宁与蛋白质易形成大分子聚合物而凝聚，果胶对细小悬浮物如残存果肉细粒有保护作用，使果汁浑浊不清。另外，果汁中的亲水胶体（果胶质、树胶质和蛋白质）经电荷中和、脱水或加热，都会引起胶体的凝沉，使果汁变得浑浊。在澄清果蔬汁的生产中，它们会影响到产品的稳定性，必须加以除去。使用机械法或使用添加剂的方法从果蔬汁中分离出沉淀物的一切措施及过程即为澄清。常用的方法有以下7种。

（1）自然澄清（静置澄清）。将果汁置于密闭容器中，经15~20 d或更长时间静置，使悬浮物沉淀，果胶质逐渐发生缓慢水解。另外，果汁中的蛋白质和单宁在静置中反应生成沉淀物。此法简便易行，但果蔬汁在长时间静置的过程中，容易发酵变质，必须加入适当的防腐剂，并且将果蔬汁置于低温阴凉处。

（2）澄清剂澄清。向待处理果蔬汁中加入具有不同电荷性质的添加剂，使其发生电荷中和、凝聚现象。其中，单宁、明胶、鱼胶、干酪素等蛋白质，可形成明胶单宁酸盐络合物。随着络合物的沉淀，果汁中的悬浮颗粒被包裹和缠绕而随之沉降。果蔬汁中常用的澄清剂有食用明胶、硅胶、单宁、膨润土（皂土）、PVPP（聚乙烯吡咯烷酮）、海藻酸钠、琼脂等。近年来，壳聚糖也被广泛应用于果蔬汁的澄清，此外，蜂蜜也作为澄清剂用于果蔬汁的澄清。

①明胶—单宁法：单宁和明胶或果胶、干酪素等蛋白质物质混合可形成明胶单宁酸盐的络合物而沉降，果蔬汁中的悬浮颗粒也会随着络合物的下沉而被缠绕沉淀。此外，果蔬汁中的果胶、纤维素、单宁及多缩戊糖等带有负电荷，酸介质中的明胶带正电荷，它们由于正、负电荷微粒的相互作用而凝集沉淀，也可使果蔬汁澄清。明胶的用量因果蔬汁的种类和明胶的种类而不同，一般每 100 L 果汁需明胶 10~12 g、单宁 5~10 g。

使用时将所需明胶吸水膨胀，和单宁分别配成 1% 的溶液。按小试确定的需要量，先加单宁后加明胶，不断搅拌，缓慢加入果汁中。溶液加入后在 10~15 ℃ 下静置 4~8 h，使胶体凝集、沉淀。此法用于梨汁、苹果汁等的澄清，效果较好。对于含单宁比较多的果蔬汁如山葡萄汁、蓝靛果汁、山梨汁等可直接加入明胶，就能达到澄清效果。

②膨润土（皂土）法：膨润土有 Na-膨润土、Ca-膨润土和酸性膨润土 3 种，在果汁的 pH 范围内，膨润土呈负电荷，可以通过吸附作用和离子交换作用去除果汁中多余的蛋白质，防止由于使用过量明胶而引起浑浊。它还可以去除酶类、鞣质、残留农药、生物胶、气味物质和滋味物质等，缺点为释放金属离子、吸附色素及有脱酸作用。果汁中的常用量为 0.2~1 g/L，温度以 40~50 ℃ 为宜。使用前，应用水将膨润土充分吸胀几小时，形成悬浮液。

③硅胶法：硅胶是胶体状的硅酸水溶液，呈乳浊状，二氧化硅含量 29%~31%，pH 为 9~10，硅胶粒子呈负电性，能与果蔬汁中呈正电性的各类粒子如明胶粒子、蛋白质粒子和黏性物质等结合而沉淀。硅胶使用温度为 20~30 ℃，加入量为每 100 L 果汁需硅胶 20~30 g，作用时间 3~6 h。

④其他澄清剂法：用 1 g/L 果汁浓度的聚乙烯吡咯烷酮（PVPP）或 2~5 g/L 果汁的聚酰胺处理 2 h 可以有明显的澄清效果。用海藻酸钠和碳酸钙以 1∶1~1∶7 的比例混合，调成糊状，按果汁质量的 0.05%~0.1% 加入，混合均匀，低温处静置 10~12 h，可使某些果汁得以澄清；也可用琼脂代替海藻酸钠，有时可得到更满意的效果。黄血盐为葡萄酒的澄清剂，也可用于果汁澄清。向果汁内加入琼脂、活性炭、蜂蜜、壳聚糖等均有一定的澄清效果。

各种澄清剂还可以与酶制剂结合使用，如苹果汁的澄清，果蔬汁加酶制剂作用 20~30 min 后加入明胶，在 20 ℃ 下进行澄清，效果良好。各澄清剂可单独使用，多数情况下组合使用，如明胶—单宁澄清、明胶—硅胶—膨润土澄清。澄清剂还可与酶组合使用，澄清效果更好。各种澄清剂组合使用的方法见表 8-1。

表 8-1 澄清剂组合使用的方法

组合方案	添加顺序	用量及使用方法
单宁—明胶	先单宁后明胶	明胶用量 10~20 g/100 L，单宁量为明胶量的 1/2，先配制成 1% 的溶液搅拌后在常温下静置 6~8 h，用于单宁含量低的果蔬汁
酶—明胶	加酶 1~2 h 后加明胶	酶用量 4~50 g/100 L，45~55 ℃，1~2 h。明胶用量 5~10 g/100 L，静置 3~4 h，用于果胶和单宁含量稍高的果蔬汁
硅胶—明胶	先硅胶后明胶	硅胶加量 10~20 g/100 L，一般配制成 15% 溶液，澄清温度 20~50 ℃，明胶与硅胶比例为 1∶20，硅胶与明胶协同作用，去除多酚类化合物

组合方案	添加顺序	用量及使用方法
膨润土—明胶	先膨润土后明胶	膨润土加量 50~100 g/100 L，2 h 处理后加明胶快速去除果蔬中的蛋白质
明胶—硅胶—膨润土	按明胶、硅胶、膨润土顺序	膨润土用量 50~100 g/100 L，作用温度 35~40 ℃，澄清过程中间要搅拌 20~30 min。可与酶组合使用，酶反应后各澄清剂可分批加入

（3）加酶澄清法。该法是在果蔬汁中加入酶制剂来水解果胶质和淀粉，使果汁中其他胶体失去果胶的保护作用而共聚沉淀，达到澄清目的。通常所说的果胶酶是指分解果胶的多种酶的总称，包括了纤维素酶和微量淀粉酶。果胶酶的反应速度与反应温度有关，在 45~55 ℃，果胶酶的酶促反应随温度升高而加速；超过 55 ℃时，酶因高温作用而钝化，反应速度反而减缓。酶制剂澄清所需要的时间，取决于温度、果蔬汁的种类、酶制剂的种类和数量，低温所需时间长，高温时间短。澄清果蔬汁时，酶制剂用量是根据果蔬汁的性质和果胶物质的含量及酶制剂的活力来决定的，一般用量是每吨果汁加干酶制剂 0.2~1 kg，作用时间为 60~150 min。生产上，果胶酶依其得到的方式不同和活力、理化特性不同，加入前需做预先试验。

（4）加热凝聚澄清法。果汁中的胶体物质因加热而凝聚沉淀出来。方法是在 80~90 s 内将果汁加热到 80~82 ℃，然后在同样短的时间内迅速冷却至室温，使果汁中的蛋白质和胶体物质变性而沉淀析出。但一般不能完全澄清，且由于加热，损失一部分芳香物质。

（5）冷冻澄清法。冷冻使胶体浓缩和脱水，这样就改变了胶体的性质，故而在解冻后聚沉。此法特别适用于雾状浑浊的果汁，苹果汁用该法澄清效果特别好；葡萄汁、酸枣汁、沙棘汁和柑橘汁采用此法澄清也能取得较好效果。一般冷冻温度为 −20~−18 ℃。

（6）离心澄清。离心澄清属于物理澄清，需用离心机完成分离。将果蔬汁送入离心机的转鼓后，转鼓高速旋转，一般转速在 3000 r/min 以上，在离心力的作用下实现固液分离，达到澄清目的。对于含粒子不多的果蔬汁具有一定的澄清效果，多作为超滤澄清的预澄清。

（7）超滤澄清。超滤澄清为物理澄清法的一种，为现代膜技术在果蔬汁澄清的应用，采用超滤膜装置处理果蔬汁，超滤膜孔径 0.0015~0.1 μm，过滤范围在 0.002~0.2 μm，理论上只有直径小于 0.002 μm 的粒子如水、糖、盐、芳香物质可滤过超滤膜，直径大于 0.1 μm 的粒子如蛋白、果胶、脂肪及所有微生物都不能通过超滤膜。常用的超滤膜为醋酸纤维膜、聚砜膜、陶瓷膜等，有管状膜、空心纤维膜及平板膜。

使用膜分离技术不但可澄清果蔬汁，而且，因在处理过程中无须加热，无相变现象，设备密封，减少了空气中氧的影响，其对保留维生素 C 及一些热敏性物质是很有利的，另外，超滤还可除去一部分果蔬汁中微生物等。但是鉴于现有的技术水平，超滤在果蔬汁加工方面的应用还有一定的限制。目前，普遍采用预澄清来提高超滤膜的效率。

9. 澄清果汁的精滤

为了得到澄清透明并且稳定的果蔬汁，除粗滤和澄清以外，还必须对其进行精滤，以分离其中的沉淀和悬浮物。常使用的过滤方法有压滤、真空过滤、膜分离、离心分离法。

（1）压滤。压滤是将待过滤果蔬汁流经一定的过滤介质，形成滤饼，并通过机械压力使汁液从滤饼流出，与果肉微粒和絮凝物分离。常用的过滤设备有硅藻土过滤机和板框式压滤机。

板框式过滤机是目前最常用的分离设备之一，近年来经常作为苹果汁进行超滤澄清的前处理设备，对减轻超滤设备的压力十分重要。板框式过滤机是间歇式过滤机中最广泛的一种，由多块滤板和滤框交替排列而成，板和框都用支架支在一对横梁上，用压紧装置压紧或拉开。自动板框过滤机是一种较新型的压滤设备，它使板框的拆装、滤饼的脱落卸出和滤布的清洗等操作都自动进行，大大缩短了间歇时间，并减轻劳动强度。

（2）真空过滤。真空过滤法使过滤滚筒内产生一定的真空度，一般在 84.6 kPa 左右，利用压力差使果蔬汁渗过助滤剂，得到澄清果蔬汁。过滤前在真空过滤器的滤筛上涂一层厚 6~7 cm 的硅藻土，滤筛部分浸没在果蔬汁中。过滤器以一定的速度转动，均匀地把果蔬汁带入整个过滤筛表面。过滤器内的真空使过滤器顶部和底部果蔬汁有效地渗过助滤剂，损失很少。图 8-5 为真空转鼓过滤机，它的主要元件是由筛板组成的能转动的转鼓，其内维持一定的真空度，与外界大气压的压差即为过滤推动力。表面有一层金属丝网，网上覆盖滤布，转鼓内沿径向分隔成若干个空间，每个空间都以单独孔道通至鼓轴径端面的分配头上，分配头沿径向隔离成 3 个室，它们分别与真空和压缩空气管路相通。

在过滤操作时，转鼓下部浸入待处理的料液中，浸没角度 90°~130°，转鼓旋转时，滤液就穿过过滤介质而被吸入转鼓内腔，而滤渣则被过滤介质阻截，形成滤饼。鼓筒内每一个空间相继与分配阀中的Ⅰ、Ⅱ、Ⅲ室相通，当转鼓继续转动，生成的滤饼可顺序进行过滤、洗涤、吸干、吹松、卸饼等项操作。若滤布上预涂硅藻土层，则刮刀与滤布的距离以基本上不伤及硅藻土层为宜。最后通过再生区，压缩空气通过分配阀进入再生区，吹落堵在滤布上的微粒，使滤布再生。对于预涂硅藻土层或刮刀卸渣时要保留滤饼预留层的场合，则不用再生区。

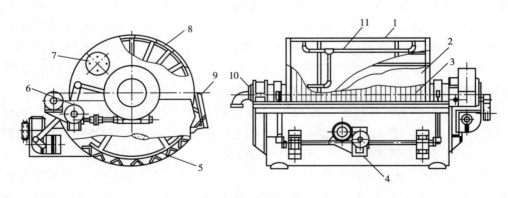

图 8-5　真空转鼓过滤机

1—转鼓；2—滤布；3—金属网；4—减速器；5—摇摆式搅拌器；
6—传动装置；7—手孔；8—过滤器；9—刮刀；10—分配阀；11—滤渣管路

（3）膜分离技术。在果蔬汁澄清工艺中所采用的主要是超滤技术，用超滤膜澄清的苹果汁无论从外观上还是从加工特性上都优于其他澄清方法制得的果蔬澄清汁，是该产业发展的方向。超滤分离由于其材料、断面物理状态的不同在苹果汁生产中的应用也不尽相同。超滤法是果蔬汁澄清过滤的方向。

（4）离心分离法。离心分离法利用高速离心机强大的离心力达到分离的目的，在高速转动的离心机内悬浮颗粒得以分离，但其缺点是混入的空气多。这种方法也是澄清果汁生产的最常用方法，有离心过滤、离心沉淀和离心分离3种。

10. 浑浊果汁的均质

均质指将果蔬汁通过一定类型的均质设备，使制品中的细颗粒进一步破碎，粒子大小均匀，促进果胶的渗出，使果胶物质和果蔬汁亲合，抑制其分层，保持带肉果蔬汁的均一稳定状态。生产浑浊果蔬汁如柑橘汁、番茄汁、胡萝卜汁等或带肉果蔬汁时，为了防止固体与液体分离而降低产品的外观品质，增进产品的细度和口感，常进行均质处理，特别是瓶装产品尤为必要。而冷冻保藏果汁和浓缩果汁无须均质。胶体磨、高压均质机是最常使用的设备，现代果蔬汁加工业中常采用胶体磨，先将颗粒磨碎，再经均质机进行均质，使细小颗粒悬浮。

（1）胶体磨。胶体磨借助快速转动转子和狭腔的摩擦作用而达到破碎、均质的目的。破碎过程主要在胶体磨的狭腔中进行，狭腔的间距可调整，通常在 0.05~0.075 mm。当果蔬汁进入狭腔时，受到强大的离心力作用，颗粒在转齿和定齿之间的狭腔中摩擦、撞击而分散成均匀而细小颗粒，进而达到均质的目的。图8-6所示为卧式胶体磨结构示意图。但胶体磨中的物料与空气接触机会多，很容易将果蔬汁氧化变质，所以还应在后面的工序采用脱氧措施。对于浓稠状、含果肉及果胶较多的原料，如山楂果茶类，不宜使用高压均质机，可用胶体磨。

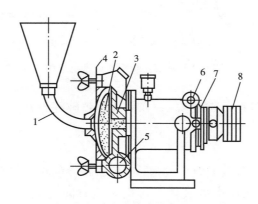

图8-6　卧式胶体磨结构示意图

1—进料口；2—传动件；3—固定件；4—工作面；5—卸料口；6—锁紧装置；7—调整环；8—皮带轮

（2）高压均质机。高压均质机是最常用的均质机械，通常其均质时的压力控制在 13.3~20.0 MPa（133~200 atm）下，其原理是将混匀的物料通过柱塞泵的作用，在高压低速的条件下进入阀座和阀杆之间的空间，这时其速度增至 290 m/s，同时压力相应降低到物料中水的蒸气压以下，于是气泡在颗粒中形成并膨胀，并炸裂物料颗粒，造成强大的剪切力，由此得到极细且均匀的固体分散物。这就是空穴效应。其所用的均质压力随果蔬种类、物料温度、要求的颗粒大小而异。物料在高压均质机的均质阀中发生细化和均匀混合过程，可以使物料微粒细化到 0.1~0.2 μm。胶体磨也是具有均质细化作用的果蔬汁加工机械。胶体磨可使颗粒细化度达到 2~10 μm。一般在加工过程中，可先将果蔬粗滤液和果蔬浆经过胶体磨处理后，再由高压均质机进行进一步的微细化。

（3）超声波均质机。超声波均质机是近年发展的一种新型均质设备，是一种借助高频声波产生分子机械运动和空穴效应达到脂肪球破碎目的的均质设备。具体操作方法为将 $20 \sim 25~kHz/s$ 的超声波发生器放入料液中，或使料液高速通过超声波发生器。超声波为纵波，遇到物料时，将在物料中产生迅速交替的压缩和膨胀作用，此时物料中的任何气泡都将随着压缩和膨胀，当压力振幅大于气泡的振幅时，被压缩的气泡急速崩溃，料液中出现真空的"空穴"，随着振幅的变化和瞬间外压不平衡的消失，空穴在瞬间消失，在液体中引起非常大的压力和温度增高，并产生复杂而强有力的机械搅拌作用，进而达到均质的目的。超声波均质机按超声波发生器的形式，可分为机械式、磁控振荡器和压电晶体振荡器。食品工业中常用的是机械式，其结构如图 8-7 所示。它有一边缘成楔形的簧片在喷嘴的前方，当料液经泵送至喷嘴处形成的射流，强烈冲击簧片的前缘，使簧片发生振动，产生超声波传给料液。簧片在一个或数个节点上被夹住，让簧片以其自然频率引起共振。料液可用齿轮泵在 $0.4 \sim 1.4~MPa$ 的压力下送至喷嘴，液滴大小能降至 $1 \sim 2~\mu m$。

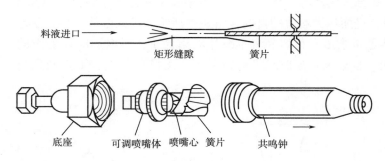

图 8-7　机械式超声波均质机结构

果蔬细胞间隙之间存在着大量的空气，在果蔬原料破碎、取汁等工序中又混入了大量气体，因此必须除去。

11. 浑浊果汁的脱气

（1）脱气的目的。脱去氧气或防止氧化，减轻果蔬汁色泽、香气和维生素 C 的劣变和损失；除去附着于产品悬浮颗粒中的气体，防止灌装时的气泡和灌装后的上浮；减少装罐（瓶）和瞬时杀菌时的起泡；减少金属罐的内壁腐蚀。

（2）脱气的方法主要有真空法、置换法、化学法和酶法等。

①真空脱气法：真空脱气是利用气体在液体内的溶解度与该气体在液面的分压成正比的原理，进行真空脱气，随着液面上的压力逐渐降低，溶解在物料中的气体不断逸出，当压力降低至物料的蒸气压时，达到平衡状态，这时所有的气体被脱除。达到平衡所需要的时间，取决于溶解的气体逸出速度和气体排至大气时的速度。真空脱气采用真空脱气机进行，脱气时将果汁引入真空锅内，然后被喷成雾状或分散成液膜，使果汁中的气体迅速逸出。真空锅内温度一般控制在 $40 \sim 50~℃$，真空度 $0.0907 \sim 0.0933~MPa$，可脱除果蔬汁中 90%的空气。

②气体置换法：将惰性气体如 N_2、CO_2 等充入果蔬汁中，利用惰性气体把果蔬汁中的氧

气置换出来。此法可减少挥发性芳香成分的损失，有利于防止加工过程中的氧化变色。每 1L 果蔬汁中充入 0.7~0.9L 氮气后，氧气含量可降低到饱和值的 5%~10%。

③化学脱气法：利用一些抗氧化剂作为脱氧剂，如在果蔬汁中加入抗坏血酸可起脱气作用，但应注意抗坏血酸不适合在含花色苷丰富的果蔬汁中应用，因为抗坏血酸会促使花色素分解。

④酶法脱气法：在果蔬汁中加入需氧酶类，如葡萄糖氧化酶可以起良好的脱气作用，吡喃型葡萄糖脱氢酶是一种典型的需氧脱氢酶，可氧化葡萄糖成葡萄糖酸，同时耗氧达到脱气目的。

12. 浓缩果汁的浓缩

浓缩果蔬汁较之直饮式果蔬汁具有很多优点。它把果蔬汁的可溶性固形物从 5%~20% 提高到 60%~75%，容积大大缩小，可节省包装和运输费用，便于贮运；果蔬汁的品质更加一致；糖、酸含量的提高，增加了产品的保藏性；而且浓缩汁用途广泛。因此，近年来产量增加很快，橙汁和苹果汁尤以浓缩形式为多。

理想的浓缩果蔬汁，在稀释和复原后，应和原果蔬汁的风味、色泽、浑浊度相似。生产上常用的浓缩方法如下所示。

（1）真空浓缩。真空浓缩采用真空浓缩设备，在减压条件下加热，降低果蔬汁沸点温度，使其中的水分迅速蒸发，一般在 23~35 ℃，94.7 kPa 下进行浓缩。真空浓缩法是生产的主要方法。真空浓缩设备由蒸发器、真空冷凝器和附属设备组成。蒸发器由加热器、蒸发分离器和果汁气液分离器组成。常见的果蔬汁浓缩装置有降膜式、强制循环式、离心薄膜式、膨胀流动式和真空闪蒸浓缩等。这种方法的特点是能缩短浓缩时间，如离心式薄膜蒸发器在 1~3s 的极短时间内就能完成 8~10 倍的浓缩；能较好地保持果蔬汁原有的质量，尤其是热敏性物料，效果更为明显。真空浓缩是果蔬汁浓缩最重要的和使用最广的浓缩方法。

薄膜式浓缩在浓缩果汁生产中应用较广泛，果蔬汁浓缩时，果汁在加热管内壁成膜状流动，包括升膜式浓缩和降膜式浓缩，前者是果蔬汁从加热器底部进入管内，经蒸汽加热沸腾迅速汽化，所产生的二次蒸汽高速上升，带动果蔬汁沿管内壁成膜状上升，不断被加热蒸发；后者是果蔬汁由加热器顶部进入，经料液分布器均匀地分布于管道中，在重力作用下，以薄膜形式沿管壁自上向下流动而得到蒸发浓缩。薄膜式浓缩传热效率高，果蔬受热时间短，浓缩度高，尤其适用于浓缩黏稠度高的果蔬汁。目前，在果蔬汁加工工业中广泛应用的浓缩设备是降膜式浓缩设备（图 8-8）。

真空浓缩设备有多种，分类方法也各异，按加热蒸汽被设备利用的次数分为单效浓缩设备和多效浓缩设备；根据果蔬汁的浓缩流程分为自然循环式浓缩设备、强制循环浓缩设备和单程式浓缩设备；根据加热器的结构分为盘管式浓缩设备、管式浓缩设备和板式浓缩设备等。真空浓缩的关键组件是蒸发器，主要由加热器和分离器两部分组成，加热器是利用水蒸气为热源加热被浓缩的物料，为强化加热过程，采用强制循环代替自然循环，分离器的作用是将产生的二次蒸汽与浓缩液分离。常用的蒸发器主要有搅拌式蒸发器、升膜式蒸发器、降膜式蒸发器、强制循环式蒸发器、螺旋管式蒸发器、板式蒸发器、离心薄膜式蒸发器等。目前国外最有代表性的设备是美国 FMC 公司的管式多效真空浓缩设备和瑞典的离心薄膜蒸发器。

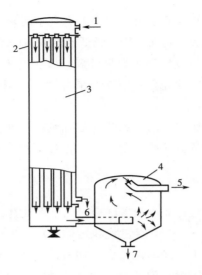

图 8-8　降膜式单效浓缩装置的示意图

1—料液进口；2—蒸汽进口；3—加热器；4—分离器；5—二次蒸气出口；6—冷凝水出口；7—浓缩液出口

为了能有效利用热能，生产中常采用多效浓缩器，图 8-9 为一个四效浓缩装置流程示意图。

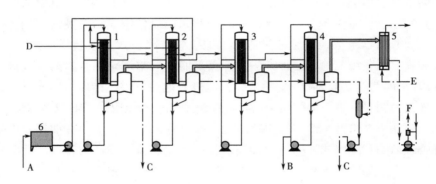

图 8-9　四效浓缩装置流程示意（GEA 公司提供）

1—一效蒸发器；2—二效蒸发器；3—三效蒸发器；4—四效蒸发器；5—冷凝器；6—原料贮罐

A—原料；B—浓缩产品；C—冷凝液；D—蒸汽；E—冷却水；F—脱气

（2）冷冻浓缩。果蔬汁的冷冻浓缩应用了冰晶与水溶液的固—液相平衡原理。当水溶液中所含溶质浓度低于共溶浓度时，对溶液进行冷却，水（溶剂）便部分成冰晶析出，剩余溶液的溶质浓度则由于冰晶数量和冷冻次数的增加而大大提高，这即是冷冻浓缩果蔬汁的基本原理。其过程包括如下三步：结晶（冰晶的形成）、重结晶（冰晶的成长）、分离（冰晶与液相分开）。

冷冻浓缩技术在热敏性果蔬浓缩汁（如浓缩橙汁）的加工中也得到了应用，其主要特点就是果汁能在低温状况下进行不加热浓缩。冷冻浓缩的优点在于其浓缩过程是在低温下进行的，使果蔬汁原有的色泽、芳香物质、营养成分、不会因受热而受到损害，产品质量远比蒸发浓缩好。但用冷冻浓缩法所得的果汁其可溶性物质的含量最高只能达到 50%，且存在果汁预冷冷冻浓缩、冻结耗能大、冷冻果汁与冰分离不充分等缺点，因而还没有普及。

　　果蔬汁的浓缩程度可以影响到它的冰点温度，果蔬汁越浓，黏度越大，冻结的温度也就越低。比如当苹果汁糖度含量为 10.8% 时，冰点为 -1.30℃，而糖度含量为 63.7% 时，则冰点为 -18.6℃。若在太低的温度下冻结的时间过长，浓度过高的果蔬汁与冰块就很难分离了，所以冷冻浓缩的浓缩度要有一定的范围。理论上，在除去的冰晶中不含果蔬汁的情况下，产品最大含量可达到 55%。但实际上分离出来的冰晶中必定会有少量果蔬汁成分。第一次可以浓缩至 25%~30%，所以需将冰晶熔化后再行浓缩，并且需要反复多次，最后含量可达 40%~45%。冷冻浓缩最典型的方法是首先将果蔬汁注入不锈钢容器中，然后向其中注入 -28℃ 的盐水，开始时需进行搅拌，等到果蔬汁凝结成冰粒状时，立刻将其转移到 -10℃ 盐水中，并间接地搅拌，直至冰粒全部形成时取出，最后离心分离冰粒与果蔬汁。

　　（3）反渗透和超滤浓缩。此方法属于现代膜技术，对热敏性果蔬汁可采用反渗透和超滤等膜浓缩法，目前已广泛用于生产实践。膜技术的优点在于：不需要加热；在密闭回路中进行操作，不受氧的影响；挥发性成分损失少；能耗低。但反渗透和超滤浓缩等膜技术目前还不能把果蔬汁浓缩到较高的浓度，一般浓缩倍数仅可达 2~3 倍，只用于果蔬汁的预浓缩工艺。

　　13. 浓缩果汁的芳香物回收

　　芳香物回收装置是真空浓缩果蔬汁生产线的重要组成部分。目前能回收苹果 8%~10%、黑醋栗 10%~15%、葡萄、甜橙 26%~30% 的芳香物质。在回收设备的精馏塔中，含有丰富芳香物质的水蒸气的芳香物质浓度不断增大，最后以芳香物质浓缩液的形式分离出来。芳香成分分离、回收后可在后段工序中再加到浓缩果汁中，也可将浓缩蒸发的蒸汽进行分离、回收、浓缩后，再回加到果汁产品中，或作为高附加值的天然香精使用。

　　蒸发冷凝器芳香物质回收的工作原理如图 8-10 所示。该装置主要由两组板式换热器组成。工作时原果蔬汁先送入下板组的通道中，被相隔通道内的蒸气加热蒸发，提香后的浓缩液与含芳香物的水蒸气由下板组上部流出，利用挡板改变方向，使汽液进行分离，然后浓缩液由壳体底部排出；含芳香物的水蒸气上升导入上板组的通道中，被相隔通道内的冷却水降温冷凝，形成芳香物水溶液，从上板组的底部排出，而冷却水由上板组的上部排出。芳香物水溶液，可经过两次蒸发冷凝，制成较纯的芳香液。

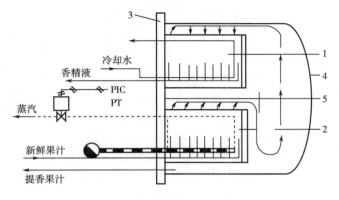

图 8-10　芳香物质回收工作原理

1—冷凝器；2—蒸发器；3—支架；4—密封容器；5—挡板

14. 果蔬汁粉的干燥

果蔬汁粉是浓缩果汁或果汁糖浆通过滚筒干燥、喷雾干燥、真空干燥、泡沫干燥、冷冻干燥等方法排除果蔬汁中的绝大部分的水，制成的含1%~4%的粉状、细粒状或屑状的产品，用于焙烤工业和甜食工业，制造布丁粉、水果冰淇淋、甜食赋色物质和固体饮料等。其生产工艺详见第六章。

15. 杀菌

果蔬汁杀菌的方法和技术有多种，主要分为热力杀菌法和非热力杀菌法。前者主要通过加热处理达到杀菌目的，如最常用的巴氏杀菌法和高温瞬时杀菌法等。

通常，酸性或高酸性产品采用低温持久杀菌。低酸性蔬菜汁则采用高于100 ℃的加压杀菌方式。果蔬汁杀菌的微生物对象主要为好氧性微生物（如酵母和霉菌），一般情况下，巴氏杀菌条件即可将其杀灭。但浑浊果蔬汁在此温度下如此长时间加热，容易产生煮熟味，色泽和香气损失大。

超高温瞬时杀菌（135~150 ℃、2~8 s）与传统的热杀菌相比较更有利于食品色、香、味及质构的保持，使热力对食品品质的影响程度限制在最小限度，因而是目前饮料生产常用的热杀菌手段，图8-11所示为阿法—拉伐超高温瞬时杀菌装置，具有换热效率高，节能省水等特点，适合牛乳和果蔬汁等液体物料的超高温杀菌。巴氏杀菌是应用较早的一种加热杀菌方法。以前对于瓶装和三片罐装的果蔬汁多采用二次巴氏杀菌，即将果蔬汁加热到70~80 ℃后灌装（实际上主要是为了排气，生产中通常称为第一次杀菌），密封后再进行第二次杀菌，由于加热时间较长，其对产品的营养成分、颜色和风味都有不良的影响，目前生产中使用较少。果蔬汁的非热力杀菌主要包括物理杀菌和化学杀菌。物理杀菌主要有辐照杀菌、紫外线杀菌、超高压杀菌、高压脉冲电场杀菌、磁场杀菌、脉冲强光杀菌和超声波杀菌等。

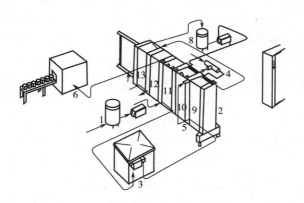

图8-11　阿法—拉伐无菌装置运行流程图

1—原乳（果汁）计量槽；2—换热器；3—均质机；4—蒸汽喷射器；5—保温管；6—无菌包装机；7—控制仪表屏；
8—热水计量槽；9—加热区段；10—交流换热区段（产品与热水换热）；11—交流换热区段（产品与原料乳换热）；
12、13—外加冷却区段（用于装置消毒）

化学杀菌主要是指在加工中添加抑菌剂和防腐剂，如臭氧、氧化电位水、二氧化氯、二氧化硫、乳酸链球菌素和苯甲酸盐等。但目前果汁最安全和经济的杀菌方法是热力杀菌方法。

对酸性产品而言，其 pH 在 4.5 以下或 A_w 小于或等于 0.85 时，杀菌的对象菌一般为非芽孢菌，一般在 85~100 ℃条件下处理数分钟即可。低酸性蔬菜汁则采用高于 100 ℃的加压杀菌。高温短时（HTST）杀菌是将食品加热到 100 ℃以上，常用的杀菌温度在 110~135 ℃，杀菌时间为 3~10 s。果蔬汁杀菌要求达到商业无菌，即指将果蔬汁中的病原菌、产毒菌以及腐败菌全部杀死，但并非完全无菌，仍可能存在耐热的无害细菌芽孢，它们在处理后的果蔬汁环境中不能繁殖。

16. 灌装与包装

果蔬汁灌装方法有热灌装（高温灌装）、冷灌装（低温灌装）和无菌灌装等。

热灌装（hot filling）是将果蔬汁加热杀菌后立即灌装到清洗过的容器内，利用产品的热量对容器内表面进行杀菌。封口后将瓶子倒置 10~30 min，对瓶盖进行杀菌，然后快速冷却至室温。果蔬汁饮料，除纸质容器外，几乎都采用热灌装。

冷灌装（cold filling）是指果蔬汁在包装前先进行高温瞬时杀菌，然后快速冷却到 30~40 ℃进行无菌灌装。该技术适合不耐热的 PET 瓶灌装。

无菌灌装（aseptic filling）要求果蔬汁、包装容器和包装环境彻底杀菌，达到无菌条件后进行灌装、封口。无菌灌装采用的包装材料可用热成型的 PET 瓶或复合材料制成的利乐包，可采用过氧化氢、紫外线或化学与热相结合的方法等对包装容器杀菌。果蔬汁无菌包装容器有纸盒、塑料杯、蒸煮袋、金属罐和玻璃瓶等。

在果蔬汁灌装技术中，最近又出现了中温灌装技术。中温灌装技术又称为超洁净灌装技术，将栅栏技术应用于热灌装工艺中，将充填温度由 83~95 ℃降低至 65~75 ℃。它通过合理的生产线硬件配置和品控管理，在不添加防腐剂的前提下，使采用非耐热 PET 瓶生产的饮料产品卫生达到耐热 PET 瓶饮料和国家标准的要求。中温灌装技术与热灌装技术相比，优势在于：一方面能大幅度降低包材成本，另一方面可明显降低吹瓶费用。而冷灌装技术在实际生产中，因为没有高度保障果蔬汁无菌的有效途径，果蔬汁（特别在企业刚开始使用生产线时）很容易感染杂菌，中温灌装技术比较有效地避免了这一缺点。

目前世界上使用最广泛的小包装无菌灌装设备，是瑞典利乐公司（Tetra Pak）生产的无菌灌装机，其包装容器是用纸、塑料薄膜和铝箔等 7~8 层复合包装材料制成的，也有采用铝箔或塑料复合袋进行包装的，主要用于液态饮料。目前我国无菌大包装灌装系统主要用于浓缩苹果汁（浆）、浓缩番茄酱（浆）等产品中，采用的容器主要是铝塑复合无菌袋，容量一般在 10~1000 L。我国常用的无菌袋分别是 220 L 和 1000 L，220 L 无菌袋一般放在铁桶内，1000 L 无菌袋放在特制木箱内进行保藏和运输。包装袋在出厂前均进行 γ 射线杀菌处理，保证无菌。

第三节 果蔬汁常见质量问题与控制

一、果蔬汁的安全问题

目前果蔬原料微生物污染、农药残留是果蔬汁安全的主要问题。由于现代果蔬汁加工业的设备、检测和质量管理水平的提高，果蔬加工过程中的生物、化学和物理性的污染已不是主要的质量安全问题。但环境破坏、恶化以及农药过量施用导致的果蔬原料微生物污染、化学污染和农药残留则是果蔬汁质量安全的威胁，如美国FDA规定苹果汁、浓缩苹果汁和苹果汁产品中的棒曲霉素含量小于50 μg/kg。欧盟则严格限制含棒曲霉素食品的进口。因此，加强并注重原料种植地和种植过程中水、土、大气和农药施用的监测监管是保证原料质量安全和产品加工质量安全的根本保证。实施良好农业操作规范（good agricultural practice，GAP），减少或不使用化学农药，生产绿色或有机食品，果蔬原料清洗时根据使用农药的特性，选择一些适宜的酸性或碱性清洗剂，也能降低农药等的残留。

二、果蔬汁的败坏问题

（一）微生物败坏

果蔬汁产品败坏主要是微生物的侵染和繁殖引起的，主要表现在表面长霉，发酵产酸、产酒精和二氧化碳等。同时，微生物导致的果蔬汁败坏还伴随有风味、色泽和组织状态的恶化。

1. 细菌

细菌败坏主要是乳酸菌、醋酸菌、丁酸菌等败坏苹果、梨、柑橘、葡萄等果汁。它们能在厌氧条件下迅速繁殖，对低酸性果汁具有极大的危害性，常引起浑浊、絮状沉淀、变味等现象。

2. 酵母菌

酵母菌是引起果汁败坏的主要微生物，可引起果汁发酵产生大量二氧化碳，使糖度降低而酸味凸显增大，发生胀罐，甚至会使容器破裂。

3. 霉菌

丝衣霉属的某些子囊孢子热稳定性很高，可导致果蔬汁霉变。红曲霉、拟青霉等会破坏果胶，改变果蔬汁原有酸味并产生新的酸而导致风味劣变。

因此，在果蔬汁加工中要严格控制原料、车间、设备、管道、容器、工具及人员的清洁卫生，防止半成品积压等。

（二）化学败坏

化学败坏主要是果蔬中各种化学成分之间或果蔬化学成分与其接触的包装容器的成分之间发生的氧化、还原、化合、分解等各种化学反应所引起，也有果蔬汁中各种酶的化学反应引起的品质劣变。例如酸性果汁中的酸与马口铁罐盖的铁的反应等造成腐蚀作用并产生氢气而胀罐和泄漏，维生素C被氧化减少，绿色素遇酸褪色等都是化学反应的结果。

（三）物理败坏

物理败坏主要是温度、压力、光等物理因素引起的果蔬汁品质变化，如果蔬汁受冻引起沉淀和风味变化，受热引起营养素的损失等；果蔬汁成品受挤压变形，受大气压的变化引起的胀罐和瘪罐等；透明包装的果蔬汁产品受光线直射引起的变色等，都是物理性败坏。由于光会引起温度变化，而温度会引起化学反应变化，因此物理败坏与化学败坏有着密切的联系。

避免果蔬汁败坏的控制措施是：①加工中采用新鲜、无霉烂、无病害的果蔬原料榨汁；②加强原料采摘、贮藏、运输的管理及加工过程原料的洗涤消毒和检测；③严格控制工厂、车间环境和加工设备、管道和容器等的清洁卫生；④防止半成品积压；⑤果蔬汁灌装后封口要严密，杀菌要彻底。

三、果蔬汁的浑浊和沉淀问题

澄清果汁要求汁液透明，浑浊果汁要求有均匀的浑浊度，但在贮藏过程中常发生果汁的浑浊和沉淀。这是因为澄清果汁的澄清处理中澄清剂用量不当或处理时间不够，使果胶或淀粉分解不完全等造成了后浑浊。

（一）澄清果蔬汁的浑浊与沉淀

澄清型饮料出现后浑浊的原因很多，主要是由于澄清处理不当和微生物因素，如果胶、淀粉、明胶、酚类物质、蛋白质、助滤剂、微生物、阿拉伯聚糖、右旋糖酐等都会引起浑浊和沉淀，因此在生产中需要针对这些因素进行一系列检验，确定引起饮料浑浊与沉淀的原因，有的放矢地消除饮料的浑浊与沉淀。

（1）采用成熟而新鲜的蔬菜原料，保证原料质量的稳定性。澄清果汁应制定合理的澄清处理条件，适量使用明胶、聚乙烯基聚吡咯烷酮、聚酰胺等澄清剂，尽可能降低多酚类物质和蛋白质的含量。

（2）加工用水必须达到饮用水的要求，避免不合格水中的钙、镁离子等物质与果蔬汁发生沉淀反应。

（3）合理地使用酶制剂来分解果胶和淀粉。

（4）压榨时尽可能轻柔，以便降低阿拉伯聚糖等容易引起后浑浊的物质的含量。

（5）调配时选择质量好的糖、酸、香精等添加剂。

（6）应严格进行澄清处理，并且采用合理的过滤及超滤系统，充分除去果蔬汁中的悬浮颗粒以及易沉淀物。

（7）保证生产的卫生条件，减少微生物及其代谢产物污染，尤其是微生物产生的右旋糖酐所引起的污染。

（8）通过低温贮藏来降低引起后浑浊的各类化学反应的速度。

（9）避免使用有腐蚀性的设备和包装。

（二）浑浊果蔬汁的浑浊与沉淀

浑浊果蔬汁是一个由果胶、蛋白质等亲水胶体物质组成的胶体系统，其pH、离子强度，尤其是保护胶体稳定性物质的种类与用量不同等，都会对浑浊果蔬汁的稳定性产生影响。

1. 分层和沉淀现象的主要原因

（1）加工用水中的盐类会破坏果蔬汁体系的pH及电性平衡，而使胶体物质和悬浮颗粒凝聚沉淀。

（2）果胶酶的作用或微生物的繁殖都可使果胶分解而失去胶体性质，从而降低浑浊果蔬汁的黏度，引起悬浮颗粒沉淀。

（3）调配时，糖、香精的种类和用量不适宜引起果蔬汁的分层。

（4）果蔬汁中自身果胶含量较少，但又没有添加其他增稠剂，体系的黏度低，导致果肉颗粒因缺乏浮力而沉淀。

（5）均质效果不理想，果蔬汁中的果肉颗粒太大。

（6）若脱气不完全，气体吸附到果肉上会使果肉的浮力增大，使饮料分层。

2. 防止分层和沉淀的途径

（1）榨汁前加热处理要严格，彻底破坏果胶酶活性。

（2）均质、脱气以及灭菌等工序都要严格进行。

（3）通过脱水处理来增加汁液的浓度，以降低颗粒和液体之间的密度差。

（4）根据实际情况添加果胶、黄原胶、羧甲基纤维素钠、海藻酸钠、琼脂、阿拉伯胶等稳定剂，来保护胶体，防止凝胶沉淀。实践表明多种稳定剂复合使用比单独使用效果更好。

（5）添加金属离子螯合剂。

带肉果蔬汁因明显含有果肉颗粒，更加容易沉淀。为了维持其稳定性，在工艺允许的情况下，必须注意尽量降低果肉颗粒的粒度，并且尽量使果肉颗粒密度与汁液密度相等，还要添加合适的稳定剂以增加汁液的黏度。

四、果蔬汁的变色问题

果蔬汁出现的变色可分为 3 种类型：本身所含色素的改变、酶促褐变和非酶褐变。本身所含色素的改变，比较常见是绿色蔬菜汁中的叶绿素在酸性条件下脱色，橙黄色饮料中胡萝卜素等在光敏氧化作用下褪色，以及含花青素饮料的褪色。果蔬原料品种、成熟度和加工过程空气氧化、美拉德反应及酶促反应等对果蔬汁的色泽都有重要的影响。果汁在加工中发生的变色多为酶促褐变，在贮藏期间发生的变色多为非酶促褐变，在浓缩汁中这种褐变尤其突出。

防止酶促褐变的方法，一是工序中的加热处理，采用 $70 \sim 80 \, ℃$、$3 \sim 5 \, min$ 或 $95 \sim 98 \, ℃$、$30 \sim 60 \, s$ 加热钝化多酚氧化酶活力；二是在破碎等工序添加抗氧化剂如维生素 C 和异维生素 C，用量 $0.03\% \sim 0.04\%$，对低酸果汁还可添加有机酸，如 $0.5 \sim 1 \, g/L$ 柠檬酸处理，抑制酶的活力；三是包装前充分脱气，包装隔绝氧气，生产过程减少与空气的接触，杀菌时做到彻底杀菌。

非酶促褐变主要是由还原糖和氨基酸之间的美拉德反应引起的，而还原糖和氨基酸都是果蔬汁本身所含的成分，因此较难控制，主要防止措施是控制 pH 在 3.3 或以下；防止过度的热力杀菌；制品贮藏在较低温度下（$10 \, ℃$ 或更低温度）。

五、果蔬汁的变味问题

果蔬的风味形成途径有果蔬体内生物合成、前处理过程酶直接或间接催化和加工处理与贮藏过程酶与非酶作用。在加工过程中，果蔬的切分、去皮、漂烫、打浆等操作都可能因氧化、酶促反应而影响风味，尤其在果蔬汁的加热杀菌过程中风味的变化和损失最明显。

果蔬汁的变味主要是由微生物生长繁殖引起，个别类型的果汁还可能与加工工艺有关，如柑橘汁的变苦等。微生物引起的变味，常见的有：细菌中的枯草杆菌繁殖引起的馊味；乳酸菌和醋酸菌发酵引起的各种酸味；丁酸菌发酵引起的臭味；酵母或霉菌引起的各种霉变味。防止微生物引起变味，主要应着重注意各个工艺环节的清洁卫生和杀菌的彻底性。

柑橘汁加工处理不当，会产生变味儿：一是煮熟味儿，由于柑橘为热敏性很强的果汁，杀菌过度或采用100 ℃以上温度杀菌，都易生成羟甲基糠醛形成煮熟味儿；二是加工过程中或加工后常易产生苦味，主要成分是黄烷酮糖苷类和三萜类化合物。前一类的有柚皮苷、橙皮苷、枸橘苷等苦味物质；后一类有柠檬素、诺米林、艾金卡等苦味物质。柑橘汁的变味应注意，采用适宜的杀菌方法和温度，以瞬时杀菌方法为好；在加工中应提高柑橘采收成熟度；选择含苦味物质少的品种；先取芳香油，再进行榨汁；榨汁时采用柑橘专用挤压取汁设备避免压破白皮层、种子、中心柱等组织；可采用柚皮苷酶和柠碱前体脱氢酶水解苦味物质，可有效减轻苦味；采用聚乙烯吡咯烷酮、尼龙-66等吸附剂吸附脱除苦味物质；添加 β-环状糊精等物质提高苦味阈值，起到隐蔽苦味的作用。

对于果蔬汁，其保持良好风味的方法有：①选择风味优良的果蔬汁加工品种；②防止加工过程氧化，抑制酶促反应产生异味，注意保持或激活有利于风味产生的酶促反应；③减轻热力杀菌强度，采用非热力杀菌处理；④添加一定的风味剂或风味改良剂；⑤采用冷链运输和贮藏。

六、果蔬汁的掺假

果蔬汁掺假是指生产企业为了降低生产成本，在果蔬汁或果蔬汁饮料产品中人为降低果蔬汁含量而没有达到规定的标准，为了弥补其中各种成分不足而添加一些相应的化学成分使其达到规定含量。国外已经对果蔬汁的掺假问题进行了多年研究，并制定了一些果蔬汁的标准成分和特征性指标的含量，通过分析果蔬汁及饮料样品的相关指标的含量，并与标准参考值进行比较，来判断果蔬汁及饮料产品是否掺假。例如利用特征脯氨酸、特征氨基酸的含量与比例作为柑橘汁掺假的检测指标。果蔬汁的掺假在我国还没有得到应有的重视，很多企业的产品中果蔬汁含量没有达到100%也称天然果蔬汁，甚至把果蔬带肉饮料或浑浊果蔬汁饮料称为100%果蔬汁。

为了进行果汁掺假鉴定，国内外学者针对掺假方式做了许多鉴别研究。鉴伪技术经历了从单一性状、常见组分、常规分析到多性状、特异组分、专门分析及运用数理统计方法的过程，同时随着现代生物技术的发展，应用分子生物学方法进行果汁检测给果汁鉴伪研究注入了新的血液。这些技术具有方便、准确、迅速、简洁的特点，其能为果汁的真伪鉴定提供更可靠的依据。

常规理化检测法：主要利用果汁中特征成分含量或某一些常规成分之间的比例来进行检测判断，如二氢查耳酮糖苷是苹果的特征物质，可用于苹果汁的掺伪检测；胡柚汁中含有的大量的 β-隐黄质及其酯类含量可作为判别依据，分析橙汁中是否添加了胡柚汁；梨汁中脯氨酸含量大约是苹果汁的10倍，因此测定苹果汁中脯氨酸的含量可以判断其中是否添加梨汁；分析还原糖含量和可溶性固形物含量之间的比值，包括果糖与葡萄糖之比及各种单糖或糖醇对总糖与山梨醇之和之比，可检测通过加入蔗糖和浆果来调整可溶性固形物水平的伪劣果汁；测定各种有机酸含量尤其是以微量酸作为掺假指示剂，或根据柠檬酸添加量与果汁溶液 pH 的变化幅度及果汁的缓冲能力与原果汁含量之间的相关信息来进行鉴定。

新型理化检测法：

（1）色谱技术。每种果汁都具有自身主要的特征糖类化合物和明显的有机酸组成，利用色谱技术建立的糖类指纹图谱、有机酸指纹图谱、氨基酸指纹图谱、低聚寡糖指纹图谱能够用于果汁生产的监控，使检测更简便快速，结果更可靠，甚至能区分不同原产地的果汁产品。

（2）质谱技术。同位素变化测定法在果汁真伪鉴别中得到越来越广泛的应用。如$^{18}O/^{16}O$值和$^2H/^1H$值可以作为鉴别天然果汁含量的依据。但由于同位素测定法所需分析时间长，样品处理繁杂，检测成本高，国内开展这方面的工作较少。此外，利用毛细管区带电泳和基质辅助激光脱附游离飞行时间质谱仪测定橙汁可以判断其中是否添加甜味剂。

（3）光谱技术。基于近红外技术光谱成分分析的广泛性和果汁的光学性质，通过添加不同浓度的果葡糖浆、蔗糖溶液（含果糖、葡萄糖和蔗糖）和两者的混合溶液建立甜味剂添加模型，可快速判断苹果汁是否掺假，该法用于判断加糖苹果汁，准确率可达91%～100%，且检测成本低、样品无须预处理、无须化学试剂、为物质多成分含量的实时无损检测提供了一种新方法。

（4）人工神经网络。利用电子舌不同的味觉传感器组合成一传感器阵列采集样本信息，将神经网络作为模式识别工具训练样本识别、分类，现已能够定性地识别出苹果、菠萝、橙子和红葡萄等几种不同的果汁。该法目前存在的问题是电子舌的稳定性及检测的精确度有待进一步提高。

（4）分子生物学检测法。利用不同热处理和贮藏条件下 DNA 的完整性不同导致的 PCR 扩增情况不同，可鉴定鲜榨橙汁和还原橙汁。此外，利用西柚中所含的特异性多肽，也可采用此法将西柚与橙汁区分开来。

第四节　果蔬汁产品相关标准

一、食品安全标准

《食品安全国家标准　果蔬汁和果酒中 512 种农药及相关化学品残留量的测定液相色谱-质谱法》（GB 23200.14—2016）规定了橙汁、苹果汁、葡萄汁、白菜汁、胡萝卜汁、干酒、半干酒、半甜酒、甜酒中 512 种农药及相关化学品残留量液相色谱-质谱测定方法。本标准适用于橙汁、苹果汁、葡萄汁、白菜汁、胡萝卜汁、干酒、半干酒、半甜酒、甜酒中 512 种农药及相关化学品残留的定性鉴别，也适用于 490 种农药及相关化学品残留量的定量测定，其他果蔬汁、果酒可参照执行。农药最大残留限量应符合 GB 2763—2021，实验室用水规格和试验方法应符合食品安全国家标准 GB/T 6682—2008。

二、加工技术规程

《果蔬汁（含颗粒）饮料热灌装封盖机　通用技术规范》（GB/T 38404—2020）规定了果蔬汁（含颗粒）饮料热灌装封盖机的术语和定义、型号、型式、主要结构、基本参数及工作条件、技术要求、使用信息、试验方法、检验规则、标志、包装、运输与贮存。本标准适用于玻璃瓶、PET 瓶、铝瓶等采用二次热灌装方式灌装果蔬汁（含颗粒）饮料（以下简称"物料"）的灌装封盖机（以下简称"灌封机"），不适用于易拉罐容器的灌装，也不适用于超洁净或无菌灌装的灌装方式。

《果蔬汁（浆）及其饮料超高压加工技术规范》（NY/T 4337—2023）规定了果蔬汁（浆）及其饮料超高压加工相关的术语和定义、加工要求、标识、运输与储存，适用于果蔬汁（浆）及其饮料的超高压加工。

《非浓缩还原果蔬汁加工技术规程》（NY/T 3909—2021）规定了非浓缩还原果蔬汁的术语和定义、加工基本要求、工艺流程和技术要求，适用于生产非浓缩还原果蔬汁。

三、产品标准

《果蔬汁类及其饮料》（GB/T 31121—2014）规定了果蔬汁类及其饮料的术语和定义、分类、技术要求、试验方法、检验规则和标志、包装、运输、贮存，规定了原辅料、感官要求、理化要求，食品添加剂和食品营养强化剂应符合 GB 2760—2024 和 GB 14880—2012 的规定。

第五节　果蔬汁生产实例

一、苹果汁生产工艺

苹果既适合制取澄清果汁，也用于制带肉果汁，极少量用于生产普通的浑浊果汁，苹果浓缩汁是欧洲目前主要的浓缩果汁。

（一）工艺流程

原料→分选→清洗→破碎→压榨→粗滤→澄清→精滤→调整混合→杀菌→灌装→冷却→成品

（二）操作要点

（1）苹果应保证无腐烂，在水中浸洗和喷淋清水洗涤，也有用 1% NaOH 和 0.1%~0.2% 的洗涤剂浸泡清洗的方法。

（2）用苹果磨碎机或锤击式破碎机破碎，至 3~8 mm 大小的碎片，然后用压榨机压榨，苹果常用连续的液压传动压榨机，也可用板框式压榨机或连续螺旋压榨机。

（3）苹果汁采用明胶—单宁法澄清，单宁 0.1 g/L、明胶 0.2 g/L，加入后在 10~15 ℃下静置 6~12 h，取上清液和下部沉淀分别过滤。目前苹果汁生产采用酶法澄清，再结合硅藻土过滤或超滤进行精滤。

（4）调配时，直饮式苹果汁常控制可溶性固形物含量在 12% 左右、酸含量在 0.4% 左右，在 93.3 ℃以上温度进行巴氏杀菌，苹果汁应采用特殊的涂料罐。

（5）浑浊苹果汁生产时需要进行护色、均质和脱气。苹果破碎时需要喷雾添加维生素 C 或异维生素 C 溶液，防止果汁发生褐变，压榨取汁后果汁通过筛滤，不经澄清直接进行巴氏杀菌、灌装，产品的风味浓、质量好，因此逐渐受到消费者的青睐。

（6）浓缩汁生产时，将澄清苹果汁浓缩至可溶性固形物为 68~70 °Bé，并在 -10 ℃左右冷藏，或利用浑浊苹果汁浓缩至可溶性固形物为 32 °Bé。

二、橙汁生产工艺

（一）工艺流程

原料→清洗、分级→取汁→过滤→调整→均质→脱气去油→巴氏杀菌→灌装→冷却→成品

（二）操作要点

（1）甜橙经过严格清洗、分级后用压榨机取汁，如 FMC 柑橘榨汁机或布朗锥汁机，果汁经 0.3 mm 筛孔过滤机过滤，可以根据产品的要求决定果汁中的果肉含量，一般要求果肉含量为 3%~5%。果浆太少，色泽浅，风味平淡；果浆太多，则浓缩时会产生焦糊味。

（2）过滤后的果汁按成品标准调整，一般可溶性固形物 13~17 °Bé，含酸量 0.8%~1.2%。

（3）均质是橙汁的必需工艺，高压均质机要求在 10~20 MPa 下完成，橙汁需要进行脱气处理，既可脱出果汁中的氧气，又可脱除一些甜橙油，通常橙汁中应保留 0.015%~0.025% 的甜橙油。

（4）为了钝化橙汁中的果胶甲基酯酶，保证橙汁的稳定性，生产中应尽快对果汁进行杀菌，橙汁一般采用高温短时杀菌，杀菌条件为在 15~20 s 内升温至 93~95 ℃，保持 15~20 s，降温至 90 ℃，趁热保温在 85 ℃以上，热灌装于预先消毒的容器中，装罐（瓶）后的产品应迅速冷却至 38 ℃，也可以将杀菌后的果汁冷却至 5 ℃左右进行冷灌装或进行无菌灌装。

（5）橙汁可进一步浓缩生产浓缩橙汁，一般其可溶性固形物为 65 °Bé，或进一步采用原汁回调工艺生产 42 °Bé 的浓缩橙汁。目前几乎所有浓缩橙汁都采用-18 ℃冷冻贮藏，因此也称冷冻浓缩橙汁。

（6）橙汁也可脱水制成果汁粉，方法是将浓缩汁进行泡沫干燥，之后加入干燥剂密封保存。

三、番茄汁生产工艺

番茄汁是各种复合蔬菜汁的基本原料。番茄一般用于加工浑浊汁。

（一）工艺流程

原料→清洗→修整→预热→榨汁或打浆→加盐或与其他菜汁和调味料配合→脱气→均质→杀菌→装罐→冷却→成品

（二）操作要点

（1）先将已经分选、清洗的番茄预热至皮与肉适度分离，再送入双层卧式打浆机打浆。

（2）去皮籽（使用番茄去籽机）后，使浆汁的可溶性固形物为 4%~5%，再用砂糖、盐等进行配料。

（3）配制好的汁浆在 85 ℃左右进行热脱气 3~5 min，破坏果胶酶，再经均质机在 20~40 MPa 下进行均质处理。

（4）采用螺旋榨汁机可减少空气混入。榨出的汁经热交换器或可倾式夹层锅加热至 85~90 ℃，立即装罐、密封。然后在 100 ℃水中杀菌 15~20 min，立即冷却至 40 ℃左右。或用瞬

间杀菌器在 125~127 ℃下，维持 30 s 杀菌，冷却至 90~95 ℃装罐密封，冷却。高温短时杀菌必须严格控制时间，否则会对番茄红素有较大的破坏。

（5）番茄汁也可制成浓缩产品，还可以由浓缩番茄酱稀释后制成直接饮用产品。

四、山楂汁

（一）工艺流程

原料→清洗→检查→去核、破碎→加热→破碎榨汁→过滤→混合调配→均质→脱气→灌装→杀菌→成品

（二）操作要点

（1）精选山楂，去核除杂，流水清洗。

（2）将山楂与水以 1:2 比例混合，加热至 100 ℃煮 3 min，冷却至室温，放入榨汁机中打浆榨汁，260 目滤网挤压过滤，滤液为山楂汁。

（3）山楂汁、蔗糖以一定比例调配，滤网过滤得山楂果肉饮料，将羧甲基纤维素钠、黄原胶和海藻酸钠加入果肉饮料中，溶解。

（4）饮料采用均质机均质，均质条件：20 MPa，温度 60~65 ℃，2 min，之后真空脱气。

（5）在（115±2）℃下杀菌 40~60 s，冷却至 95~98 ℃，灌装于消毒的瓶或罐及其他容器中，灌装温度不得低于 90 ℃，然后迅速冷却至 45 ℃以下。带肉果汁也有采用先灌装后杀菌工艺的。

五、沙棘果汁

（一）工艺流程

原料→分选→清洗→破碎→热处理→酶解→榨汁→粗滤→调配→均质→脱气→杀菌→灌装封口→杀菌冷却→检验→包装→成品

沙棘汁

（二）操作要点

（1）选择无霉烂或虫蛀、成熟饱满的沙棘干果，清水洗净后沥干，用 2%的 NaCl 和维生素 C 溶液浸泡护色 3 min，90 ℃保温热烫 3 min。

（2）沙棘汁、糖浆、食品添加剂调配。

（3）均质可使混合汁饮料悬浮化，使果汁中的悬浮粒子进一步破碎，使粒子大小均一，从而提高其稳定性，均质压力 20~25 MPa。

（4）脱气后用玻璃瓶灌装，在 90 ℃常压灭菌 15 min，冷却后即得沙棘饮料。

【思考题】

1. 浑浊果蔬汁生产时脱气的目的是什么？

2. 为什么许多果蔬在取汁前要进行热处理？

3. 试述 NFC 果蔬汁的加工工艺流程及操作要点。

4. 试述果蔬汁常见质量问题与控制措施。

【课程思政】

新型 NFC 果蔬汁，走上一条"新鲜"路

浓缩还原果蔬汁（from concentrate，FC）是指在浓缩果蔬汁中加入果蔬汁浓缩时失去的天然水分等量的水后，得到的制品。而 NFC（not from concentrate，NFC）果蔬汁是指以新鲜果蔬为原料，采用破碎、压榨等机械方法制成的果蔬汁液。它不是用浓缩果蔬汁加水还原而来，而是果蔬原料经过取汁后直接进行杀菌、包装而成的成品，免除了浓缩和浓缩汁调配后的杀菌工艺。该果蔬汁的营养丰富、风味好，是目前市场上最受欢迎的果蔬汁产品之一。NFC 果蔬汁是近年欧美的流行趋势，逐渐取代传统浓缩还原类果汁。在全球背景下，NFC 果蔬汁是软饮料行业一个相对较小的类型。与其他果蔬汁饮料相比，由于其相对较高的零售价格，NFC 果蔬汁在许多国家作为高端产品。与碳酸饮料相比，NFC 果蔬汁含糖量较低，正日益成为健康意识消费者的选择之一。此外，NFC 的果蔬汁含量高而且方便。与家庭自制的鲜榨果蔬汁相比，生产用于商业销售的 NFC 果蔬汁不仅优质，而且节省了很多时间。据统计，美国、英国、法国、加拿大和澳大利亚的 NFC 果蔬汁销量占全球总销售额的近 70%。

针对我国 NFC 果汁加工核心技术与装备不足的问题，近年来，我国科学家和工程技术人员开展了加工适用性及营养学评价、高效制汁、精准复合、新型杀菌、质量安全控制和果蔬汁鉴伪等关键技术的研究，逐步解决果蔬汁品质劣变、安全性不足以及鉴伪困难等难题。例如"超高压+"技术体系可以解决现阶段单独超高压处理 NFC 果蔬汁微生物灭活效率低、内源酶钝化不完全等问题；低温低氧、最少加工的"两低一少"及精准复合技术，解决了果蔬汁加工过程中的营养损失、感官质量差等问题；隔氧取汁技术、风味稳态化技术及最低强度杀菌技术，实现 NFC 冬枣汁从原料到产品的最少加工和品质升级；连续化果汁低温低氧加工装备系统缩短了 NFC 苹果汁加工周期，褐变度和根皮苷损失率降低 40% 以上，生产能耗降低 10% 以上；基于天然植物化学成分花色苷稳定技术、非热杀菌的营养功能保持技术，开发出的复合果汁新产品，实现了产业化示范，花色苷保留率达 55% 以上；同位素比率质谱法、DNA 提取方法的 RT-PCR 技术应用于 NFC 苹果汁鉴伪，为我国果汁消费者、守法企业、政府监管部门等提供技术支持。

要保障 NFC 果蔬汁快速稳定地走上一条"新鲜"路，离不开科学技术的创新。从传统果汁"喝前摇一摇"到现代 NFC 果汁新技术的创新应用，科技的力量以及创新思维，推动了食品加工产业的快速发展。作为食品学子，应该学习科技人员的创新精神、工匠精神和家国情怀，坚守科技报国初心，勇担强国建设使命。

【延伸阅读】

复合果蔬汁

复合果蔬汁饮料是以果蔬汁为基料，将两种及两种以上榨取的新鲜果蔬汁液或浓缩浆按照一定的比例混合后，不加或者加入糖、酸等少量调味品调制而成的果蔬汁饮料。

复合果蔬汁饮料较好地保留了果蔬中富含的各种矿物元素，钾、镁及钠元素在人体的新

陈代谢中呈碱性，可很好地缓冲食用肉类食品的酸性和因运动产生的乳酸，有助于维持体液的酸碱平衡。同时，复合果蔬汁中含有黄酮类、单宁类、酚酸类以及花色苷类等多酚类物质，这些物质具有强力的抗氧化作用，能与维生素 C、维生素 E 和胡萝卜素等其他抗氧化物在体内一起发挥抗氧化功效，清除有害人体健康的物质——自由基，延缓人体衰老。

复合果蔬汁产品的生产通常涉及破碎技术、均质技术、浓缩技术、杀菌技术、超高压技术、灌装技术、精准复配技术、风味融合技术等，经这些加工技术生产出来的复合果蔬汁饮料口感佳，营养丰富，受广大消费者青睐。

张秋荣，刘祥祥，李向阳，等 . 复合果蔬汁饮料发展现状及前景分析 ［J］. 食品与发酵工业，2021，47（14）：294-299.

第九章 果酒酿造

本章课件

【教学目标】

1. 了解果酒的分类和特点。
2. 掌握果酒酿造（发酵）原理。
3. 掌握葡萄酒、苹果酒和蓝莓酒等果酒的加工工艺和操作要点。
4. 了解果酒的相关标准和生产实例。

【主题词】

果酒（fruit wine）；葡萄酒（wine）；苹果酒（cider）；梨酒（perry）；发酵原理（fermentation principle）；酿造工艺（brewing technology）；果酒标准（fruit wine standards）

果酒是水果加工的重要方式之一，在果蔬加工产品中其附加值也是相对较高的。在我国，以各种人工种植或野生的水果为原料，破碎或未破碎的果实和果汁经过完全或部分酒精发酵或者经蒸馏、果实浸泡、调配而成的含酒精饮料，称为果酒。我国"十四五"规划中提出"农业绿色低碳循环发展之路"，果酒产业遵循可持续发展的原则，符合我国经济发展方向。

葡萄果实具有较高的出汁率、合理的糖酸比例以及丰富的花色苷、单宁等酚类物质，是最适合酿造果酒的水果之一。根据国际葡萄与葡萄酒组织（OIV）最新的统计结果，2022年全球近一半的葡萄产量用于酿酒。葡萄酒拥有较完善而精细的生产技术体系，其他果酒的发酵和生产基本都以葡萄酒为参考。

第一节 果酒分类及酿造原理

一、果酒的分类

（一）按照生产方式分类

1. 发酵型果酒

以新鲜果实或果汁为原料，经部分或完全发酵而成的含有一定酒精的果酒，酒精度一般在7%~14%（体积分数）。酒精度取决于原料果实的含糖量，如果含糖量不足，可以添加蔗糖来提高果酒的酒精度，但是最好不要超过产生2%（体积分数）酒精的量。果酒的生产和消费以发酵型果酒为主。

2. 蒸馏型果酒

在发酵原酒基础上经蒸馏制成的果味酒，酒精度在 30%（体积分数）以上。通常采用白兰地的蒸馏工艺，发酵原酒经过 2~3 次反复蒸馏，使酒精含量明显升高。

3. 调配型果酒

采用粮食基酒或食用酒精与果汁调配或浸泡果实制成的带果味的酒。调配型果酒不仅易于生产，而且能够保留果酒的风味和色泽，价格较低，市场上较为常见。配制果酒的酒精度可以根据企业开发的需要进行酒体设计，一般不超过 30%（体积分数）。浸泡的果酒由于采用基酒的酒精度普遍较高，其酒精度也偏高。

（二）按含糖量分类

1. 干型果酒

含糖量不高于 4.0 g/L，或者当总糖与总酸（以酒石酸计）的差值≤2.0 g/L 时，含糖最高为 9.0 g/L 的果酒。

2. 半干型果酒

含糖 4.0~12.0 g/L，或者当总糖与总酸（以酒石酸计）的差值≤2.0 g/L 时，含糖最高为 18 g/L 的果酒。

3. 半甜型果酒

含糖 12.0~45.0 g/L 的果酒。

4. 甜型果酒

含糖大于 45.0 g/L 的果酒。

（三）按酿造方法分类

1. 天然果酒

完全由果汁发酵而成，不添加糖分和酒精。

2. 加强果酒

发酵成原酒后用添加相同原料的水果蒸馏酒或脱臭酒精的方法来提高酒精度，称为加强干型果酒。有的在添加酒精的同时又加糖，称为加强甜型果酒，又称浓甜果酒。

3. 加香果酒

采用发酵原酒浸泡芳香植物或添加芳香植物提取液，再经调配而成，如味美思、丁香葡萄酒。

（四）按二氧化碳含量分类

1. 平静果酒

在 20 ℃时，二氧化碳压力小于 0.05 MPa 的果酒。

2. 含气果酒

在 20 ℃时，二氧化碳压力不小于 0.05 MPa 的果酒。其中，二氧化碳压力在 0.05~0.35 MPa 之间时为低泡果酒，二氧化碳压力不小于 0.35 MPa 时为高泡果酒。根据二氧化碳的来源又可分为起泡果酒和水果汽酒。所含二氧化碳全部由发酵作用产生，称为起泡果酒。所含二氧化碳部分或全部由人工添加，具有同高泡果酒类似的物理特性，称为水果汽酒。

（五）特种果酒分类

1. 含气果酒

同（四）2。

2. 利口果酒

葡萄原酒的总酒度不低于 12%（体积分数），通过添加水果蒸馏酒、食用酒精或水果酒精以及果汁、浓缩果汁、含焦糖果汁或白砂糖等，人为提高酒精度，或同时提高酒精度和糖度，终产品酒精度在 15%～22%（体积分数）。利口葡萄酒分为甜型和干型。

3. 冰果酒

将果实推迟采收，当气温低于−7 ℃以下，使果实在树枝上保持一定时间，果实中水分结冰后采收，在结冰状态下压榨、发酵，酿制而成的果酒。在冰果酒酿造过程中不应有外加糖源。

4. 脱醇果酒

采用新鲜果实或果汁经全部或部分发酵，经特种工艺加工而成的果酒，酒精度在 0.5%～7%（体积分数）。其中，酒精度在 1%～7%（体积分数）的为低醇果酒，酒精度在 0.5%～1%（体积分数）的为无醇果酒。

（六）按水果原料分类

习惯以原料果实名称来命名果酒，包括葡萄酒、苹果酒、梨酒、草莓酒、蓝莓酒、猕猴桃酒、沙棘酒、桑葚酒、荔枝酒等数十种。下面主要列举 5 种。

1. 葡萄酒

葡萄酒只能是破碎或未破碎的新鲜葡萄果实或葡萄汁经完全或部分酒精发酵后获得的饮料，其酒精度不能低于 8.5%（体积分数）。但是，在一些特定地区，葡萄酒最低总酒精度可降低到 7.0%（体积分数）（OIV，1996）。目前，全球范围内筛选和培育的酿酒葡萄品种有 8000 多个，普遍用于酿酒的只有 100 多个品种，基本都属于欧亚种。酿造红葡萄酒的优质品种包括赤霞珠、美乐、黑比诺和西拉等，酿造白葡萄酒的优质品种包括霞多丽、雷司令、长相思和灰比诺等。我国是葡萄科（Vitaceae）葡萄属（*Vitis*）的起源地之一，种质资源丰富，拥有 42 个种、7 个变种，葡萄酒产区主要集中在北纬 38°～53°之间的黄金带上，以欧亚种酿酒葡萄为主。在东北地区，主要利用山葡萄、北美和欧美杂交品种酿造葡萄酒。在低纬度地区，利用毛葡萄、刺葡萄等酿造葡萄酒。

2. 苹果酒

全部由苹果汁或者添加部分其他果汁（允许添加不超过 25%的梨汁）发酵而成的酒精饮料。允许在发酵前后添加糖和饮用水，但是不得添加食用酒精、色素和香精（已被允许的某些特殊食品添加剂除外）。英国"国家苹果酒制造者协会"规定，酒精含量介于 1.2%～8.5%（体积分数）称为 cider，如果酒精含量高于 8.5%（体积分数）称为 apple wine。苹果酒为世界第二大果酒，主要分布于世界酿酒苹果产区，如英国、法国等。我国是苹果的原产地之一，种质资源丰富，拥有蔷薇科（Malus）苹果属（*Pumila*）的 21 个野生种。

3. 梨酒

全部由梨汁或者添加部分其他果汁（允许添加不超过 25%的苹果汁）发酵而成的酒精饮料。其工艺与苹果酒相似，风味与苹果酒有细微的差别。梨是我国第三大果树，资源极为丰富，起源于我国的蔷薇科（Malus）梨属（Pyrus）植物共 13 个种，除西洋梨外，其他栽培种均原产于我国。

4. 山楂酒

以山楂果实或山楂汁（浆）为原料，添加糖源、水，或者同时加入其他水果或果汁（浆），经全部或部分酒精发酵酿制而成的发酵酒，或者以山楂酒为主，加入其他发酵型果酒调配而成。山楂是源于我国的经济林特产果树，主要有山楂和云南山楂 2 个大属，在我国辽宁、云南、山东、山西、内蒙古、湖北、河北等地均有分布。

5. 猕猴桃酒

以猕猴桃果实或猕猴桃汁（浆）为原料，可加入其他水果或果汁（浆），添加或不添加糖源，经全部或部分酒精发酵酿制而成，或者以猕猴桃酒（发酵型）为主，加入其他果酒（发酵型）调配而成的发酵酒。我国是猕猴桃的原产地之一，猕猴桃科（Actinidaceae）猕猴桃属（Actinidia）植物在我国有 52 个种和 35 个变种，种质资源丰富，其栽培面积在世界范围内居首位，年产量也稳居前列。

二、果酒酿造原理

（一）酵母菌与酒精发酵

1. 酵母菌

在果酒的酿造过程中，酒精发酵是最重要的一环，酵母菌常被比喻为酒精发酵的发动机，果浆中的糖分经过酵母菌的发酵作用分解为乙醇、二氧化碳和其他副产物。在现代工艺条件下，除了少数采用自然发酵法外，绝大多数果酒均采用人工优选酵母发酵，以酵母属（Saccharomyces）为主，常用的果酒酵母包括酿酒酵母（Saccharomyces cerevisiae）、贝酵母（Saccharomyces bayanus）、奇异酵母与葡萄汁酵母（Saccharomyces uvarum）。在酒精发酵前，应综合考虑水果成分特点与终产品酒的特点，选择合适的酵母。

（1）优良果酒酵母具备的特点。具有较好的发酵能力，能够快速启动发酵，产酒精效率高，耐酒精能力强，发酵彻底；有害副产物生成量少，包括挥发酸、H_2S 和尿素等，产泡力低；对高糖、高酸、高 SO_2 和低 pH 具有较高的耐受力；除水果本身的果香外，酵母也会产生良好的果香与酒香；具有较好的凝聚力和较快的沉降速度；能在低温（15 ℃）或适宜温度下发酵，以保持果香和新鲜清爽的口味。

（2）酵母菌的成分和营养需求。酵母菌的生长繁殖需要水、碳水化合物、含氮物质和无机盐等，果汁中一般都存在着酵母所需的所有营养成分。酵母菌生长繁殖所需的营养成分主要包括：

①碳源：主要由碳水化合物提供。酵母同化基质中的碳水化合物以获得所需的能量，主要通过两种方式：有氧条件下的呼吸作用和无氧条件下的发酵作用。当基质中不再含有营养物质时，酵母菌可以通过自溶现象利用自身物质继续生存。

②氮源：主要由含氮物质提供。酿酒酵母可直接利用葡萄汁中除了脯氨酸之外的大部分氨基酸，以铵盐（NH_4^+）和游离 α-氨基酸形式存在的含氮化合物统称为"酵母可同化氮"，而肽和蛋白质不发挥明显的作用。研究表明，酵母菌完成酒精发酵所需的可同化氮浓度在 100~150 mg/L 之间，当浓度较低时，应向发酵基质添加可同化氮素，使其含量达

到 250～300 mg/L。目前，普遍使用的氮源是磷酸氢二铵，如红葡萄酒和白葡萄酒一般分别在发酵启动后 48 h 和 72 h 加氮。但是在发酵后期应避免加氮，因为这一阶段酿酒酵母不消耗氮，而过量的氮在果酒中可能会导致发酵后腐败微生物的滋生。

③矿物质和维生素：磷和钾是酵母菌生长的必需矿物元素，酵母菌还需要各种维生素，几乎酵母属所有的菌株都需要生物素和泛酸，有些还需要肌醇和硫胺素。一般果酒发酵基质都能提供足够的上述物质。

2. 酒精发酵

（1）葡萄糖代谢。酵母菌的葡萄糖代谢涉及的生化反应包括：糖酵解（EMP）、酒精发酵、甘油发酵和呼吸作用。

①糖酵解（EMP）：己糖磷酸化是通过己糖磷酸化酶和磷酸己糖异构酶的作用，将葡萄糖和果糖转化为 1,6-二磷酸果糖的过程。

1,6-二磷酸果糖在醛缩酶的作用下分解为 3-磷酸甘油醇和磷酸二羟丙酮，由于 3-磷酸甘油醛将参加下阶段的反应，磷酸二羟丙酮将转化为 3-磷酸甘油醛，所以在这一过程中，好像只形成 3-磷酸甘油醛。

3-磷酸甘油醛在氧化还原酶的作用下，转化为 3-磷酸甘油酸，后者在变位酶的作用下转化为 2-磷酸甘油酸；2-磷酸甘油酸在烯酸化酶的作用下，先形成磷酸烯醇式丙酮酸，然后转化为丙酮酸。

丙酮酸在丙酮酸脱羧酶和羧化辅酶的催化下脱去羧基，生成乙醛和二氧化碳。

②酒精发酵（alcoholic fermentation，AF）：乙醛在乙醇脱氢酶的作用下，被 $NADH_2$ 还原为乙醇：

$$CH_3CHO + NADH_2 \rightarrow CH_3CH_2OH + NAD$$

③甘油发酵（glycine fermentation）：在酒精发酵开始时，参加 3-磷酸甘油醛转化为 3-磷酸甘油酸这一反应所必需的 NAD 是通过磷酸二羟丙酮的氧化作用来提供的，但这一氧化作用要伴随着甘油的产生。

每当磷酸二羟丙酮氧化一分子 $NADH_2$，就形成一分子甘油，这一过程称为甘油发酵，在这一过程中，将乙醛还原为乙醇所需的两个氢原子（由 $NADH_2$ 提供），已被用于形成甘油，所以乙醛不能继续进行酒精发酵反应。

④呼吸作用：在有氧条件下，通过糖酵解所产生的丙酮酸进入三羧酸循环，经一系列氧化、脱羧，最终生成 CO_2、H_2O 和能量，这一过程是酵母菌的呼吸作用。每分子葡萄糖通过呼吸作用可净产生 38 个 ATP。这一过程对于酵母菌发酵作用来说也是重要的，尤其是酵母菌的繁殖是需要氧气存在的。

（2）硫代谢。酵母菌需要硫来合成含硫氨基酸和其他重要的代谢产物，硫代谢途径从进入酵母体内的无机硫开始，经过多步反应最终生成蛋氨酸和硫代蛋氨酸。其中，二氧化硫是酵母硫代谢途径的中间产物。若适当提高 SO_2 的生成量，可减弱代谢途径中 SO_2 到 H_2S 的代谢，即可减少 H_2S 的生成量。

（3）酒精发酵的重要副产物。酵母在糖酵解与酒精发酵途径中，除了将果汁中绝大部分的糖发酵生成酒精、CO_2 和热量外，还能利用剩余的少量糖（5%～8%）生成一系列其他化合物，称为酒精发酵副产物。其中，直接副产物包括甘油、丙酮酸和乙醛，多种间接副产物通过多条反应途径生成（图9-1）。

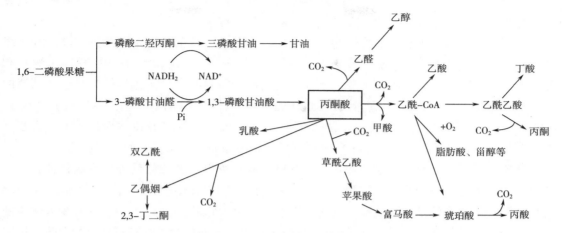

图9-1　酒精发酵过程中的甘油发酵和副产物的生化途径

①甘油：主要在酒精发酵开始时由甘油发酵生成。例如，葡萄酒中甘油的含量一般在6~10 g/L范围内。甘油具有黏性和甜味，一定含量的甘油可以提高果酒的质量，增加酒的顺滑感、柔顺度、挂杯度、黏稠度、甘甜度。

②乙醛：由发酵过程中的丙酮酸脱羧和发酵生成的乙醇氧化产生。例如，葡萄酒中乙醛的含量一般为20~60 mg/L，有时可达300 mg/L。游离乙醛具有不良的氧化味，SO_2处理能消除此味道，因为乙醛可与SO_2结合生成稳定的亚硫酸乙醛，这种物质不影响葡萄酒的质量。

③乙酸：由乙醛经氧化还原作用生成。酒中乙酸的正常含量不超过0.4~0.6 g/L，例如葡萄酒发酵正常时乙酸的含量在0.2~0.3 g/L范围内。乙酸是一种味道浓烈的挥发酸，发酵过程中应严格控制乙酸含量。但陈酿时，少量乙酸可以生成酯类物质，赋予葡萄酒香味。

④琥珀酸：主要来自酵母菌的糖代谢，发酵初期生成较多，其生成量为乙醇生成量的0.5%~1.5%，所以果酒中琥珀酸的含量为1 g/L左右，例如葡萄酒中琥珀酸的含量一般为0.6~1.5 g/L。琥珀酸在果酒中非常稳定，可增加葡萄酒的醇厚感和爽口性，无氧条件下抑制微生物的代谢活动，琥珀酸乙酯是某些葡萄酒的重要芳香成分。琥珀酸有盐苦味，限制了其在果酒中的应用。

⑤乳酸：酒精发酵期间，酵母可产生少量的乳酸（0.04~0.75 g/L）。果酒中的乳酸主要来自于细菌的代谢活动，例如葡萄酒中的乳酸主要是乳酸菌的苹果酸—乳酸发酵产物，含量一般低于1 g/L，乳酸味道柔和，并略带乳香。

⑥双乙酰：连二酮类化合物是果酒风味形成的一类重要的4C羰基化合物，双乙酰是其中的代表。某些乳酸菌污染果酒时，双乙酰含量过高。酵母在发酵初期生成较多的双乙酰，发酵温度高生成量多。双乙酰对葡萄酒风味影响较为复杂，例如在葡萄酒中，低浓度双乙酰的存在被描述为"坚果味"或"烤面包味"，对酒的风味有修饰作用，但浓度超过4 mg/L时，就可能使葡萄酒产生泡菜味、奶油味、奶酪味等异味，是葡萄酒败坏的标志。双乙酰和乙偶姻之间能相互转化，二者都能被还原成2,3-丁二醇，酵母能够迅速降解细菌或酵母生成的双乙酰、乙偶姻与α-乙酰乳酸。2,3-丁二醇在果酒中的含量为0.4~0.9 g/L，无气味，略带甜

苦味，其味可为甘油所掩盖，一般不影响酒质。

⑦高级醇：碳原子数大于2的脂肪族醇类的统称为高级醇，又称杂醇油，由氨基酸脱氨和葡萄糖代谢产生。果酒中发现的大多数高级醇都是酵母发酵正常副产物，在发酵过程中与乙醇平行产生，是构成果酒发酵香气的主要物质。目前，已从葡萄酒中检测到100余种高级醇类物质，比较重要的有正丙醇、异丁醇（2-甲基-1-丙醇）、异戊醇（3-甲基-1-丁醇）和活性戊醇（1-戊醇、2-甲基-1-丁醇）等。不同的高级醇具有不同的挥发性气味，如酒精的甜味和成熟水果味（1-丙醇）、强烈的香脂样的辛辣气味（戊醇）、"杂醇味"（正丁醇）、"酒精味"（异丁基乙醇）、"杏仁味"（活性戊醇、异戊醇）和"花或玫瑰味"（苯乙醇）。但是，高级醇在高浓度（>400 mg/L）时是降低葡萄酒品质的因素，会产生刺鼻的气味。

⑧脂类：果酒中含有有机酸和醇类，而有机酸和醇可以发生酯化反应，生成各种脂类化合物。果酒中的脂类可分为两类，第一类是发酵中产生的生化脂类，是有机酸和醇发生酯化反应生成的。最重要的是乙酸乙酯，在葡萄酒中，其含量低于200 mg/L时，具有令人愉快的香气，可增加果香的复杂性，当含量超过200 mg/L时，会使葡萄酒具有不良的酸败味。第二类是陈酿中产生的化学脂类，在葡萄酒中含量可达1 g/L。化学脂类的种类很多，是构成陈酿香气的主要物质。不同的脂类具有不同的挥发性气味，如乙酸异戊酯具有水果味、梨味或香蕉味，丁酸乙酯具有花香味或水果味，己酸乙酯和辛酸乙酯具有酸苹果味，而乙酸苯乙酯具有花香、玫瑰香与蜂蜜香。

此外，在酒精发酵过程中，还产生很多其他副产物，它们都是由酒精发酵的中间产物——丙酮酸所产生的，并具有不同的味感，如具辣味的甲酸、具烟味的延胡索酸、具酸白菜味的丙酸、具榛子味的乙酸酐、具巴旦杏仁味的3-羟丁酮等。

（4）酵母菌生长和酒精发酵的影响因素。发酵的环境条件，直接影响果酒酵母的生存与作用，从而影响果酒的品质。

①温度：液态酵母的活动最适温度为20~30 ℃，在此范围内，每升高1 ℃，发酵速度可提高10%。发酵速度随着温度的升高而加快，但发酵速度越快，停止发酵越早，酵母菌的疲劳现象出现越早，最终的酒度也会越低。如果超过发酵临界温度，发酵速度就下降，并引起发酵停止。一般发酵危险温区为32~35 ℃，在这一温度范围内，发酵有停止的危险。

温度控制在发酵过程中至关重要。白葡萄酒通常在低温（10~18 ℃）下发酵，低温有利于水果香酯的形成，也有利于保留更好的香气，而红葡萄酒的发酵中，温度升高（18~29 ℃）将有利于颜色加深和单宁的浸提。为了平衡葡萄酒品质和发酵速度，一般浸渍发酵的最佳温区为26~30 ℃，纯汁发酵的最佳温区为18~20 ℃。酿造其他果酒时，应根据果实特点、酒的特点与使用酵母的特性，采取适当的温度进行发酵。对于某些发酵较慢的深色小浆果，采用高于红葡萄酒发酵的温度，有利于发酵进程；而对于一些营养物质丰富的果实，如苹果、梨、香蕉等，采用与白葡萄酒相同或略低的温度发酵更好。

②氧气和通风：酵母菌繁殖需要氧气，缺氧时间过长会导致多数酵母菌细胞死亡，所以微量的氧对酵母生长、维持酒精发酵是必不可少的，应合理利用通风、通气来改善酒精发酵进程。

在进行酒精发酵以前，对果实和果汁的各种处理保证了部分氧的溶解。在发酵过程中，氧气越多，发酵就越快、越彻底。深色果浆发酵期间通过果汁循环引入氧气，有利于发酵进程。在对数生长期末通氧效果特别明显。通氧后酵母细胞数增加，平均细胞活力增强。通风还有利于乙醛的生成，乙醛对花色苷与单宁聚合物的早期聚合有利，因而有利于颜色稳定性。而发酵白葡萄汁或酿造果香突出的果酒时，应避免接触过多的氧。

③酸度和 pH：酵母在中性或微酸性条件下发酵能力最强，酸度高不利于酵母活动，但酵母较耐酸，且可抑制其他微生物的繁殖。葡萄酒发酵适宜 pH 为 3.3~3.5。其他果酒的发酵以 pH 不低于 3 为宜。若 pH 过低，酵母很难将某些果浆（汁）发酵彻底。

④糖含量：葡萄糖和果糖是酵母的主要碳源，葡萄糖利用速度比果糖快。蔗糖先被酵母分泌的转化酶在胞外水解成葡萄糖和果糖，然后再进入细胞被利用。水果中的戊糖不能被酵母利用。

糖浓度影响酵母的生长和发酵。糖含量为 1%~2% 时发酵速度最快，5% 时开始有抑制作用，25% 时发酵延滞，70% 时大多数酵母不能生长和发酵。果汁加糖发酵，可使高级醇和乙醛的生成量增多。当果汁含糖量过高时，适当添加氮源有利于酒精发酵且减少高级醇的形成。

⑤含氮物质：氮素是酵母生长繁殖必不可少的。酵母生长繁殖对发酵基质可同化氮的最低要求为 140~150 mg/L，含氮少会造成起发困难或发酵缓慢，因为氨饥饿会不可逆转地造成糖运输系统钝化。澄清、过滤或离心的果汁中含氮量低。

⑥单宁及酚：酚类物质是果酒中的重要成分，不同的酚类化合物对酒精发酵的影响不同。酿酒酵母能耐受 4 g/L 的单宁，多元酚中绿原酸、异绿原酸对酒精发酵有促进作用，没食子酸、鞣花酸、咖啡酸对酒精发酵有抑制作用。

⑦SO_2：一般添加 SO_2 的主要目的是抑制有害菌的生长。果酒酵母对其敏感性低于有害菌，因此 SO_2 是理想的抑菌剂。但是 SO_2 对果酒酵母仍具有抑制作用，添加 10 mg/L 的 SO_2 时，可出现对酒精发酵的延迟作用，1.2~1.5 g/L 时能杀死酵母等微生物，保存葡萄汁。一定范围内添加 SO_2 可以促进甘油的生成。

⑧发酵代谢产物：酒精和 CO_2 是酒精发酵的主要代谢产物，对酒精发酵有抑制作用。不同酵母菌株对酒精的耐力有很大差异，大多数酵母都能够耐受 13%~15% 的酒精，但当酒精浓度为 2% 时，就开始抑制酵母的酒精发酵。CO_2 压力过大时也会影响酒精发酵，0.8 MPa 时酵母生长繁殖停止，可在此 CO_2 压力下保存葡萄汁，1.4 MPa 时酒精发酵停止，3 MPa 时酵母死亡。中间产物脂肪酸对酒精发酵也有抑制作用，利用活性炭和酵母菌皮可以吸附脂肪酸。

⑨金属离子：铁、铜、铝等金属离子含量高会抑制酒精发酵。

⑩农药：果实上的农药以抗真菌剂对酵母影响较大。杀菌剂在果浆中含量过高时会影响酵母的生长、繁殖与发酵，对果酒的安全性也会造成影响。因此，在生产实践中一定要检测果实表面的农残情况，确保原料安全。

（二）乳酸菌与苹果酸—乳酸发酵

乳酸菌（LAB）是一类能利用可发酵糖产生大量乳酸的细菌的统称。1857 年，Pasteur 最先描述了乳酸菌的特征。19 世纪 70 年代，Pasteur 首次发现葡萄酒中的乳酸菌发酵。1914 年，瑞士葡萄酒微生物学家 Müller-Thurgau 和 Oste Rwalder 才将葡萄酒中乳酸菌引起的酸度降低现象，即苹果酸向乳酸的转变过程定名为苹果酸—乳酸发酵（MLF）。1945 年以后，人们对苹果酸—乳酸发酵进行深入研究，取得了很大的进展，并导致现代葡萄酒酿造基本原理的产生。根据这一原理，要获得优质的干红葡萄酒，首先应该使糖被酵母菌发酵，苹果酸被乳酸菌发酵；其次应尽快地使糖和苹果酸消失，以缩短酵母菌和乳酸菌能同时繁殖的时期。因为在这一危险期中，乳酸菌可能分解糖和其他葡萄酒成分，引起生物性病害；最后，当葡萄酒中不再含有糖和苹果酸（而且仅在这个时期），葡萄酒才具有生物稳定性，必须立即除去所有微生物。而对于所有含糖量高于 4 g/L 的葡萄酒以及大多数桃红和白葡萄酒，应严格避免苹果酸-乳酸发酵。由于 MLF 主要在葡萄酒中应用，本部分也主要针对葡萄酒的乳酸菌和 MLF 进行论述。

1. 苹果酸—乳酸发酵细菌

葡萄酒乳酸菌是指与葡萄酒酿造相关的、能够将葡萄酒中苹果酸分解为乳酸的一群乳酸菌，也称为苹果酸—乳酸细菌（MLB）。目前，在葡萄酒中发现的 MLB 主要归类于乳杆菌科（Lactobacillaceae）和链球菌科（Streptococcaceae）的 4 个属，40 余个种。其中，属于乳杆菌科的乳酸菌仅有乳杆菌属（*Lactobacillus*），该属细菌细胞呈杆状，革兰氏阳性；属于链球菌科的有 3 个属，分别为酒球菌属（*Oenococcus*）、片球菌属（*Pediococcus*）和明串珠菌属（*Leuconostoc*），这三个属的乳酸菌细胞呈球形或球杆形，革兰氏阳性。这些乳酸菌都能把存在于葡萄酒中天然的 L-苹果酸转变成 L-乳酸。按照对糖代谢途径和产物种类的差异，乳酸菌又可分为同型乳酸发酵细菌和异型乳酸发酵细菌，分别进行同型和异型乳酸发酵。葡萄糖经异型乳酸发酵后产生乳酸、乙醇（或乙酸）和 CO_2 等多种产物，同型乳酸发酵的产物主要是乳酸。因为葡萄酒中的 MLB 多为异型乳酸发酵细菌，所以，经苹果酸—乳酸发酵后，葡萄酒中的挥发酸含量都有不同程度的上升。

2. 苹果酸—乳酸发酵机理

苹果酸—乳酸发酵简称苹—乳发酵（MLF），可使葡萄酒中主要的有机酸之一的苹果酸转变为乳酸和 CO_2，从而降低酸度，改善口味和香气，提高细菌稳定性。但更确切地说，MLF是将 L-苹果酸分解成 L-乳酸和 CO_2 的过程，因为葡萄酒中的苹果酸为左旋光体（L-苹果酸），经乳酸菌的作用后也只生成 L-乳酸。

苹果酸到乳酸的转化可以通过 3 条途径（图 9-2）：

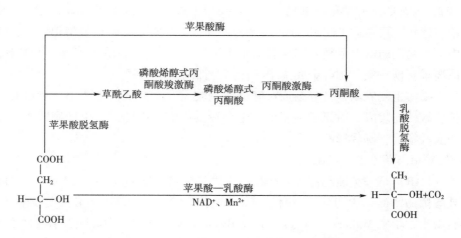

图 9-2　苹果酸—乳酸发酵的反应途径

（1）通过苹果酸—乳酸酶转化，当基质含有苹果酸时，乳酸菌合成该酶，并将苹果酸转运到细胞内，直接将苹果酸转变为乳酸和 CO_2，且只能将 L-苹果酸转化为 L-乳酸，其活性需要 NAD^+ 作为辅酶，Mn^{2+} 作为激活剂。这是乳酸菌进行 MLF 的主要途径。

（2）NADP 依赖的苹果酸酶，催化苹果酸转化成丙酮酸，NAD 依赖的乳酸脱氢酶催化丙酮酸向乳酸转变，同时烟酰胺核苷酸转氢酶从 NADP 向 NAD 转移氢。

（3）NAD 依赖的苹果酸脱氢酶，催化苹果酸转化成草酰乙酸，草酰乙酸由磷酸烯醇式丙酮酸羧激酶催化，转变成磷酸烯醇式丙酮酸，再由丙酮酸激酶催化生成丙酮酸，最后丙酮酸转化为乳酸。

3. 乳酸菌对发酵基质中其他成分的代谢

（1）对糖的代谢。葡萄酒中含有糖类，即便是干型葡萄酒也存在 4 g/L 以下的残糖，主要是己糖，其次是少量的戊糖，这些糖均能被乳酸菌所代谢。研究较多的是己糖的发酵，乳酸菌能够利用 6-磷酸果糖途径和磷酸戊糖途径分解己糖，生成乳酸、乙酸、酒精及二氧化碳等产物，糖代谢过程中产生的 ATP 为乳酸菌生长繁殖提供能量。但是乳酸菌对酒中残糖的发酵可引发乳酸性酸败，影响葡萄酒的品质。

（2）对有机酸的代谢。当葡萄酒的 pH 高于 3.5 时，有的乳酸菌可分解酒石酸。只要乳酸菌分解酒石酸，就会导致葡萄酒中的挥发酸含量升高。因此，酒石酸的分解是葡萄酒败坏的标志，其分解产物会破坏葡萄酒的感官品质。

（3）对氨基酸的代谢。精氨酸是葡萄汁/酒中主要的氨基酸，是酒球菌生长所必需的氨基酸之一。精氨酸具有苦味、霉味，细菌对精氨酸的降解有助于消除这些异味，同时还可以从一定程度上提高酒的 pH，从而提高酒的感官品质。但是精氨酸代谢会产生氨基甲酸乙酯（EC）的前体如脲、瓜氨酸、氨甲酰磷酸、N-氨甲酰 α- 和 β-氨基酸及尿素等，它们可以与酒精自发地反应生成 EC，而 EC 是存在于发酵食物和饮料中的致癌物质。因此，在进行葡萄酒 MLF 降酸时，应选择 EC 生成量低的菌株，并通过工艺控制尽可能降低葡萄酒中的 EC 含量。

葡萄酒中的生物胺由乳酸菌在发酵过程中对氨基酸脱羧而产生。葡萄酒中的生物胺随着酒种、产区和酿造工艺等的不同，含量变化很大，以组胺为例，葡萄酒中组胺的含量约为 5 mg/L。人体过量吸收生物胺，具有生理毒性，以组胺毒性最强。

4. 苹果酸—乳酸发酵对葡萄酒品质的影响

MLF 对葡萄酒品质的影响取决于乳酸菌发酵特性、生态条件、葡萄品种、葡萄酒类型及工艺条件等多种因素。如果苹果酸—乳酸发酵进行得纯正，对提高酒质有重要意义，但乳酸菌也可能引起葡萄酒病害，使之败坏。

（1）降酸作用。乳酸菌对苹果酸的代谢，实现了二元酸向一元酸的转化，使葡萄酒总酸下降，酸涩感降低。这对于总酸尤其是苹果酸含量高的葡萄酒尤为重要。降酸幅度取决于葡萄酒中苹果酸的含量及其与酒石酸的比例，一般 MLF 可使总酸下降 1~3 g/L。

（2）增加细菌学稳定性。葡萄酒的有机酸中，酒石酸含量最高，其次是苹果酸。与酒石酸相比，苹果酸为生理代谢活跃物质，易被微生物分解利用。一般化学降酸只能除去酒石酸，较大幅度的化学降酸对葡萄酒风味的影响非常显著，甚至超过了总酸本身对葡萄酒质量的影响。而葡萄酒进行 MLF 可使苹果酸分解，MLF 完成后，经过抑菌、除菌处理，葡萄酒细菌学稳定性增加，从而可以避免在储存过程中和装瓶后可能出现的再发酵。

（3）风味修饰。MLF 对葡萄酒风味的影响主要体现在两个方面。一方面，乳酸细菌通过 MLF 或其他物质的代谢，生成乙酸、双乙酰、乙偶姻及其他 C4 化合物，而且改变了葡萄酒中醛类、酯类、氨基酸、其他有机酸和维生素等微量成分的浓度及呈香物质的含量。这些物质的含量如果在阈值内，对酒的风味有修饰作用，并有利于葡萄酒风味复杂性的形成。但超过了阈值，就可能使葡萄酒产生泡菜味、奶油味、奶酪味、干果味等异味。另一方面，带两个羧基的苹果酸转化成单羧基的乳酸，能使酒的酸味变得柔和圆润。

（4）降低色度。MLF 对葡萄酒颜色的影响同样体现在两个方面。一方面，在苹果酸—乳酸发酵过程中，葡萄酒总酸下降，引起葡萄酒的 pH 上升，导致葡萄酒的色密度由紫红向蓝色色调转变。另一方面，乳酸菌能利用与 SO_2 结合的物质，释放出游离 SO_2，后者与花色苷结合，使游离态花色苷浓度下降，也能降低酒的色密度。因此，苹果酸—乳酸发酵可以使葡萄酒的颜色变得老熟。

（5）细菌可能引起的葡萄酒病害。在含糖量很低的干红和一些干白葡萄酒中，苹果酸是最易被乳酸细菌降解的物质，尤其是在 pH 较高（3.5~3.8）、温度较高（>16 ℃）、SO_2 浓度过低或 MLF 完成后没有立即采取终止措施时，几乎所有的乳酸细菌都可变为病原菌，从而引起葡萄酒病害。根据底物来源，乳酸细菌病害包括酒石酸发酵病（泛浑病）、甘油发酵病（苦味病，可能生成丙烯醛）、葡萄酒中糖的乳酸发酵（乳酸性酸败）等。此外，有的乳酸菌可产生多糖，提高葡萄酒的黏度，引起葡萄酒的黏稠病。

5. 影响乳酸菌生长和发酵的因素

（1）pH。pH 影响苹果酸—乳酸发酵的启动及持续时间的长短。自然 MLF 最适宜的 pH 范围为 3.5~3.9。pH 低于 3.5 时酒类酒球菌为主要发酵菌，高于 3.5 时乳杆菌等有害乳酸菌开始生长。当 pH 降到 3.2 时，pH 每下降 0.15，MLF 将推迟 10 d 结束；pH≤3.0 时几乎所有的乳酸菌受到抑制；pH 为 3~5 时，随 pH 升高，MLF 速度加快。

对所有的乳酸菌来说，pH 是影响其生长和代谢终产物种类和浓度的最重要因素。如果葡萄酒需要进行 MLF，且 pH 较低，可以利用化学降酸或物理降酸的方法提高 pH，实际生产中，一般将 pH 升高到 3.2 左右。

（2）SO_2。SO_2 对乳酸菌有强烈抑制作用。SO_2 浓度为 10~25 mg/L 时，对乳酸菌群体生长影响不大，但大于 50 mg/L 时，则会明显推迟或不能进行 MLF。当总 SO_2 浓度大于 100 mg/L 或结合态 SO_2 浓度大于 50 mg/L 或游离态 SO_2 浓度大于 10 mg/L 时，就可抑制乳酸菌的繁殖，使之不能达到 MLF 需要的数量。因此，需要终止 MLF 时，一般用 50~80 mg/L 的 SO_2 抑制乳酸菌的活动。低 pH 与 SO_2 对乳酸菌具有协同作用。

（3）酒精。酒精主要通过影响酶活性而对乳酸菌起作用。若酒液中的酒精体积分数为 2%~4%时，可轻微促进发酵；若酒精体积分数为 10%以上，则 MLF 受到阻碍。不同菌种对酒精的耐受力不同，如酒类酒球菌最高耐受 12%的酒精，片球菌为 14%，乳酸菌为 15%。在温度高、pH 低的情况下，乳酸菌对酒精的耐受力下降。

（4）温度。温度能够直接影响细菌的生长速度，对 MLF 有重要影响。乳酸菌的最适生长温度因菌种而异；小于 10 ℃ 时，乳酸菌生长受抑制；小于 15 ℃ 时，乳酸菌生长缓慢；在 15~30 ℃ 范围内，MLF 随温度升高而加快、结束提早，但是温度高会给酒带来一些缺陷。温度是一个比 pH 和乙醇含量更易于控制的因素。在酒窖中进行 MLF 时，温度应处于 18~

22 ℃，最佳范围为 18~20 ℃。

（5）其他因素。乳酸菌为兼性厌氧菌，虽然厌氧和微氧条件能够刺激乳酸菌的生长，提高 MLF 的速度，但适当的溶解氧对乳酸菌的生长也是必需的。CO_2 可以刺激酒类酒球菌的生长，从而对 MLF 有促进作用。酒精发酵后延迟除渣，延长酒与酒脚的接触时间，可以保持酒中较高的 CO_2 浓度，从而刺激乳酸菌的生长以及加快 MLF 速度。同时，酒脚中的酵母自溶物（氨基酸、甘露糖蛋白、维生素等）可以为乳酸菌的生长提供营养。CO_2 刺激乳酸菌生长的观点可以被起泡葡萄酒中能发生 MLF 所证实。

酒的种类和葡萄品种也会影响 MLF。红葡萄中含有比白葡萄多的促进乳酸菌生长的物质。浸渍发酵时，果皮中含有的刺激乳酸菌生长的营养物质溶出，所以红葡萄酒比白葡萄酒易发生 MLF。不同品种间的果实成分不同，MLF 启动的难易和进程也都不尽相同。

对葡萄汁的澄清处理或对新生葡萄酒进行下胶、过滤或离心处理，都能够降低酒中乳酸菌生长所需的营养物质含量，减少自然启动 MLF 的可能性。

第二节　果酒酿造工艺

一、葡萄酒的酿造工艺

（一）酿酒葡萄

葡萄按用途和食用方式可以分为鲜食和加工用两大类，加工用葡萄又可以分为酿酒、制汁和制干等，其中，酿酒葡萄和鲜食葡萄占据了全球葡萄产量的 90% 以上，而酿酒葡萄的占比一直是最高的。据 OIV 统计，2022 年酿酒葡萄和鲜食葡萄分别占全球葡萄产量的 47.8% 和 44.2%。因此，人们经常将葡萄简单地划分为鲜食葡萄和酿酒葡萄。

酿酒葡萄果粒小、果肉少、果汁多，使其风味更加浓郁、出汁率更高；酿酒葡萄果皮厚，在葡萄酒浸渍发酵过程中，能够从葡萄皮中萃取出更多的色素、单宁和香气，这些成分都是葡萄酒的重要品质因素；酿酒葡萄糖、酸含量高，糖含量应在 200 g/L 以上，一般在 220~300 g/L 之间，酸含量一般为 6~9 g/L。酿酒葡萄产出的葡萄酒酒精度高于 12%，具有一定酸度，使葡萄酒不容易因滋生细菌而败坏。而鲜食葡萄果粒较大、果肉多、果汁少，果皮较薄，糖含量一般为 100~150 g/L，酸度较低。

葡萄品种是影响葡萄酒品质和风格的最关键因素之一。酿酒葡萄品种高达数千种，根据特点和用途，又可以分为红葡萄酒酿造品种和白葡萄酒酿造品种。酿造白葡萄酒采用白皮白肉葡萄或红皮白肉葡萄，优良品种包括霞多丽、雷司令、龙眼、灰比诺等；酿造红葡萄酒采用红色葡萄品种，优良品种包括赤霞珠、美乐、黑比诺、佳丽酿等。但是以上优良的欧亚种葡萄抗寒性弱，不适宜在寒地栽培，我国东北地区主要利用抗寒性强的山葡萄酿酒。我国葡萄育种工作者经过 70 多年的努力，筛选出左山一、左山二、长白九、双庆、双红和双优等山葡萄品种，培育出北冰红、雪兰红、左红一、左优红、北醇和公酿一号等山欧杂交酿酒品种。

葡萄的主要结构包括果肉（80%~85%）、果皮（8%）、籽（3%~5%）和果梗（3%~6%）。葡萄果梗中所含单宁收敛性强且较粗糙，所含树脂具有苦味，常带有刺鼻的草味，糖分很少，但含水量高于果肉，因此，酿造之前会先进行除梗。部分酒厂为加强酒的单宁含量，有时也会加入葡萄果梗一起发酵，但葡萄果梗必须非常成熟。有的酒厂会在白葡萄酒发酵前，一起压榨果实和梗，以提高出汁率。

果皮的皮层中含有丰富的花色苷、单宁等物质和芳香物质。对于红葡萄酒，酒的颜色主要来源于果皮中的花色苷，单宁是红葡萄酒的灵魂，可为葡萄酒建立"骨架"，使酒体结构稳定、坚实丰满。而对于白葡萄酒，则应避免这两类物质浸出到酒中。葡萄酒的品种香主要来源于皮中的香气物质，这些香气物质也是陈酿香的前体物质。

果肉为整个浆果的主要部分，果肉的颜色大部分为无色，但少数调色品种的果汁中含有色素。一般优良的酿酒或制汁用的品种，要求有较高的出汁率。果肉中含有有机酸、糖、矿物质、氮化物等，它们都是葡萄酒酿造所需的重要成分。

酿酒葡萄果实一般含有 4 粒种子，种子含有对葡萄酒有害的物质，如葡萄籽中单宁具有较高的收敛性；葡萄籽油容易氧化，其风味也会影响葡萄酒品质。因此，要避免在破碎、压榨时，压碎葡萄籽，使油脂和单宁进入葡萄酒中。

（二）酒精发酵前的准备工作

1. 采收

为了掌握葡萄的成熟进程，应对葡萄果实进行科学的采样检测。在同一葡萄园中，按一定的间距选取 250 株葡萄树，在每株葡萄上随机取 1 粒葡萄果实。采样过程中要注意在不同植株上更换所取葡萄粒的着生方向，每次采样在相同植株上进行。一般采收前 3 周开始，每 3~4 d 采样一次。采样后及时进行相关指标的检测来确定采收时间。

葡萄的采收时间取决于果实成熟度，包括甜度、酸度和单宁情况，其中，最直观的指标是糖酸比，即成熟系数。成熟系数为含糖量（以葡萄糖计，g/L）与含酸量（以酒石酸计，g/L）的比值。随着果实的成熟，其含糖量升高，而含酸量下降，所以成熟系数也呈现上升趋势。一般酿造优质葡萄酒的果实含糖量不低于 170 g/L，糖酸比不低于 20。

对于酿造红葡萄酒的原料，酚类物质的成熟度也十分重要。因为在葡萄的成熟过程中，葡萄种子中的单宁（苦涩单宁）含量降低，而果皮中的单宁和色素含量上升。因此，其浆果中果皮色素和单宁含量达到最大值、而种子中单宁含量较低时，是最佳酚类成熟度，红葡萄酒原料应选择此时采收。

酿酒葡萄的果实可以通过感官评定对其成熟度进行综合评判。在进行葡萄的感官分析时，先品尝果肉，然后品尝果皮和种子。在对葡萄进行外观分析后，应在口中将果皮和种子挤在一边，单独品尝果肉，以糖—酸平衡、有无生青味等，确定果肉成熟度；通过果皮的品尝，可以了解香气、单宁质量以及有无生青味等；最后，在对种子进行感官分析时，应注意颜色、硬度、单宁的味感等。此外，对于所有的样品，在口中对果皮和种子咀嚼的次数（10~15 次）都应保持一致。

酿酒葡萄采收方式分为人工采收和机器采收。人工采收对葡萄伤害最小，可以根据葡萄成熟程度分批采摘，葡萄梗会被保留，某些葡萄酒需要整串葡萄参与酿造，优质的葡萄常常采用人工采收方式，最后得到的葡萄酒也会有较高的品质。机器采收最大的优点就是采收效率高，可以在短期内把葡萄全部收完，能较好地保留果实中的香气物质，但是机器采收会受到地形、树体状态和修剪方式的限制，而且机器作业力量较大，很容易损伤葡萄和葡萄藤。

2. 筛选

葡萄采收后应立即进行筛选，就是除去生青粒、霉烂粒、僵果、叶片、枝和其他杂物，使葡萄完好无损，以尽量保证葡萄酒的潜在质量。筛选可以分为穗选和粒选，酿造优质葡萄酒原料的筛选可分为两个步骤，首先进行穗选，除梗后再进行粒选。筛选一般在传送带传输过程中由人工完成，目前也开发了筛选的自动化设备，如震动筛选机和光电筛选机等。

3. 除梗破碎

为了避免水分增加和表皮野生酵母的流失，原料葡萄不经水洗，直接进行除梗破碎。目前，大部分葡萄酒在酒精发酵前（红葡萄酒）或压榨前（白葡萄酒）都会先除梗，除梗主要有 3 个原因：①果梗体积较大，占果穗总体积的 30%；②果梗含有可浸提的劣质单宁和不良风味；③果梗可吸收酒精和色素。因此，除梗可以减小发酵体积、皮渣量，改善葡萄酒风味，提高酒度和色素含量。但是，有的酒厂为了避免除梗带来的发酵、压榨困难，或是为了增加单宁含量，或是由于特殊工艺（如二氧化碳浸渍酿造法），也会采用晚除梗、部分除梗的工艺。

破碎是将葡萄浆果压破，以利于果汁的流出，使果皮与果肉分离，利于果皮中的色素、单宁和香气成分充分浸提到葡萄酒中。在破碎过程中，应尽量避免撕碎果皮、压碎种子和碾碎果梗，从而避免其中的劣质单宁溶出到葡萄酒中，影响葡萄酒的口感。在酿造白葡萄酒时，还应避免果汁与皮渣接触时间过长。在生产优质葡萄酒时，只将原料进行轻微的破碎。在大规模生产中，利用机器实现自动化的操作。除梗和破碎可以分别利用除梗机和破碎机单独进行，也可以用除梗破碎机同时进行。

4. 压榨

将存在于皮渣中的果汁或葡萄酒通过机械压力而压出来，使皮渣变干，这个过程称为压榨。红葡萄酒在酒精发酵后进行皮渣压榨，而白葡萄酒是对破碎后的新鲜葡萄进行压榨。一般皮渣压榨分离分为 3 个步骤，分别得到自流汁、一次压榨汁和二次压榨汁。红葡萄酒的压榨酒占 15% 左右，白葡萄酒的压榨汁占 30% 左右。对于白葡萄酒，除梗破碎后尽快压榨，注意压力适度，避免劣质单宁溶出。因此，白葡萄酒的压榨需柔和工艺，一般利用气囊压榨机进行。

5. 果汁成分的调整

由于气候、品种、病虫害等因素的影响，葡萄汁的糖酸含量有可能达不到酿造葡萄酒的要求，这时需要人为对葡萄汁的成分进行调整。

（1）糖分调整。对于含糖量过低的葡萄原料，需要人为提高其含糖量，从而提高葡萄酒的酒精含量。主要有以下几种方法：添加蔗糖，这是目前生产中应用最多的方法；添加浓缩葡萄汁，这种方法可以保证葡萄酒的品质和风味；迟采或采后自然风干，采取这种方式可以使果实中的水分流失从而提高糖分；闪蒸技术，即采用闪蒸设备实现葡萄汁中的水分流失；反渗透法，在压力作用下，通过半透膜将离子或分子从混合液中分离出来；选择性冷冻提取法，在某一温度下，选择性冻结未成熟浆果，再压榨获得成熟葡萄的果汁。

在实际葡萄酒生产中，如果采用外加糖来提高果汁糖分，即提高潜在酒精含量，必须添加蔗糖，常用 98.0%~99.5% 的结晶白砂糖。加入 17 g/L 蔗糖可提高 1%（体积分数）。一般在发酵刚刚启动时加入白砂糖，可以使酵母繁殖的营养充足。加糖方法一般为先采用少量葡萄汁溶解糖，然后与整罐混匀，不要加水，不要加热，否则会影响葡萄酒品质。严格来说，白砂糖添加量不得超过产生 2%（体积分数）酒精的量。

若采用添加浓缩葡萄汁的方法来提高糖分，须先用二氧化硫处理待浓缩的葡萄汁，来抑制微生物活动，保证葡萄汁质量，然后将处理后葡萄汁真空加热浓缩至原体积的 $1/4 \sim 1/5$，其添加方法和时间与蔗糖一致。但是添加浓缩葡萄汁提高糖分的同时，也提高了酸度，因此，这种方法适用于糖和酸的含量都比较低的原料。

（2）酸度调整。

①降低酸度：一般情况下，酿造葡萄酒不需要降低酸度，因为酸度稍高对发酵有好处。在贮存过程中，酸度会自然降低 30%~40%，因为酒石酸会以酒石酸盐的成分析出。但是如果葡萄汁酸度过高，则需要降低酸度，主要方法包括化学降酸、生物降酸和物理降酸。

化学降酸是用盐中和葡萄汁中过多的有机酸，化学降酸只能除去酒石酸。OIV 允许使用的降酸剂包括酒石酸钾、碳酸钙、碳酸氢钾，一般降 1 g 酸（以 H_2SO_4 计）需 1 g 碳酸钙，或者 2 g 碳酸氢钾，或者 2.5~3 g 酒石酸钾。其中，碳酸钙最经济。化学降酸时，先用部分葡萄汁/酒溶解降酸剂，待起泡结束后，再注入到发酵罐中，利用倒罐使之混合均匀。必须注意的是，过度的化学降酸会对葡萄酒品质产生不利影响。红葡萄酒的化学降酸最好在酒精发酵结束后进行，主要目的是为了提高发酵汁的 pH，以触发苹果酸—乳酸发酵，因此，必须根据所需要的 pH 和葡萄汁中酒石酸的含量计算降酸剂用量。一般在葡萄汁中加入 0.5 g/L 的碳酸钙，可使 pH 提高 0.15，这一添加量足以诱发苹果酸—乳酸发酵。白葡萄酒的化学降酸为在葡萄汁澄清后加入降酸剂。

生物降酸是利用微生物分解苹果酸，用于生物降酸的微生物包括苹果酸—乳酸细菌、分解苹果酸的酿酒酵母和将苹果酸分解为酒精和 CO_2 的裂殖酵母。苹果酸—乳酸发酵是主要的生物降酸方法。一些裂殖酵母可将苹果酸分解为酒精和 CO_2，它们在葡萄汁中的数量非常少，而且受到其他酵母的强烈抑制。因此，如果要利用它们的降酸作用，就必须添加活性强的裂殖酵母。为了防止其他酵母的竞争性抑制，在添加裂殖酵母以前，必须通过澄清处理，最大限度地降低葡萄汁中的内源酵母群体。这种方法特别适用于苹果酸含量高的葡萄汁的降酸处理。

物理降酸主要包括冷冻降酸和离子交换法降酸。化学降酸产生的酒石，其析出量与酒精含量、温度、贮存时间有关。酒精含量高、温度低，酒石的溶解度降低，析出速度加快。当葡萄酒的温度降到 0 ℃以下时，酒石析出速度较快，因此，冷冻处理可使酒石充分析出，从而达到降酸的目的。目前，冷处理技术用于葡萄酒的降酸已被生产上广泛采用。由于化学降酸往往会在葡萄汁中产生过量的 Ca^{2+}，葡萄酒厂常采用苯乙烯碳酸型强酸性阳离子交换树脂除去 Ca^{2+}，该方法对酒的 pH 影响很小；用阴离子交换树脂（强碱性）也可以直接除去酒中过高的酸。

如果原料葡萄酸度过高，只一种降酸方法达不到理想效果，尤其是采用寒地栽培的葡萄酿酒时，可以采用 2 种以上的方法进行降酸，即混合降酸。

②增加酸度：如果葡萄汁酸度过低，则需要增加酸度。OIV 允许的增酸方法包括化学方法、添加未成熟的葡萄浆果、离子交换和微生物方法。此外，添加 SO_2 也能起到间接增酸的作用。

当葡萄汁含酸量低于 4 g/L 和 pH 大于 3.6 时，可以直接增酸。OIV 规定对葡萄汁的直接增酸只能用酒石酸、苹果酸和乳酸，其用量最多不能超过 4 g/L。在实际操作中，一般每千升葡萄汁中添加 1000 g 酒石酸，必须在酒精发酵开始时添加。方法是先用少量葡萄汁将酸溶解，然后均匀地将其加进发酵基质，并利用倒罐使之混合均匀，操作过程中应避免使用金属容器。

添加未成熟的葡萄浆果也可以起到增酸作用。未成熟葡萄浆果中有机酸含量很高（20～25 g H_2SO_4/L），并且其中的有机酸盐在 SO_2 的作用下溶解，进一步提高酸度。但这一方法有很大的局限性，主要原因是用量大，至少加入 40 kg 酸葡萄/千升，才能使酸度提高 0.5 g H_2SO_4/L。

6. 二氧化硫的应用

在葡萄酒的生产过程中，一般都需要向发酵基质或葡萄酒中加入 SO_2，以便发酵能顺利进行或有利于葡萄酒的储藏。

二氧化硫在葡萄酒或葡萄汁中的存在形式包括游离态和结合态。SO_2 和水反应生成 H_2SO_3，H_2SO_3 又可电离为 HSO_3^- 和 SO_3^{2-}。其中溶解态 SO_2 和 H_2SO_3 具有挥发性或刺激味，游离态 SO_2 具有杀菌作用，称为活性 SO_2。总 SO_2 的量为游离态和结合态之和（图 9-3）。活性 SO_2 的比例取决于酒中的 pH，pH 越小，活性 SO_2 越多。

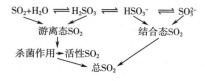

图 9-3　葡萄酒中 SO_2 的存在形态

二氧化硫在葡萄酒中的作用主要包括：

（1）抑菌作用。葡萄酒酵母对 SO_2 的耐受力相对较强，SO_2 可选择性地抑制或淘汰野生酵母、霉菌和其他不必要的微生物。

（2）澄清作用。酒精发酵前添加适量 SO_2 可推迟发酵，使葡萄汁获得充分澄清。

（3）抗氧作用。H_2SO_3 与溶氧反应，抑制氧化酶活性，使色素、单宁、香气物质等有益成分不易被氧化，具有延缓或抑制葡萄酒氧化的作用。

（4）溶解作用。H_2SO_3 促进浸渍溶解，增加浸出物含量和酒色度。

（5）增酸作用。SO_2 可阻止有机酸分解，也可转化为酸而促进有机酸盐溶解。

（6）改善风味作用。活性 SO_2 可缓和霉味、泥土味、氧化味，保持果香味。

二氧化硫在葡萄酒酿造过程中的用量受诸多因素影响，包括含糖量、含酸量、温度、微生物的含量和活性、使用时间以及所生产的葡萄酒类型。一般的使用原则是在保证酒体质量的前提下添加最低量的二氧化硫，而且尽可能提高游离二氧化硫的浓度。SO_2 在酒精发酵前应密闭加入基质，全部加入后及时进行封闭式倒罐。白葡萄酒在取汁后立即进行调硫，SO_2 的添加量一般在 60～120 mg/L 范围内。红葡萄酒的待发酵果浆边装罐边进行调硫，SO_2 的添加量一般在 30～150 mg/L 范围内，而白兰地原酒不得使用 SO_2，否则会影响白兰地的质量。

发酵期间所加入的 SO_2 一般只有 1/2 以游离状态存在。葡萄酒在贮藏时，不同类型葡萄酒的 SO_2 添加量也不同。干红葡萄酒的最低用量为 20~30 mg/L，干白葡萄酒的最低用量为 30~40 mg/L，甜型酒则需要较高的 SO_2，并需辅助其他措施防止瓶内发酵。贮藏期所加入的 SO_2 只有 2/3 以游离状态存在。葡萄酒在装瓶前添加少量 SO_2，如 10 mg/L，防止葡萄酒氧化，并有助于还原醇香的形成。成品葡萄酒中的总硫应不高于 250 mg/L。

7. 果胶酶的应用

由于受葡萄汁 pH 或酶活性等因素的影响，而且发酵前处理时间比较短，葡萄果实中各种水解酶引起的有利作用是有限的。在葡萄酒的生产中，可以采用霉菌工业化生产的酶来处理葡萄原料和葡萄酒，以达到提高出汁率、澄清葡萄汁、提高品种香气以及加深并稳定红葡萄酒的颜色等目的。研究表明，在葡萄破碎时加入果胶酶，处理 1~2 h 后就可以明显提高出汁率。

（三）红葡萄酒的酿造

红葡萄酒是带皮渣发酵酿造的，即皮渣的浸渍作用和酒精发酵同时进行。浸渍发酵是红葡萄酒酿造过程中最突出的特点，正是源于葡萄固体部分的化学成分使红葡萄酒具有区别于白葡萄酒的颜色、口感和香气。干红葡萄酒的一般酿造工艺如下所示。

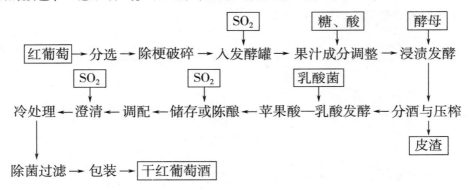

1. 酵母的添加

在酵母菌能承受的范围内，对葡萄发酵基质进行 SO_2 处理，即便不添加酵母，酒精发酵也会自然触发。在发酵过程中，温度、酒精含量等因素可能影响酵母的活动，使发酵速度减慢甚至停止。人工添加酵母，不但使酒精发酵提早触发，还能够保证发酵的顺利进行。添加酵母的目的如下所示。

（1）优选酵母的加入量为 10^6 cfu/mL，可提早触发酒精发酵，防止在酒精发酵前葡萄原料的各种有害变化。

（2）优选酵母所产生的泡沫较少，可使发酵容积得到有效利用。

（3）使酒精发酵更彻底。

（4）使酒精发酵更纯正，产生的挥发酸、SO_2 和 H_2S、硫醇等硫化物更少。

（5）使葡萄酒的发酵香气更优雅、纯正。

目前，人工接种酵母主要为添加商业化优选的活性干酵母菌，根据用途的不同，活性干酵母主要有以下 3 类。

（1）启动酵母。特点是抗酒精能力强、发酵彻底、产生挥发酸和劣质副产物少。

（2）特殊酵母。包括产香酵母、降酸酵母，提高红葡萄酒色度和结构感的酵母，加强葡萄酒风格的优选酵母。

（3）再发酵酵母。可使含糖量高的葡萄酒进行再发酵，可用于酒精发酵和再发酵，一般用于起泡葡萄酒的二次发酵。

活性干酵母可以活化后直接添加，也可以添加培养 24 h 后的酵母母液。如果有正在发酵的葡萄酒，也可采用串罐的方式添加酵母。除了添加活性干酵母外，还可以利用自然酵母制备葡萄酒酒母以及利用人工选择酵母（未商业化）制备葡萄酒酒母。应尽早添加酵母：对于白葡萄酒和桃红葡萄酒，应在分离澄清葡萄汁时立即添加酵母；而红葡萄酒则应在 SO_2 处理 24 h 后添加酵母，以防产生还原味。

2. 酒精发酵的监测和管理

在红葡萄酒的酒精发酵过程中，可以观察发酵基质最上部"皮渣帽"的形成、温度升高和由于 CO_2 气体释放所引起的体积膨胀，液体部分颜色变浓、密度降低，而且味道和香气发生明显变化。为了保证酒精发酵向理想的方向发展以及葡萄酒的品质，必须对这些现象进行监测和管理。

（1）温度和比重的监测。酒精发酵为放热反应，发酵 1 mol 葡萄糖可释放 33 kcal 的热能，除去酵母菌保障自身生长发育所利用的能量，实际释放到环境中的热能为 24 kcal 左右。假设发酵基质潜在酒度为 10%（体积分数），也就是含糖量为 170 g/L，初始温度为 20 ℃ 的基质经发酵后的温度将达到 44 ℃ 左右。但在发酵过程中，由于多种因素的影响，如发酵速度、发酵容器内外的热交换等，很少能达到这一温度值。对于体积较小的发酵容器，每生成 1%（体积分数）酒精，温度平均升高 1.3 ℃ 左右。在发酵过程中，温度过高会带来严重的后果。温度到达危险温区（32~35 ℃），多数酵母菌的活动会受到严重影响，从而引起发酵的中止。发酵的中止会使葡萄酒具醋味、挥发酸含量升高，葡萄酒的质量降低。

在酒精发酵过程中，随着基质中的糖转化为乙醇，比重会逐渐下降，并接近于 1.000，最终会降至 0.992~0.996。若未到发酵终点，基质的比重就下降缓慢或不再下降，说明酒精发酵存在问题，需要及时处理。

（2）温度控制。

①温度过高：一旦发酵基质温度高于 30 ℃ 时，为了避免发酵温度过高带来的各种后果，应及时采用降温措施。可以采用不锈钢发酵罐自动控温、喷淋冷却、换热器和投冰等直接降温措施。大规模生产主要使用不锈钢发酵罐实现自动控温，通过罐壁夹层中的冷却介质（乙醇或乙二醇）降温。喷淋冷却时可以将葡萄酒通入蛇形管中，用喷淋的方式进行冷却，如果发酵容器为金属容器，也可直接对发酵容器进行喷淋冷却。换热器的方法是利用冷水进行冷却，可以将换热器置于发酵容器内、"皮渣帽"下，对发酵汁进行冷却，如果进行罐外冷却，则可利用板式换热器或双管换热器。投冰是将冰袋浸入发酵基质中进行冷却。

②温度过低：如果葡萄原料的品温只有 10~12 ℃，酵母菌的活动会受到抑制，必须采用升温措施使酒精发酵。

直接升温为在上述设备中通入热介质，也可以将少部分发酵基质加热（<80 ℃）后再倒入发酵罐内，使罐内发酵基质达到 17~18 ℃，以利于酵母菌的活动，此方法还能提高色素的溶解度。间接升温方法为减少 SO_2 的用量，或大量接种酵母，来加速发酵。

3. 浸渍管理

在红葡萄酒的传统酿造工艺中，浸渍与酒精发酵是同时进行的。浸渍是酿造红葡萄酒的关键，最佳方式是在不破坏葡萄固体组织的前提下，采取循环喷淋的方式，获得优质单宁，而且避免任何过强的机械处理。通过浸渍作用，葡萄果实中的酚类物质和香气成分得以充分地进入葡萄酒中。决定浸渍效果的因素，不仅包括果实中成分的含量组成、浸渍时间，也包括酒精度和温度的升高。

（1）葡萄和葡萄酒中的酚类物质。酚类物质都含有苯环和酚羟基，酚羟基是指直接连在苯环上的羟基。葡萄和葡萄酒中酚类化合物根据分子结构可以分为四大类：单环、双环、三环和杂环化合物。单环酚类化合物包括苯甲酸和肉桂酸，在它们的分子结构中含有一个苯环，主要存在于葡萄的果肉中；双环酚类化合物为芪类化合物，主要指白藜芦醇及其葡萄糖苷，分子结构中含有两个苯环，主要存在于葡萄皮中；三环酚类化合物包括花色苷、黄酮醇和黄烷-3-醇，它们的分子结构中含有三个环，花色苷和黄酮醇主要存在于葡萄皮中，而葡萄皮和籽都含有黄烷-3-醇，包括单体和聚合体（单宁或原花青素），皮中黄烷-3-醇主要以单体和低聚体的形式存在，籽中主要以聚合体形式存在且黄烷-3-醇含量最多；杂环酚类化合物主要指鞣花酸类物质，包括单体和聚合体（鞣花单宁），鞣花酸类物质与黄烷-3-醇在葡萄中的存在方式相似，目前仅在圆叶葡萄的果实中检测到了鞣花酸类化合物，但是在其他葡萄种的葡萄酒中也会检测到鞣花单宁，主要来源于酿造中使用的橡木桶或橡木制品。花色苷、黄酮醇和黄烷-3-醇统称为类黄酮，它们的分子结构中都含有 C_6-C_3-C_6 的结构母核，由 15 个碳原子组成，两个芳香环由中间的一个成环或不成环的 C_3 单元联结起来，类黄酮往往以糖苷的形式存在，也可以被乙酸、香豆酸、咖啡酸等有机酸进一步酰基化，它们是葡萄和葡萄酒中含量最多、种类最丰富的酚类物质，对葡萄和葡萄酒的品质影响也最大。而其他的化合物统称为非类黄酮化合物。

葡萄果实中含有大量的酚类物质，果肉中的酚类化合物以酚酸为主，籽中主要以原花青素为主，而其他酚类化合物主要存在于葡萄皮中。这些酚类物质具有抗氧化、抗炎等生物活性。葡萄酒中的酚类化合物主要来源于葡萄果实，通过浸渍作用被提取到葡萄酒中，也有少部分来源于酵母的自溶物和陈酿使用的橡木桶。大部分葡萄果实中的酚类化合物在葡萄酒的发酵和陈酿过程中被原始地保留了下来，但有些酚类物质自身或者与酒中其他的分子发生反应而生成新的化合物，这些酚类化合物组成了酒的外观、风味和生物活性。

如果按照颜色分类，这些物质又可分为花色苷和非花色苷酚类化合物。花色苷是花色素和糖基分子结合而成的，只存在于红葡萄品种及其葡萄酒中。花色苷是酚类物质中稳定性较低的一类，受 pH、光、氧气和温度的影响很大，容易氧化褐变。而非花色苷酚类化合物，如酚酸、黄酮醇和黄烷-3-醇，可以在葡萄酒中作为辅色素，与花色苷发生成环、聚合等反应，酵母的代谢产物丙酮酸、乙醛酸等也可以与花色苷发生成环反应，生成各种衍生色素，从而对葡萄酒的颜色稳定性起着重要作用。单宁是黄烷-3-醇的聚合形式，葡萄酒中的单宁主要来源于对葡萄皮、籽、梗的浸渍作用（缩合单宁），也有部分来源于橡木桶（鞣花单宁或水解单宁），葡萄酒的涩味来源于单宁，可为葡萄酒建立"骨架"，使酒体结构稳定、坚实丰满。

（2）浸渍时间。在浸渍过程中，随着葡萄汁与皮渣接触时间的增加，葡萄汁中单宁含量不断升高，其升高速度由快转慢，而且其颜色在开始 5 d 中不断加深，以后则变浅。因此，如果要酿造优质的陈酿型红葡萄酒，必须选择优良的葡萄品种，保证其良好的成熟度和卫生状况，而且为了更好地浸提花色苷和单宁，在酿造过程中应延长浸渍时间，在酒精发酵前进行前浸渍，发酵后也可进行后浸渍。前浸渍可以在较低的温度下浸渍 2 d 左右。后浸渍要注意防氧化和杂菌，保留酒精发酵产生的 CO_2 并添加 SO_2，或者满罐密封，每天进行 1~2 次密闭式循环喷淋，也可以配合压帽设施。

（3）浸渍温度。温度是影响浸渍的重要因素之一，提高温度可加强浸渍作用。但是，在红葡萄酒的酿造过程中，浸渍与发酵是同时进行的。因此，在这一过程中对温度的控制，必须保证两个相反方面的需要：一是温度不能过低，以保证良好的浸渍效果；二是温度又不能过高，以免影响酵母菌的活动，导致发酵中止，引起细菌性病害和挥发酸含量的升高。25~30 ℃的温度范围可保证以上两方面的要求。在这一温度范围内，28~30 ℃有利于酿造单宁含量高、需较长时间陈酿的陈酿型葡萄酒，而 25~27 ℃则适于酿造果香味浓、单宁含量相对较低的新鲜型葡萄酒。

（4）"皮渣帽"的管理。由于发酵产生 CO_2 的上逸作用和葡萄皮渣较小的密度，发酵时皮渣会在发酵液上方漂浮并聚集，就像给发酵液戴了一顶结实的帽子，称为"皮渣帽"。"皮渣帽"的形成不利于浸渍作用，也不利于发酵的通气和散热，会抑制酵母菌活动，也可使 SO_2 还原为 H_2S。因此，必须采取适当的管理措施将皮渣帽置于发酵液液面以下，使皮渣与发酵液充分接触。

①循环喷淋：循环喷淋是将发酵罐底部葡萄汁泵送至发酵罐顶部，在顶部喷淋"皮渣帽"，也称为倒罐。在酒精发酵期间，每天进行 2~3 次，每次喷淋量为 1/2~1 个罐容。根据目的不同，循环喷淋分为封闭式和开放式。封闭式循环喷淋的目的主要是使基质混合均匀，或促进浸渍作用，过程中不使空气进入发酵罐。开放式循环喷淋则首先将葡萄汁从罐底的出酒口放入敞口的转换槽中，然后再泵送至罐顶。

②压帽设施：将发酵浮起的"皮渣帽"压在发酵液中，使皮渣与发酵液充分接触，促进浸渍，利于通气和散热。

4. 分酒和压榨

（1）自流酒的分离。酒精发酵结束、达到浸渍目的后，应立即进行自流酒的分离。陈酿型葡萄酒，浸渍时间较长，发酵季节温度较低，自流酒的分离应在比重降至 1.000 以下时进行，出罐前测定含糖量不高于 2 g/L。新鲜型葡萄酒，发酵季节温度高，应在比重为 1.010~1.015 时分离自流酒，以避免高温的不良影响，自流酒在 18~20 ℃下继续进行酒精发酵。

（2）皮渣的压榨。在自流酒分离完毕后，需将发酵罐中的皮渣取出。目前主要是人工分离，由于发酵罐中存在着大量 CO_2，可利用风扇对发酵罐进行通风，并等待一段时间，待发酵罐中 CO_2 浓度与外界一致时，工人再进入罐中除渣。

从发酵罐中取出的皮渣经压榨后获得压榨酒，压榨时应控制力度，以免劣质单宁溶出，红葡萄酒的皮渣压榨可以使用笼式压榨机。与自流酒比较，其中的干物质、单宁以及挥发酸含量都要高些，酒液更浑浊。对压榨酒的处理包括以下几种方式：①直接与自流酒混合，有利于 MLF；②澄清后与自流酒混合；③单独储存，单独进行 MLF。由于压榨酒与自流酒的品质差异，多采用第三种方式，装瓶前再进行适当调配。

5. 苹果酸—乳酸发酵的控制和管理

MLF 是提高红葡萄酒质量的必需工序。只有在 MLF 结束，并进行恰当的 SO_2 处理后，红葡萄酒才具有生物稳定性。因此，应尽量使 MLF 在出罐以后立即进行。

（1）乳酸菌的接种。目前，在实际生产中一般直接添加商业化的活性干燥乳酸菌。如果有正在进行 MLF 的葡萄酒，可采用"串罐"方式，加入 1/3 正发酵的葡萄酒到待发酵葡萄酒中。如果在酒精发酵前进行 MLF，应选用植物乳杆菌。在酒精发酵结束后进行 MLF，应选用酒类酒球菌。

（2）工艺条件的控制。采用酒类酒球菌进行 MLF 的工艺条件控制措施主要包括：

①对原料的 SO_2 处理不能高于 60 mg/L。

②用优选酵母进行发酵，防止酒精发酵中产生 SO_2。

③酒精发酵必须完全（含糖量小于 2 g/L）。

④当酒精发酵结束时，不能对葡萄酒进行 SO_2 处理。

⑤将葡萄酒的 pH 调整至 3.2。

⑥接种乳酸菌（大于 10^6 cfu/mL）。

⑦在 18~20 ℃ 的条件下，填满、密封发酵。

⑧利用层析法分析观察有机酸特别是苹果酸的变化，或者用酶分析法测定 D-乳酸的变化，因为 MLF 只生成 L-乳酸，当乳酸菌分解其他任何葡萄酒构成成分时，都会同时形成 L- 和 D-两种乳酸，所以葡萄酒中 D-乳酸的含量可作为控制乳酸菌代谢的重要指标，并根据分析结果对 MLF 进行控制。

⑨在 MLF 结束时，立即分离转罐，同时进行 SO_2（50~80 mg/L）处理。

（3）苹果酸—乳酸发酵的抑制。对于不适合进行 MLF 的葡萄酒，如新鲜型或含酸量较低的红葡萄酒，应在酒精发酵结束后抑制 MLF，主要措施包括：

①分离并添加 50~80 mg/L 的 SO_2，满罐密封，10~14 d 后再次分离。

②降低储酒温度（15 ℃ 左右）。

③添加化学抑制剂（如富马酸）。

④添加细菌素，抑制乳酸菌生长。

⑤添加溶菌酶，溶菌酶是从蛋清中提取的，对乳酸菌具有很好溶菌效果，而且随着 pH 的增加，酶活增强。

（四）白葡萄酒的酿造

影响白葡萄酒质量的重要因素，包括葡萄品种特性、葡萄质量及酿造工艺。对于酿造工艺，葡萄汁的取汁速度及其质量、影响二类香气形成的因素和葡萄汁/酒的氧化程度是影响干白葡萄酒的重要条件。

1. 葡萄汁/酒的氧化

与红葡萄酒相比，白葡萄酒酿造工艺的主要特点是取清汁发酵，即纯汁的酒精发酵。葡萄汁中的酚类物质，会很大程度影响白葡萄酒的颜色、香气和口感。因此，对葡萄汁中酚类物质的控制及防氧化处理将非常重要。

（1）多酚氧化酶。酪氨酸酶：又名儿茶酚氧化酶，是葡萄浆果中的正常酶类。在压榨取汁时，一部分溶解在葡萄汁中，另一部分附着在悬浮物上。漆酶：来源于灰霉菌危害的葡萄浆果，由灰霉菌分泌，属于非正常酶类。它可完全溶解在葡萄汁中，氧化活性比酪氨酸酶强得多，所以漆酶对葡萄汁的氧化危害更大。虽然在发酵结束后漆酶的活性会降低，但其可氧化的底物多，因此可持续对葡萄酒进行破坏。漆酶活性难以抑制，一旦葡萄汁和酒感染漆酶，在工艺处理上要格外引起重视。

当 pH 在 3~5 的范围时，酪氨酸酶和漆酶的活性都最强。酪氨酸酶在 30 ℃时活性最强，而漆酶的活性在 40~45 ℃时最强，但在 45 ℃时，只需几分钟，漆酶就会失去活性，而酪氨酸酶要在 55 ℃保持 30 min 才会失去活性。所以，对葡萄汁的热处理，是防止氧化的良好工艺。但在加热时，必须快速（在几秒内）通过 30~50 ℃的温度范围，因为在这一温度范围内酶的活性最强。

对葡萄或葡萄酒的 SO_2 处理，不仅可以逐渐破坏这两种氧化酶，而且能抑制二者的活性。但是，对霉变葡萄原料的 SO_2 处理，不能完全防止葡萄汁和葡萄酒的氧化，因为漆酶对 SO_2 具有较强的抗性，在完全破坏漆酶以前，SO_2 就已全部处于结合状态。所以，这样酿成的新葡萄酒必须再次用 SO_2 处理。因此，SO_2 处理在白葡萄酒的酿造中非常重要。

（2）酚类物质。在白葡萄汁/酒中，儿茶素和无色花青素的化学活性强，儿茶酚可聚合为单宁，是很多氧化反应的底物。任何提高葡萄汁/酒中酚类物质含量的工艺措施，都会影响干白葡萄酒的质量及其稳定性。

（3）葡萄汁的耗氧。在葡萄汁的耗氧过程中，SO_2 具有强烈的抑制作用。正常情况下，当葡萄汁氧饱和后（8 mg/L），葡萄汁中氧的含量在 3~4 min 内迅速降到零，但如果在这一过程中加入 SO_2，则在这一时间后，葡萄汁的耗氧停止，处于氧稳定状态。在 SO_2 处理后，残留于葡萄汁中的部分溶解氧，有利于酵母的繁殖。这可解释为什么适量的 SO_2 处理可促进酒精发酵。

葡萄汁的耗氧速度在温度较高的情况下（如 30 ℃）与在低温下（如 10 ℃）相比会成倍增加，因此，取汁处理时的温度条件对葡萄汁的氧化现象起着重要作用。

（4）白葡萄酒的防氧措施。

①选择最佳葡萄成熟期进行采收，防止过熟霉变。

②葡萄原料先进行低温处理（10 ℃以下），然后快速压榨分离果汁，减少果汁与空气接触时间。

③将果汁进行低温处理（5~10 ℃），进行低温澄清或采用离心澄清。

④适量添加 SO_2。

⑤避免与金属接触，凡与葡萄汁/酒接触的铁、铜等金属器具均须有防腐蚀涂料。

⑥充加惰性气体，在发酵前后，应充加氮气或二氧化碳气体，并密封容器。

⑦添加抗氧剂，白葡萄酒装瓶前，添加适量的抗氧化剂如二氧化碳、维生素 C 等。

⑧控温发酵，葡萄汁转入发酵罐内，发酵温度应控制在 16~20 ℃范围内，进行低温发酵。

⑨温度并非越低越好，必须考虑到生产周期、酵母在该温度下是否可启动发酵以及保证发酵健康正常地进行。

2. 影响白葡萄酒二类香气的因素

优质白葡萄酒不仅应具有优雅的一类香气，还应拥有与一类香气相协调的二类香气。因此，在品种一定的情况下，二类香气的构成及其优雅度是白葡萄酒质量的重要标志之一。在二类香气中，六碳、八碳和十碳脂肪酸及其乙酯是良好的二类香气的保证。

（1）原料成熟度。原料成熟度越好，葡萄酒中的三碳、四碳和五碳脂肪酸含量越低，六碳、八碳和十碳脂肪酸及其乙酯含量越高。前者的气味让人难受而后者的气味使人愉快，所以，提高原料成熟度可提高葡萄酒的质量。但是，原料不应过熟，否则一类香气的质量会下降。

（2）葡萄汁澄清处理。在酒精发酵前，对葡萄汁的澄清处理可降低葡萄酒中高级醇的含量，提高酯类物质的含量，特别是六碳、八碳和十碳脂肪酸乙酯的含量，从而提高葡萄酒的质量。

（3）酵母。在众多的酵母菌种中，只有酿酒酵母和贝酵母才能合成足够量的高级酯以构成葡萄酒的二类香气，而且也正是它们的活动，才构成了葡萄酒酒精发酵的主体部分。但是，葡萄酒自然条件下的酒精发酵是由尖端酵母触发的，以形成最初 4%～5%（体积分数）的酒精度，它们在发酵过程中所形成的副产物很少，而形成大量的乙酸乙酯。这进一步证实了对葡萄汁进行 SO_2 处理和使用优选酵母，对提高葡萄酒质量的重要性。

（4）发酵条件。为了获得优良的香气，干白葡萄酒的酒精发酵必须在较低温度下进行，15～20 ℃ 的酒精发酵可以提高白葡萄酒二类香气的优雅度。如果酒精发酵在有氧气的条件下进行，则酵母合成的副产物，特别是酯类物质的量较少。葡萄汁的酸度过高（如 pH 2.9），会影响发酵副产物的形成，且温度越高越明显。如果必须降酸，则应在酒精发酵开始前进行，以获得良好的二类香气。因此，高温、氧气和高酸（pH≤2.9）是白葡萄酒形成优雅的二类香气的不利条件。

3. 工艺流程

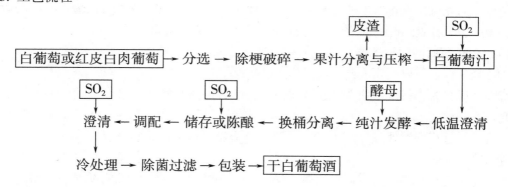

4. 操作要点

（1）葡萄采收和分选。白葡萄酒原料的采收期需要综合考虑糖度、酸度、pH 和风味物质。一般白葡萄采摘时的糖度为 18.5～23.0 °Brix，酸度为 6.0～8.0 g/L（以酒石酸计），pH 为 3.0～3.4。葡萄采摘最好在一天中的低温时段进行，采摘后如果不尽快处理可在葡萄表面喷洒少量的 SO_2 对葡萄进行保护。在葡萄采摘和分选时，注意除去含有生青味的青果和感染了灰霉菌的霉烂果。

（2）除梗破碎。除梗破碎一般在滚筒式除梗破碎机中完成，可以将除梗机和破碎机分开使用，从而能够进行穗选和粒选，以利于生产优质的白葡萄酒。也有酒庄先利用除梗机除梗，除梗后再通过粒选平台对葡萄进行粒选，之后不破碎而直接进行压榨取汁，与传统的除梗破碎取汁相比，该法可获得更高比例的优质低酚葡萄汁。无论采用哪种方法，均要避免强烈的机械破碎和螺旋运输，否则对果皮的破坏越严重，葡萄汁中的多酚物质含量越高。

（3）果汁分离与压榨。白葡萄经破碎压榨或果汁分离后，果汁单独进行酒精发酵。

①自流汁：葡萄在破碎后还未进行压榨操作前自然流出来的葡萄汁称为自流汁。自流汁受到外源机械作用力小，从而酚类含量低，属于优质葡萄汁。

②压榨汁：自流汁出汁完毕后，通过外源压力压出来的葡萄汁称为压榨汁。压榨汁由于受到外力挤压，含有更多的来自葡萄皮的酚类物质，是质量一般的葡萄汁。在压榨过程中，通常会再加入 20~50 mg/L 的 SO_2 进行保护。由于自流汁和压榨汁的质量差别较大，在后续的工艺中通常会对二者分别进行工艺处理。

③过程控制：取得的葡萄汁应立即降温，低温有利于保护葡萄汁不被氧化并避免杂菌污染，一般需要将葡萄汁温度降到 15 ℃ 以下。同时尽快加入 SO_2，对葡萄汁起到抗氧化及抑制杂菌的保护作用，SO_2 的添加量一般在 40~100 mg/L。此过程还可加入抗坏血酸，抗坏血酸可以和 SO_2 起到协同作用，保护葡萄汁不被氧化。取汁压榨前还可加入果胶酶来提高出汁率，因为果胶酶的活性非常依赖于温度，其最适温度为 45~50 ℃，而葡萄汁则需低温控制，所以果胶酶也需尽早加入，以更好地发挥其活性。

（4）果汁澄清。果汁澄清的目的是在发酵前将果汁中的杂质尽量减少到最低，以避免葡萄汁中的杂质因发酵而给酒带来异杂味。不建议对葡萄汁进行过度澄清，若葡萄汁浊度低于 60 NTU，会导致葡萄汁缺乏酵母所需的营养元素，从而导致乙醇发酵困难。

葡萄汁的澄清方法主要包括以下 4 种。

①SO_2 静置澄清：取汁加入 SO_2 后，在低温（<15 ℃）下，悬浮物依靠重力作用缓慢沉降，根据罐的形状不同通常需要 16~24 h。

②果胶酶法：取汁加入 SO_2 后，经过一段时间（如 4 h）加入果胶酶，用量在 0.5%~0.8% 范围内，同样需低温控制，果汁黏度下降，利于固形物沉降，并提高出汁率，一般需要 24 h。

③下胶：快速澄清葡萄汁和葡萄酒的有效方式，其作用原理可以简单解释为利用相反电荷结合作用而沉降。对于白葡萄汁，选用的下胶剂主要有 PVPP、明胶、酪蛋白、脱脂乳和皂土。

④机械澄清法：离心机和过滤机可用于葡萄汁澄清、发酵后葡萄酒的快速澄清以及下胶后葡萄汁和葡萄酒的澄清。

（5）酒精发酵。白葡萄酒的酒精发酵是低温的纯汁发酵，可分为主发酵和后发酵两个阶段。主发酵的温度一般控制在 16~22 ℃ 范围内，最佳温区为 18~20 ℃，主发酵期一般在 15 d 左右。主发酵结束后残糖降低至 5 g/L 以下，即可转入后发酵阶段，温度不高于 15 ℃，一般需 1 个月左右。

酒精发酵开始后，产生的 CO_2 会充满发酵罐的上部空间，可以认为发酵是在完全厌氧条件下进行的。无氧条件下，酵母在繁殖 4~5 代后细胞膜的甾醇就会消耗一半以上，甾醇不足，酵母则停止繁殖，因此有时会出现中后期发酵困难的现象。通气和添加酵母生存素都可增加酵母的活性，更好地促进乙醇发酵。

市场上大部分干白都追求的是新鲜果香型风格，因此对干白葡萄酒很少进行 MLF，以保持果香的纯净度及口感的清爽感。只有一些适合陈酿的葡萄品种（如霞多丽、雷司令），才会进行 MLF 来增加酒的复杂度。

（6）发酵后处理。

①酒脚分离：对于果香型干白葡萄酒，发酵结束后应快速进行酒脚分离，保持果香的新鲜度。在分离过程中，根据酒的 pH（3.1~3.5），加入 SO_2 调整游离 SO_2 浓度在 20~35 mg/L 范围。分离后酒要低温满罐储存，以保持香气的新鲜度并保护酒不被氧化。

②酒泥陈酿：对于适合陈酿的白葡萄酒，会在发酵罐或橡木桶中继续保留酒脚，来获取更复杂的风味物质，此过程称为酒泥陈酿。利用酵母细胞壁的破裂或自溶后释放到酒里的氨基酸、脂肪酸、多肽和酵母多糖等，增加风味物质的复杂度、口感的圆润度和余味长度。此过程需要保持满罐，并定期缓慢搅拌酒脚，以加速酵母细胞的自溶和细胞内物质的释放。陈酿时间通常会从几个月持续到一年不等。

（五）葡萄酒的成熟与陈酿

刚结束发酵的葡萄酒称为生葡萄酒，生葡萄酒口味粗糙，极不稳定，需要经过一定时间的储存与陈酿，最终达到成品葡萄酒的品质和质量要求。

1. 葡萄酒的成熟

（1）葡萄酒的化学成分。酿造的成品葡萄酒中的化学成分主要包括：

①乙醇：根据酒种不同，其含量在 7%~17%（体积分数）。

②总酸或滴定酸：葡萄酒中各种酸（有机酸为主）的酸性基团（游离态和酸性盐）的总和。

③挥发酸：葡萄酒中以游离态或以盐形式存在的所有乙酸系脂肪酸的总和，不包括乳酸、琥珀酸、CO_2 和 SO_2。

④干浸出物：在一定物理条件下葡萄酒中的非挥发性物质的总和，包括游离酸及其盐、酚类物质、果胶质、糖、矿物质等，含量在 17~30 g/L。

⑤酚类物质：主要来源于果实，水解单宁来源于橡木桶陈酿；红葡萄酒主要通过皮渣浸渍作用获得；单宁和花色苷是最重要的两类酚类物质。

⑥芳香物质：包括三类，一类香气又称为果香或品种香气，主要为萜烯类衍生物；二类香又称为气酒香或发酵香气，包括高级醇类、酯类、醛类和酸类；三类香气又称为醇香或陈酿香气，是生葡萄酒中香味物质及其前身物质转化的结果，以还原反应为主，主要类型为化学酯类。

⑦糖：葡萄酒最终的糖含量是区别葡萄酒类型的重要指标。

⑧二氧化碳：根据葡萄酒中 CO_2 含量和压力情况也可划分葡萄酒类型。

（2）葡萄酒的物理特性。

①比重：干型葡萄酒的比重为 0.992~0.996。

②冰点：葡萄酒的冰点一般在 -8~-4 ℃。

③沸点：酒精度越高，沸点越低。12%（体积分数）葡萄酒的沸点为 91.3 ℃。

（3）葡萄酒成熟的化学反应

①氧化反应：葡萄酒成熟需要微量的氧气。葡萄酒在成熟过程中主要有三类物质存在氧

化反应。酒石酸在微量的铁和铜存在的情况下，可氧化生成草酰乙醇酸，其还原性强，对葡萄酒的成熟非常重要。在有氧的环境下，单宁可与花色苷、蛋白质和多糖聚合，花色苷可与单宁、酒石酸、蛋白质和多糖聚合，这些氧化聚合反应使酒颜色发生变化，苦涩味和粗糙感减少或消失。乙醇可氧化为乙醛。

②酯化反应：葡萄酒中醇和有机酸的酯化反应，其中乙酸乙酯的含量最高，其次为乳酸乙酯，此外还有各种有机酸的中性酯和酸性酯。

③醇香的形成：主要为还原反应，随着陈酿，果香、酒香的浓度下降，醇香产生并变浓，由果香转变而来。最浓郁的还原醇香是在氧化还原电位降至最低时达到的。醇香形成需要的条件包括：源于葡萄的果香或其前体物；密封、SO_2、较低温度和微量铜的还原条件；装瓶前适当氧化，产生一些还原性物质，利于瓶内的还原作用。

2. 葡萄酒的储存与陈酿

葡萄酒的储存和陈酿并不能完全分开，储存使用的容器是对葡萄酒风味没有影响的容器，现代工艺一般为不锈钢罐，储存通过良好的管理控制手段，防止破坏质量或影响特性的表现，使葡萄酒保持其固有的质量。

（1）储存与陈酿酒窖的共同要求。葡萄酒的储存与陈酿对环境要求较高，一般在酒窖中进行。酒窖的环境要求主要包括：

①温度：白葡萄酒为 11~13 ℃，红葡萄酒为 13~15 ℃，温度低会使酒成长缓慢，温度高会使酒成熟太快而不细致；最重要的是温度要稳定，温度变化大，热胀冷缩易使酒渗出，加速氧化。

②湿度：空气湿度要求在 60%~80% 之间，太湿易受霉菌感染，软木塞及酒标容易腐烂，太干软木塞容易变干失去弹性。

③通风：适当通风，保持空气新鲜无异味，防止霉味及其他异味产生。

④卫生：储酒容器、周围环境保持清洁卫生、无异味。

⑤光度：保持暗光，光线容易使酒产生还原变化而品质下降。

（2）储存和陈酿葡萄酒的控制原则。储存和陈酿葡萄酒的控制原则有 4 点：

①满罐：满罐是储酒第一原则，贮酒液面应保持在罐脖的 1/3~1/2 处，随季节、温度的变化添酒或取酒，确保满罐贮存。

②隔氧：隔氧主要是为了抑菌。方法包括：空罐进酒前注入氮气；添加二氧化硫或其他国家允许的抗氧化剂；保持密闭，每次操作后注意补加氮气；在满罐储存的葡萄酒液面上洒少量葡萄蒸馏酒精。

③控温：温度控制在要求范围内，并应尽量保持恒定。

④补硫：定期检测游离 SO_2 含量，红葡萄酒游离 SO_2 含量一般控制在 20~35 mg/L，白葡萄酒游离 SO_2 含量一般控制在 30~45 mg/L，SO_2 含量降低及时补充。

（3）储存和陈酿容器。目前，葡萄酒储存和陈酿的容器主要为橡木桶和不锈钢罐。

不锈钢罐是普遍使用的大型储酒容器，其特点包括：①不会对酒直接或间接产生任何好的或不良的影响；②坚固耐用、密封好、易清洗；③容积可从数吨至数百吨；④造价较高。

葡萄酒的陈酿可分为橡木桶陈酿和瓶储。橡木桶是传统的葡萄酒陈酿容器，用于高档葡萄酒和白兰地的贮存与陈酿，规格从数十升至数百升再至数吨，最常见的规格是 225 L。与不锈钢罐等其他储酒容器相比，橡木桶的应用存在4个问题：①成本高，其成本远高于其他储酒容器；②难以清洗；③使用寿命短，橡木桶可以重复使用3~4次，每次12~18个月，寿命期一般为4~6年；④酒损大，由于橡木的质地和结构，酒的损失率较高，225 L橡木桶的酒损为每年3%~5%。橡木桶在葡萄酒陈酿过程中有两个重要作用：一是橡木具有一定的通透性，使葡萄酒在微氧化条件下缓慢成熟；二是橡木中的单宁和香气可以浸提到葡萄酒中，赋予葡萄酒特有的风味。

（六）葡萄酒的澄清和封装

1. 葡萄酒的澄清

葡萄酒在储存和陈酿过程中或结束后，需要进行澄清处理，白葡萄酒在压榨后也要进行澄清。澄清是促进可使葡萄酒变浑或将使葡萄酒变浑的胶体物质絮凝沉淀并将之除去，以保证葡萄酒现在和将来的澄清度和稳定性。

澄清方法可分为三种：自然澄清、化学澄清和机械澄清。

（1）自然澄清。采用自然静置沉降的方法来进行葡萄酒的澄清，主要是在葡萄酒储存和陈酿的过程中通过转罐或换桶的方式，将容器底部自然沉降的酒泥除去。

（2）化学澄清。加入澄清剂，吸附葡萄酒中的悬浮颗粒和易导致浑浊的物质，再通过自然沉降和过滤进行分离，也称为下胶。澄清剂包括蛋清、膨润土、明胶等。红葡萄酒下胶较为容易，大多数下胶材料都可以使用，尤其以明胶为好。而白葡萄酒的下胶较难，必须先进行下胶试验确定用量，常用酪蛋白、鱼胶、蛋清与矿物质结合使用，还需注意避免下胶过量。

（3）机械澄清。通过过滤、离心等方法，将葡萄酒中的胶体物质和悬浮颗粒除去，达到快速澄清的目的。常用的过滤设备包括硅藻土过滤机、板框压滤机和膜过滤机。常用的离心设备包括三足式离心机、碟片式离心机和卧式螺旋离心机等。

2. 葡萄酒的封装

葡萄酒的封装是指将葡萄酒装入包装材料内，以便保持其现有质量，便于销售。封装是自动化程度很高的一个环节。若不进行专门的瓶储，封装则是生产的最后一个环节。葡萄酒的封装材料包括玻璃瓶、小型木桶和软包装等，最常用的是玻璃瓶。葡萄酒瓶型种类很多（图9-4），不同酒种和产地的瓶型往往不同，波尔多瓶和勃艮第瓶的市场占有率越来越大。

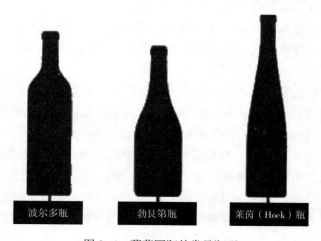

图9-4　葡萄酒瓶的常见瓶型

软木塞是葡萄酒瓶传统的封瓶材料。软木塞是由栓皮栎的树皮制成的。软木塞质量轻，微氧化性利于葡萄酒的成熟，具有良好的水密性、弹性和韧性，而且原料天然、可再生。但是，软木塞成本高，容易受到污染，从而引起土味、霉味或朽味等木塞味，对葡萄酒的品质产生不利影响。因此，在现代工艺中，各种合成塞、塑料螺旋塞和玻璃塞，越来越广泛地应用于葡萄酒的封瓶。

二、其他果酒的酿造工艺

（一）苹果酒的酿造工艺

1. 工艺流程

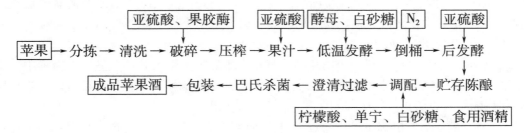

2. 操作要点

（1）原料选择。选择香气浓郁、肉质紧实、成熟度高（80%~90%）、含糖量高、无病虫害、无腐烂的苹果为酿酒原料。去除果柄、叶，挑出干巴（给果酒带来苦味）和受伤、腐烂（易滋生杂菌）的果实。苹果果实大小对其果酒品质有一定的影响，其外层果肉含汁水较内层多且香气都集中在果皮上，小果实的比表面积大于大果实的比表面积。因此，小果实出酒多且果香芬芳。

（2）清洗。通过清洗将苹果原料携带的微生物量减少至原来的2.5%~5%，并洗去附着在苹果表面的农药残留。对果皮农药残留较高的苹果，可以先用1%的稀盐酸溶液浸泡，然后再用清水冲洗、沥干。

（3）破碎。破碎时要尽量避免与空气接触，防止果肉褐变（可添加SO_2、维生素C、柠檬酸等护色剂），果块大小在0.3~0.1 cm为宜，果块越细小，出汁率越高。但不能过细，否则果籽可能被破碎，酒中污染油脂而产生苦味。为充分浸出果实中的苹果香气和颜色，可以将破碎后的果肉浸渍4~6 h或更长的时间，并在浸渍过程中添加果胶酶以提高出汁率，必要时添加淀粉酶以分解果浆中的淀粉。

目前，使用较多的破碎设备是锤式破碎机、齿板式离心破碎机、筛筒式离心破碎机。

（4）压榨。破碎后的果实应立即进行压榨，分离出的果汁中不得夹带果肉。分离出的果汁，迅速加入SO_2进行杀菌和澄清处理。澄清后的果汁过滤、去除沉渣（压榨后的果渣可经过发酵和蒸馏生产蒸馏果酒，用来调整酒精度）。

目前，广泛应用的压榨设备是卧式圆筒榨汁机、螺旋式榨汁机以及综合了裹包式榨汁机和螺旋式榨汁机优点的较为先进的带式榨汁机。目前，商用带式榨汁机的带宽为60~180 cm，对应处理的苹果量为5~15 t/h，果汁得率高达70%以上，操作的劳动强度较低。

（5）低温发酵（前发酵）。果汁入罐量为罐有效容量的4/5左右，可采用"自然发酵"

和"人工发酵"两种方法。"自然发酵"是利用苹果汁本身所带有的酵母发酵,"人工发酵"则是添加果汁量3%~5%的酵母,循环果汁,使酵母在果汁中分布均匀。发酵过程中分两次加入白砂糖,但果汁的总糖量不宜超过250 g/L,每次加糖后的糖分不宜超过160 g/L。液面出现白沫时,表明果汁开始发酵,这时可以加入适量的糖质辅料。使用白砂糖时,先放出部分果汁,在发酵罐外将糖充分溶解后,再泵回发酵罐中,泵循环罐内果汁,使糖液在罐内混合均匀。使用赤藓糖醇(AJC)或淀粉糖浆时,可直接将其泵入罐中,循环果汁使果汁和糖浆混匀。可以在澄清果汁转入发酵罐时将糖质辅料一并加入,以避免果汁中吸入过多的氧。加完糖后,封好发酵罐盖,但不能完全密封,以排除发酵产生的CO_2。果酒发酵温度控制在20~28 ℃,发酵应在7~12 d内结束。如若在16~20 ℃进行低温发酵,则发酵时间为15~21 d,特点是产品口味柔,果香突出,酒质细腻。发酵时间长短主要根据当时发酵的状况而定,若温度高,酵母生长和发酵活力强,发酵期就短。前发酵结束后,原酒应达到下列标准:酒度大于13%(体积分数)、残糖小于20 g/L和挥发酸小于0.6 g/L。

(6)倒桶。前发酵结束后,为防止酒的氧化,用虹吸法将果酒移至另一干净桶中。添加SO_2使酒中的游离SO_2达到20~30 mg/L,混匀。在果酒液面撒少许食用酒精封口,充CO_2或者N_2保压隔绝氧,防止空气中的氧气和杂菌与酒液接触。

(7)后发酵。后发酵温度不应超过16 ℃,时间为25~30 d,当酒精度大于14%(体积分数)、残糖含量达到2 g/L以下、总酸(以苹果酸计)大于5 g/L、挥发酸(以醋酸计)小于0.7 g/L时,后发酵结束。后发酵结束后要再添加食用酒精,使酒精度提高到16%~18%(体积分数)。同时添加SO_2,使新酒中含硫量达到0.01%(体积分数)。

(8)贮存陈酿。陈酿就是酒的老熟,果酒经长期密封贮存,使酒质澄清,风味醇厚。陈酿温度应在8~16 ℃,陈酿时间根据产品的要求而定,一般为6个月或者更长。发酵液由酒泵打入洗净杀菌的贮藏容器后,装满密封,以避免氧化。陈酿期间要换几次桶,目的是使澄清的原酒与酒脚及时分离,防止酒脚给原酒带来异味和有害微生物。一般新酒每年换桶3次,即当年的12月进行第一次换桶,翌年的4~5月及9~10月分别进行后两次换桶。陈酒每年换桶一次。

(9)调配。成熟的苹果酒在装瓶之前根据品种、风味、成分等的不同进行酸度、糖度和酒精度的调配,达到成品酒的要求。

(10)澄清过滤。出厂前3~4个月进行澄清处理,不合指标者应在澄清前调整。澄清可采用加胶、冷冻、加热、过滤等方法,澄清后的酒应能在−7~−5 ℃下冷冻3 d不发生浑浊沉淀,暴露空气下氧化4 d不变浑浊。然后立即过滤,过滤后的苹果酒清亮透明,带有苹果特有的香气和发酵酒香,色泽为浅黄绿色。

(11)杀菌。为确保酒的稳定性,调配好的酒再进行一次杀菌,然后进行包装出厂。

(二)蓝莓酒的酿造工艺

1. 工艺流程

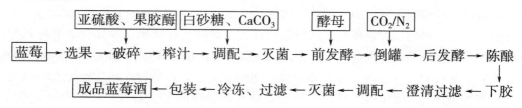

2. 操作要点

（1）选果。蓝莓果实要求完全成熟、新鲜、干净，无霉烂果和病果。

（2）破碎、榨汁。蓝莓果实通过输送带至破碎机内，调整进果速度以确保每个果实都能被充分破碎，得到蓝莓果浆。在果浆中加入适量亚硫酸和果胶酶。种植蓝莓带皮果实为酿酒原料时，果胶酶的添加量为 0.06%，野生蓝莓带皮果实酿酒的果胶酶添加量为 0.08%。

（3）成分调配。按照成品酒的标准对果汁的酸度、含糖量进行调节。一般来说，17~18 g/L 的糖分可以转化为 1%（体积分数）酒精。酒精度为 10%~12%（体积分数）蓝莓果酒发酵液的含糖量在 18%~22%，而蓝莓果汁的含糖量平均在 9.5 g/100 mL 左右，只能得到大约 5%（体积分数）的果酒。蓝莓果汁含酸量相对较高，可达 2.7%（以柠檬酸计），pH 在 2.6 左右，可用 $CaCO_3$ 来调节酸度至 pH 在 3.2~3.5。

（4）灭菌。调配好的蓝莓汁必须经过 62~65 ℃、30 min 的灭菌处理。果汁杀菌之后应立即装入已灭菌处理过的发酵罐中，装罐量一般为罐容积的 80% 左右。将杀菌后的蓝莓果汁进行 SO_2 处理，使 SO_2 含量为 50~60 mg/L。

（5）发酵。将酿酒酵母（1.5%左右）于恒温培养箱中在 25~28 ℃条件下培养 48 h 左右进行活化，之后将活化好的菌液加入到蓝莓果汁中进行发酵。对发酵液中的总糖、总酸及酒精含量进行定期检测。发酵为密闭发酵，发酵期为 20~30 d。

（6）倒罐。发酵后分离酒脚，原酒并罐，为防止氧化褐变，需要将罐的空余部分用 CO_2 或 N_2 充满，避免与氧气的接触。

（7）后发酵。后发酵主要是为了降低酸度，改善果酒的品质。后发酵期间需要加强管理，保持容器密封、满桶。

（8）陈酿。使用酒泵将酵液打入已灭菌的贮藏容器中，装满密封，避免氧化。在 8~15 ℃的温度条件下陈酿 6~12 个月。在此过程中进行理化及卫生指标的检测，主要包括游离 SO_2、挥发酸和细菌总数。

（9）下胶。下胶是指向果酒中有意添加有吸附性的化合物，通过沉降或沉淀的作用去除部分可溶性组分。蓝莓酒酿制过程中，可选皂土为下胶剂。当种植蓝莓带皮果实为酿酒原料时，皂土添加量为 0.06%，野生蓝莓带皮果实酿酒的皂土添加量为 0.08%。按工艺要求将下胶剂提前溶好后再与原酒充分混合。

（10）澄清过滤。下胶 15 d 左右开始分离，将纤维素和硅藻土或单独将硅藻土在搅拌罐内用果酒搅拌均匀，做好涂层后，利用硅藻土过滤机进行过滤。

（11）调配。根据蓝莓酒的风味要求，将原酒按比例进行混合，保证内在品质一致。

（12）灭菌、冷冻、过滤。在-4~2.5 ℃温度下冷冻处理一周左右，可以加速冷不溶性物质的沉淀析出，提高果酒的稳定性。趁冷过滤，使酒液澄清透明。

（三）山楂酒的酿造工艺

山楂原产我国，为一种药食同源的水果，属于蔷薇科（Malus）山楂属（*Crataegus*），其果实含酸量较高，水分较少，营养丰富，具有一定的医疗价值，可鲜食或二次加工。

1. 工艺流程

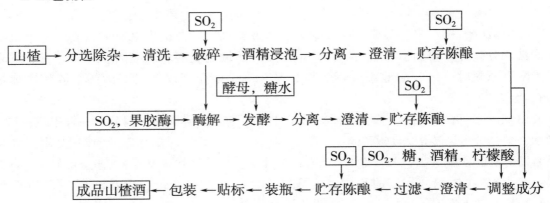

2. 操作要点

（1）分选除杂。原料选用红色鲜艳、成熟度高、饱满的无损新鲜山楂，并放置适当时间使果实软化。

（2）清洗。将分选出的合格山楂果实用水浸泡 3~5 min，用流动的清水冲洗，去除灰尘与果梗。

（3）破碎。将清洗后的山楂用挤压式破碎机压碎，并注意不破坏果籽。

（4）浸泡。用酒精度 20% 的脱臭酒精浸没破碎后的原材料，浸泡时间为 1 个月。

（5）酶解。用 40~45 ℃的温水稀释果胶酶至 40~60 mg/L，与原材料搅拌均匀，处理 24 h。

（6）发酵。向原材料中加入 10% 的糖水，山楂与糖水的比例为 1∶1.5，再加入 5% 耐酸性强的人工培养酵母菌进行发酵，发酵温度为 18~28 ℃，发酵时间为 30 d 左右，当山楂原酒的含糖量低于 5 g/L 时停止发酵。

（7）调整成分。浸泡原酒与发酵原酒均需陈酿 1 年后再调配山楂酒，配置过程中 SO$_2$ 添加量为 80~100 mg/L，再根据成品酒的要求加入糖、酒和酸等进行调整。

（8）澄清。用明胶进行澄清处理，控制温度为 12~18 ℃，添加量为 80~100 mg/L，下胶静置 7 d 后过滤。

（9）陈酿、灌装。将澄清过滤的山楂酒陈酿半个月后，进行灌装和包装。

第三节 果酒相关标准

一、食品安全标准

《食品安全国家标准 发酵酒及其配制酒》（GB 2758—2012）对发酵酒及其配制酒的术语和定义、感官、理化性质、污染物和真菌毒素限量、微生物、食品添加剂和标签进行了相关规定。其中，定义发酵酒为以粮谷、水果、乳类等为主要原料，经发酵或部分发酵酿制而成的饮料酒；发酵酒的配制酒为以发酵酒为酒基，加入可食用的辅料或食品添加剂，进行调配、混合或加工制成的，已改变了其原酒基风格的饮料酒。

二、加工技术规程

《有机葡萄酒加工技术规范》（RB/T 167—2018）规定了有机葡萄酒加工企业的基本要求、卫生要求、质量管理、包装和标识、储存和运输、追溯、召回和分选、除梗、破碎、压榨、SO_2处理、澄清、提高含糖量、降酸、发酵、调配、过滤、灌装的要求。本规范适用于有机葡萄酒加工过程的控制。其中，对陈酿容器进行了规定，从标识、包装、运输和储存要求方面对陈酿后的加工技术规程进行了规定，对生产过程卫生要求、白砂糖、食品添加剂、接触材料、运输设施的要求进行了规定。

《猕猴桃果酒（发酵型）加工技术规程》（T/HNSKJX 008—2021）和《黄桃果酒（发酵型）加工技术规程》（T/HNSKJX 010—2021）中规定了猕猴桃果酒（发酵型）和黄桃果酒（发酵型）的术语和定义、原料采收时间和质量要求、清洗、破碎（同时加入 SO_2）、酶解、原料改良、主发酵、倒罐分离、后发酵、陈酿、澄清、过滤、杀菌灌装、标签、包装、运输和储存的要求。该标准适用于猕猴桃果酒（发酵型）和黄桃果酒（发酵型）的生产加工。其中，从感官、污染物限量、农药最大残留量方面对原料质量要求进行了规定；从发酵容器方面，进行原料改良、酵母活化、主发酵和倒罐分离的质量要求；以及对后发酵、陈酿、澄清过滤、杀菌、灌装方面对发酵技术规程进行了规定；从标签、包装、运输和储存要求方面对腌制后的加工技术规程进行了规定；对生产过程卫生要求、白砂糖、食品添加剂、生产设备、接触材料、运输设施、营养标签的要求进行了规定。

《发酵型枸杞果酒加工技术规范》（T/NAIA 0149—2022）规定了发酵型枸杞果酒的术语和定义、基本要求、工艺流程、质量管理、标志、标签、包装、运输和贮存。本文件适用于发酵型枸杞果酒的生产加工和质量管理。其中，从原料的选择和处理、调整成分对原料质量要求进行了规定，从酵母活化、酒精发酵和陈酿对发酵技术规程进行了规定，从质量管理、标志、标签、包装、运输和贮存的要求进行了规定。

三、卫生指标检验方法

《食品安全国家标准　发酵酒及其配制酒生产卫生规范》（GB 12696—2016）规定了葡萄酒、果酒（发酵型）以及发酵酒及其配制酒生产过程中原料采购、加工、包装、贮存和运输等环节的场所、设施、人员的基本要求和管理准则。规定采购水果原料符合 GB 2763—2021 中的相关规定；食品添加剂符合 GB 14881—2013 中的相关规定；设施与设备、卫生管理、食品相关产品、包装、检验、产品的贮存及运输、产品召回管理、培训、管理制度和人员、记录及文件管理符合 GB 14881—2013 中的相关规定。

四、产品标准

中华人民共和国轻工业行业标准《果酒通用技术要求》（QB/T 5476—2020）规定了果酒（除葡萄酒）的术语和定义、命名规则、产品分类、技术要求、试验方法、检验规则和标志、包装、运输、贮存。本标准适用于果酒（除葡萄酒）的生产、检验和销售。中华人民共和国国家标准《葡萄酒》（GB/T 15037—2006）规定了葡萄酒的术语和定义、产品分类、要求、分析方法、检验规则和标志、包装、运输、贮存。本标准适用于葡萄酒的生产、检验与销售。

中华人民共和国农业行业标准《绿色食品 果酒》（NY/T 1508—2017）从绿色食品角度规定了绿色食品果酒的术语与定义、要求、检验规则、标志和标签、包装、运输和贮存，适用于绿色食品软木塞（或替代品）的封装酒。

第四节 果酒酿造生产实例

一、赤霞珠陈酿型干红葡萄酒

（一）原料的选择

1. 原料

以赤霞珠葡萄果实为原料，要求完全成熟、无病害，含糖量在 185 g/L 以上。

2. 辅料

葡萄酒活性干酵母、发酵助剂（磷酸氢二铵、惰性酵母）、偏重亚硫酸钾、明胶等。

（二）工艺流程

采收→筛选→除梗破碎→入发酵罐→果汁成分调整→前浸渍→酒精发酵→后浸渍→分酒压榨→苹果酸—乳酸发酵→入橡木桶陈酿→调配→冷处理→除菌过滤→装瓶→瓶储→贴标、装箱

（三）操作要点

1. 采收

提前采样确定采收时间，采取人工采收方式，采收果穗时将青果、僵果、病果和破损果粒去除。

2. 筛选和除梗破碎

采收的果穗先进行穗选，除梗后再进行粒选，除去生青粒、霉烂粒和叶片等杂物，然后进行破碎。

3. 入罐

破碎后的果浆利用蠕动泵泵送至发酵罐，入罐的果浆体积不超过发酵罐容积的 80%。入罐同时每升果浆添加 26 mg 偏重亚硫酸钾。

4. 果汁成分调整

入罐后检测葡萄汁中的总酸、总糖和 SO_2 含量，并品尝葡萄汁。因采收前对含糖量严格监控，糖分一般不需要调整，如果总酸偏低需要添加酒石酸，将总酸含量调整至 6 g/L 左右，SO_2 不足则需补加偏重亚硫酸钾。调整成分后还要进行密闭式倒罐，使之与果汁混合均匀。

5. 前浸渍

在发酵罐内 15 ℃以下前浸渍 2 d，前浸渍过程中每天进行 2 次密闭式倒罐。

6. 酒精发酵

带皮渣进行酒精发酵，活化干酵母时加入辅料（主要为磷酸氢二铵），酵母添加量为 250 g/t，发酵罐温度为 27 ℃，每天进行 2~3 次开放式倒罐。发酵旺盛期再加入发酵助剂（主要含磷酸氢二铵、惰性酵母）。酒精发酵时间一般为 7 d 左右，每天早晚测定发酵液的温度和比重，将最终酒精度控制在 12%（体积分数）。

7. 后浸渍

酒精发酵结束后，继续对皮渣进行浸渍，视色素和单宁的浸渍情况确定浸渍结束时间。

8. 分酒压榨

浸渍结束后分离自流酒，然后进行除渣，除渣完毕后清洗发酵罐，利用笼式压榨机对皮渣进行压榨。自流酒与压榨酒分别导入不同的发酵罐。

9. 苹果酸—乳酸发酵

若酒液 pH 偏低，需将 pH 调整到 3.2 再接种乳酸菌。在 18 ℃下，自流酒与压榨酒分别进行苹果酸—乳酸发酵，时间一般为 20～30 d，定期测定酒中苹果酸含量，苹果酸含量低于 200 mg/L 时，加入 34 mg/L 偏重亚硫酸钾终止发酵，并立即出罐。

10. 橡木桶陈酿

橡木桶清洗杀菌，将结束苹果酸—乳酸发酵的葡萄酒导入橡木桶，放入酒窖中进行陈酿。定期测定橡木桶酒的游离和挥发酸含量，并定期添桶。20 d 后第 1 次倒桶，12 月第二次倒桶，第二年 4 月第三次倒桶，7 月第四次倒桶。

11. 调配

先进行小试，将自流酒和压榨酒，或者不同年份的酒，或者不同橡木桶陈酿的酒，进行调配，也可加入其他品种的葡萄酒（加入量不超过总体积的 70%），品尝后初步确定调配比例，存放 3 个月后，再进行品尝，确定最终的调配比例。

12. 冷处理

将酒快速降温至冰点，保持低温一定时间，在此过程中通过搅拌促进晶核形成，再进行低温过滤。

13. 除菌过滤

利用膜过滤机进行除菌过滤。

葡萄酒

14. 装瓶和瓶储

葡萄酒出桶后进行热装瓶，置于酒窖中卧放进行瓶储。视酒的品质和消费需求确定瓶储时间。

二、南果梨酒

（一）原料的选择

1. 主要原料

南果梨一般色泽鲜艳，水分充足，糖分高，细皮的、光滑的，闻起来有酒香气味的为佳。

2. 辅料

酵母、果胶酶、柠檬酸、白砂糖、偏重亚硫酸钾、酒精和澄清剂等。

（二）工艺流程

原料分选→破碎→压榨→成分调整→主发酵→倒罐→后发酵→倒罐→陈酿→成分调整→澄清→过滤→装瓶→巴氏杀菌→检验→南果梨酒

（三）操作要点

1. 原料分选

选取合格的成熟南果梨，清洗去核后用榨汁机破碎取汁，加入 0.05 g/L 的偏重亚硫酸钾，将果汁放入发酵罐，容量为罐体容积的 4/5，加入 0.8 g/L 的果胶酶，处理 10~12 h。

2. 成分调整

加入白砂糖，控制液体的含糖量不超过 23%。

3. 主发酵

在发酵罐中加入 20 g/L 的酵母，进行密闭式发酵，控制温度为 20~25 ℃，发酵时间为 5~10 d，当残糖降至 5 g/L 时，主发酵结束。

4. 倒罐与后发酵

将主发酵结束后的酒液放入陈酿罐中，进行密闭式倒罐。除去酒脚，进行密闭式发酵，控制温度为 12~20 ℃，发酵时间为 2~4 周。

5. 倒罐与陈酿

将后发酵结束后的酒液进行密闭式倒罐，除去酒脚，加入 80 mg/L 的 SO_2，控制温度为 5~12 ℃，进行满罐陈酿，时间为 5~6 个月。

6. 成分调整

用食用酒精将陈酿结束后酒液的酒精度控制为 12% 左右，用白砂糖将酒液的含糖量控制为 5% 左右，用柠檬酸将酒液的含酸量控制为 0.2% 左右。

7. 澄清

用 0.1% 的壳聚糖澄清剂进行澄清作用，静置处理 7 d 左右。

8. 过滤

用硅藻土过滤机进行过滤，控制温度为 -5 ℃ 左右。

9. 巴氏杀菌

温度控制为 65~68 ℃，时间为 20~30 min。

三、猕猴桃果酒

（一）原料的选择

1. 主要原料

制酒应优先筛选成熟、多汁、含糖量高、皮薄、肉细嫩的猕猴桃果实。坚硬未熟的果实，由于酸度较高，可采用 4~7 d 的后熟处理。处理后的果实含糖量升高，总酸、果胶和单宁含量均降低。

2. 辅料

酵母、果胶酶、柠檬酸、白砂糖、偏重亚硫酸钾、酒精和澄清剂等。

（二）工艺流程

原料清洗→破碎→榨汁→成分调整→前发酵→倒罐→调整酒精度→后发酵→倒罐→陈酿→过滤→调配→澄清→灌装→巴氏杀菌→猕猴桃酒

（三）操作要点

1. 洗果

剔除霉烂果及杂质。用清水洗涤除去表面绒毛、污物等，以减少原料的带菌量，沥干水分后待用。

2. 破碎、榨汁

先用破碎机将鲜果破碎，然后将果浆送入榨汁机进行汁渣分离。搅拌添加果胶酶，可将果汁出汁率从 50%～55% 提高到 75%～85%。可通过加热提高出汁率、降低果汁黏度。取汁后立即添加 SO_2，具体的添加量应根据果汁（浆）的 pH 来确定，如 pH 3.8 时需要加入游离 SO_2 150 mg/L，pH 3.3 时需加入游离 SO_2 50 mg/L。

3. 成分调整

将澄清果汁适当稀释，如果含糖量达不到成品酒的酒度要求，需要添加白砂糖。

4. 前发酵、换桶

在果汁中添加 5%～10% 的酵母液，保持 20～25 ℃ 发酵 5～6 d 后，进行换桶，转入后发酵。

5. 后发酵

保温 15～20 ℃，时间为 30～50 d，分离酒脚。酒脚集中后制作蒸馏酒，用来调度。

6. 陈酿、后处理

完成后发酵的酒，经 1～2 年陈酿后，进行过滤。通过必要的糖、酸、酒度调整合适的口味。果酒的 pH 宜在 3.0～3.8 之间。发酵完毕的果酒因含有果胶、蛋白质等物质而显得浑浊，可用明胶等澄清剂进行澄清。

7. 灌装、密封、杀菌

澄清后的猕猴桃酒加入 50 mg/L 的 SO_2，立即装瓶，密封并进行巴氏杀菌，最终得到成品猕猴桃酒。

【思考题】

1. 果酒按照生产方式如何分类？并简要介绍每个类型的果酒。
2. 葡萄酒的酒精发酵包括哪些生化反应？并简要说明。
3. 利用后浸渍工艺，设计一款陈酿型干红葡萄酒的发酵工艺（包括酒精发酵和苹果酸—乳酸发酵），并制定详细的生产技术方案。
4. 设计一种梨酒的生产工艺并说明操作要点。

【课程思政】

通化葡萄酒

通化葡萄酒股份有限公司始建于 1937 年，是中国历史悠久的葡萄酒生产企业之一，20 世纪 30 年代已建成拥有 772 个大橡木桶的地下贮酒窖，产品远销 30 多个国家和地区，被誉为"中国葡萄酒的独特代表"。通葡股份作为"中国风土代表品牌"，延续以主推品质主义，坚守使用本土山葡萄独一无二的原料优势，酿造出酸甜平衡、甘爽适口的更适合中国消费者餐饮习惯的葡萄佳酿。公司于 2001 年登陆上海证券交易所，也是生产中国第一支波特酒和中国第一支冰酒的优秀民族企业。作为"中华老字号"，通葡股份见证了中国的发展，曾作为开国大典用酒、1959 年建国十周年"国庆酒"，以及多国领导人访华招待用酒。

中华人民共和国成立后，它多次受到党和国家领导人的莅临关怀。公司把"以全球视野、树民族品牌"作为企业愿景，以"中国葡萄 中国酒"为历史使命，用中国本土特有的葡萄品种——山葡萄，酿造属于中国的葡萄酒，成为世界葡萄酒版图上闪耀的明星品牌。

通化葡萄酒是中国特色山葡萄酒的一个代表，也是中国葡萄酒崛起的一个缩影。我们要增强振兴我国果酒产业的信心，积极将民族文化和地方特色融入到果酒（葡萄酒）的科研、开发和生产实践中，担起食品人应该肩负的使命和责任。

通化葡萄酒股份有限公司总部

通化葡萄酒股份有限公司产品

【延伸阅读】

葡萄酒的品种和风格

世界上登记的葡萄品种有上万种，其中在生产上实际应用的有3000多个，目前世界葡萄总产量的近50%都用于酿造。用不同品种酿造出来的葡萄酒类型和风格十分多样。酒体指葡萄酒在口腔中展现出来的重量感和质感，是品鉴和评价葡萄酒的重要因素之一。它并非是一个单独的成分，而是葡萄酒萃取程度、酒精度、单宁和糖分含量等多个要素综合作用的结果。

根据葡萄酒在口腔中的表现，可以将酒体大致分为轻盈、中等和饱满三类。

除了品种外，不同的风土、田间管理、酿造工艺都对葡萄酒的风格产生影响。不同的排列组合下形成的每一种佳酿都是独一无二的。葡萄酒的风格千变万化，可以从感官维度（口感为主，如甜、酸、涩、苦、咸、酒体、回味等指标）来描述葡萄酒的风格。

（内容来自迦南酒业和知否网站）

葡萄酒的品种与风格

第十章　果醋酿造

本章课件

【教学目标】

1. 了解果醋的主要种类。
2. 掌握果醋酿造基本原理。
3. 掌握果醋的液体发酵和固体发酵工艺。
4. 掌握果醋酿造中常见的质量问题和控制措施。
5. 了解果醋的相关标准。

【主题词】

果醋（fruit vinegar）；醋酸菌（acetic acid bacteria）；醋酸发酵（acetic acid fermentation）；生物性浑浊（biological turbidity）；非生物性浑浊（non-biological turbidity）；果醋生产技术规程（technical code of practice for production of fruit vinegar）

果醋是以各种水果或其加工下脚料为主要原料，经酒精发酵、醋酸发酵酿制而成的酸性调味品，具有天然水果的香甜，而且兼具水果和食醋的营养及保健功能。食用果醋可预防糖尿病、高胆固醇血症、氧化应激、提高免疫力，并具有显著的抗氧化能力。因此，果醋既可作为调味品，也可作为集营养、保健、食疗等功能为一体的新型功能性饮品。

果醋历史悠久，早在我国夏朝时期，人们就因粮食生产不足而将野生水果堆积在一起自然发酵制成果酒饮用，空气中醋酸菌容易进入果酒，使酒精被氧化为醋酸，这就形成了最早的果醋。公元前16世纪的古巴比伦时期，已经将葡萄汁经发酵形成果酒，果酒再经发酵成果醋。公元10世纪时葡萄果醋在法国已经相当盛行，18世纪发明的奥尔兰制醋法曾风靡全欧洲，20世纪初向世界各地出口葡萄果醋，并且当时的制醋方法成为欧洲的标准。欧洲各国根据各自的饮食习惯和本国特色水果开发出不同类型的果醋。例如，西班牙雪利醋呈红褐色，芳香浓郁，是用不同的含糖原料，采用不同的方法酿造而成。意大利的葡萄果醋绝大多数都来源于葡萄酒，酿造的时间短至6~12个月，一般3~5年，更长可达十几年（如最高级的意大利醋——Balsamic葡萄醋）。果醋的大规模商业化生产从20世纪80年代在欧美国家起步，生产多采用液体深层分批、连续发酵、循环发酵及菌体固定化发酵，以缩短发酵时间，提高酒精转酸率。随着科技进步和社会发展，果醋的营养价值和保健作用不断被挖掘和发现，世界发达国家很快就进行了果醋的开发。目前果醋果饮发展迅速，且需求量很大，尤其是美国开发出的苹果醋取得了良好的市场效果，其后日本对果醋也进行了多方面的研究，开发出不同类型的果醋，而且将果醋的质量标准规范化，其市场规模巨大。

我国一直以来在醋的生产和开发上偏向以粮食发酵为主的食醋，果醋产业起步较晚。20世纪80年代末，我国授权了第一个果醋相关的专利，但直到21世纪初我国才开始进行大规模的工业化生产果醋。目前，我国的果醋产业无论在技术还是产量方面都与国外存在着一定差距。近些年，果醋饮料的兴起，特别是苹果醋饮料，带动了我国果醋产量的增长，具有很大的发展潜力。

虽然不同的国家、地区对果醋都有不同的规定，但都使用果醋中的醋酸含量和乙醇残留量两个重要指标作为分类依据。几种醋的醋酸含量和乙醇残留量见表10-1。

表 10-1　几种果醋的醋酸含量和乙醇残留量

果醋	醋酸含量/%（m/V）	乙醇残留量/%（V/V）
苹果醋	3.9~9.0	0.03
葡萄醋	4.4~7.4	0.05~0.3
腰果醋	4.62	0.13
芒果醋	4.92	0.35
菠萝醋	5.34	0.67

目前果醋的加工方法分为：鲜果制醋、果汁制醋、鲜果浸泡制醋和果酒制醋4种方法。鲜果制醋是将果实先破碎榨汁，再进行酒精发酵和醋酸发酵，其特点是产地制造，成本低，季节性强，酸度高，适合作调味果醋；果汁制醋是直接用果汁进行酒精发酵和醋酸发酵，其特点是非产地也能生产，无季节性，酸度高，适合作调味果醋；鲜果浸泡制醋是将鲜果浸泡在一定浓度的酒精溶液或粮醋溶液中，待鲜果的果香、果酸及部分营养物质进入酒精溶液或粮醋溶液后，再进行醋酸发酵，其特点是工艺简洁，果香好，酸度高，适合作调味果醋和饮用果醋；果酒制醋是以酿造好的果酒为原料进行醋酸发酵。不论以鲜果、果汁还是果酒为原料制醋，都要进行醋酸发酵这一重要工序。

第一节　果醋酿造原理

一、果醋酿造的基本原理

果醋的酿造是一个涉及微生物发酵的生物技术过程，主要包括两个关键阶段：酒精发酵和醋酸发酵，若以果酒为原料则只进行醋酸发酵。

（一）酒精发酵

在酒精发酵过程中，酵母菌通过其酒化酶系将果汁中的可发酵性糖（主要为葡萄糖和果糖）转化为乙醇和二氧化碳，然后通过细胞膜把产物排出菌体外。参与酒精发酵的酶称为酒化酶系，包括糖酵解（EMP）途径的各种酶以及丙酮酸脱羧酶、乙醇脱氢酶。这一过程是异养兼性厌氧型的代谢方式，即在有氧条件下，酵母菌进行有氧呼吸；在无氧条件下，进行酒精发酵。

1. 葡萄糖生成丙酮酸

$$C_6H_{12}O_6 \rightarrow 2CH_3COCOOH+4H^+$$

糖酵解过程中，葡萄糖首先经过一系列酶促反应，最终转化为两个丙酮酸分子。这个过程中，每个葡萄糖分子会产生 2 个 NADH 和 2 个 ATP，同时净产生 2 个丙酮酸。

2. 丙酮酸脱羧生成乙醛

$$CH_3COCOOH \rightarrow CH_3CHO+CO_2$$

3. 乙醛被脱氢酶所脱下的氢还原成酒精

$$CH_3CHO+2H^+ \rightarrow CH_3CH_2OH$$

葡萄糖生成乙醇总反应式为

$$C_6H_{12}O_6 \rightarrow 2C_2H_5OH+2CO_2+112.9 \text{ kJ}$$

理论上，100 g 葡萄糖分解生成 51.11 g 酒精，但实际上只能生成 48.46 g。在实际的发酵过程中，由于酵母菌的代谢途径和能量需求，并不是所有的葡萄糖都会被转化为酒精。约有 5% 的葡萄糖会被用于酵母菌的增殖（生长和繁殖），以及生成一些副产品，这些副产品包括甘油、琥珀酸、乙醛、醋酸、乳酸、高级醇和酯类等。

（二）醋酸发酵

酒精发酵完成后，醋酸菌在有氧条件下将乙醇氧化为醋酸（乙酸），这一过程称为醋酸发酵，是将酒精转化为醋酸的关键步骤，可以分为两个主要的生化反应阶段。

1. 乙醇氧化成乙醛

在这个阶段，乙醇在乙醇脱氢酶（alcohol dehydrogenase，ADH）的催化作用下，被氧化成乙醛。反应可以表示为：

$$C_2H_5OH+1/2O_2 \longrightarrow CH_3CHO+H_2O$$

2. 乙醛氧化成醋酸

乙醛在乙醛脱氢酶（aldehyde dehydrogenase，ALDH）的催化作用下，被进一步氧化成醋酸。反应可以表示为：

$$CH_3CHO+1/2O_2 \longrightarrow CH_3COOH$$

酒精向醋酸转化的过程需要氧气，是一个氧化反应。其总反应可以表示为：

$$C_2H_5OH+O_2 \longrightarrow CH_3COOH+H_2O$$

在这个总反应中，酒精被完全氧化成醋酸，同时产生水和一个额外的氢原子（与 NADH 一起）。这个过程需要氧气，是一个氧化反应。

根据化学反应的化学计量关系，1 mol 酒精可以生成 1 mol 醋酸，并释放出 485.1 J 热量，故其收得量应为 46 g 酒精可以生成 60 g 醋酸。然而，100 g 酒精在实际生产中只能生成 100 g 左右醋酸。这是由于多种因素的影响：一部分醋酸在生产过程中挥发掉；一部分醋酸因再度氧化而变成二氧化碳及水；还有一部分则被醋酸菌作为碳源而消耗；另有少部分酒精与有机酸合成酯类。酒精氧化成醋酸的氧化作用是果醋制造过程的主要环节，直接影响到果醋的产量和滋味。

有些醋酸菌能将醋酸分解为二氧化碳和水，是因为它们有极强的乙酰辅酶活力，能催化醋酸生成乙酰辅酶 A，后者进入三羧酸循环，经呼吸链氧化，进一步生成二氧化碳和水。某些特殊的木醋杆菌在利用糖生成醋酸的同时，还有乳酸生成。有些醋酸菌能将 D-葡萄糖氧化成葡萄糖酸，再氧化成 D-5-酮基葡萄糖酸，最终氧化成 D-酒石酸。用醋酸菌进行醛酸发酵，除生成醋酸外，也会有少量其他有机酸和酯类物质生成。

二、酿醋原料的种类

酿醋原料一般可分为主料、辅料、填充料和添加剂四类。

（一）主料

主料指能被微生物发酵生成醋酸的果蔬原料，常用于酿醋的水果有梨、柿、苹果、葡萄、菠萝、荔枝等的残果、次果、落果或果品加工后的皮、屑、仁等。蔬菜有山药、菊芋、瓜类、番茄等，不同的果蔬赋予果醋各种果香。常见果醋生产使用的原料见表 10-2。

表 10-2　常见果醋生产使用的原料

分类	原材料	中间物	醋名	生产国家或地区
蔬菜	茶和蔗糖	Kombucha	Kombucha 醋	俄罗斯、亚洲（中国、日本、印度尼西亚）
	洋葱	洋葱酒	洋葱醋	东亚或东南亚
	番茄	番茄酒	番茄醋	日本、东亚
	甘蔗	甘蔗汁	甘蔗醋	法国、美国、菲律宾、日本
	甜菜		甜菜醋	中国
水果	苹果	苹果酒	苹果醋	美国、加拿大、欧洲、亚洲
	葡萄	葡萄干	葡萄醋	土耳其、中亚
	葡萄	红、白葡萄酒	葡萄醋	全世界
	葡萄	雪利酒	雪利醋	西班牙
	葡萄	煮制葡萄汁	香醋	意大利
	椰子	椰子水	椰子水醋	菲律宾、斯里兰卡
	椰枣	椰枣汁	椰枣醋	中东
	芒果	芒果汁	芒果醋	东亚和东南亚
	红枣	红枣汁	红枣醋	中国
	覆盆子	覆盆子汁	覆盆子醋	东亚和东南亚
	黑醋栗	黑醋栗汁	黑醋栗醋	东亚和东南亚
	桑椹	桑椹汁	桑椹醋	东亚和东南亚
	越橘	越橘汁	越橘醋	东亚和东南亚
	柿	柿汁	柿醋	中国、日本、韩国
	樱桃	樱桃汁	樱桃醋	美国和欧洲

（二）辅料

辅料主要用于固态发酵酿醋及速酿法制醋，为微生物提供营养物质，并增加食醋中的糖分和氨基酸含量。在固态发酵中，辅料还起到吸收水分、疏松醋醅、贮存空气的作用。一般采用细谷糠、麸皮、豆粕等。

（三）填充料

固态发酵酿醋及速酿法制醋都需要填充料，填充料要求疏松，有适当的硬度和惰性，没有异味，表面积大。主要作用是吸收酒精和浆液，疏松醋醅，使空气流通，利于醋酸菌好氧发酵。固态发酵法一般采用粗谷糠、小米壳、高粱壳等。速酿法采用木刨花、玉米秸秆、玉米芯、木炭、瓷料、多孔玻璃纤维等作为固定化载体。

（四）添加剂

为提高固形物在果醋中的含量，同时改善果醋的色、香、味，可添加食盐和果胶酶、香辛料、着色剂等添加剂。食盐可以抑制醋酸菌对醋酸的分解，果胶酶可以分解果汁中的果胶，其他添加剂主要使果醋成品具有不同的体态和味感。

三、果醋酿造过程中的微生物

（一）酵母菌

酵母菌是兼性厌氧微生物，它通过 EMP 途径将原料中的可发酵性糖类在无氧条件下，经过一系列复杂的生化反应，转化成酒精和二氧化碳，这是形成果醋的第一步，也是为果醋增香的重要步骤，所选用的产酒酵母要求发酵性能优良且耐受性好。生香酵母可以促进原料中的前体物质向酯、酸和高级醇等风味物质转化，对果醋的风味和色泽起到一定的改善作用，也可促进发酵产生对人体有益的代谢物，提高果醋口感及品质。随着酒精发酵的进行，酵母菌发生自溶，细胞中的营养活性物质（如多糖、氨基酸、蛋白质、多肽等）也释放到醋醅中，从而被其他微生物利用。

（二）醋酸菌

醋酸菌（Acetic acid bacteria，AAB）属于细菌域（Bacteria）、变形细菌门（Protebacteria）、α-变形菌纲（α-Protebacteria）、红螺菌目（Rhodospirillales）、醋酸菌科（Acetobacteracese），大量存在于空气中，种类繁多，性能各异，是一种重要的且多样化的细菌，参与发酵食品和饮料的生产，尤其是以生产醋酸为主。醋酸菌的特点是能够将碳、醇和糖醇（多元糖或多元醇）氧化成相应的有机酸、醛或酮，在氧化发酵过程中获得能量。

按照醋酸菌的生理生化特性，可将醋酸菌分为醋酸杆菌属（Acetobacter）和葡萄糖氧化杆菌属（Gluconobocter）两大类。醋酸杆菌在 39 ℃可以生长，增殖最适温度在 30 ℃以上，能够利用乙醇作为唯一的碳源和能源，通过乙醇脱氢酶（ADH）和乙醛脱氢酶（ALDH）的作用，将乙醇氧化为乙醛，再进一步氧化为醋酸。此外，醋酸杆菌还能利用糖类作为碳源进行生长。在传统固态发酵或液态发酵的食醋生产中，醋酸杆菌通常用于较长周期的发酵过程，能够产生具有复杂风味和高品质特性的食醋。

葡萄糖氧化杆菌属的微生物与醋酸杆菌类似，它们也能够将乙醇氧化为醋酸。其在低温下生长，增殖最适温度在 30 ℃以下。葡萄糖氧化杆菌更倾向于利用糖类作为碳源，并且它们在氧化葡萄糖生成葡萄糖酸的过程中表现出较高的活性。葡萄糖氧化杆菌在工业化的醋酸生产中也很重要，尤其是在生产快速发酵醋的过程中，葡萄糖氧化杆菌由于其较高的发酵速率，可以缩短生产周期，提高生产效率，而被广泛使用。

1. 醋酸菌的特性

（1）形态特征。醋酸菌的细胞形态呈椭圆形至杆状，直或稍弯曲，以单个、成对或成链存在。有些菌株经常出现退化类型。以周生鞭毛或侧生鞭毛运动，或不运动。菌落灰白色，大多数菌株不产生色素，少数菌株产生褐色水溶性色素，或由于细胞内含卟啉而使菌落呈粉红色。

（2）营养要求。醋酸菌需要的营养有碳源、氮源和矿物质。对醋酸菌最适宜的碳源是葡萄糖、果糖与分解乳糖之类的六碳糖，其次是蔗糖和麦芽糖之类的二糖类。醋酸菌不能直接利用淀粉等多糖类。酒精也是很适宜的碳源，有些醋酸菌还能以甘油、甘露醇等多元醇为碳源。蛋白质水解产物、尿素、多缩氨基酸类等都适合作为醋酸菌的氮源。无机氮铵盐中，如硫酸铵可供以低度酒精液为原料生产醋的醋酸菌利用。

矿物质必需的有磷、钾、镁等元素。由于酿制食醋的原料一般是粮食及农副产物，其淀粉、蛋白质、矿物质的含量也很丰富，营养成分已能满足醋酸菌的需要，除少数酿醋工艺外，一般不再需要另外添加氮源、矿物质等营养物质。

（3）酶系特征。醋酸菌有相当强的醇脱氢酶、醛脱氢酶等氧化酶系活力，因此，除能氧化酒精生成醋酸外，还有氧化其他醇类和糖类的能力，生成相应的酸、酮等物质，如丁酸、葡萄糖酮酸、木糖酸、阿拉伯糖酸、丙酮酸、琥珀酸、乳酸等有机酸，以及氧化甘油生成二酮、氧化甘露醇生成果糖等。醋酸菌也有生成酯类的能力，接入产生芳香酯多的菌种发酵，可以使食醋的香味倍增。上述物质的存在对果醋的风味形成有重要作用。

（4）培养条件。氧气：醋酸菌为好氧菌，必须供给充足的氧气才能进行正常发酵。实践中，供给的空气量还需超过理论数 15%~20% 才能醋化完全。在液体静置培养时，液面形成菌膜。菌膜的性状随菌的种类而异，有的厚而韧，有的薄且具有韧性，有的很干松，有的容易下沉，有的起皱纹，有的薄如纸，又有的能使液体浑浊。但葡萄糖氧化杆菌不形成菌膜。在液体深层培养中，氧气对醋酸菌的新陈代谢起着很重要的作用。实验证明，在酒精和醋酸的发酵液中，醋酸菌对于氧的含量特别敏感。在含有较高浓度乙醇和醋酸的液体深层发酵环境中，即使短时间中断氧气，也会造成菌体死亡。

温度：醋酸菌生长繁殖的适宜温度为 28~33 ℃。凡产生醋酸多的，其繁殖适温比较高，产生葡萄糖酸较多的则低些。醋酸发酵的适宜温度，比繁殖的适宜温度低 2~3 ℃。醋酸菌没有芽孢，对热的抵抗力很弱，在 60 ℃下经 10 min 即死亡，但果醋成品因为要杀灭所有微生物，所以一般采用高温杀菌的方法。

pH：醋酸菌生长的最适 pH 为 3.5~6.5，一般的醋酸杆菌菌株在醋酸含量达 1.5%~2.5% 的环境中，生长繁殖就会停止，但有些菌株能耐受 7%~9% 的醋酸。

对酒精的耐受力：乙醇为醋酸菌生长代谢的主要能量来源，也是醋酸发酵的重要底物，但浓度过高的乙醇会抑制醋酸菌的生长。醋酸杆菌对酒精的耐受力颇高，酒精浓度可达到 5%~12%（体积分数）。在实际生产中要根据醋酸菌的耐乙醇能力的不同，调整乙醇浓度促进醋酸生产。

对食盐的耐受力：醋酸菌对食盐的耐受力很差，当食盐浓度为 1%~1.5% 时它就停止活动。

醋酸菌不仅能氧化酒精，对其他醇类、糖类也有氧化作用，如把丙醇氧化为丙酰胺，把丁醇氧化为丁酸，把葡萄糖氧化为葡萄糖酸，并进一步将葡萄糖酸氧化为葡萄糖酮酸，把 L-阿拉伯糖氧化为阿拉伯糖酸以及把 D-木糖氧化为木糖酸等。酿醋原料中含有糖分，会产生葡萄糖酸，又有某些醋酸菌能利用糖产生琥珀酸与乳酸等，这些酸与果醋的风味都有一定的关系。在醋酸发酵的同时，也能产生酯，酯的生成与果醋的香气有很大关系。芳香酯产得多的菌种，在果醋酿造上是十分有价值的。氧化甘油、甘露醇等多元醇的醋酸菌能利用甘油产生二酮，利用甘露醇产生果糖。果醋中具有这些成分，其醋味便更浓厚。某些醋酸菌还具有分解氨基酸的能力，如能使谷氨酸生成琥珀酸。

2. 常用的醋酸菌

为了提高果醋的产量和质量，避免杂菌污染，采用人工接种的方式进行发酵。用于生产食醋的醋酸菌种主要有白膜醋酸杆菌（*Acetobacter acetosum*）和许氏醋酸杆菌（*Acetobacter schutzenbachii*）等。目前用得较多的是恶臭醋酸杆菌浑浊变种（*A. vahcens var. furdans Farfeur*）AS1.41 和巴氏醋酸菌亚种（*A. pasteurianus*）沪酿 1.01 以及中国科学院微生物研究所提供的醋酸杆菌 AS7015。

（1）AS1.41 醋酸菌。它属于恶臭醋酸杆菌，是我国酿醋常用菌株之一。该菌细胞杆状，常呈链状排列，大小为（0.3~0.4）μm×（1~2）μm，无运动性，无芽孢。对培养基要求粗放，在米曲等培养基中生长良好，专性好气。平板培养时菌落隆起，表面平滑，菌落呈灰白色，液体培养时则形成菌膜。该菌生长适宜温度为 28~30 ℃，生成醋酸的最适温度是 28~33 ℃，最适 pH 为 3.5~6.0，耐受酒精浓度 8%（体积分数）。最高产醋酸 7%~9%，产葡萄糖酸能力弱。但 AS1.41 有过氧化反应，能氧化分解醋酸为二氧化碳和水。

（2）沪酿 1.01 醋酸菌。它是从丹东速酿醋中分离得到的，是我国食醋工厂常用菌种之一。细胞呈杆形，细胞大小为 0.3~0.55 μm，常呈链状排列，菌体无运动性，不形成芽孢，专性好气。在含酒精的培养液中，常在表面生长，形成淡青灰色薄层菌膜，在葡萄糖、酵母膏、淡酒琼脂培养基上的菌落为乳白色。繁殖适宜温度 30 ℃，发酵温度一般控制在 32~35 ℃。最适 pH 为 5.4~6.3，能耐 12%酒精度。该菌由酒精产醋酸的平均转化率能达到 93%~95%。它能氧化葡萄糖为葡萄糖酸，氧化醋酸为二氧化碳和水。沪酿 1.01 在果醋发酵过程中产酸效果不理想。

（3）许氏醋酸杆菌（*A. schutzenbachii*）是国外有名的速酿醋菌种，也是目前醋工业较重要的菌种之一，产酸可高达 115 g/L（以醋酸计）。最适生长温度 25~27.5 ℃，在 37 ℃即不再产醋酸，对醋酸没有进一步的氧化作用，耐酸能力较弱。

（4）纹膜醋酸杆菌（*A. aceti*）是日本酿醋的主要菌株。在液面形成乳白色皱纹状有黏性的菌膜，振荡后易破碎，使液体浑浊。正常细胞为短杆状，也有膨大、连锁和丝状的。在 14%~15%的高浓度酒精中发酵缓慢，能耐 40%~50%的葡萄糖。产醋酸的最大量可达 8.75%，能分解醋酸成二氧化碳和水。

（5）奥尔兰醋酸杆菌（*A. orleanense*）。法国奥尔兰地区用葡萄酒生产醋的主要菌株是奥尔兰醋酸杆菌。它能产生葡萄糖酸，产醋酸的能力弱，但耐酸能力强，可产生少量的酯，能够由葡萄糖产 5.26%的葡萄醋，生长温度范围 7~39 ℃。最适生长温度 30 ℃。

3. 醋母的制备

醋母，又称为醋酸菌种子，是醋酸发酵过程中使用的活性醋酸菌培养物。醋母的制备工艺对醋酸发酵的效率和最终产品的品质有重要影响。

（1）液态培养。

工艺流程：

醋酸菌种子→斜面活化→一级种子培养→二级种子培养→三级种子培养→四级种子培养

培养方法：

①斜面活化。

培养基：a. 酒精含量6%的酒液100 mL，葡萄糖0.3 g，酵母膏1 g，琼脂2.5 g，碳酸钙1.5 g，水100 mL。b. 酒精2 mL，葡萄糖1 g，酵母膏1 g，琼脂2.5 g，碳酸钙1.5 g，水100 mL。以上两种培养基中任选一种，不必调节pH，制成试管斜面备用。

培养方法：斜面接种醋酸菌后，置于30~32 ℃培养箱中培养48 h。

保藏：醋酸菌因为没有孢子，所以容易被自己所产生的酸杀灭。因此，应保持在0~4 ℃冰箱内，使其处于休眠状态。由于培养基中加入碳酸钙，可以中和所产生的酸，保藏时间可长些。

②一级种子培养。

培养基：葡萄糖1%，酵母膏1%，碳酸钙1.5%，酒精2%。

培养方法：在1000 mL三角瓶中装培养液150 mL，于98 kPa蒸气压下灭菌30 min，冷却后在无菌条件下加入酒精2%（体积分数），接入醋酸菌斜面种子，在32~34 ℃下振荡培养24 h。

③二级种子培养：培养方法与一级种子的培养方法相同，但装液量改为250 mL。接入一级种子的量为10%（体积分数）。在32~34 ℃下振荡培养16 h。

④三级种子培养：将8.5 Bé的水解糖液泵入50 L种子罐中，装液量为35 L。100 ℃灭菌10 min，待降温至32 ℃左右时，接入10%（体积分数）酵母培养液，于30 ℃下静置培养30 h，当酒精含量达到4%~6%时即可。然后接入醋酸菌二级种子液10%（体积分数），培养条件为：通风比1:0.3，搅拌转速360 r/min，罐压30 kPa，培养温度32~34 ℃，时间12~16 h。培养终点为培养液的醋酸含量达到2 g/100 mL，否则可适当延长或缩短培养时间。镜检菌体生长正常即可使用。

⑤四级种子培养：8.5 Bé水解糖液泵入500 L种子罐，装液量为350 L。培养基的制备与三级种子的相同。接入醋酸菌三级种子液10%（体积分数）培养时，通风比为1:0.25，其余条件与三级种子的培养相同。

（2）固态培养。制备醋母也可以使用醋酸菌固态培养的方法。固态培养的醋酸菌先经纯种三角瓶扩大培养，再在醋醅上进行固态培养，利用自然通风回流法促使其大量繁殖。醋酸菌的固态培养纯度虽然不高，但已达到（除液体深层发酵制醋以外）各种食醋酿造的要求。

工艺流程：

试管斜面原菌→试管液体菌→三角瓶→大缸固态培养

培养方法：

①纯种三角瓶扩大培养。

a. 培养基制备：酵母膏1%，葡萄糖0.3%，加水至100%，溶解及分装于容量1000 mL三角瓶中，每瓶装入100 mL，加上棉塞，于0.1 MPa蒸汽中灭菌30 min，取出冷却，在无菌条件下加酒精（体积分数95%vol）4%。

b. 接种量：接入新培养48 h的醋酸原菌，每支试管原菌接2~3瓶，摇匀。

c. 培养：于30 ℃恒温箱内静置培养5~7 d，表面上长有薄膜，闻之有醋酸的清香气味，即表示醋酸菌生长成熟。如果摇床振荡培养，三角瓶装入量可增至120~150 mL，30 ℃培养

24 h，镜检菌体生长正常，无杂菌即可使用，一般测定酸度为 15~20 g/L（醋酸计）。

②醋酸菌大缸固态育种：取生产上配制的新鲜酒醅，置于设有假底、下面开洞加塞的大缸中，再将培养成熟的三角瓶醋酸菌种拌入酒醅面上，搅拌均匀，接种量为原料的 2%~3%，加缸盖使醋酸菌生长繁殖，待 1~2 d 后品温升高，采用回流法降温，即将缸下塞子拔出，放出醋汁，回流在醅面上，控制品温不高于 38 ℃，经过 4~5 d 的培养，当醋汁酸度达 40 g/L 以上时，则说明醋酸菌已大量繁殖，即可将种醋接种于大生产的酒醅中。菌种繁殖期间，要防止杂菌污染，如发现种醋有长白花现象或有其他异味，要进行镜检，染菌严重的醋酸菌种醋不能接种于大生产，否则会影响正常发酵。

（3）活性醋酸菌。活性醋酸菌是以优良的醋酸菌经最新技术培养加工而制成的粉末状菌剂，酒精氧化力强，生醋速度快，适用于固态制醅工艺和液态制醋工艺，能提高出醋率。使用量为接种量的 0.5%，直接加入固态制醅表面，稍微覆盖一些稻壳，待升温后进行翻醅。也可采用大缸固态育种法或液态种子培养逐级扩大培养后，接种应用于大生产。

四、果醋的主要成分

果醋独特的风味和香气主要归因于醋酸发酵过程。醋中浓郁的香气和味道是由于醋酸的存在。除了醋酸外，醋中的其他发酵产物，如有机酸、酯、酮和醛等，也有助于改善醋的感官特性，是评价果醋质量的重要指标。这些化合物是在发酵和陈酿过程中产生的，其中，醋酸是形成这些产物的前体。这些挥发性化合物可能会受到所使用的初始原料、食醋生产工艺和醋酸化时间的影响。

（一）有机酸

有机酸是果醋最重要的质量评价指标之一，受原料、发酵条件和菌株种类等的影响。果醋中含有多种有机酸，如醋酸、乳酸、丙酮酸、甲酸、苹果酸、柠檬酸等。有机酸的种类和含量决定了果醋的成品品质，在果醋的风味、营养和抑菌活性方面起着重要的作用。醋酸作为食醋中的主要有机酸，是许多有益特性的关键因素，它诱导血糖降低，增加糖原储存，降低甘油三酯水平，增加胰岛素敏感性，并减少胰岛素抵抗，可以改善代谢紊乱。果醋中一部分有机酸来源于酿造原料本身，不同品种的水果所含有的有机酸的组成和含量都是不同的，但大多富含醋酸、琥珀酸、苹果酸、柠檬酸、酒石酸、葡萄糖酸、乳酸以及富马酸，如苹果酸在苹果中含量为 3.96 g/L，在葡萄中含量为 2.43 g/L，而在枇杷中则为 5.50 g/L，部分水果所含有的有机酸成分见表 10-3。水果中含有的有机酸部分属于不挥发性有机酸，香气爽快自然，可直接进入果醋，改变了果醋产品中不挥发酸和挥发酸的比例，使果醋刺激性酸味减弱并变得柔和，从而提高果醋的口感质量。

表 10-3　部分水果所含有的有机酸成分

水果类别	有机酸成分
苹果	草酸、酒石酸、丙酮酸、苹果酸、乳酸、乙酸、柠檬酸
山楂	草酸、酒石酸、丙酮酸、苹果酸、乙酸、柠檬酸、琥珀酸
葡萄	草酸、酒石酸、苹果酸、莽草酸、乳酸、柠檬酸
蓝莓	草酸、苹果酸、乙酸、琥珀酸
猕猴桃	柠檬酸、苹果酸、酒石酸

此外，还有一部分有机酸在微生物新陈代谢中产生，例如，醋酸主要来源于醋酸菌发酵，是果醋中最主要的有机酸，也是果醋酸味的主要来源。酒精发酵、醋酸发酵过程中代谢产生有机酸，种类多、数量微。乳酸来源于酵母菌和乳酸菌发酵，能够增加果醋的酸度并带来特有的风味。

在果醋的生产过程中，控制发酵条件和微生物的种类与数量，对于调节最终产品中的有机酸组成和比例至关重要。乙酸具有刺激性，乳酸有醇厚感，柠檬酸酸味圆润平和持久，琥珀酸有鲜甜味，富马酸和苹果酸味道爽快但有涩味，而葡萄糖酸爽快却柔和，特别是苹果酸、柠檬酸和琥珀酸可以调和乙酸的刺激性，提高果醋的酸味平和性，使其酸味柔和、醇厚。

（二）挥发性香气成分

它是果醋的香气来源，主要包括酸类、酯类、醇类、醛类和酮类等 5 大类，这些化合物使果醋的醋酸味更加柔和，使其具备更良好的感官特性。果醋的挥发性成分少部分来源于水果本身，大部分是在酒精发酵和醋酸发酵过程中形成的，每阶段主要风味物质都不相同。此外，不同种类甚至是同种不同品系的水果香气成分以及含量都会有所差别。部分果醋挥发性成分的香气以及阈值见表 10-4。

表 10-4　果醋部分挥发性成分及其阈值

挥发性成分	香气描述	阈值/（μg/L）
乙酸	刺鼻的酸味	180000
乙酸异戊酯	新鲜的较强的似苹果的甜香	2
丁酸丁酯	甜水果香，似菠萝、香蕉	100
苯乙醇	樟脑、木香、风信子、栀子香气	86
橙花醇	甜花香、木香、柑橘香、柠檬香	300
α-紫罗兰酮	甜香、果香、木香、紫罗兰酮香	0.4
甲基庚烯酮	甜椒、蘑菇香气	50
苯乙酮	芳香、杏仁味	750
右旋萜二烯	柠檬香	10
柠檬烯	柠檬香、橘香	10
苯乙醛	蜜香味	4
壬醛	青味、油脂味	1
异戊醛	苹果香、花香	16
苯甲醛	樱桃、坚果香气	350
萘	樟脑丸味	6
丁香酚	丁香、辛香	6

酸味是果醋的主要特点，主要由一系列果醋中挥发性酸类物质构成，也决定了果醋的风味和质量。不同原料、工艺酿制的果醋在酸类成分上有很大区别，但共同点都是醋酸为主要的酸类物质。

酯类是赋予果醋香气特征的重要物质，通常具有果香或花香气味。乙基酯类和乙酸酯类是果醋中的主要酯类，如乙酸乙酯、乙酸异戊酯和乳酸乙酯等，呈现花香、水果味、奶油味和蜂蜜的香气。乙基酯类主要是通过乙醇和脂肪酸在酶的催化作用下发生化学反应形成，乙酸酯类主要是通过乙酰 CoA 和高级醇发生缩合反应而形成。醇类主要是酵母菌代谢果汁糖类化合物产生的，可以赋予果醋独特的香气，还可以作为前体物质被微生物酶系代谢生成醛类、酸类和酯类等风味物质。醇类主要有苯乙醇和异戊醇等，其中苯乙醇常作为一种食用香料，具有玫瑰花的香气。中级醛和芳香族醛类也是果醋香气中重要的组成部分，例如异戊醛具有苹果香味，苯甲醛和糠醛会赋予果醋樱桃及坚果香气味。一般酮类物质在果醋中含量较低，但在果醋香气中却占有重要的地位，如甲基庚烯酮、苯乙酮、对甲基苯乙酮等都是天然香料的主要成分之一。

（三）其他成分

果醋不仅富含有机酸和挥发性香气成分，还含有酚类化合物、氨基酸和多糖等物质，这些成分也是影响果醋品质的关键指标。在果醋生产中使用不同的原料会导致其成分有所不同，如葡萄醋中富含维生素、类胡萝卜素等成分，玫瑰果醋含有较高的多酚和黄酮，苹果醋富含维生素和氨基酸等。

果醋中多酚种类和含量非常丰富，包括儿茶素、丁香酸、没食子酸、绿原酸、表儿茶素、咖啡酸、阿魏酸、芦丁、原儿茶酸、对香豆酸等，主要来源于果实原料，部分酚类物质是发酵产生的。果醋的抗氧化能力与多酚含量密切相关。

果醋中的氨基酸主要来源于原料和微生物分解的蛋白质，与有机酸相比，其含量较低，但对果醋的营养、色泽和风味起到重要的作用。氨基酸可与果醋中的糖类物质发生美拉德反应，增加果醋的色泽和风味；氨基酸还是果醋中的呈味物质，如甘氨酸、丙氨酸、脯氨酸等具有甜味，亮氨酸、甲硫氨酸、色氨酸等呈现苦味，天冬氨酸和谷氨酸呈现鲜味。

糖类物质是果醋风味的重要组成部分。果醋中的糖类大多来自原料，主要有果糖、葡萄糖、山梨醇、阿拉伯糖等，不同醋品的糖含量及糖组分组成情况各异。也有少量糖来自发酵过程，菌体代谢了绝大多数糖类，剩余糖分进入成品醋中，使果醋风味变得柔和，也会影响醋的色泽和黏稠度等。水果中含有较多的水溶性维生素，会保留至果醋中。果醋酿造用水和原料、酿造过程中物料所接触到的工具和容器等是无机物质的主要来源。

第二节　果醋酿造工艺

一、果醋生产工艺

（一）工艺流程

果胶酶　　　　糖　　　酵母　　　醋酸菌
↓　　　　　　↓　　　↓　　　↓
水果→清洗→破碎→酶解→榨汁→成分调整→酒精发酵→醋酸发酵→陈酿→过滤→澄清→灌装→杀菌→成品

（二）操作要点

1. 水果清洗

将水果放入清洗池或缸中，用清水冲洗干净，清洗干净后沥干水备用。

2. 破碎、护色

原料沥干后放入榨汁机中进行破碎，加入 0.05% 的亚硫酸氢钠或 0.1% 的维生素 C 来保护果汁的色泽和营养价值。果蔬原料因含多种氧化酶，破碎后极易氧化褐变，生产的醋颜色加深，质量下降。因此果蔬原料破碎、取汁时，不允许用铁制、铝制容器和设备进行处理，破碎的原料不宜久置于空气中，应尽快进行后续处理；一些极易褐变的果蔬原料，破碎前需要进行加热灭酶，使用护色剂。一般用于制醋的原料不允许添加硫化物。

3. 酶解

将调配好的果汁送入澄清设备中，加入果胶酶 0.01%（以原果汁计），于 40~50 ℃ 酶解 2~3 h，使果胶分解，果汁澄清度明显提高。

4. 榨汁

水果榨汁可使用压榨机进行处理。压榨前应根据原料的特点，对其进行适当处理。用新鲜原料制醋时，对酶解后的原料进行压榨取汁；用干果原料制醋时，如红枣、葡萄干，要加水浸泡提汁，或者直接对果浆进行酒精发酵，发酵后压榨取酒，再进行醋酸发酵。

5. 调整成分

果汁中可发酵性糖的含量常达不到工艺要求，有时为降低生产成本，也需要提高含糖量。加糖可采用两种方法，一种方法是添加淀粉糖化醪，另一种方法是加蔗糖。补加蔗糖时，先将糖溶化配成约 20% 的蔗糖液，用蒸汽加热至 95~98 ℃ 充分溶解，而后用冷凝水降温至 50 ℃，再加入果汁中。通常使其最终糖度保持在 16~18 °Brix，pH 为 4.0 左右。

6. 酒精发酵

处理后的果汁冷却至 30 ℃ 左右，接入 1% 的酒母进行酒精发酵。发酵期间控制品温在 25~30 ℃ 为宜，经 5~7 d 的发酵，发酵酒精醪含量为 5%~8%，酸度 1%~1.5%，表明酒精发酵基本完成。

7. 醋酸发酵

果醋的醋酸发酵以液态发酵效果最佳，这不仅有利于保持水果固有的香气，而且使成品醋风格鲜明。固态发酵时，成品醋会有辅料的味道，而使香气变差。液态发酵可采用表面发酵法与深层通风发酵两种工艺。

8. 陈酿

醋醪陈酿有两种方法，即成熟醋醪加盐压实陈酿和淋醋后的醋液陈酿。

（1）醋醪陈酿。加盐后熟的醋醪，含酸达 7% 以上，移入缸中压实，上盖食盐一层，泥封加盖，放置 15~20 d，倒醅一次再封缸，陈酿数月后淋醋。

（2）醋液陈酿。陈酿的醋液含醋酸大于 5%，否则容易变质。贮入大缸（坛）中陈酿 1~2 个月即可。

经陈酿的果醋，质量有显著的提高，尤其是醋醪陈酿，色泽鲜艳，香味醇厚，澄清透明。

9. 澄清、灌装及杀菌

陈酿醋或新淋出的头醋通称为半成品，出厂前需澄清处理及按质量标准进行配兑。澄清剂可使用明胶、壳聚糖等。醋液经过滤后，调节酸度为 3.5%~5%。

一般果醋均在加热时加入 0.06%~0.1%的苯甲酸钠作为防腐剂。灭菌可采用蛇管热交换加热灭菌，温度应控制在 80 ℃以上，如用直火煮沸灭菌，温度应控制在 90 ℃以上。趁热装入清洁的坛或瓶中，即可得到成品果醋。

（三）发酵工艺

果醋发酵工艺按其发酵状态可分为全固态发酵法、全液态发酵法和前液后固发酵法。果醋发酵的方法目前研究的有固态发酵法、液态发酵和固—液发酵法。这 3 种方法因水果的种类和品种不同而确定，一般以梨、葡萄、桃以及沙棘等含水多、易榨汁的果实种类为原料时，宜选用液态发酵法；以山楂、猕猴桃、枣等不易榨汁的果实为原料时，宜选用固态发酵法；固—液发酵法选择的果实介于两者之间。国外较多采用循环液体发酵、液态连续或分批发酵、固定化法发酵等。

1. 固态发酵法

固态发酵将果品加工后剩下的果皮、果屑、果心、各种低档果、残次落果等作为发酵原料，接入酿酒酵母，酒精发酵结束后加入稻壳、麸皮等填充物使酒醪疏松，给微生物提供了充足的氧气。填充料的加入，使基础物质比液态发酵法丰富，有利于微生物的繁殖并产生多种代谢产物。但也存在发酵周期长、劳动强度大、废渣多、原料利用率低等问题。

（1）工艺流程。

果品原料→清洗→破碎→加少量稻壳、酵母菌→固态酒精发酵→加麸皮、稻壳、醋酸菌→固态醋酸发酵→淋醋→灭菌→陈酿→成品

（2）操作要点。

①酒精发酵：果品经洗净、破碎后，加入酵母液 3%~5%进行酒精发酵，在发酵过程中每日搅拌 3~4 次，经 5~7 d 发酵完成。

②制醋醅：酒精发酵完成的果品，按原料质量的 50%~60%加入麸皮或谷壳、米糠等作为疏松剂，再加入 10%~20%的醋母培养液，充分搅拌均匀后，装入醋化缸中，稍加覆盖，使其进行醋酸发酵；或者堆成 1.0~1.5m 高的圆堆或长方形堆，插入温度计，上面用塑料薄膜覆盖。

醋酸发酵过程，控制品温为 30~35 ℃。若温度升高至 37~38 ℃时，则将缸中醋醅取出翻拌散热；若温度适当，则每日定时翻拌 1 次，充分供给空气，促进醋化。经 10~15 d，原料发出醋香，品温下降，发酵停止。随即加入 2%~3%的食盐，搅拌均匀，即成醋醅。将此醋醅压紧，加盖封严，待其陈酿后熟，经 5~6 d 后，即可淋醋。

③淋醋：将后熟的醋醅放在淋醋器中。淋醋器用一底部凿有小孔的瓦缸或桶，距缸底 6~10 cm 处放置滤板，铺上滤布。从上面缓慢淋入约与醋醅等量的冷却沸水，浸泡 4 h 后，打开孔塞让醋液从缸底小孔流出，这次淋出的醋称为头醋。头醋淋完以后，再加入凉水再淋醋，即为二醋。二醋含醋酸很低，将二醋倒入新加入的醋醅中，供淋头醋用。

固体发酵法酿制的果醋经过 1~2 月的陈酿即可装瓶。装瓶密封后，在 70 ℃左右的温度下杀菌 10~15 min。

2. 液态发酵法

液态发酵工艺通常以果蔬浸提汁为原料，采用发酵罐等密闭容器进行酿造。液态发酵法

是较为先进的机械化制醋技术，是酿造工业发展的方向。

（1）工艺流程。

果品原料→清洗→破碎、榨汁（除去果渣）→粗果汁→接种酵母→液态酒精发酵→加醋酸菌→液态醋酸发酵→淋醋→灭菌→陈酿→成品

（2）操作要点。选择成熟度好的新鲜果实，用清水洗净。先用破碎机将洗净的果实破碎，再用螺旋榨汁机压榨取汁，在果汁中加入 3%~5% 的酵母液进行酒精发酵。发酵过程中，每天搅拌 2~4 次，维持品温 30 ℃ 左右，经过 5~7 d 发酵完成。注意品温不要低于 16 ℃，也不要高于 35 ℃。将上述发酵液的酒度调整为 7%~8%，盛于木制或搪瓷容器中，接种醋酸菌液 5% 左右。发酵液高度为容器高度的 1/2，液面浮以格子板，以防止菌膜下沉。在醋酸发酵期间，控制品温 30~35 ℃，每天搅拌 1~2 次，10 d 左右醋化即完成。取出大部分果醋，灭菌后即可食用。留下醋醅及少量醋液，再补充果酒继续醋化。

全液态发酵法又分为液态表面静置发酵法、液态深层发酵法、液态回流浇淋发酵法等方法。

①液态表面静置发酵法：液态表面静置发酵法就是在醋酸发酵的过程中进行静置，醋酸菌在液面上形成一层薄菌膜，借液面与空气的接触，使空气中的氧溶解于液面内。奥尔兰加工法是法国最古老的商业性葡萄食醋制作方法，是经过表面静态醋酸发酵生产果醋。日本有 60%~70% 的醋采用表面培养技术生产。在菲律宾尼巴棕榈醋生产中，棕榈汁在竹制的容器中经过乙醇发酵后，转入大陶罐中，盖上木板，静置，醋酸化大约 3 周的时间。这种方法已经成功地发酵山楂果醋、梨醋。不足之处是生产速度慢，耗时长，生产规模有限。

②液态深层发酵法：液态深层发酵法是指醋酸发酵采用大型标准发酵罐或自吸式发酵罐，原料定量自控，温度自控，能随时检测发酵醪中的各种检测指标，使之能在最佳条件下进行，发酵周期一般为 40~50 h，原料利用率高，酒精转化率达 93%~98%。液态深层发酵法可以分为分批发酵法、分批补料发酵法和连续发酵法。

液态深层发酵法具有机械化程度高、操作卫生条件好、原料利用率高、生产周期短、产品质量稳定、劳动生产率高、占地面积小、便于自动控制、不用填充料、能显著减轻工人劳动强度等优点。但出于生产周期短等原因，风味相对淡薄，不挥发酸和乳酸含量较低。可采用在发酵过程中添加产酯产香酵母，或采用后期增熟、调配等方法改善风味。液态深层发酵法是目前果醋酿造的最广泛采用的方法。

③液态回流浇淋发酵法：液态回流浇淋发酵法是待酒精发酵完毕后接种醋酸菌，通过回旋喷洒器反复淋浇于醋化池内的填充物上，麸皮等填料可连续使用。与液态深层发酵法一样，发酵时间短，质量稳定易控制，但在产品风味中果醋香气欠足，酸味欠柔和。

3. 前液后固发酵法

前液后固发酵法应用比较灵活，提高了原料的利用率，提高了淀粉质利用率、糖化率、酒精发酵率。采用液态酒精发酵、固态醋酸发酵的发酵工艺。醋酸发酵池近底处设假底的池壁上开设通风洞，让空气自然进入，利用固态醋醅的疏松度使醋酸菌得到足够的氧，全部醋醅都能均匀发酵。利用假底下积存的温度较低的醋汁，定时回流喷淋在醋醅上，以降低醋醅温度，调节发酵温度，保证发酵在适当的温度下进行。发酵完成后通常采用后熟的方法弥补产品风味差的特点。发酵周期略长于固态发酵，原料利用率较低。

（1）工艺流程。

果品原料→清洗→破碎、榨汁（除去果渣）→粗果汁→接种酵母→液态酒精发酵→加麸皮、稻壳、醋酸菌→固态醋酸发酵→淋醋→灭菌→陈酿→成品

（2）操作要点。

①原料处理：选择成熟度好的新鲜果实，用清水洗净。用果蔬破碎机破碎，破碎时籽粒不能被压破，汁液不能与铜、铁接触。

②酒精发酵：先把干酵母按15%的量添加到灭菌的500 mL三角瓶中进行活化，加果汁100 g，温度32~34 ℃，时间为4 h；活化完毕后，按果汁10%的量加入广口瓶中进行扩大培养，时间8 h，温度30~32 ℃；扩大培养后，按10%的量加入50 L酒母罐中进行培养，温度30~32 ℃，经12 h培养完毕。将培养好的酒母添加到发酵罐中进行发酵，温度保持在28~30 ℃，经过4~7 d后皮渣下沉，醪汁含糖≤4 g/L时，酒精发酵结束。

③醋酸发酵：将醋酸菌接种于由1%的酵母膏、4%的无水乙醇、0.1%冰醋酸组成的液体培养基，盛于500 mL的三角瓶中，装液量为100 mL，培养时间为36 h，温度30~34 ℃，然后按10%的量加入扩大液体培养基中（培养基由酒精发酵好的果醪组成），再按10%的量加入酵母罐中进行培养。酵母成熟后，把其按发酵醪总体积的10%的量加入，进行醋酸发酵。发酵罐应设有假底，其上先要铺酒醪体积5%的稻壳和1%的麸皮，当酒醪加入后，皮渣与留在酒醪上的稻壳和麸皮混合在一起，酒液通过假底流入盛醋桶，然后通过饮料泵由喷淋管浇下，每隔5 h喷淋0.5 h，5~7 d后检查酸度不再升高，停止喷淋。

（四）果醋陈化与催陈

陈化（又称陈酿、后熟）是果醋酿造过程中一道重要的工序。新酿成的果醋成分不稳定、口感粗糙、气味刺鼻、香味不突出，适口性较差，有些还会存在着杂味。随着陈酿的开始，发酵液中的化学成分开始发生物理或化学反应，如醋酸的挥发，醋体中的各成分发生氧化、酯化、缩合等化学反应，使刺激酸冽的醋液色泽加深、质地浓稠，口感柔和，风味协调，从而提高果醋的品质。自然陈酿的方法有醋液贮存陈化、醋醪加盐陈化及新醋日晒陈化等。传统自然陈酿具有生产周期长、占用设备多、生产成本高等缺点，直接影响了企业的生产效益。

近年来，人工催陈技术得到快速发展，逐渐受到人们的关注。果醋催陈的方式分为3类：物理催陈、化学催陈以及生物催陈。现在工业上主要以物理催陈为主，如微波催陈、高压脉冲电场催陈、红外线催陈、超声波催陈和超高压催陈等。这些催陈技术的应用能够有效地缩短新醋的陈酿周期，降低生产成本，且在较短时间内提高果醋的风味，使果醋口感更加协调，改善其品质。

在国外多采用橡木桶和橡木片浸泡的工艺对果醋催陈，如意大利的香醋、雪莉醋，陈酿时间越长，香气越浓郁。木桶可以引起果醋中酚类物质和挥发性成分的变化，加速果醋的成熟。用于醋陈酿的木桶通常是橡木，有时也会用到槐木、樱桃木、桑树木、栗木等。在橡木桶中的葡萄醋经检测发现了橡木内酯异构体，在樱桃木桶中的醋检测到了糠酸乙酯和安息香酸乙酯。

（五）果醋澄清工艺

发酵后的果醋中有一定含量的悬浮状酵母、醋酸菌和其他微生物，以及果胶、单宁、多

酚、色素和蛋白质等成分。它们在加工过程中产生沉淀而造成浑浊，或者由于运输和环境条件的改变，出现颜色变深、返浑等现象，对果醋的感官品质和保质期产生不利影响。同时，澄清度是果醋品质的重要指标之一，因此，消除果醋的浑浊现象，改善果醋的色泽和光泽尤为重要。

目前果醋澄清技术主要是使用澄清剂和膜过滤。澄清剂主要包括壳聚糖、果胶酶、明胶和硅藻土等。壳聚糖性质稳定，无毒无味，经壳聚糖处理后的澄清果醋是一个稳定的热力学体系，能长期存放，不易产生浑浊。膜过滤应用较多的为无机陶瓷膜和超滤膜。近年来，无机陶瓷膜的稳定性很高，且具有很强的耐腐蚀性，同时还可以很好地抗微生物降解，具有耐高温、可在线消毒、良好的耐磨、耐冲刷性能等优点，广泛应用于啤酒、鲜奶相关的食品加工领域。超滤近年来在食品工业中广泛应用，在国外已广泛用于果蔬汁的澄清和除菌。超微滤膜分离技术的原理近似机械筛分，具有无相变、不添加化学试剂、能耗低、操作简单的优点。在果醋生产中采用超滤技术替代传统的加热灭菌工艺，除可最大程度保留果醋风味和营养成分之外，还可滤去果醋中的沉淀性微粒，起到澄清果醋的作用。

（六）影响果醋质量的主要因素

影响发酵法生产的果醋质量的因素有很多，主要分为以下 3 个方面。

1. 原料

原料的不同是造成果醋产品风味和滋味不同的主要原因。以鲜榨苹果汁为原料酿造的苹果醋，其酯类物质含量要明显高于以浓缩苹果汁为原料酿造的苹果醋，且在香气成分上有较大的差别。

2. 菌株

果醋的香气主要是由发酵微生物产生的。用来发酵果醋的微生物种类繁多，代谢途径和产物不同，对果醋的品质造成不同的影响。

酵母菌是酒精发酵的关键菌株。从菌株类别来讲，不同的酵母菌会影响果酒的气味和滋味，研究表明不同酵母菌发酵的果酒有机酸含量不同。从酵母菌接种量来讲，接种量较少时，大部分酵母进行繁殖而非酒精发酵，造成发酵周期长和酒精度低等问题；接种量过多时，环境营养不充足，发酵液的营养成分还是主供酵母菌生长。

醋酸发酵中，醋酸菌是酿醋工业的关键菌种。中国食醋历史源远流长，国内在工业上广泛应用的醋酸菌是中科 1.41 及沪酿 1.01，它们适用于酿造谷物醋，但在果醋酿造时，不仅产酸能力、耐高温及耐乙醇能力不足，而且形成的风味也不佳。一般采用单菌株发酵的产品香气较淡，而多菌种混合协同发酵可显著增加香气的复杂性，增加挥发性香气成分的种类和含量。将酿酒酵母和非酿酒酵母混合发酵，利用非酿酒酵母分泌产生的多种酶类，如果胶酶、糖苷酶、蛋白酶以及水解酶等，从而代谢产生多种挥发性物质，如酯类、酸类和醇类，使果醋发酵香味更浓郁，质量更好。例如，乳酸菌和酵母菌混合发酵，能够增加果醋中的乳酸、乳酸乙酯等成分的含量，丰富了苹果醋的风味物质。

3. 工艺条件

（1）发酵温度。对酵母菌，26～28 ℃是其生长代谢的最适温度范围。对醋酸菌，30～32 ℃是其生长代谢的最适温度范围。在30～32 ℃范围内，酵母菌的生长代谢好，同时具有酒精发酵好和产乙醇率高的优点；醋酸菌醋酸发酵效果优良，产酸率高。高温条件下酿造的苹果酒缺乏果香，口感粗糙不适口；适宜的温度不仅可以减少发酵原料中香气物质的损失，还有利于酵母代谢生成更多香气物质。

（2）初始糖度和初始酒精度。一般而言，酒精度随着初始糖度的升高而上升。然而，初始糖度不能过高，一方面原因是酵母菌是不耐高糖的微生物，糖度过高会抑制其生长，另一方面原因是醋酸菌对酒精的耐受性有限，糖度的升高导致酒精度的升高，过高的酒精度不利于醋酸菌的生长代谢。初始酒精对醋酸菌的生长代谢和发酵产物的含量有直接影响，初始酒精度过低，酒精被迅速消耗而降低乙酸产量；初始酒精度过高，会影响醋酸菌的生长代谢，甚至会杀死醋酸菌。

（3）SO_2 含量。SO_2 含量过高时，刺鼻的硫味会抑制酵母菌的生长，从而破坏酒的香气。

（4）发酵罐的压力。压力过大，发酵速率会减慢，溶氧量较低，果醋的各种香气物质都会受到不同程度的影响。

二、果醋酿造中常见的质量问题及控制

果醋在酿造过程中，比较容易出现悬浮膜、结块与沉淀物的浑浊现象，影响产品的外观和品质。

（一）果醋的浑浊

果醋的浑浊可分为生物性浑浊和非生物性浑浊两大类。其中前者进程较快，后者相比较缓慢。

1. 微生物引起的生物性浑浊

生物性浑浊的特征为：感官指标为香气不醇，有腐败味、味道稍涩、体态浑浊沉淀；理化指标变化不大；卫生指标为菌落群数超标。生物性浑浊的原因主要是污染与二次污染。微生物本身或其之间依靠产品中的营养成分进行繁殖，会在其代谢后产生黏稠的沉淀物，破坏了产品的胶体平衡，分泌出了多种有害物质，从而改变了产品本身的物质结构，造成产品雾浊、浑浊或沉淀。

用显微镜暗视野法，能观察到的微生物主要有：酵母菌、霉菌、乳酸菌、芽孢杆菌等菌体；大部分为杆状的细菌；用血球计数板可计量到细菌细胞数多可达上亿个；放置一段时间后细菌可以凝聚，部分可继而沉降；加热再冷却至室温一段时期后，仍会有冷后浑浊现象。返浑严重者一周内便有浮沉物出现。

（1）发酵过程中微生物侵染引起的浑浊。由于醋的酿制大部分采用开口式的发酵方式，空气中杂菌容易侵入，其中以细菌性污染为主。酿醋过程中加入发酵菌种时，无意或不可避免地带入了细菌，也有从周围空气中侵入食醋中的有益或无益杂菌，如汉逊氏酵母、皮膜酵母、乳酸菌和放线菌等，正是这些微生物产生了醋多种香味物质和氨基酸等，对产品是有益的。但皮膜酵母及汉逊氏酵母在高酸、高糖和有氧的条件下，产生酸类的同时，也繁殖了自身，使大量的酵母菌体上浮形成具有黏性的白色浮膜，且多呈现乳白色至黄褐色。当各种其他杂菌也大量繁殖并悬浮其中就造成了果醋的浑浊现象。

（2）成品果醋再次污染造成的浑浊。经过滤后清澈透明的醋或过滤后再加热灭菌的醋，搁置一段时间后逐渐呈现均匀的浑浊，这是由嗜温、耐醋酸、耐高温、厌氧的梭菌引起的。梭菌的增殖不仅消耗醋中的各种成分，还会代谢不良物质，如产生异味的丁酸、丙酮等破坏

醋的风味，而且大量菌体包括未自溶的死菌体使醋的光密度上升，透光率下降。

（3）生物性浑浊的主要解决方法。

①保证加工车间、环境卫生，操作人员规范作业，应用先进的杀菌设备，防止杂菌污染等。

②发酵前，剔除病烂果，原料用0.02%二氧化硫浸泡30 min后，再用流动水清洗干净。

③添加SO_2：SO_2属于抗氧剂，在果醋发酵过程中适量的SO_2，不仅能抑制有害生物，还可以保持果汁原有的营养成分，如维生素C和氨基酸等。经驯化的有益微生物酵母菌等耐SO_2能力较强。因此，在果醋发酵过程中适量添加SO_2，可以抑制其他有害微生物繁殖。

2. 果醋的非生物性浑浊

果醋的非生物性浑浊主要是由于在生产、贮存过程中，原辅料未完成降解和利用，存在着淀粉、糊精、蛋白质、多酚、纤维素、半纤维素、脂肪、果胶、木质素等大分子物质及生产中带来的金属离子。这些物质在氧气和光线作用下发生化合和凝聚等变化，形成浑浊沉淀。另外，辅料中含有部分粗脂肪，这些物质将与成品中的Ca^{2+}、Fe^{3+}、Mg^{2+}等金属离子络合结块，而且这些物质给耐酸菌提供了再利用的条件，因此产生了浑浊。

为防止果醋浑浊，一般在发酵之前合理处理果汁，去除或降解其中的果胶、蛋白质等引起浑浊的物质。具体方法：

①利用果胶酶、纤维素酶、蛋白酶等酶制剂处理果汁，降解其中的大分子物质。

②加入皂土使之与蛋白质作用产生絮状沉淀，并吸附金属离子。

③加入单宁、明胶。果汁中原有的单宁量较少，不能与蛋白质形成沉淀，因此加入适量单宁，由于其带负电荷，可与带正电荷的明胶（蛋白质）产生絮凝作用而沉淀。

④利用聚乙烯吡咯酮（PVPP）强大的络合能力，使其与聚丙烯酸、鞣酸、果胶酸、褐藻酸生成络合性沉淀。

（二）果醋的生物污染

果醋生物污染主要是醋鳗、醋蝇和醋虱。

醋鳗又名醋线虫，是醋酸发酵的病害之一。它构造简单，体为圆形，尾为斜端，表面甚光滑，柔若无骨，但甚坚固，行动可前进可后退，先成S形，再伸直而移动。长1~2 mm，浮游于醋中，生存期一年，对人体无害。有时聚集在器壁液面呼吸，好气性，能在淡酒精及淡醋中生长，能抵抗冷热，温度在55℃以下不致死亡。醋醪中的醋鳗会吞食醋酸菌，并不断地生长繁殖，大量消耗醋中养分，致使醋酸发酵失败。因此发酵缸池要经常清洗，保持整洁卫生，一旦发现醋鳗后，将醋液加温至70℃，移入清洁器中，冷却后重新接入10%醋母继续发酵。

醋蝇也是醋酸发酵病害之一。醋蝇常在热天发现，眼大，呈红色，胸部及肢部皆为红色，腹部黑色有黄纹，翅较身体为长，幼虫为白色，身有12节，背有赘疣，8天后变为黄色蛹。醋蝇繁殖会影响环境及食品卫生。防治方法是：保持环境清洁卫生，一切器具操作完毕皆彻底清洗，池边地面不溅醋液，则醋蝇不致生长。

醋虱是醋酸发酵病害之一。醋虱来自土壤中，常在醋酸发酵缸、池内生长繁殖，影响环境卫生，醋虱本身无害，但繁殖太多，最后死于罐底或醋醪中，会产生腐败的气味影响食醋风味及产品的卫生。去除方法：周围环境及发酵容器用热水清洗。室内用硫磺熏可将其全部杀死。

第三节　果醋酿造相关标准

一、食品安全标准

《食品安全地方标准　沙棘果醋（饮料）》（DBS 63/0002—2017）规定了沙棘果醋（饮料）的技术要求、试验方法、检验规则和标志、标签、包装、运输、贮存。该标准适用于以新鲜沙棘汁为原料，经澄清、发酵、调配、后杀菌而成的沙棘果醋饮料。其中，从原辅料要求、感官要求、理化指标、微生物指标、净含量对技术要求进行了规定；从感官要求、可溶性固形物、总酸、维生素 C、卫生指标、净含量对试验方法进行了规定；从组批、抽样、出厂检测规则对检测规则进行了规定；从型式检测的项目、要求、仲裁检测对型式检测进行了规定；对标志、标签、包装标志、内外包装、运输、贮存及保质期进行了规定。

二、生产技术规程

（一）龙眼果醋生产技术规程

《龙眼果醋生产技术规程》（DB45/T 2195—2020）规定了龙眼果醋生产的术语和定义、技术要求，该标准适用于在广西境区内龙眼果醋的生产。生产加工过程卫生要求应符合 GB 8954—2016 的规定。其中从龙眼、生产用水、酒用酵母、醋酸菌种、白砂糖、酶制剂、其他食品添加剂对原辅料进行了规定；从选果、清洗、剥壳、去核、打浆、酶解、糖度调整、杀菌、酒精发酵、调整、醋酸发酵、粗滤、陈酿、后熟、静置澄清、精滤、调配、灌装、灭菌、成品对生产操作要点进行了规定。

（二）罗汉果醋饮料生产技术规程

《罗汉果醋饮料生产技术规程》（DB45/T 2690—2023）规定了罗汉果醋饮料的术语和定义、加工条件、工艺、标签标志、包装、运输和贮存。该标准适用于广西行政区域范围内以罗汉果为主要原料制成的罗汉果醋饮料的加工技术。其中，定义罗汉果原醋为以罗汉果为原料，经粉碎、酶解、酒精发酵、醋酸发酵、陈酿、过滤、灌装等工艺制成的发酵型果醋；定义罗汉果醋饮料为以罗汉果原醋为原料，经调配、过滤、杀菌、灌装等工艺加工制成的果醋饮料。该标准从罗汉果、食糖、酵母、醋酸菌、食品添加剂、生产用水、果胶酶、加工场所和环境对原辅料进行了规定；从清洗、打浆、酶解、灭菌、酒精发酵、醋酸发酵、陈酿、调配、过滤、灭菌、灌装对工艺进行了规定；对运输、贮存、生产记录进行了规定。

三、产品标准

（一）苹果醋饮料

《苹果醋饮料》（GB/T 30884—2014）规定了苹果醋饮料的术语和定义、技术要求、试验方法、检验规则和标签、包装、运输、贮存。其中，定义饮料用苹果醋为以苹果、苹果边角料或浓缩苹果汁（浆）为原料，经酒精发酵、醋酸发酵制成的液体产品；定义苹果醋饮料为以饮料用苹果醋为基础原料，可加入食糖和（或）甜味剂、苹果汁等，经调制而成的饮料。其中，从原辅料要求、感官要求、配料要求、理化要求、食品安全要求对技术要求进行了规定；从感官检验、总酸、苹果酸、柠檬酸、酒石酸、琥珀酸、乳酸、游离矿酸对试验方法进行了规定；从组批与抽样、出厂检验、型式检验、规则判定对检验规则进行了规定；对标签、包装、运输、贮存进行了规定。

（二）绿色食品　果醋饮料

《绿色食品　果醋饮料》（NY/T 2987—2016）规定了绿色食品果醋饮料的术语和定义、要求、检验规则、标签、包装、运输和储存。该标准适用于绿色食品果醋饮料。

（三）苹果醋

《苹果醋》（T/QGCML 285—2022）规定了苹果醋及苹果甜醋的术语和定义、技术要求、试验方法、检验规则、标志、包装、运输及贮存。本文件适用于苹果醋及苹果甜醋的生产和检验。其中，定义苹果醋是以苹果、苹果边角料或浓缩苹果汁（浆）为原料，经酒精发酵、醋酸发酵酿制而成的酸性液体调味品；定义苹果甜醋是经添加食糖等辅料制成的液体产品。其中，从原辅料要求、卫生要求、感官要求、理化指标、污染物限量和真菌霉素限量、微生物限量、食品添加剂、净含量对技术要求进行了规定；从感官检验、总酸、污染物限量和真菌霉素限量、微生物限量、净含量对试验方法进行了规定；从出厂检验、型式检验、规则判定对检验规则进行了规定；对标签、包装、运输、贮存进行了规定。

第四节　果醋酿造生产实例

一、山楂醋

（一）原料的选择

1. 主要原料

山楂应外观良好、风味正常、无病虫害及腐烂发霉的新鲜果或干片，应符合 GB 2762—2022、GB 2763—2011 的规定。

2. 辅料

生产用水、酒用酵母、醋酸菌、白砂糖、酶制剂、玉米芯、稻壳。

（二）工艺流程

选果→清洗→打浆或榨汁→酶解→成分调整→灭菌→酒精发酵→调整酒精度→醋酸发酵→粗滤→陈酿、后熟→静置澄清→精滤→调配、灌装→杀菌→成品

（三）操作要点

1. 选果

选取新鲜、外观良好、风味正常、无病虫害及腐烂，且果实颜色偏黄（成熟度达八成以上）的果实。

2. 清洗

用水冲洗 1~2 次，去除表面泥沙杂质。

3. 打浆或榨汁

用通芯器将洗净的山楂果去核后用打浆设备进行打浆，得到大果山楂原浆（汁），或直接将山楂果投入榨汁机中压榨，得到山楂原浆（汁）。

4. 酶解

根据原浆（汁）质量，添加 0.05%~1.00% 质量体积比的果胶酶、纤维素酶（50000U/g<酶活力<200000 U/g）进行酶解处理，处理条件为 40~50 ℃，保持 2~3 h，处理后得到黏度较低的山楂果浆（汁）。

5. 成分调整

酶解后的果浆（汁）根据成分及成品要求用白砂糖调整糖度为 20%~22%（Brix）。

6. 灭菌

使用灭菌设备对山楂果浆（汁）在 70~90 ℃灭菌 30 min。

7. 酒精发酵

灭菌后的山楂汁液注入洁净的发酵设备中，冷却至 30~35 ℃后加入已活化的酵母（宜选用 0.05%~0.10% 质量体积比的活性干酵母），搅拌均匀，封罐发酵，在适宜温度（25~30 ℃）下发酵，发酵醪液酒精含量为 5%（体积分数）以上。

8. 调整酒精度

用水稀释调配酒精浓度至 4%~7%（体积分数），再进行下一步醋酸发酵处理。

9. 醋酸发酵

在发酵设备中注入已调配好的酒精发酵醪液，在适宜温度（32~35 ℃）下发酵，直至酸度≥3.5 g/100 mL。推荐用固体化载体（玉米棒、稻壳、大果山楂的枝、叶等）洗净后高温灭菌 15~20 min，置于发酵设备中，用发酵醪液将载体浸泡湿润，利用固定化细胞技术在载体中加入活性干醋酸菌（0.1%~0.5% 质量体积比）进行固定化活化 24~48 h，注入酒精发酵醪液，进行补料分批发酵。

10. 粗滤

采用滤径为 150~300 μm（100~150 目）过滤设备进行过滤，去除酵母、醋酸菌等沉淀物。

11. 陈酿、后熟

将过滤后的醋液移入陈酿设备，在常温下陈酿 100 d 以上。

12. 静置澄清

根据醋液生产情况添加澄清剂（包括但不限于使用硅藻土、明胶、单宁等加工助剂），搅拌均匀进行静置澄清。

13. 精滤

采用滤径为 0.45~0.65 μm 过滤设备进行精滤。

14. 调配、灌装

根据产品标准化、均一化进行调配得到山楂原醋，并进行灌装。

15. 杀菌、成品

采用巴氏杀菌 60~80 ℃保持 30 min，冷却后包装。

二、广西罗汉果醋饮料

（一）原料的选择

1. 主要原料

鲜罗汉果应新鲜，无霉变、腐烂、病虫害，污染物限量应符合 GB 2762—2022 的规定，农药最大残留限量应符合 GB 2763—2021 的规定，干罗汉果应符合 NY/T 694—2022 的规定。

2. 辅料

食糖、酵母、醋酸菌、食品添加剂、生产用水、果胶酶。

（二）工艺流程

清洗→打浆→酶解→灭菌→酒精发酵→醋酸发酵→陈酿→调配→过滤→杀菌→灌装→成品

（三）操作要点

1. 清洗

用清水清洗除去罗汉果表皮黏附的尘埃、泥沙等杂物。

2. 打浆

将罗汉果破碎后加入料液比 1∶1 的水，于打浆设备中打碎成浆。

3. 酶解

添加果胶酶（酶活 10000 U/g 以上）进行酶解，果胶酶的添加量为果浆体积的 0.5%~3%，酶解温度为 40~60 ℃，酶解 2~5 h。在酶解过程中隔 0.5~1 h 搅拌一次，酶解达到出汁率为 60% 以上，经分离残渣得到罗汉果果汁。

4. 灭菌

将罗汉果果汁加热至 80~85 ℃，保持 5~10 min，冷却至室温。

5. 酒精发酵

在罗汉果果汁中加入 0.02%~0.05% 活化后的酵母菌进行发酵，发酵温度控制在 20~30 ℃，发酵至发酵醪液酒精度为 5.0%~7.0%（体积分数）为终点。

6. 醋酸发酵

加入 8%~10% 醋酸菌溶液进行醋酸发酵，发酵温度控制在 32~35 ℃，发酵至总酸度大于 3.5% 时停止发酵，经 0.15 mm 孔径过滤除去残渣，得到罗汉果原醋。

7. 陈酿

将罗汉果原醋移入陈酿设备中，常温下陈酿 15~30 d。

8. 调配

对罗汉果原醋再添加适量的饮用水、罗汉果粉或罗汉果浓缩汁等进行酸度和甜度调配，控制总酸（以乙酸计）3.0~6.0 g/L，总糖（以葡萄糖计）4.0~8.0 g/L。

9. 过滤

使用膜过滤或其他过滤设备进行过滤。

10. 杀菌

将调配后的罗汉果醋饮料采用超高温瞬时杀菌处理（135~150 ℃、2~8 s 杀菌）或采用其他杀菌方式杀菌。

11. 灌装

宜采用玻璃瓶、塑料瓶等灌装；玻璃瓶、塑料瓶等应清洁并灭菌，物料温度≥80 ℃时宜采用玻璃瓶灌装，物料温度降至≤65 ℃时宜采用塑料瓶灌装。其他材料灌装应符合国家有关规定。

三、橄榄醋

（一）原辅料选择

1. 原料

选择果实新鲜、风味正常、无病虫害及腐烂，并符合 GB 2762—2022、GB 2763—2021、GB 2763.1—2022 规定的成熟果。

2. 辅料

选择符合 GB 5749—2022 规定的生产用水；符合 GB 1886.174—2024 规定的酶制剂；符合 GB 8954—2016 规定的醋酸菌，生产过程中定期进行纯化和再鉴定；符合 GB/T 317—2018 规定的白砂糖；符合 GB 31640—2016 规定的食用酒精；符合 GB 2760—2024 规定的食品添加剂。

（二）工艺流程

原辅料选择→清洗→热烫、去核→榨汁、护色匀浆→酶解→浸提→双滤→调配→醋酸发酵→倒灌、澄清→陈酿→精滤→杀菌→灌装

（三）操作要点

1. 清洗

用流动的清水清洗 3~4 次，去除泥沙和外表面杂质，至橄榄果清洗干净。

2. 热烫、去核

通过 80 ℃ 的开水进行热烫 5~10 min 后，机械去核。

3. 榨汁、护色匀浆

将去核后的果肉放入榨汁设备加水进行榨汁，使用匀浆设备进行匀浆处理，橄榄果肉：水宜为 1:3 的质量百分比，水中按水质量百分比加入 0.1% 护色剂（D-异抗坏血酸钠）。

4. 酶解

在 75~85 ℃ 加入 0.1%~1.5%（质量体积比）耐高温 α-淀粉酶进行高温酶解反应，待酶解 1.5~2 h 反应后，降温至 45~50 ℃ 时，保温并加入 0.08%~0.10%（质量体积比）的复合果胶酶：纤维素酶（按 4:1 复合）进行酶解反应 1~2 h。

5. 浸提

用高浓度食用酒精（浓度为 50%（体积分数）以上）体积比 1:1 浸泡橄榄浆，搅拌混匀，在常温下使用浸提设备避光浸提 1~2 d。

6. 双滤

先通过虹吸方式滤除油脂部分，再使用 100~200 目滤网或滤布过滤得到橄榄酒精浸提液。

7. 调配

用白砂糖、生产用水调整橄榄酒精浸提液糖度为 15~20 °Brix、酒精度为 8%~14%（体积分数）。

8. 醋酸发酵

在发酵液中加入已活化的醋酸菌，醋酸菌接种量宜为 5%（细胞数为 10^5 CFU/mL 发酵液），在 32~36 ℃下发酵 3~5 d，至总酸（以乙酸计）≥3.5 g/100 mL。

9. 倒罐、澄清

将发酵好的橄榄醋进行换罐，进行澄清处理，宜采用自然澄清。

10. 陈酿

将橄榄醋液移入无菌不锈钢储罐等陈酿设备中，在常温下避光陈酿 30 d 以上。可加入 1.5% 食用盐。

11. 精滤

采用精滤设备进行精滤。宜使用 0.22 μm 的醋酸纤维素膜对成品橄榄醋进行过滤。

12. 杀菌

采用 130~135 ℃瞬时杀菌 6~7 s，或巴氏灭菌 60~80 ℃保持 30 min。

13. 灌装

按照产品要求进行无菌灌装。宜采用铝制金属包装容器避光包装。

四、蓝莓—酸樱桃复合果醋

（一）工艺流程

蓝莓→分选→清洗　　　　　　　　　　　　　　　果酒酵母→活化
　　　　　↓　　　　　　　　　　　　　　　　　　　　　　↓
酸樱桃→分选→清洗→混合破碎→酶解→榨汁过滤→成分调整→杀菌→酒精发酵→醋酸发酵→澄清→陈酿→蓝莓酸樱桃复合果醋成品
　↑
活化←醋酸菌

（二）操作要点

1. 蓝莓、酸樱桃的预处理

去除蓝莓果和酸樱桃鲜果中的杂质及有病虫害和霉烂的坏果，将挑选出来的果实冲洗干净，沥去水分。

2. 混合、破碎

将蓝莓与去核后的酸樱桃按质量比 1∶1 混合，充分破碎、搅拌，使两种果浆能均匀地混合在一起。

3. 酶解、榨汁过滤、成分调整

向经过破碎处理的混合果浆中加入 0.09 g/L 的果胶酶，45~50 ℃酶解 3~4 h，然后用榨汁机榨汁，所得混合果汁用 200 目滤布过滤，再向过滤后的混合汁中添加 23% 蔗糖，同时加入 0.03% 的亚硫酸氢钠，抑制起始发酵时的有害微生物，保证酵母菌的正常生长繁殖。

4. 杀菌

混合果汁经过成分调整后，于 70~75 ℃保温 30 min，进行杀菌处理。

5. 酵母活化

将安琪果酒酵母按 1∶10（m/V）的料液比加入 2% 蔗糖溶液中，在 35 ℃条件下活化 30 min。

6. 酒精发酵

将酵母活化液按 0.06% 接种量接种到杀菌后的蓝莓和酸樱桃复合汁中，搅拌均匀后，在 22 ℃ 条件下发酵 13 d，每隔 24 h 检测一次发酵液的糖度，当糖度降至 6% 以下时，停止发酵，此时复合果酒酒精度达到 13.5%（体积分数）左右。

7. 醋酸菌活化

在斜面培养基上接入醋酸菌，于 30 ℃ 培养 72 h。利用接种环从斜面长出的醋酸菌中取 1 环接入 100 mL、灭菌后的 5%（体积分数）蓝莓—酸樱桃复合果酒中，于 30 ℃、120 r/min 恒温振荡培养 30 h，连续扩培 2 次，至瓶内有菌膜产生，培养基变浑浊，达到醋酸菌对数生长期即可。

8. 醋酸发酵

将发酵好的蓝莓—酸樱桃复合果酒在 68 ℃ 保持 30 min，以除去酒液中的酵母菌。待温度降至室温后，将酒精度调整至 9%（体积分数），并按 10% 的接种量接入活化后的醋酸菌，用医用纱布封口并置于恒温振荡培养箱发酵，温度控制在 30 ℃，转速 120 r/min，待发酵至第 8 d 总酸不再上升时停止发酵，此时复合果醋的总酸含量可达 5.0 g/100 mL 左右。

9. 澄清、陈酿

用 2% 壳聚糖溶液澄清复合果醋液，将澄清后的复合果醋液密封，放在避光阴凉处陈酿 1 个月，得到蓝莓—酸樱桃复合果醋成品。

【思考题】

1. 果醋可以分为哪几类？
2. 简述果醋生产中醋酸发酵的机理。
3. 简述醋酸发酵的主要微生物及其作用。
4. 果醋的发酵工艺有哪些？各自的特点是什么？
5. 简述典型果醋加工的工艺。

【课程思政】

文化传承与科技创新

我国水果资源丰富，而且具有非常悠久的酿造历史，许多特色果醋已被列入非物质文化遗产名录，如新疆的非物质文化遗产——维吾尔族斯尔开（葡萄果醋）制作技艺、河南非遗传承手工柿子醋——贾氏贡醋、山东省非物质文化遗产——手工发酵桑葚醋等。

将水果发酵制成果醋，在继承传统工艺精华的基础上，还要不断创新，实现传统工艺与现代生产技术的良好结合。比如，紫林醋业一方面继承山西老陈醋传统工艺精华，另一方面采用"葡萄皮渣、高粱多曲共酿醋饮料"工艺，并通过持续自主研发和创新，陆续推出保健醋、发酵型果醋、复合果汁发酵型醋饮料等新产品；贾氏贡醋从单一的柿子拓展到苹果、大枣、山楂、猕猴桃、葡萄等多种水果，还推出了小条便携式包装的果醋。因此，我们要在传承和发扬传统工艺的同时，不断创新和发展，为人们提供更多的果醋健康产品。

【延伸阅读】

柿子醋

柿子醋是一种用成熟柿子酿造出来的醋。传统柿子醋的酿造方法，是手工采摘自然成熟无损伤的野生柿子，经清洗自然风干，放入传统大陶缸里，闷缸密闭，经自然发酵酿制而成。酿造过程由经验丰富的酿造师全程把控，严格遵守节气时令，工序烦琐复杂。酿造出来的柿子醋，风味独特，口感浑厚，色、香、味俱佳，且在空气中久置易产生醋膜（醋酸菌及酵母菌的凝聚），具有传承非物质文化遗产的重大意义。

柿子醋的现代化生产，是选用经严格筛选的、自然成熟的柿子，经科学测温，二次发酵酿制而成，产品实行无菌灌装，具有干净、卫生、质量恒定、色味俱佳的特点，并需经食品安全监管部门颁发生产许可证。

柿子醋能增强食欲，促进消化，降低血压，降低血脂，软化血管。（来源：百度百科）

果醋的风味

果醋是一种新型饮品和调味品，风味是评价果醋品质的重要指标，其有机酸及挥发性风味物质含量和组成是影响其风味品质的核心因素。果醋的风味特征由风味成分的种类、数量、阈值及组分间的相互作用共同决定，是果醋感官品质评定的研究重点。果醋中的风味物质种类颇多，成分复杂，主要有酯类、醇类、酸类、醛类、酮类、酚类以及杂环类等。这些物质共同协调、相互作用，使果醋风味优良独特，这也是其区别于食醋和勾兑醋的主要特征。

此外，影响果醋风味的因素，还有发酵原料（水果种类及其成熟度）、发酵菌种（酵母菌、醋酸菌及乳酸菌）、发酵方法（全固态发酵法、全液态发酵法和前液后固发酵法）、澄清方法（澄清剂、膜过滤）以及陈酿等。

邱晓曼，陈程鹏，洪厚胜．果醋风味改良研究进展［J］．中国酿造，2020，39（1）：12-16.

第十一章　鲜切果蔬加工

1. 了解鲜切果蔬的产品特点。
2. 掌握鲜切果蔬的加工和保藏原理。
3. 掌握鲜切果蔬的加工工艺和操作要点。
4. 掌握鲜切果蔬的质量问题和控制措施。
5. 了解鲜切果蔬的相关标准。

【主题词】

鲜切果蔬（fresh-cut fruits and vegetables）；鲜切果蔬加工工艺（fresh cut fruits and vegetables processing technology）；鲜切果蔬变质机理（mechanism of fresh cut fruits and vegetables deterioration）；鲜切果蔬保鲜技术（fresh-cut fruits and vegetables preservation technology）；鲜切果蔬相关标准（standards for fresh-cut fruits and vegetables）

鲜切果蔬（fresh-cut fruits and vegetables）是以新鲜果蔬为原料，经清洗、去皮、切割或切分、修整、包装等加工过程而制成的即食果蔬加工制品，又称为半加工果蔬（partially processed fruits and vegetables）、轻度加工果蔬（lightly processed fruits and vegetables）、最少加工处理果蔬（minimally processed fruits and vegetables）或预处理果蔬（prepared fruits and vegetables），属于精、净果蔬范畴，具有较高的科技含量，是集果蔬保鲜、加工技术于一体的综合性技术工程。鲜切果蔬20世纪50年代兴起于美国，20世纪80~90年代在北美洲、欧洲和日本等发达国家和地区迅速发展，并于20世纪90年代引入我国。作为一种新兴食品工业产品，鲜切果蔬顺应了工业化社会快节奏的生活模式和现代人对新鲜、营养、方便和无公害食品的需求，同时也由于其特殊的产品属性而考验着一个国家食品冷链物流等食品工业配套体系的发达程度。进入21世纪以来，我国食品工业进入高速发展期，并在十四五期间迎来了高质量发展的产业升级阶段，鲜切果蔬也随着居民收入水平的提高、食品消费观念的改变和冷链物流系统的完善而逐渐成为我国果蔬加工产业新的增长点。

第一节　鲜切果蔬加工原理

鲜切果蔬与其他果蔬加工产品最大的不同在于，作为一种微加工果蔬，其货架期仍然保持着活体组织的特征，因而发生着一系列的生理生化变化。这些变化一方面遵循采后果蔬所固有的基本生理活动规律，另一方面又体现出遭受机械破坏之后的特殊性。

一、果蔬采收后的基本生理特点

离开植株的植物器官和从器官上分离的植物组织，在相当长的一段时间内仍然保持着生命活性，这种特点使果蔬在被切割后仍然发生着剧烈的生理生化变化，这些变化包括呼吸作用、水分蒸散、成熟衰老以及由于遭受生物和非生物胁迫而发生的防御胁迫代谢（逆境防御）。

（一）呼吸作用

呼吸作用是所有细胞生命物质代谢的中枢和能量产生的基础，是细胞以及由细胞构成的组织和器官具有生命力的基本特征。呼吸作用的本质是生物氧化，是生活细胞在许多复杂的酶系统参与下，把复杂的有机物通过生物氧化反应逐步分解为较简单的物质，同时释放能量的过程。新鲜果蔬经过切割后虽然不再具有完整的器官形态，但仍然是具有生命代谢的活组织，在后续加工、包装和贮藏过程中依然进行着呼吸作用。与新鲜果蔬相同，鲜切果蔬呼吸的主要底物也是糖类、有机酸、脂质、氨基酸和蛋白质等有机物质，因此呼吸代谢也会带来营养物质的消耗，即所谓呼吸消耗。呼吸消耗会影响到果蔬的糖酸含量，并带来成熟衰老等一系列影响贮藏性能的生理变化，是鲜切果蔬货架品质下降的重要原因之一。

调控呼吸作用是延长鲜切果蔬货架期和提高其货架品质的关键环节。影响呼吸作用的因素主要来自于果蔬自身（如果蔬的种类、品种、成熟度和组织部位）和环境条件（如温度、湿度和气体成分等）。

（二）水分蒸散

鲜切果蔬一般都会经历去皮和切割，这些处理使果蔬丧失了来自表皮组织的保护，加大了果蔬细胞与环境的接触面积，使鲜切果蔬极易失水，进而造成失鲜，对保鲜不利。鲜切果蔬的失水过程不单纯是像蒸发一样的物理过程，它与产品本身的细胞和组织结构密切相关。

果蔬采收成熟度或发育年龄及果蔬组织细胞的结构、持水能力，加工切割与包装方式，以及贮运销的环境条件等均会影响到鲜切果蔬的水分蒸散。

（三）成熟衰老

以呼吸作用为基础，鲜切果蔬仍然在继续着生命活动，其中成熟和衰老是重要的过程。成熟和衰老是采后果蔬必然发生的生理变化，并且由于切割过程的刺激，鲜切果蔬的成熟和衰老速度会变快。

1. 成熟

成熟是果实发育过程中的某一特定状态，对于果实和种子以外的其他植物器官，生理学意义上的成熟并不适用。植物生理学对不同成熟阶段的果实进行了相应的界定，但具体到鲜切水果加工和贮藏期间的成熟，主要是呼吸跃变型果实的采后成熟，即后熟。后熟一旦完成，即达到完熟状态，往往也是果实色泽变暗、风味减淡、抗病能力减弱的开始，随之而来的便是品质下降，即衰老。因此，抑制后熟是延长呼吸跃变型果实贮藏期的首要手段，但机械伤会加速产品的成熟，鲜切果蔬加工中的机械伤是不可避免的，因而在加工后会快速进入衰老阶段。

2. 衰老

衰老是细胞生命普遍存在的现象，指由一系列不可逆的细胞内事件导致细胞崩溃直至死亡的过程，是正常细胞的必然结局。鲜切果蔬作为植物组织，衰老速度要远远大于整个器官，许多逆境环境可以直接诱发衰老现象，如何控制这一过程是鲜切果蔬保鲜工程的最大问题。

（四）逆境防御

逆境指对植物生长和生存不利的各种环境因素的总和，又称为胁迫，可分为生物胁迫和非生物胁迫两大类。识别和防御逆境是活体植物器官和组织的又一大特征，也是鲜切果蔬能够在不添加任何防腐剂、抗菌剂的前提下冷藏一定时间的生理基础。

植物在长期的进化过程中形成了防御逆境的机制，采后果蔬和鲜切果蔬中这些机制依然在运行。经过去皮切分之后的果蔬失去了保护组织，病原菌入侵概率大大增加，这是鲜切果蔬遭受的最主要的生物胁迫；机械伤害、水分蒸散以及贮藏期间的不适宜低温，都是鲜切果蔬加工贮藏过程中遭受的非常重要的非生物胁迫。当鲜切果蔬识别出这些逆境胁迫的信号刺激之后，会启动或者加强一些代谢过程，以阻止或修复逆境胁迫对有机体造成的损伤，这一过程便是逆境防御。逆境防御往往会合成许多新的代谢产物，或者清除有毒的中间产物，这些反应所需的能量和底物来自呼吸代谢。典型的与逆境防御相关的代谢途径有：活性氧代谢、苯丙烷代谢、多胺代谢等。逆境防御过程中形成的产物有时会改变果蔬的外观，如创口的褐变。逆境防御过程也会增加呼吸消耗，这是鲜切果蔬品质下降远快于完整果蔬的根本原因。尽可能地减小切割等胁迫刺激对果蔬组织的影响，从而提高产品货架品质和延长产品货架期，是一切鲜切果蔬加工和保鲜贮藏技术的出发点。

二、切割伤害以及贮藏环境对果蔬生理代谢的影响

切割加工给消费者带来了便利，但对果蔬造成的伤害远远大于一般的局部机械伤，对生理代谢、风味品质以及安全性都有非常大的影响。果蔬细胞识别到切割刺激之后，会迅速启动创伤修复和抗菌相关的代谢，伤乙烯的释放是防御代谢启动的标志，并导致一系列的效应，如诱导伤呼吸、愈伤组织的形成、病程相关蛋白的表达，同时也会带来细胞壁降解、细胞膜脂氧化、酚类物质形成、抗坏血酸含量下降等影响，加速衰老进程。

（一）伤乙烯

乙烯是一种内源性植物激素，其合成的基本途径为：蛋氨酸（MET）→S-腺苷蛋氨酸（SAM）→1-氨基环丙烷羧酸（ACC）→乙烯（ETH），其主要生理功能除了调控成熟衰老、种子萌发、器官脱落之外，还是植物的重要胁迫预警信号分子，目前已知的伤害刺激、病原菌侵染、氧气缺乏等胁迫因子都能诱导器官或组织产生乙烯。正常状态下植物细胞合成微量的基础乙烯，遭受包括机械伤在内的胁迫后，组织中的乙烯释放量会大幅增加，由于机械损伤导致的乙烯合成称为伤乙烯。

伤乙烯和基础乙烯具有相同的生物合成途径，该途径的限速酶1-氨基环丙烷羧酸合成酶（ACS）的表达受一个同工酶基因家族的调控，该家族的不同成员特异性地响应不同信号的刺激。几乎每种植物中都有1个以上的ACS基因负责感知机械伤刺激，调控伤乙烯的合成。目

前的研究表明，伤乙烯是部分 ACS 基因家族成员响应机械伤刺激的结果。乙烯具有促进呼吸代谢、加速淀粉和果胶物质的分解、调控叶绿素降解、参与多酚类物质和类胡萝卜素合成等生理作用，因此鲜切果蔬加工和保鲜过程中的色泽、质地乃至风味变化都与乙烯的大量释放有密切关系。乙烯生理作用的发挥并非直接化学反应或生化反应的结果，而是涉及一条多环节的信号传递途径，该信号途径以乙烯与乙烯受体结合为起点，经过若干信号元件传递到细胞核内的转录因子，由转录因子识别具有特定启动子序列的启动元件，完成基因表达的调控。

尽管不同植物和组织产生伤乙烯的时间不一样，但都在受伤后几分钟到 1 h 内发生，在受伤后 6~12 h 达到峰值，产生部位主要是切割表面下几毫米范围内的细胞。不同的器官、不同的成熟度或生长期，对伤乙烯的反应也不一样，例如，不同成熟度的香蕉和甜瓜都对伤乙烯有截然相反的反应，这可能与基础乙烯和跃变乙烯的合成特点不同有关，因此要评估或预测伤乙烯对产品的影响，需要考虑产品的成熟度。贮藏环境的温度也会影响伤乙烯产生，在不导致冷害的低温条件下，鲜切果蔬组织的乙烯释放会受到抑制。马铃薯块茎没有像香蕉和甜瓜那样的呼吸跃变现象，完整状态下乙烯释放量始终处于低迷的状态，切割后 6 h 内能够明显观察到乙烯释放量的上升，同时乙烯合成限速酶 ACS 的基因表达量也在切割后 6 h 存在急剧升高然后下降的现象（图 11-1）。

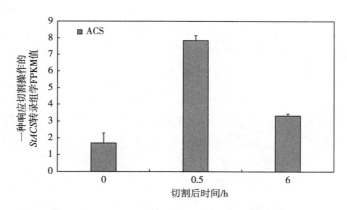

图 11-1　切割 0~6 h 内 ACS 基因表达量变化（冀张十二号马铃薯品种）

（二）伤呼吸

植物组织在受到机械损伤时呼吸速率显著增高的现象被称为伤呼吸，鲜切加工中的切割处理会使产品遭受严重的机械伤害，因此伤呼吸在鲜切产品加工过程中是普遍存在的现象。伤呼吸的产生原因比较复杂，许多实验结果表明伤呼吸的产生很可能是伤乙烯诱导的结果，大量研究结果显示伤害导致的呼吸增加晚于伤乙烯的产生，而伤乙烯产生能力下降的番茄果实伤呼吸也下降了。伤呼吸加速了有机质的消耗，缩短了鲜切产品的货架期。除了呼吸速率的改变，在马铃薯、芜菁、甘蓝、甜菜根的切片中还发现了机械伤引发的呼吸代谢电子传递途径的改变，受诸多胁迫因子诱导的抗氰呼吸电子传递链会短暂地失去活性，可能是由于切割影响到了线粒体的结构或影响了线粒体内膜的完整性。抗氰呼吸途径受阻可能会影响到果蔬组织对不适宜贮藏条件和微生物污染的防御能力。此外，一部分产品在切割之后呼吸消耗的底物也会发生改变，如完整马铃薯呼吸代谢释放的 CO_2 来自碳水化合物，但鲜切马铃薯的 CO_2 则将近70%来自脂类。

切割后的伤呼吸强度不仅受到果蔬种类和成熟度的影响，也受切割条件的影响，主要包括：切割程度、去皮方法、切割方向、刀刃的锋利程度以及切割后的洗涤。切分越小的产品比表面积越大，与 O_2 接触越多，伤呼吸越强烈，表11-1为鲜切卷心菜在不同切分度下呼吸强度的差异。去皮环节对产品也会造成损伤，损伤度越大，伤呼吸越高，如用摩擦去皮法产生的伤呼吸大于锋利刀片的手工去皮法，而酶法去皮的伤呼吸则比上述两种去皮方式都更低。果蔬组织的生长具有方向性，一般来说平行于输导组织方向切分产生的伤呼吸小于垂直于输导组织方向切分的伤呼吸。采用锋利的刀刃切割有助于减少伤呼吸的产生，切割后清洗原来表面黏附的细胞汁液也有助于降低伤呼吸，但要注意洗涤用水的清洁度，因为微生物污染也会加剧伤呼吸。此外，与伤乙烯一样，适宜的低温可以抑制伤呼吸。

表11-1　不同切分度下卷心菜的呼吸强度（胡文忠，2009）

切割条件	呼吸强度/ $[mgCO_2/(kg \cdot h)]$	切割条件	呼吸强度/ $[mgCO_2/(kg \cdot h)]$
未切割	23	15 mm 宽	125
1/4 切割	38	7 mm 宽	133
30 mm 宽	66	3 mm 宽	194

（三）褐变

植物组织收到创伤之后，易发生酶促褐变。引发褐变的酶主要是多酚氧化酶（PPO）、过氧化物酶（POD）和酪氨酸酶，这些酶以多酚类物质或含有多羟基苯环结构的物质为底物，在氧气存在的条件下将其氧化成为醌类物质，醌类物质又进一步发生聚合形成了具有棕褐颜色的产物，聚合度越高，产物颜色越深。

酶促褐变的发生是多条件共同作用的结果，酶、底物和氧气三者空间上相遇是该反应发生的条件。因此，除了直接促进褐变反应发生的酶外，促进酚类物质合成和破坏酶与底物区域性分布的因素都会影响到褐变反应的发生程度。苯丙氨酸解氨酶（PAL）是植物多酚类物质合成代谢的关键酶，催化L-苯丙氨酸生成反式肉桂酸，该物质是众多多酚类物质合成的前体，因此PAL往往作为酚类物质合成代谢途径活跃程度的标志。一些多酚类物质如香豆素、松柏醇等是木质素的合成前体，而木质素积累是植物次生细胞壁和愈伤组织形成的关键物质。此外，影响细胞膜完整程度的活性氧清除系统的强弱，也有可能影响到褐变的发生，因此加剧细胞膜氧化的脂氧合酶活性上升，或者超氧化物歧化酶、过氧化氢酶等清除活性氧、保持细胞膜完整性的酶活性下降时，褐变反应发生的概率也会大大增加。此外，机械伤也会促进上述酚类氧化相关酶的活性上升（图11-2）。

褐变是导致鲜切果蔬品质下降的重要原因，要控制鲜切果蔬的褐变，需选择酚类物质含量低的品种或成熟度，同时在加工中尽量降低环境温度、减少产品与氧气的接触、减少微生物污染或者抑制促褐变酶的活性，以有效地控制褐变。

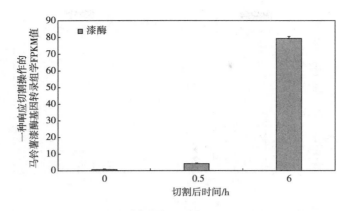

图 11-2　切割 0~6 h 内漆酶基因表达量变化（冀张十二号马铃薯品种）

（四）软化

质地是鲜切果蔬品质的重要品质指标，硬度下降会导致产品失去脆嫩饱满的口感。果蔬的硬度主要取决于水分含量和细胞结构两个因素。水分散失是导致硬度下降的重要原因，而在水分含量没有显著变化的情况下，细胞结构的改变是硬度变化的又一重要原因。细胞壁是关乎果蔬硬度最重要的细胞结构。植物细胞壁由两层或三层结构组成，由外向内依次为中胶层、初生壁和次生壁。

中胶层主要是由果胶和纤维素构成，果胶酶和纤维素酶是植物细胞中两个庞大的同工酶家族，具有降解果胶和纤维素的作用。切割会导致果蔬组织 6 h 内部分果胶酶和纤维素酶基因表达量急剧上升，如马铃薯（图 11-3），贮藏期间的鲜切马铃薯可以明显观察到细胞壁结构的塌陷（图 11-4），与此同时，其硬度也显著下降。初生壁的主要构成成分是纤维素、果胶和半纤维素，它影响细胞壁的完整性和细胞硬度。次生壁处于细胞壁结构的最内层，是当细胞的伸长生长停止后使细胞壁继续加厚的结构，特征性化学成分是由诸多多酚类单体聚合而成的木质素，有次生壁的细胞硬度相对更高。大部分鲜切果蔬细胞不具有次生壁，但切割刺激可以诱发次生壁的合成代谢，是果蔬组织预备形成周皮组织防御污染的表现，尽管鲜切果蔬直到货架期结束也不可能形成完整的周皮组织，但是在此过程中合成的少量木质素客观上仍然会起到一定的加固细胞壁的作用，对创口形成保护。除了细胞壁结构外，在部分储存有淀粉的果蔬中，如香蕉、苹果、马铃薯，其淀粉的存在状态也影响到硬度，淀粉的分解和淀粉粒的消失会导致硬度下降，淀粉酶在此过程中发挥了关键性的作用。

在调控果胶酶、纤维素酶和淀粉酶表达的基因的启动子上，都存在能被乙烯信号转导关键元件 ERF1 转录因子识别的启动子序列，伤乙烯的大量释放能刺激这些基因的表达，从而导致产品软化。软化是果实成熟的重要表现，尽管伤乙烯和呼吸跃变过程中大量释放的乙烯是否受相同基因的调节目前尚无定论，但现有的研究结果证明，在一些果实中二者之间可能存在重叠的基因，这也在一定程度上解释了切割伤害加速果蔬组织软化的原因。除了乙烯，创面处的腐败微生物也能够合成果胶酶、纤维素酶等降解细胞壁的蛋白质，因此在生产实践中，鲜切果蔬的软化往往和腐烂相伴出现。

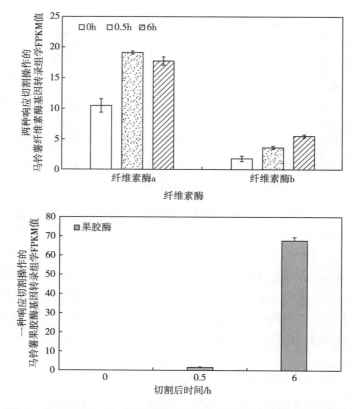

图11-3 切割0~6 h内马铃薯果胶酶和纤维素酶基因表达量变化

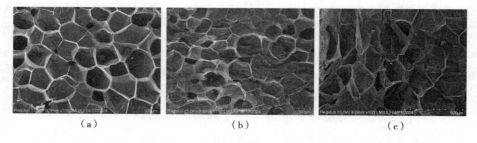

图11-4 鲜切马铃薯贮藏期间细胞壁扫描电镜图片

[（a）0 d;（b）9 d;（c）12 d]

（五）微生物侵染

鲜切果蔬的微生物污染物主要来源于水果和蔬菜的生长过程，包括土壤、有机物、有机肥料、灌溉过程、昆虫、动物和人类接触等，也来源于采收后洗涤、修整和包装等加工过程。鲜切产品在加工步骤和包装之间的运输时也可能被污染。与完整果蔬贮藏期间的病害不同，鲜切果蔬的污染微生物中细菌和酵母菌占据了非常大的比重。这些细菌和酵母菌主要来源于采收前农场的水体和土壤，采收后的清洗只能减少微生物的总体数量，但不能完全消除微生物的影响。加工过程中的主要污染源是加工环境、加工设备和工人。不同种类的鲜切果蔬之间的主要污染微生物存在差异，例如，果胶假单胞菌会引起菊芋叶子的腐败，但不会引起胡萝卜的腐败，胡萝卜的腐败主要由乳酸菌导致。导致鲜切蔬菜腐败变质的主要微生物有：假单胞菌、乳酸菌、肠杆菌、棒状杆菌、土壤细球菌以及一些酵母菌和霉菌。不同于整体贮藏，酵母菌在鲜切果蔬中的生长速度要快于霉菌。这些腐败微生物首先对鲜切果蔬的品质有很大影响，会不同程度地引发鲜切果蔬的软腐、枯萎、褐变以及发酵，从而导致产品在硬度、外观、色泽和风味上的劣变。此外，很多病原菌还属于食源性致病菌，会引发人类的食源性疾病。鲜切果蔬的软腐主要由细菌导致，许多腐败细菌都具有产生果胶酶的能力，而发酵现象则主要由酵母菌导致。枯萎、褐变等现象则可能与果蔬组织受到微生物刺激后呼吸强度迅速上升，防御性酚类次生代谢产物大量合成，或感染处细胞衰老死亡有关。

由于鲜切加工产品的特殊性，几乎没有能够完全消除鲜切产品微生物污染的处理措施。主要是依靠洁净农业生产环境和加工前的洗涤来减少微生物总量，去除过量的污染，同时在加工的过程中注意冷链环境和清洁操作，在加工后的贮藏环境中采用冷藏和气调环境来控制微生物的增殖。由于传统的热杀菌和化学防腐剂不能够被应用于鲜切果蔬的加工，生物防治是减少微生物污染影响鲜切果蔬品质的主要手段，生物防治的主要方法有三类：一是使用拮抗微生物控制腐败菌和病原菌的生长，如乳酸菌和酵母菌；二是应用天然抗菌化合物控制微生物的生长，如细菌素和植物抑菌物质；三是利用活体植物组织对微生物具有天然防御能力的特性（诱导抗病性）来抑制微生物的繁殖，如诱导果蔬组织合成病程相关蛋白质和植物抗菌素。此外，超高压、辐照、低温等离子体等新兴的冷杀菌技术可能在鲜切果蔬微生物污染防控方面具有较好的应用潜力。

（六）冷害

冷害（chilling injury，CI）是冷敏型果蔬在冰点以上的不适宜低温下进行贮藏时引发的生理失调，对于一种果蔬而言，能够发生冷害的最高温度，或不发生冷害的最低温度，称为冷害临界温度。冷害是一种积累性伤害，尽管短暂的货架期可能不会引起明显的冷害积累，但加工前的贮藏温度过低，仍然有可能导致在加工后的贮藏过程中出现冷害。目前，生产上控制冷害的方法主要是通过低温预贮藏、梯度降温、间歇升温和热激处理来减轻一些原料和加工后贮藏期间的冷害。

（七）气调伤害

为了抑制产品和微生物的呼吸强度，自发式气调包装（MAP）是鲜切果蔬常用的包装形式，与完整果蔬一样，随着贮藏时间的延长，包装内的氧气含量越来越低，二氧化碳含量越来越高，当低氧和高二氧化碳的气氛超过产品所能忍耐的极限时，有可能导致低氧或者高二氧化碳伤害，即气调伤害。一般果蔬所能忍受的二氧化碳浓度上限为5%左右，个别果蔬不耐受二氧化碳，如鸭梨耐受二氧化碳浓度不超过1%。这两种伤害虽然发生机制有所差异，但最终的结果都是诱发产品的无氧呼吸，出现变味、异味和代谢紊乱。成功的MAP平衡可有效降低有氧呼吸，但不发生无氧呼吸。这需要 O_2 的消耗速率与 O_2 透过包装膜进入包装内部的速率平衡，维持 O_2 含量恒定在一个较低但不诱发无氧呼吸的水平。同时，产品产生的 CO_2 和透过包装排出的 CO_2 也需要稳定在产品能够接受的上限。然而，鲜切果蔬由于受到机械损伤，其呼吸强度远高于完整果蔬，消耗氧气和释放二氧化碳的能力也远远大于完整果蔬，因此，这对 MAP 体系和包装材料提出了更高的要求。

三、影响果蔬对切割反应的因素

（一）加工品种的选择

原料品种对鲜切产品货架品质的影响是深远的。例如不同甘蓝品种受伤后产生挥发性含硫化合物的种类和水平都不相同，应尽量避免选取那些释放不愉快气味如硫醚的品种，而应当选择释放异硫氰酸烯丙酯的品种，因为该物质可以降低切割产品的褐变速率和乙烯释放量。品种不同，还会导致切割后酚类次生代谢产物积累量不同，引发褐变反应的程度不同。同一种果蔬的不同品种间对切割反应的敏感程度，即伤呼吸的强度也不一样，加工时应选择伤呼吸低的品种，以此来避免包装后的呼吸失调。此外，不同品种对微生物污染的防御能力也不同，选择抗病性强的品种对于减少腐烂损失十分重要。

（二）采前栽培管理

与完整贮藏一样，采前的生长环境和农业技术措施也会影响到鲜切加工中果蔬对机械伤的承受能力。农业技术措施主要包括：灌溉、营养素供给以及生长条件等。灌溉过度易使果蔬组织细胞膨压过大，可溶性固形物含量降低，易受碰伤和其他机械伤，且过度灌溉相当于使植株遭受水分胁迫，会产生胁迫乙烯。一般采收前一周不宜浇水，暴雨后三天内不宜采收。氮肥和磷肥也对果蔬生理产生影响，但会与气候因素相结合发挥综合作用。采前钙营养有利于提高果实硬度，延缓细胞膜降解和后熟。近期研究表明，采前施用钙肥能使绿甜椒和彩椒的硬度得以保持。果蔬生长的气候条件会对切割产品的质量产生极大影响，如香瓜采前进行遮阴处理会降低糖含量产生较多的乙醛和乙醇，并导致果肉组织出现水渍状。这一问题在夏季阴冷的地区容易发生。产于不同地理位置的相同品种的胡萝卜切割后产生的酚类物质是不同的，产地对梨切片的褐变、软化及货架期长短等也有影响，这些影响还缺乏比较系统性的结论。

（三）生长期和成熟度

果蔬的生理成熟度影响其对伤害的反应，跃变型果实尤为显著。香瓜果实在成熟度低时采收比成熟度高时采收更有利于保持品质。低成熟度果实切片比高成熟度产生的乙烯少，呼吸强度也低，硬度保持得更好。与绿甜椒切片相比，部分上色或完全上色的甜椒切片在12 d的气调贮藏过程中能更好地保持原有质量，这一结果与完整甜椒果实恰好相反，完整甜椒贮藏过程中完全成熟的比没成熟的品质下降得快。生长期短的胡萝卜比生长期长的胡萝卜产生更多的异香豆素，该物质能产生苦味。相对于成熟的或过熟的卷心莴苣，未成熟的卷心莴苣更不容易发生褐变。因此，有些果蔬成熟度低时适合做切割产品，而有些则适合在成熟度高时切割。木瓜果实在果皮55%~80%转黄时最适合做切割产品，果皮转黄的比例未达到55%时去籽切割则会提高乙烯释放量和呼吸强度，而且加工后的产品不能软化到消费者要求的程度。完全转黄的木瓜切片尽管乙烯释放量上升不多，但非常容易受碰伤，而且太软，无法进行处理。硬度为44~58 N的梨适合做鲜切，小果（122~135 g）比大果（152 g）切割后更容易发生褐变。硬度为18~31 N的桃和油桃适合做切割产品，但并没有关于采收成熟度对切割后生理变化影响的报道。一些地区的根菜类作物习惯于留在土壤中等第二年春再采收（如爱尔兰），冬天过后采收的胡萝卜比秋天采收的胡萝卜切割后品质下降的速度快得多，可能是由于前者带有更多的微生物。因此，用于鲜切的根菜类作物应该在达到园艺成熟后迅速采收。

（四）切割诱导的伤害程度或严重性

切割诱导的伤害程度不仅对乙烯产生量、呼吸强度和微生物携带量有很大影响，还会影响到产品对无氧呼吸的敏感性，即对低氧和高二氧化碳的耐受性。例如，尽管2%的O_2对胡萝卜来说，并没有达到理论上的无氧呼吸阈值，但该气体条件却使胡萝卜丝积累了大量的乙醇和乙醛，这表明果蔬组织在过度损伤的情况下需要大量的ATP供应，因此会诱导无氧呼吸的产生。酚类物质代谢也受加工方法的影响。当组织受伤程度增加时，组织中的苯丙氨酸解氨酶（PAL）活性也增加，因此导致莴苣等切割产品中的酚类物质也随之增加。去皮胡萝卜表面受损的严重程度影响其表面的木质化程度，经利刀切削的胡萝卜在2℃条件下贮藏35 d仍可完全抑制木质化的发生。但是，如果胡萝卜在去皮过程中大部分的外层组织被切除掉，木质化则不会发生。这可能是因为木质化作用的产生部位定位于胡萝卜的表皮组织。

（五）切割前与切割后的处理

鲜切加工之前的果蔬原料贮藏条件会影响到鲜切加工之后产品的生理变化。例如贮藏30 d后加工的胡萝卜产生的异香豆素是新鲜胡萝卜切片的数倍之多，新采摘或进行2%低氧气调贮藏的鸭梨，能够比空气中贮藏的鸭梨有更好的鲜切品质。鲜切之前的热激处理也常被用作提高一些果蔬鲜切产品品质的处理方式。例如卷心甘蓝在45℃、50℃和55℃的热激条件下分别处理120 s、60 s和30 s能有效降低苯丙氨酸解氨酶活性，从而使伤诱导的酚类物质含量下降。切割前用45℃热处理苹果可降低切片褐变的发生，并可保持一定的硬度，但并非所有的苹果品种都适合热处理。热处理抑制乙烯合成，并通过降低多聚半乳糖醛酸酶和乳糖酶等水解酶活性来抑制细胞壁降解。尽管热处理初期会引起呼吸强度的上升，但随后呼吸强度会降低至低于未处理的完整产品的水平。例如鲜切甜瓜在60℃条件下处理1 min能够提高$CaCl_2$的吸收量和果肉硬度。

切割后的物理处理（如辐照）、化学处理（如$CaCl_2$、抗坏血酸、柠檬酸溶液浸泡以及涂抹处理）也能够不同程度地降低切割加工给果蔬生理带来的影响。关于这一部分内容，将在第二节中再详细介绍。

（六）贮藏环境中的气体成分

气体成分对切割后生理代谢的影响主要体现为呼吸代谢、多酚类次生代谢和细胞膜脂代谢方面，在不同的产品中，其对品质调节的方式也不尽相同。尽管大部分果蔬对气调成分的忍耐范围相差不大，但是具体到每种果蔬的最适气体条件却是不可预测的，加上有些果蔬可能只能响应一种气体成分的调节，而且低浓度O_2和高浓度CO_2对微生物的影响也不尽相同。因此每种果蔬的适宜气体条件需要通过实验来加以确定，大部分鲜切果蔬都无法主动形成理想的气体环境，需要通过各种技术手段进行人为的干预。

（七）温度

温度对切割反应的影响，主要体现在对呼吸强度和乙烯释放量的影响。总体而言，在不发生冷害的条件下，温度越低，切割对果蔬带来的伤害越小。这也是鲜切果蔬要求进行冷链加工的主要原因。除了必要的热激处理外，大部分果蔬的切割加工流程不得高于12℃，贮藏温度不高于6℃。

总而言之，切割所引起的生理反应是多方面的，尽管呼吸强度被认为是决定货架期的重要因素，但往往其他反应比呼吸强度对货架期的限制更大，如微生物的繁殖、软化以及褐变等。因此，鲜切果蔬的采后品质控制是一个综合性的系统工程，需要做好加工过程的每一个环节，才能保证优良的产品品质。表11-2是目前已知的一些鲜切果蔬在不同温度和气体条件下的消耗 O_2 和释放 CO_2 的能力。

表 11-2　空气和控制性气体条件下贮藏的鲜切产品 CO_2 释放量和 O_2 消耗量（胡文忠，2009）

果蔬种类	温度/℃	气体成分	CO_2 释放量/ [mL O_2/（kg·h）]	O_2 消耗量/ [mL O_2/（kg·h）]
猕猴桃切片	0	空气	2.1	2.8
		$1\%O_2+5\%CO_2$	2.3	1.8
	5	空气	2.4	2.6
		$1\%O_2+5\%CO_2$	3.3	2.4
桃切片	0	空气	3.0	3.0
		$1\%O_2+5\%CO_2$	3.1	1.1
	5	空气	5.5	4.6
		$1\%O_2+5\%CO_2$	3.9	1.1
大甜瓜方块	5	空气	4.0	4.0
		$1\%O_2+5\%CO_2$	2.3	0.8
	10	空气	9.6	10.6
		$1\%O_2+5\%CO_2$	5.4	2.2
小甜瓜方块	5	空气	2.7	3.8
		$1\%O_2+5\%CO_2$	5.5	2.1
	10	空气	5.2	7.0
		$1\%O_2+5\%CO_2$	6.5	3.2
花椰菜	0	空气	12.9	15.8
		$1\%O_2+5\%CO_2$	6.5	8.1
	5	空气	22.6	31.0
		$1\%O_2+5\%CO_2$	7.7	11.3
	10	空气	41.2	68.0
		$1\%O_2+5\%CO_2$	15.3	20.5

第二节　鲜切果蔬的保鲜技术与加工工艺

鲜切果蔬具有新鲜易腐的特性，因此保鲜是鲜切加工制品需要面临的特殊问题，其宗旨是在货架期内保持产品的外观、硬度、口感和风味。由于基本生理学属性与鲜藏的完整果蔬相同，鲜切果蔬保鲜借鉴的是完整果蔬鲜藏的基本原理，主要是在保证果蔬组织生命活力的基础上设法降低果蔬的生理代谢、延缓物质消耗、组织衰老，进而降低产品质量下降的速度。

一、鲜切果蔬的保鲜技术

（一）物理保鲜技术

1. 低温保鲜

低温保鲜是现代果蔬保鲜工程的基石，是所有食品保鲜的一般方法，也是所有鲜切果蔬保鲜贮藏的基本条件。在生理温度范围内，环境温度越低，果蔬的生命活动进行得就越缓慢，营养素消耗越少，保鲜效果越好。因此，鲜切果蔬从原料预冷、加工、运输、贮藏到最终的消费过程，都要保证在低温条件下进行，属于冷链食品，建立一条从产地到销售点的冷链系统是发展鲜切果蔬加工产业的必需条件。但需要注意的是，当温度降低到一定程度时部分果蔬会发生冷害，导致代谢失调，产生异味、褐变，抗病性也会明显减弱，品质下降，损失反而可能加重（表11-3）。当温度降低到冰点以下时所有的果蔬都会发生冻害，即冰点以下的低温伤害。尽管还没有明确证据显示果蔬鲜切之后在货架期内会发生低温伤害，但对于冷敏型果蔬，加工前的贮藏环节也要避免冷害和冻害的发生，否则也可能影响到切割后产品的货架品质，或使原料完全丧失加工价值。因此，要依据果蔬的低温适应性设置具体的贮藏温度条件。常见果蔬对冻害的敏感性见表11-4。此外，在低温加工之外还要采取气调等其他保鲜手段时，要注意其对低温适应性的影响，如采用气调保鲜技术时，果蔬的存放温度要比普通冷藏温度提高 0.5 ℃，以避免低温伤害和气调伤害相叠加。

表 11-3　常见果蔬的冷害临界温度和冷害症状

产品	冷害临界温度/℃	冷害症状
香蕉	12~13	表皮有黑色条纹、不能正常后熟，中央胎座硬化
鳄梨	5~12	凹陷斑、果肉和维管束变黑
柠檬	10~12	表面凹陷、有红褐色斑
芒果	5~12	表面无光泽、有褐斑甚至变黑、不能正常成熟
菠萝	6~10	果皮褐变、果肉水渍状、异味
葡萄柚	10	表面凹陷、烫伤状、褐变
西瓜	4.5	表皮凹陷、有异味
黄瓜	13	果皮有水渍状斑点、凹陷
红熟番茄	7~12	凹陷斑、水渍状、软化
绿熟番茄	10~12	褐斑、不能正常成熟、果色不佳
茄子	7~9	表皮呈烫伤状，种子变黑
食荚菜豆	7	表皮凹陷、有赤褐色斑点
柿子椒	7	果皮凹陷、种子变黑、萼上有斑
番木瓜	7	果皮凹陷、果肉水渍状
甘薯	13	表面凹陷、异味、煮熟发硬

表 11-4　常见果蔬对冻害的敏感性

冻害敏感果蔬类型	代表性果蔬种类
敏感的果蔬	杏、鳄梨、香蕉、浆果、桃、李、柠檬、蚕豆、黄瓜、茄子、莴苣、甜椒、土豆、红薯、夏南瓜、番茄
中等敏感的果蔬	苹果、梨、葡萄、花椰菜、嫩甘蓝、胡萝卜、花叶菜、芹菜、洋葱、豌豆、菠菜、萝卜、冬南瓜
最敏感的果蔬	枣、椰子、甜菜、大白菜、甘蓝、大头菜

2. 气调保鲜

气调贮藏指在冷藏基础上改变贮藏环境中气体成分的一种贮藏保鲜方法，由于鲜切果蔬加工后的伤呼吸旺盛，气调贮藏对鲜切果蔬保鲜尤为重要。气调包装结合冷藏能有效地降低鲜切果蔬的呼吸强度，抑制乙烯产生，减少失水，延迟切分果蔬衰老进程，延长贮藏期，同时也能抑制好氧性微生物生长，防止鲜切果蔬腐败。对于大部分果蔬而言，当氧气浓度低于 16%，二氧化碳浓度高于 1% 时，呼吸代谢就会受到显著的抑制。鲜切果蔬气调贮藏依靠具有一定气体选择透过性的包装薄膜来实现，目前主要有自发调节气体包装（modified atmosphere packaging，MAP）、控制气体包装（controlled atmosphere packaging，CAP）和减压包装（moderate vacum packaging，MVP）3 类。

MAP 保鲜的基本原理是通过使用具有气体选择透过性的包装材料形成一个相对独立的环境，利用果蔬的呼吸作用和包装材料的气体选择透过性，自发改变包装内的气体成分，最终在包装内建立一个相对适宜果蔬贮藏的气体平衡状态。MAP 是一个复杂的过程，涉及果蔬生理参数和薄膜性能参数之间的交互作用，存在 4 个自发的主要过程：产品的呼吸作用、产品的蒸腾作用、包装的气体透过、包装的热交换。当果蔬置于 MAP 内时，呼吸作用产生 CO_2 并消耗包装内的 O_2，使包装环境中的 O_2 含量下降而 CO_2 含量上升，如果包装不能透过气体，则理论上 O_2 浓度会下降到 0，而 CO_2 浓度可从 0.03% 达到 20% 以上。因此，包装材料必须具有一定比例的 O_2 和 CO_2 的透过性，用以从空气中缓慢地补充 O_2 并及时排出过多的 CO_2。有氧呼吸时果蔬消耗 O_2 和释放 CO_2 的体积相等，但除极端耐受性强的产品外，大部分果蔬的适宜气调条件要求 O_2 浓度为 2%~5%，CO_2 浓度不高于 5%，意味着需要 CO_2 的积累速度远低于 O_2 的消耗速度，所以 MAP 材料的 CO_2 透过率必须大于 O_2 透过率，才能达到理想的平衡状态。对于完整果蔬，理论上 O_2 和 CO_2 透过比的理想值是 1:8，但对于伤呼吸异常旺盛的鲜切果蔬，材料的性能指标需要具体进行讨论。此外，包装对于乙烯的透过性要很高，以便及时排除伤乙烯，而对水分的透过性则不能过高，以避免蒸散作用。最后，包装不能有过大的热阻隔性。在鲜切果蔬加工中，MAP 薄膜使用最多的是聚氯乙烯、聚丙烯、聚乙烯、定向聚丙烯（OPP）及低密度聚乙烯（LDPE），复合包装膜通常采用乙烯—乙酸乙烯共聚物（EVA），以满足不同的透气速率。聚合材料的透气性通过材料的化学结构、环境温度、薄膜厚度以及包装内外的气体浓度差来进行调节。在选择 MAP 包装时，要综合考虑产品的呼吸特性、贮藏温度以及对低 O_2 和高 CO_2 环境的耐受性。

CAP 是指依据鲜切果蔬的最适贮藏气体条件，人为地建立鲜切果蔬气调包装所需要的 O_2、CO_2、N_2 等气体的比例，来替代包装内原有的气体成分，延长鲜切果蔬货架期的一种气调保鲜方式。例如 4 ℃低温贮藏结合 64 μm PP 气调薄膜充 10% CO_2 与 5% O_2 包装，对鲜切猕猴桃品质及货架期有良好的影响，有效地维持了果实硬度、总酚和叶绿素含量。但需要注意的是，在鲜切果蔬的贮藏保鲜过程中，O_2 浓度容易过低，会因无氧呼吸而对鲜切果蔬造成损伤，不利于贮藏。而高氧、氩气（Ar）和 N_2O 气调包装可解决低氧气调包装的弊端，其中，高氧气调包装作为低氧气调包装的一种替代形式，适用于蘑菇、芹菜及猕猴桃等易发生褐变及发酵的鲜切果蔬。

减压包装（MVP）是另一种新兴的气调包装形式，包装容器内的压力降至 40 kPa 左右时，其氧分压低，有助于抑制产品新陈代谢，抑制腐败微生物生长，使产品质量保持稳定状态。另外，果蔬组织切割后还会产生乙烯，而乙烯的积累又会导致组织软化劣变。因此，如果结合使用乙烯吸收剂则保鲜效果更好，通常使用高锰酸钾、活性炭加氯化钯催化剂等。实验发现，使用活性炭加氯化钯贮藏猕猴桃和香蕉切片均能够防止其软化。

3. 超高压技术

大于 100 MPa 的压力称为超高压（high pressure processing，HPP）。HPP 是一种非热加工技术，通过超高压力的处理引起微生物细胞形态的改变，破坏其细胞壁、细胞膜及细胞间隙的结构来影响微生物的生理活动，从而导致菌体死亡。另外，经过超高压处理后菌体蛋白中的非共价键及蛋白质三级结构被破坏，导致蛋白质凝固及鲜切果蔬中所含变质酶的催化活性降低。因此，超高压处理可以达到杀菌灭酶的效果，从而降低食源性疾病的风险，非常适合不能进行热处理的食品。超高压能够改变大分子的构象，但对小分子物质的结构却基本没有影响，如抗坏血酸、类胡萝卜素、矿物质等。由于处理温度较低，不会破坏果蔬原有的品质、风味及营养物质，该技术应用于鲜切果蔬保鲜中，是提高货架品质、延长货架期的途径之一。HPP 的过程通常是将产品置于密闭弹性包装容器内，利用液体（主要是水和油）作为传压介质，施加 100 MPa 以上的高压并维持一定时间。当压力大于 100 MPa、小于 600 MPa 时，一般使用水作为传压介质，当压力大于 600 MPa 时传压介质一般使用油。目前的研究表明，HPP 处理在抑制褐变方面具有显著的效果。黄欢等研究不同超高压力对鲜切马铃薯品质的影响时发现，当 HPP 压力≥500 MPa 时，鲜切马铃薯的褐变得到了较好的抑制，但在 300 MPa 时褐变严重且程度高于对照。相较于传统热处理，HPP 能够更好地保持鲜切马铃薯的硬度及咀嚼性。同样，超高压也能抑制莴苣的褐变，并有效抑制贮藏过程中 PPO、POD 和 PAL 的活力及相关基因表达。超高压保鲜技术由于压力较大，不适用于香蕉、生菜、菠菜等质地较软的鲜切果蔬，而常用于苹果、哈密瓜等质地较硬的果蔬的鲜切加工。

4. 低温等离子体处理

低温等离子体（cold plasma，CP）被视为不同于固体、液体和气体的物质的第四态，是由气体分子电离所形成的一种包括自由电子、带电离子、原子、原子团和分子等组成的正负电荷总量相等的离子化气状混合物。CP 在低温条件下即可产生，利用不同的气体（空气、臭氧和氮气等）通过介质阻挡、滑动电弧或射频等方式放电，即可形成包含紫外线、活性氧和活性氮等多种活性成分在内的 CP，研究发现这些 CP 在抑菌、防褐变、降解农残、维持果蔬品质等方面具有显著的效果。CP 应用于鲜切果蔬进行保鲜，不仅可以直接用 CP 处理样品，还可以将 CP 与水混合形成 CP 活性水来处理样品。CP 活性水处理不留死角，能全方位对样品表面残存的杂质或微生物进行清洗或消毒。CP 活性水能有效抑制鲜切苹果上的细菌、霉菌和酵母的生长，对生菜能有效去污和杀菌，这与臭氧水、氯水、电解水等化学处理相比，具有更好的潜在商用价值。CP 处理还能抑制褐变、维持鲜切果蔬的硬度，如处理鲜切苹果在贮藏 4 h 后褐变面积减少 65%。目前，对于该技术的一些作用机制尚在研究。此外，对于 CP 中所包含的各种复杂的活性粒子是否会形成有毒化合物的问题仍存在争议，还需要做更深入的研究。

5. 辐照处理

（1）电子束辐照。电子束辐照（electron beam irradiation，EBI）是一种安全绿色，甚至可以替代 γ-射线的新型辐照技术。与 γ-射线相比，电子束不需要放射性同位素来产生电离辐射，而是通过电子加速器在真空环境下，以 $0.15 \sim 10$ MeV 的高能水平将电子加速到接近光速时即可产生。EBI 主要应用于鲜切果蔬的抑菌杀菌，其机理主要是破坏 DNA 结构，使酶和膜蛋白变性，从而导致微生物细胞的正常功能丧失。此外，它还可通过间接作用，使一些物质发生分解形成活性自由基，氧化微生物细胞膜，破坏细胞的完整结构，使其生长、发育和繁殖受阻。研究发现，经 EBI 处理的鲜切哈密瓜中的沙门氏菌减少了 3.8 lg CFU/g。EBI 在维持鲜切果蔬色泽方面的应用效果也较显著，经 EBI 处理鲜切西瓜的颜色更红，是因为该处理增加了细胞膜的通透性，使番茄红素溶出。EBI 处理能抑制鲜切牛蒡中 PPO 和 PAL 活性，降低酚类的合成，进一步减少酶促褐变反应中的酶活性和底物浓度，起到抑制褐变的作用。美国食品药品监督管理局（food and drug administration，FDA）规定了 EBI 的使用剂量，除了新鲜的生菜和菠菜的剂量可以达到 4.5 kGy 外，其他新鲜的果蔬允许使用的剂量为 ≤ 1.0 kGy。但是由于 EBI 在鲜切果蔬中的应用处于兴起阶段，其最大剂量应用的安全性和可行性仍存争议，还需不断地探索。

（2）紫外线辐照。紫外线（ultraviolet，UV）的波长在 $10 \sim 400$ nm，根据生物效应的不同，其分为 4 个波段：$10 \sim 200$ nm 的真空紫外（UV-D）；$200 \sim 280$ nm 的短波紫外（UV-C）；$280 \sim 315$ nm 的中波紫外（UV-B）和 $315 \sim 400$ nm 的长波紫外（UV-A）。由于核酸对紫外的吸收、反应波峰分别为 $260 \sim 265$ nm、$260 \sim 269$ nm，故常用 UV-C 对贮藏食品杀菌，其原理是通过光化学反应诱导细菌的 DNA 形成嘧啶二聚体，从而破坏 DNA 结构，使蛋白质合成受阻。此外，高剂量的 UV-C 还可直接破坏膜蛋白，影响细胞膜结构，导致微生物细胞裂解死亡。UV-C 处理鲜切果蔬的剂量越高，杀菌效果越好，但是高剂量又会给其他品质带来不良影响，因为高剂量的 UV-C 照射，容易导致果蔬组织细胞脂膜过氧化，使细胞通透性增大。UV-C 还能诱导鲜切果蔬次生代谢产物的积累，如刺激机体产生 H_2O_2，进一步催化酚类物质的合成积累。除此之外，UV-C 处理还能减少鲜切蚕豆中抗营养因子（植酸、棉子糖和缩合单宁）的含量，抑制不良的苦味、涩味和酸味的产生。UV-A 和 UV-B 虽然在杀菌方面存在一定的局限性，但是 UV-A 穿透能力强，能显著影响 PPO 活性，在抑制褐变方面的效果较好，而 UV-B 的主要作用则是诱导鲜切果蔬次生代谢中酚类物质的积累。UV 对鲜切果蔬的保鲜效果，取决于 UV 的类型和照射剂量，还与果蔬的种类有关。

（3）脉冲辐照。脉冲光（pulsed light，PL）是从连续的 UV 处理演变而来的，指利用惰性气体（氙气为主）闪光灯，在紫外光、可见光和红外光的频率区域内（$200 \sim 1100$ nm）产生短时间、高功率的广谱光脉冲，具有成本低廉、环保节能、方便灵活、短时高效等优点。PL 主要应用于鲜切果蔬表面杀菌，其杀菌原理与 UV 类似。金黄色葡萄球菌对 PL 最敏感，其次是大肠杆菌 O157：H7 和沙门氏菌，而单核增生李斯特菌对 PL 抗性最强，可能与革兰氏阳性细菌有较厚的肽聚糖层有关。PL 对不同切割方式的鲜切果蔬的杀菌效果也不一样，在对哈密瓜的研究中，发现球状样品中的微生物最少，可能是因为球状样品可以减少脉冲光在其表面的散射。PL 的光热效应会给产品带来不利影响，在破坏细菌壁膜的同时，还会使部分果肉组织细胞裂解，从而导致组织软化或褐变。已有研究显示，PL 结合可食性涂膜保鲜，能进一步抑制鲜切苹果和鲜切哈密瓜硬度的下降，这是因为可食涂膜能结合细胞中的果胶和纤维素成分，避免 PL 对果肉细胞的破坏，因此，二者联用能更好地保持细胞壁的完整性。虽然 FDA 早已批准 PL 在食品中的应用，但是 PL 在鲜切果蔬中的应用仍处于研究阶段，PL 对各类鲜切果蔬的安全品质、感官品质和营养品质的影响仍需进一步研究。

6. 臭氧水保鲜处理

臭氧水处理是一种目前在鲜切加工中较为普及的物理保鲜技术。其对细菌、真菌、病毒以及真菌孢子具有显著的抑制作用，因此，最近几年在食品保鲜领域受到广泛关注。它能够穿透细胞壁，作用于细胞膜外部的脂蛋白和内部的脂多糖，改变微生物细胞膜的通透性，造成菌体蛋白质变性及破坏菌体酶系统，导致微生物溶解死亡。其次，臭氧是强氧化剂，能消除鲜切果蔬呼吸所释放的乙烯，且臭氧与乙烯反应生成的中间产物还可抑制霉菌的生长繁殖。此外，臭氧处理还能降低鲜切果蔬呼吸强度及营养物质消耗，延缓果蔬后熟和衰老，达到延长鲜切果蔬货架期的作用。目前，臭氧水处理常用于鲜切西蓝花、莴苣、生菜等叶菜类蔬菜的保鲜，并取得良好的保鲜效果。

新兴处理技术在鲜切果蔬中的应用见表 11-5。

表 11-5　新兴处理技术在鲜切果蔬中的应用

（二）化学保鲜法

1. 褐变抑制剂

由于亚硫酸及其盐类易引起一些过敏反应及其他不为人知的副作用，已被禁止或限制使用，因此天然、无副作用的褐变抑制剂备受世人关注。目前，已探明抗坏血酸及异抗坏血酸类衍生物、柠檬酸、L-半胱氨酸、乙二胺四乙酸（ethylenediaminetetraacetic acid，EDTA）、4-己基间苯二酚（4-hexylresorcinol，4-HR）、二硫苏糖醇（dithiothreitol，DTT）、谷胱甘肽及一些蛋白质、肽、氨基酸等物质对果蔬制品的褐变现象有一定的抑制作用，但效果不如亚硫酸盐类理想。为了解决这一问题，根据不同的处理对象进行抑制剂的复配是常见的应用方法。

2. 杀菌剂

鲜切果蔬对杀菌剂的要求比较高，首先要温和，对果蔬组织没有破坏性，其次要安全，对人体无毒副作用。目前经常采用的是次氯酸、二氧化氯的水溶液浸泡杀菌，但这类杀菌剂并不能完全抑制病原菌生长，且有一定的药物残留。5% 左右的过氧化氢处理能够达到 3 个对数单位的杀菌效果，且不会有残留物，在生产中也被使用。还有一些可以安全使用的防腐保鲜剂，如富马酸二甲酯、乳酸钠、乳酸链球菌素和山梨酸钾等。

3. 维持细胞稳定、抑制降解酶活性的物质

钙盐，特别是氯化钙，可同细胞壁上的果胶酸形成果胶酸钙，进而增加鲜切果蔬组织硬度，阻止汁液外渗，降低呼吸作用，抑制乙烯、延缓组织衰老。此外，适宜浓度的香兰素也可抑制组织降解酶的活性。

4. 吸附剂

吸附型保鲜剂主要有乙烯吸收剂、吸氧剂和二氧化碳吸附剂。乙烯吸附剂一般由沸石、铝、过氧化钙、高锰酸钾等组成，可控制外源乙烯含量，消除乙烯的自我催化作用。水果腐烂主要由微生物及本身的一系列生物化学反应引起，而这些反应与氧气的存在有关，如能将水果包装内的氧气除去，便可抑制果实的变质，延长货架期。吸氧剂在日本、美国和欧洲等国家和地区已得到广泛应用，配料主要有抗坏血酸、铁粉和亚硫酸盐等，它与含水食品共存可迅速吸收氧气。二氧化碳吸附剂主要有活性炭、消石灰、氯化镁和焦炭分子筛，其中焦炭分子筛既可吸收氧气、二氧化碳，又可吸收乙烯。

5. 植物生长调节剂和中草药保鲜剂

植物生长调节剂主要有生长素类、赤霉素类、细胞分裂素类、水杨酸及其衍生物、茉莉酸甲酯等，可用来调节和控制果蔬采前和采后的生命活动。但很多植物生长调节剂不允许被用于鲜切果蔬加工。中草药保鲜剂近年来受到重视，因为中草药中的某些成分可抑制抗坏血酸过氧化物的活性，减少水分的散失，降低产品的褐变率，维持较高的营养成分。已研究的中草药有丁香、大黄、姜和大蒜等。但中药有效成分的提取与大批量生产还存在一定的问题，因而限制了中草药保鲜剂的使用。

（三）生物技术保鲜

生物技术在果蔬贮藏保鲜上的应用，是近年新发展起来的具有良好前景的贮藏保鲜方法，主要发展方向是利用生物工程技术改良原料。

乙烯是导致呼吸跃变型果实采后自然衰老进而腐烂的关键因子。基因工程保鲜技术可以通过基因工程手段，控制乙烯合成相关基因的表达，从而控制果蔬成熟过程中乙烯的合成，达到延缓果蔬贮藏期间软化的目的，最终实现果蔬的保鲜。与果实中乙烯合成相关的基因有ACC合成酶基因（ACS）、ACC氧化酶基因（ACO）和ACC脱氨酶基因（ACCD）。

软化也是鲜切果蔬保鲜中不易克服的问题。目前发现的与果蔬软化相关的基因有：多聚半乳糖醛酸酶（PG）、果胶甲酯酶（PME）和纤维素酶，均与果蔬细胞壁的降解相关。促使大多数果蔬软化的最主要的酶是PG，它可降解植物细胞壁中的多聚半乳糖醛酸，从而使组织软化。通过基因工程的手段，转入反义PG基因，降低PG的活性，延缓产品的软化；该基因转入的同时，还可以减弱外源乙烯的作用，这些都有利于原料的贮藏。PME参与了植物的细胞壁代谢，有促进组织衰老的作用；纤维素酶则与细胞壁的生长发育有关。因此，控制PME和纤维素酶的合成也是改良产品贮藏性能，减缓软化的方法。

基因工程技术还可以通过调控转录因子改善贮藏性能。例如，香蕉在绿熟期采收，采收后果实淀粉降解，导致果实软化。转录因子Ma MYB3负调控香蕉果实成熟，并且能结合Ma GWD1的启动子抑制淀粉降解。在番茄中超表达香蕉Ma MYB3基因，发现超表达香蕉Ma MYB3基因的番茄果实，其内源乙烯释放及转色均受到抑制，果实淀粉降解酶基因表达及淀粉降解等也受到抑制，说明 Ma MYB3 与香蕉果实成熟关系密切。

此外，Ma NAC1/2 转录因子在香蕉成熟和品质形成过程中也起着重要的调控作用，Ma XB3 与乙烯合成关键酶 Ma ACS1 和 Ma ACO1 互相作用，并介导其通过泛素—蛋白酶体途径降解，进而调控乙烯合成和乙烯反应来调控香蕉果实成熟。这些转录因子都是未来基因工程改良原料贮藏性能的重要切入点。

（四）涂膜保鲜

可食性涂膜是鲜食和鲜切果蔬保鲜技术发展的新方向。借助高分子物理化学的原理，将具有抑菌、抑制酶活、抗氧化等特性的物质负载在能够形成微孔的可食性成膜材料上，涂布在鲜切果蔬表面，形成一层可食性薄膜，相当于在鲜切果蔬表面重新构建了一层保护组织。它能够起到减少鲜切果蔬水分损失、限制氧气摄入、减轻外界气体及微生物的影响、抑制呼吸、延缓乙烯产生、降低生理生化反应速度、防止芳香成分挥发以及延迟褐变等作用。可食性涂膜的有效性依赖于可食性涂膜材料自身的特性，尤其是添加的活性物质（活性多肽、精油等）会极大地改变可食性涂膜的机械性能、水分和气体透过性能、膜的形态特征等。在选择合适的可食性涂膜材料时，要考虑到涂膜材料各组分的化学和物理特性，并考虑成膜后的机械特性和气体透过性等重要参数。例如壳聚糖及其衍生物作为一种新型的涂膜保鲜材料，具有良好的生物相容性、成膜性和一定的抗菌作用，它可以通过与病菌细胞壁的初生组织结合，阻碍细胞壁的发育，或与病菌体内的 DNA 相互作用，使 DNA 向 RNA 转录受阻，从而对革兰阳性菌（G^+）和革兰阴性菌（G^-）以及黑曲霉、寄生曲霉、黄曲霉等病菌产生直接的抑制作用。另外，其良好的黏着性和成膜性可使所添加的抗氧化剂、抗菌剂等天然助剂均匀地、持久地附着于鲜切果蔬表面，可有效延长鲜切果蔬的货架期。采用 2% 海藻酸钠结合 2% 氯化钙也是一种比较常见的可食性薄膜组成，将其涂布在鲜切梨表面，可使产品外观品质得到较大改善。

（五）纳米保鲜包装技术

纳米保鲜包装是一种新型的保鲜包装，纳米包装材料主要指使用纳米技术对包装产品进行纳米添加、纳米改性、纳米合成，使其具有某种特性或功能的一类食品包装材料的总和。纳米粒子可以显著改善原始材料的物理和化学性质，如机械强度、热稳定性、导电性等。同时，经过纳米化加工的复合包装材料，除了对 O_2、CO_2、挥发性物质和香味具有良好的阻隔性能外，纳米颗粒还可以作为抗菌剂和添加剂的载体用于鲜切果蔬的保鲜包装中，可通过综合作用来延长产品货架期。纳米复合包装材料可以提供多功能的活性，常见的纳米包装材料有纳米 Ag、纳米 ZnO、纳米 TiO_2 等。纳米 Ag 颗粒能够有效地减少包装内的乙烯含量，还能抑制微生物生长；纳米 ZnO 的主要特点是抑制微生物生长；纳米 TiO_2 则具有广谱的抗菌作用。目前，纳米技术应用于鲜切果蔬的保鲜包装还处于初步阶段，有人已将其用于鲜切苹果、胡萝卜、马铃薯等的保鲜包装中，并取得较好的保鲜效果。

二、鲜切果蔬加工技术

（一）一般工艺流程

原料收获→田间包装（木箱/纸箱）→运输→冷却（真空或强制通风冷却）→去心（核）→切分→修整→清洗（消毒）→离心→包装→冷藏→销售（冷链）

鲜切蔬菜加工

（二）操作单元要点

1. 原材料选择

鲜切果蔬的加工，全流程不经过高温灭菌，产品到达消费端后往往直接用于烹调。其中，作为沙拉、冷盘等即食菜品制作的鲜切产品占比非常大，因此，其对于原料品质的要求非常高，在安全性、卫生品质、外形、成熟度等方面都需要满足相应的标准。

（1）安全性。果蔬的安全性问题主要来源于栽培种植环境，应该对原料的农药残留、重金属含量、抗生素、硝酸盐含量加以要求和控制。要对种植基地进行充分的调研和评估，建立稳定安全的原材料渠道。目前，我国一些大中型城市的鲜切加工企业，往往由城市郊区的农业种植企业延伸而来，保证原料供应风险的可控性。

（2）卫生品质。微生物是危害鲜切产品贮藏品质，甚至带来食源性疾病的重要原因。栽培环境的土壤、施肥和水体是原料微生物的主要来源。使用未经发酵的人畜粪便等农家肥会导致大肠埃希菌、沙门氏菌等入侵果蔬。有研究表明，种子的微生物会继续在地上植株部分存在。此外土壤和灌溉用水中的细菌、霉菌、放线菌、酵母菌也是农田微生物污染的重要原因。

（3）外形。外形尺寸是否标准统一，影响到切分环节，目前我国许多鲜切加工企业仍然采用手工切分，手工切分对外形统一度的要求要低于机器切分。

（4）成熟度。在原料成熟度的选择方面，要依据产品的用途来确定。对于做即烹即食类用途的鲜切果蔬，要选择达到鲜食成熟度的原料。而对于具有一定货架期要求的产品，不能选择成熟度太高的原料，一般选择中等成熟度。

（5）生理学特性。应尽量选择抗病性好、对机械伤敏感性低、对低温贮藏和气调贮藏忍耐性强、呼吸强度低、可溶性固形物含量高的品种。

2. 采收、田间包装和运输

（1）采收。

①用于鲜切加工的大部分果蔬原料，是按合同规定的品种与栽培技术（包括播种面积、播种时间、农药和化肥的应用和收获条件）栽培的，因此要按照计划进行采收。

②采收时间一般是早晨，因为这时温度相对较低，果蔬呼吸强度低。早上采收对于立即加工的原料来说便于和生产衔接。

③采收前不进行浇水或施肥管理，如果从果园采收水果，暴雨过后 3 d 之内不进行采收，此阶段的果实干物质含量下降，并且贮藏期间容易出现裂果、病害等问题。

④果蔬收获后必须快速预冷至 1 ℃，部分严格要求的品种必须在收获后 4 h 内冷却至 1~2 ℃。快速预冷的方法主要是包装加冰冷却、水冷却以及真空冷却。

用于制作沙拉或送往连锁餐饮店的蔬菜必须在收获当天完成加工，最晚不超过 2 d，用于具有一定贮藏期的季节性消费产品可根据原料供应情况、产品耐贮性等进行长期或短期低温贮藏。对于需要进行中长期贮藏的原料，要考虑其冷敏性，制定贮藏规程，避免冷害。

（2）田间包装。即便是立即进入加工流程的原料，采收后也要进行一定的包装，避免运输过程中的机械伤。需要进行贮藏的原料，包装还可防止其贮藏期间水分蒸发。短途运输的原料，包装多采用捆扎或保鲜膜的简单包装后再用塑料筐进行简单分装，进入运输环节。长途运输的原料则需要采用瓦楞纸箱、钙塑箱等减震包装。

（3）运输。鲜切果蔬加工全流程都要实施冷链管理，因此，原料运输不分路途长短，都要进行冷链运输，常用的运输工具是集装箱加配制冷机的冷藏运输车。运输温度也要保持在 4 ℃以下。

3. 质量评价

收获原材料后还要对原料进行质量控制，要对形状、病虫害、微生物指标、农药残留、硝酸盐等基本指标进行监控。特别是沙拉用果蔬要求外观完整、没有虫害、没有生理性或细菌性疾病、不存在坏死组织、遵守农药残留及硝酸盐含量的规定。

4. 修整、去皮（芯）

蔬菜原料要经过修整，主要是将位于外部的、黄化的、纤维化的不可食部分去除。大部分水果要经过去皮和去芯，该操作对果蔬造成伤害，而使用非常锋利的刀可最大限度地减少这种伤害。切割操作可以部分机械化，如全自动切割机、劈桃机、捅芯机等，生产效率更高，创面更整齐，并可降低人工成本。但机械化操作的适用范围是有限的，对于生菜、葱姜等形状不规则的产品还要依靠手工操作。马铃薯可以采用部分机械化去皮，但擦皮机造成的创面较大，机械伤反应比较明显。因此，手工操作不能被完全取代。机械伤会导致创面褐变，同样的切割，刀片越锋利，褐变面积越小。此外，不洁净的工具也会加速褐变，因此要注意刀刃的清洁。日本的一些企业采用弱酸性电解水或酸性次氯酸水不间断地喷淋刀头，对于减轻创口褐变非常有效，可见及时的清洗也能控制褐变。苹果在水中切割后，在 8 ℃的空气中贮藏数小时也没有明显的视觉褐变，其原因可能是因为切割引起的细胞汁液被立即洗出，而在空气切割后再迅速浸入水中，则流出液在洗出之前已迅速扩散到内组织层。切割和清洗间隔越长，贮藏褐变越严重。褐变不影响内部组织，因为切片在切割后没有观察到再次变色。除了机械去皮之外，很多水果还可以采取热烫去皮、酶法去皮。热烫去皮对于酶促褐变具有一定灭活作用，有利于后续的切分操作，酶法去皮不造成创面，引发的褐变现象要远小于机械去皮法。

5. 切分

用于进行鲜切加工的被修整好的原料，需要按照要求先清洗再切分。切分是鲜切果生产的必要环节，此过程会对植物组织造成伤害，但同上一步一样，用锋利的刀片则可以减少这种伤害。切分需要在低温下进行，一般生产车间应在低于 12 ℃下进行机械或手工操作。切分大小是影响鲜切果蔬品质的重要因素之一，切分体积越小，切分面积越大，保存性越差。刀刃状况与所切果蔬的保存时间也有很大的关系，采用锋利刀具切分的果蔬保存时间长，钝刀切分的果蔬由于切面受伤多，容易引起切面褐变。在多数工艺中，产品切分后就立即进入冲洗池。由于切割须在水中进行，许多企业现在采取水喷射切割（图 11-5）。该设备的原理是：产品被传送到多 U 形凹槽条带中，使叶子主脉与流向平行，且不锈钢架子传送器可把产品的厚度限制在要求范围内。固定在横栏上的横向或交替变换的水喷射器把原料切开。水喷射器的压力，根据切割产品不同，在 50~100 MPa 变换。切块的平均宽度为 $P/2v$，这里 P 为水喷射器头交换周期，v 为传送速度（cm/min），切分后的产品立即进行冲洗。

在一些小微型加工企业中，机械化切割不易实现，仍然使用人工切分，需要操作者和操作界面保持清洁卫生，刀具保持锋利，并经常消毒。切分后立即进入清洗单元，尽量减小褐变发生的概率。

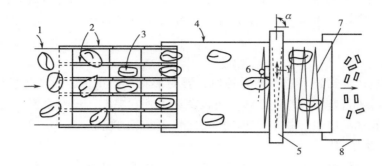

图 11-5　鲜切产品的水流喷射切割示意图（胡文忠，2009）

1—传送带；2—多 U 形凹槽条带；3—被切割原料；4—不锈钢架子传送器；5—横栏；

6—水喷射器；7—产品传送装置；8—产品冲洗装置

6. 清洗

清洗处理是鲜切果蔬加工中不可缺少的环节。首先，清洗可以减少果蔬表面的微生物。由于失去表皮的保护，鲜切果蔬更易被微生物（主要是细菌）侵入而变质。在鲜切果蔬表面一般无致病菌而只有腐败菌，如欧氏杆菌、假单胞杆菌，因为这类细菌对致病菌有竞争优势。但在环境条件变化时，也可能导致微生物菌落种类变化，而引发致病菌的生长。在包装内部的相对高湿、低氧、低盐、高 pH、高温（>5 ℃）等条件下，一些致病菌如梭状芽孢杆菌（Clostridium）、李斯特菌（Listeria）、耶尔森菌（Yersinia）等有可能产生毒素。因此，鲜切果蔬贮藏应严格控制条件，减少微生物数量，防止氧化。其次，清洗还可以可除去表面细胞汁液。经切分的果蔬表面已造成一定程度的破坏，汁液渗出更有利于微生物活动和酶反应的发生，引起腐败、变色导致果蔬质量下降。清洗用水须符合饮用水标准，并且温度最好低于 5 ℃。也可采取专门的护色措施来防止褐变，如在去皮或切分前后，清洗水中含氯量或柠檬酸量为 100～200 mg/L 时可有效延长货架期。使用次氯酸钠（最低浓度应控制在 50 mg/kg 以下）清洗可有效抑制产品褐变及病原菌数量，但使用氯处理后的原料必须经过清洗以减少氯的残留量，否则会导致产品萎蔫，且具有残留氯的臭气。氯水清洗操作的最后一步是用低于 0.5 mg/kg 活性氯的自来水漂洗，冷水（1～3 ℃）必须不断更新，以避免消毒部分中氯气堆积，漂洗水可在过滤和净化后再循环到上游的冲洗机中循环再利用。

7. 脱水

切分清洗后的果蔬应立即进行脱水处理，否则比不清洗造成的后果更严重，因为清洗环节无法使产品达到商业无菌的状态，包装袋中含过量自由水会导致微生物快速繁殖并引起腐败。通常使用离心机进行脱水，离心机的转速和脱水时间要适宜，因为脱水不足会导致水分残留，但转速过高可能会导致机械损伤。离心循环开始时，轻轻装填易碎的叶子或切块，接着平稳加速。鲜切甘蓝处理时，离心机转速为 2825 r/min，时间为 20 s，鲜切生菜脱水时，离心机转速为 100 r/min，时间为 20 s。也可以采用空气隧道干燥，此方法目前在欧洲和美国普遍使用。干燥隧道由层叠的振动格子组成，以运输产品和一组空气干燥单元。隧道采用逆流式干燥，即产品进入方向与空气的流向相反，干燥空气要经过滤并用紫外管消毒（250~280 nm）。需要注意的是脱水和干燥的环境温度不可超过 12 ℃。

8. 包装

鲜切果蔬在空气中易褐变、易被微生物侵染且代谢旺盛，故在生产鲜切果蔬时，还需要采取相应的包装措施，才能达到所要求的货架期。包装可直接起阻隔作用，防止微生物侵染，同时也能调节果蔬微环境，控制湿度与气体成分。工业上使用最多的包装薄膜是聚氯乙烯（PVC），用于直接包裹产品，其次是聚丙烯（PP）和聚乙烯（PE），用于制作包装袋，复合包装薄膜通常用乙烯—乙酸乙烯共聚物（EVA），以满足不同的透气速率。鲜切果蔬的包装方法主要有自发调节气体包装（MAP）、减压包装（MVP）及涂膜包装。MAP 结合冷藏能显著延长贮藏期，但在实际生产中其应用具有一定的局限性。因为目前还没有找到足够透气性的包装材料，只能采用在包装材料上打孔的办法来控制适宜的气体指标。MVP 是目前比较常用的方法，如切割生菜可采用 80 μm 的聚乙烯袋进行减压包装（抽真空至压力为 46 kPa），在 5 ℃下，生菜可贮藏 10 d 不褐变。涂膜包装材料主要有多聚糖、蛋白质、纤维素衍生物，由于其方便、卫生且可食用等优势，近年来应用增多。鲜切果蔬包装后，应立即放入冷库中贮存，贮存时应单层摆放，否则产品中心部位不易冷却，放入纸箱中贮存的更应注意。销售过程尽量在低温环境中进行。

包装室必须干净，并冷却到 1~2 ℃，且与洗涤系统分开。法国的低度加工蔬菜主要包装于 25~40 μm 厚的聚丙烯袋中。在英国和爱尔兰，菠菜、青花菜和花椰菜等多种蔬菜由于呼吸作用旺盛，加工后产品必须用透气性高的微孔薄膜包装。定向聚丙烯（OPP）由于亮度、脆性和更适于机械包装而比聚乙烯更受欢迎。在分装温度不超过 10 ℃时，这种薄膜的透过性更适于包装鲜切阔叶菊苣和莴苣，并且这种薄膜可以在包装袋内产生平衡的改良气体（稳态），阻止呼吸代谢和品质劣变。如表 11-6 所示，当阔叶叶片贮藏在富含 CO_2 的气体中时，注入高浓度的边缘假单胞菌（*Pseudomonas marginalis*）悬浮液也不会坏死。但不含 CO_2 气体的贮藏环境中该菌液会引起叶片边缘褐变。有人认为 CO_2 对由边缘假单胞菌（*Ps. marginalis*）导致的软化腐烂的抑制作用，是由于 CO_2 溶解而使细胞质呈现酸性，反过来又抑制这种细菌产生的果胶裂解酶的活性。

表 11-6 气调贮藏对在阔叶叶片上接种软腐病菌的抑制作用（胡文忠，2009）

气调			接种物	
CO_2/%	O_2/%	H_2O（对照）	*Ps. m*	滤液培养基 *Ps. m*
40	10	0	0	0
20	10	0	0	（+）
0	22	0	++	++

注 *Ps. m* 为 *Pseudomonas marginalis*；0 表示没有变质；（+）表示没有褐变，轻微的软腐；++表示褐变，软腐。

在包装内充入 N_2 并使包装内的剩余氧浓度范围在 1%~3%，形成人工气调环境，可使气体成分处于稳定状态，且不依赖于包装中的初始气体混合物。一些鲜切果蔬加工企业在包装袋中引入 CO_2，使封口后其浓度达到 5%~10%。

切碎的胡萝卜和卷心菜在过高的 CO_2 和过低的 O_2 下贮存时会迅速变质，这些产品的破坏是由 O_2 的消耗而不是由 CO_2 的升高引起的。这些有害气体条件会导致胡萝卜组织的生理紊乱和汁液渗出。这些液体为乳酸菌等微生物提供了生长的基质。渗透性更强的薄膜与常规 OPP 相比，可显著减少产品腐败。一些特殊的鲜切产品需要缺氧的环境，如苹果切片或预先剥皮的新鲜马铃薯，需要包装在高阻隔性膜内，并利用氮气补充真空。在包装后必须立即将最迟销售日期标于包装袋上。包装根据先进先出原则放于硬纸箱中，并在 $1 \sim 4\,℃$ 的冷室中贮藏。发货平台必须装有冷封闭室。冷藏链的要求必须遵守并控制直到进入贮藏者的冰箱橱柜中。

9. 冷藏

温度是影响鲜切果蔬品质变化的主要因素。低温保藏能有效地减缓酶和微生物的活动，是一种保存食品原有新鲜度的有效方法。鲜切果蔬都需进行冷藏，冷藏可以抑制果蔬的呼吸强度，降低组织的各种生理生化反应速度，延缓衰老和抑制褐变。大多数酶活性化学反应的温度系数 Q_{10} 在 $2 \sim 3$，这就是说温度每下降 $10\,℃$，酶活性就会削弱 $1/3 \sim 1/2$。假设 Q_{10} 值为 2.5，温度从 $10\,℃$ 升高到 $30\,℃$，食品中呼吸活性的变化幅度可以增加 6.25 倍。任何微生物都有一定的正常生长和繁殖的温度范围，降低温度后，微生物的生理代谢被抑制。但是低温也会造成鲜切果蔬的冷害，与未加工果蔬相比，有些鲜切果蔬对低温更为敏感，更易发生冷害。大多数鲜切果蔬在 $10\,℃$ 以下时会发生不同程度的冷害，但 $10\,℃$ 以上贮藏时，微生物的腐败变质及褐变相当严重。因此，鲜切果蔬的贮藏宜在低温（$4\,℃$）以下，即便是甜瓜这样冷害临界温度高于 $4\,℃$ 的产品。因为这些产品即使发生冷害，引发的品质劣变也比因提高温度而引起的腐败变质要轻得多。此外，有些产品在 $4\,℃$ 还没有积累出冷害，就已经达到了货架期的极限。为了保证鲜切果蔬的品质，从原料采收后直到消费终端，产品及其中间过程都要保证在冷链温度条件下周转，这是鲜切果蔬保鲜成败的关键。

三、鲜切果蔬的加工条件

（一）单向流生产线

单向流生产线就是要求在鲜切果蔬加工过程中严格按照果蔬原料、清洁产品和废物处理的流程，工作单元之间没有"交叉"，只能遵循向前的单向流的原则。修剪室、清洗室、包装室必须分离，不同加工室必须通过墙分界（图 11-6），从修剪室到包装室逐步增加清洁度，目的是防止交叉污染。

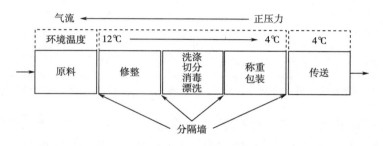

图 11-6　鲜切果蔬加工生产线及环境示意图

（二）加工车间中的温度控制

鲜切加工的工艺单元之间的温度梯度和产品流动方向是逆向的，即温度越来越低，修剪室和消毒室的温度不得超过 12 ℃，包装车间和仓库则不得超过 4 ℃。产品在流通过程中必须控制温度在 10 ℃以下，包装前的产品应冷藏在 0~2 ℃的稳定环境中，要求保鲜包装的产品必须立即存放在 4 ℃的环境中，并且在交付给消费者前维持在 0~4 ℃。

（三）不同加工单元的空气流动

设计通风系统要以保持所需温度，并防止灰尘的凝结附着和可循环为准则。气流必须从包装室向修剪室流动，即与工艺流程是逆向的，保证最洁净的产品接触到最洁净的空气（图 11-7）。

（四）废物流出及处理

修整、清洗环节产生的废弃下脚料和废水要从设备中转出，以避免交叉污染。在加工车间内，必须清楚标明处理非食用材料和废料所用的设备及机械，这些机械设备不能用于生产产品。在车间外任何用于非食用物料和废物的容器应防水并易于清洗和消毒，以避免污染物渗出。

（五）清洗设备、材料和器皿

清洗可采用一种方法或几种方法相结合的方式，包括机械清洗（洗、刷、水喷）或化学清洗（酸性或碱性洗涤剂）。洗涤必须去除所有形式的不良物质，可以采用洗涤剂或消毒洗涤剂，目的是消除粉尘和细菌的生物膜。

（六）环境卫生与卫生程序

加工车间洗涤后，机器也需要用蒸汽或化学品进行有效的消毒。操作人员应知道卫生程序（包括操作守则、食品卫生通则等），并在特定区域穿上防护衣物和鞋类。

（七）氯化处理

与加工卫生处理相关的氯的使用，可以显著改善产品微生物的附着数量。考虑氯溶液的不稳定性，氯的含量需要频繁地测定。pH 对氯的有效性十分重要，消毒液的 pH 应该在 6.5~8。

（八）流通条件

为了直到购买时产品仍能保持质量，鲜切果蔬必须经冷链销售，且严格遵循货架期。生产方必须在包装上加盖"此日期前为最佳日期"。货架期的测定是生产者的责任，产品货架期的确定，必须考虑到冷藏链的温度并采用科学数据确定。为了模拟鲜切产品的真实配送，货架期 2/3 的时间，要求温度条件是在规定温度（4 ℃），其余 1/3 时间是在 8 ℃。

第三节　鲜切果蔬的相关标准

一、我国鲜切果蔬标准发展历史

鲜切蔬菜在我国起步较晚，在 2010 年以前还没有制定过相关的国家标准，2007 年 11 月，江苏省质量技术监督局发布 DB32/T 1148—2007《鲜切叶菜》、DB32/T 1149—2007《鲜切根菜》和 DB32/T 1150—2007《鲜切蔬菜》，是我国迄今可查的最早的关于鲜切果蔬的地方标准，上述三个标准于 2018 年 2 月 24 日废止。同年 12 月，农业部发布 NY/T 1529—2007《鲜切蔬菜加工技术规范》（现行有效），是我国第一部鲜切果蔬相关的行业标准。十四五以来，随着冷链物流产业布局的完成，我国鲜切果蔬相关标准制定得到了大力发展，2021 年 2 月，国家卫生健康委员会和国家市场监督管理总局联合发布 GB 31652—2021《食品安全国家标准　即食鲜切果蔬加工卫生规范》，为我国鲜切果蔬加工相关的第一部国家标准。

二、我国鲜切果蔬标准现状

截止 2024 年 7 月 30 日，我国共制定鲜切果蔬相关国家、行业、地方和团体标准 28 条，现行有效 25 条，其中现行有效国家标准 1 条，行业标准 5 条，地方标准 6 条，团体标准 13 条。国家卫生健康委员会、国家市场监督管理总局、农业农村部、海关总署和中华供销合作总社五个部委从产品标准、加工技术规范、加工卫生规范、产品标识、包装等方面对鲜切加工产品和加工过程进行了规范。北京市、上海市、江苏省、山东省、浙江省、辽宁省、重庆市、广东省、广西壮族自治区和内蒙古自治区相关政府部门、团体从地方经济发展需求和鲜切果蔬发展趋势等角度出发，针对大宗果蔬、地方特色果蔬、预制菜用鲜切果蔬制定了标准。从标准的整体情况（表 11-7）来看，鲜切蔬菜相关标准多于鲜切水果相关标准，与其他类型的果蔬加工产品或加工技术相比，鲜切加工果蔬相关标准数量较少，对产业链的覆盖面仍显不足。

表 11-7　我国鲜切果蔬现行有关标准

第四节　鲜切果蔬生产实例

一、鲜切叶用莴苣（生菜）加工

（一）工艺流程

莴苣→预冷→预处理→原料清洗→切分、整理→清洗→消毒→护色、保鲜→脱水→气调包装→冷藏

（二）操作单元要点

1. 原料要求

选用加工专用型莴苣品种，要求球型大，茎短小，叶片翠绿，耐贮运，口感好，品种具有抗热性、抗寒性、抗抽薹与抗病性，应符合 NY/T 582—2002 和 NY/T 1984—2011 的规定。栽培营养调控技术要求：防止缺素性生理病害。

2. 预冷

在 10 ℃ 以下对生菜进行 12 h 预冷，常采用冷库冷空气预冷，有条件可采用真空预冷。相关参数可参考 GH/T 1191—2020《叶用莴苣（生菜）预冷与冷藏运输技术》。

3. 预处理

保留所接受原料信息，清除所有损伤、发霉或腐烂的原料和外来物质，用磁铁或金属探测仪检查金属碎片，如果发现问题去除不合格产品。

4. 原料清洗

使用符合 GB 5749—2022 和 NY/T 1984—2011 规定要求的清洗用水进行清洗，清洗过程可以适量添加符合要求的果蔬专用清洗剂和消毒剂，使用清洗剂清洗后需要使用符合 GB 5749—2022 和 NY/T 1529—2007 要求的清水再对产品充分喷淋，以除去表面残留的清洗剂和消毒剂。有些企业会在原料清洗之后采用沥干、烘干或甩干的方式去除表面水分再行切分。

5. 切分

采用机器或手工对清洁后的原料进行切分，一般切分尺寸为（30~40）mm×（5~6）mm，切分后立即放入清洁水中漂洗产品。清洁水中可加入 GB 2760—2024 允许的食品添加剂进行抗氧化和抗褐变处理，有实验表明，柠檬酸和抗坏血酸复配护色剂对于莴苣护色有显著的效果。清洁用水应满足 GB 5749—2022 的要求。

6. 脱水

可采用沥干、烘干和甩干的方式对产品进行脱水。

7. 包装

包装可采用气调包装，通过自动式气调包装机完成。包装方式一般分为盒装和袋装两种。盒装产品应采用满足 GB 4806.7—2023 要求的透明塑料盒进行包装，袋装产品应采用复合 GB 4806.13—2023 要求的透明塑料袋进行包装。

8. 冷藏和运输

使用冷藏运输车，将贮运温度控制在 1~5 ℃，并确保均匀制冷。贮运环境要求整洁、无泥土、无灰尘以及异物，不与有毒、有害、有异味的物品混运、混储，装卸时需注意减少物理损伤并防止微生物污染。

二、鲜切西兰花加工

（一）工艺流程

西兰花→预冷→修整→切分→清洗→消毒→护色、保鲜→脱水→气调包装→冷藏

（二）操作单元要点

1. 原料选择

花球新鲜紧实、球面规整、无畸形，花蕾细小、色泽鲜绿，无开花黄化，无病虫害、机械伤和霉烂。株高一般 14 cm 以上，花蕾（以最短直径计）11~13 cm。

2. 预冷

按原料标准剔出不合标准的原料，带叶装塑料筐中运输至冷库，及时进库预冷，库温设定为 0~2 ℃。

3. 修整

西兰花修叶时须再次剔除有病虫害、机械伤的不合格品，修整时刀口向外，防止伤及花杆。

4. 切分

机械切分采用西兰花自动分割切束系统，小型企业目前仍主要采用手工切分。

5. 清洗

西兰花清洗在 0~7 ℃的水中进行，为了充分洗去灰尘，清洗机采用鼓泡式清洗，在高压水流和强力气泡的作用下将鲜花充分翻滚，使表面的灰尘脱落，沉淀到底部隔离仓，密度小的杂质漂浮在水面，通过溢出水槽的水流被排除，进入尼龙袋中。原料再经过喷淋清洗后通过传送带送出。可使用二氧化氯、酸性电解水或水中通入臭氧或结合 UV-C 照射进行消毒，最后用清水喷淋除去消毒剂。

6. 脱水

目前企业多采用甩干法。

7. 气调包装

有研究表明鲜切西兰花可采用 0.02 mm 的双向拉伸聚丙烯（BOPP）进行包装。

8. 冷藏

西兰花耐冷性较好，可在 0~1 ℃条件下进行冷藏。

三、鲜切胡萝卜加工

（一）工艺流程

胡萝卜→预冷→预处理→切分→清洗护色→消毒→漂洗→沥水→包装→贮存

（二）操作单元要点

1. 原料

胡萝卜应符合 NY/T 493—2002 的规定。

2. 预冷

用于鲜切加工的胡萝卜一般采用冷库预冷，温度降到 4 ℃。

3. 预处理

检查胡萝卜在接受检验时可能未注意到的污染。用水清洗干净胡萝卜表面沾染的尘土、泥沙、杂质等，用磁铁或金属探测器检查金属碎片，如发现问题则及时去除，将清洗后合格的胡萝卜去除外皮，所用的刀具定时消毒。

4. 切分

用鲜切机对经去皮的胡萝卜进行切分加工，切成厚度为 30~40 mm 的片状、50~80 mm^3的粒状或厚度为 5~6 mm 的丝状。

5. 清洗护色

将切分后的胡萝卜立即放入水中清洗，清洗用水标准符合 GB 5749—2022 和 NY/T 1984—2011 规定。清洗用水温度控制在 0~7 ℃，清洗过程中添加果蔬专用清洗剂，水中可加入 0.5%柠檬酸和 1.5%食用盐进行抗氧化和防褐变处理。

6. 消毒

将清洗护色后的胡萝卜进行消毒，宜使用浓度为 50~100 mg/L 次氯酸钠，以 1~3 min 为宜。此外，切割前热处理、紫外线辐照、超高压处理、等离子气流或等离子水处理等，也是近年来改进鲜切胡萝卜杀菌、减菌技术的发展趋势。但还没有引入标准的技术规程。

7. 漂洗

将消毒后的胡萝卜放入清水中漂洗，漂洗时间为 1~2 min，以漂洗至无异味为宜。

8. 沥水

通过沥干、风干等方式去除产品表面水，防止盛装胡萝卜的容器直接与地面接触。

9. 包装

宜采用充气或者密封进行包装。

盒装产品：应采用满足 GB 4806.7—2023 要求的透明塑料盒，所装产品色泽正常，新鲜、清洁，具有胡萝卜果肉固有的颜色，形态基本均匀一致。袋装产品：应采用符合 GB 4806.13—2023 要求的透明塑料袋，所装产品色泽正常、新鲜、清洁，具有胡萝卜果肉固有的颜色，形态基本均匀一致。避免使用污染、损坏或者有缺陷的容器或者搬运工具，防止包装过程中微生物污染鲜切胡萝卜；检查包装材料和用于包装的气体。鲜切胡萝卜完成包装后应迅速移入 0~5 ℃的冷藏库或者冷藏车。

10. 贮存

包装好的鲜切胡萝卜宜贮存在 0~5 ℃的环境中。

四、鲜切马铃薯加工

（一）工艺流程

马铃薯→预冷→预处理→切分→清洗护色→消毒→漂洗→沥水→包装→贮存

（二）操作单元要点

1. 原料

按照 GB/T 31784—2015《马铃薯商品薯分级及检验规程》进行分级，鲜切马铃薯块、丁的加工原料达到鲜食薯二级以上，马铃薯丝的原料采用达到薯条加工的原料标准。

2. 预冷

采用冷库预冷到 4 ℃。

3. 预处理

用水清洗干净马铃薯表面沾染的尘土、泥沙、杂质等，用磁铁或金属探测器检查金属碎片，如发现问题则及时去除，将清洗后合格的马铃薯去除外皮，所用的刀具定时消毒。大部分马铃薯去皮机的原理采用擦除法，但该方法造成的机械伤害比较严重，不利于鲜切产品货架品质。因此，也有很多企业采用手工去皮法。

4. 切分

可采用切片、切丝、切丁机完成。

5. 清洗

加工使用的消毒剂如二氧化氯或次氯酸钠等应该符合 GB 14930.2—2012 的规定，消毒方式为浸泡处理。清洗后应及时漂洗消毒剂和杀菌剂。

6. 脱水

可采用沥干、风干和甩干的方式。

7. 包装

内包装材料直接与鲜切马铃薯接触，应无毒、无污染、无异味，与马铃薯没有生化反应，需具有一定的通透性、抗压性等。如需充气包装，需要选择合适的气体及气体比例，所选气体不能与鲜切马铃薯发生化学反应。聚乙烯包装材料和聚氯乙烯包装材料应符合 GB 4806.7—2023 的要求；其他种类的包装材料应该符合相应的国家食品安全标准。外包装材料应具有一定的通透性、抗压性，无异味、易降解等。瓦楞纸箱应符合 GB/T 6543—2008 的规定。塑料包装、复合包装等其他包装材料应符合 GB/T 23509—2009 的要求。

8. 贮藏

冷库及冷链装置温湿度传感器应均匀铺设，能观察到箱体内整个空间实时温湿度。产品从采购到生产加工、物流配送需保持冷链控制，成品储存及物流配送需保持 0~5 ℃。

五、鲜切苹果片加工

(一) 工艺流程

苹果→原料检验→预冷→冷藏→消毒→去皮、去芯→切分→清洗→沥干→包装→贮藏、运输

(二) 操作单元要点

1. 原料

符合 GB/T 10651—2008 标准。优先选择表面光泽、果体圆润、色泽鲜亮、成熟度适中、无病虫害、无异味的果实，用于鲜切加工的原料建议人工采摘。

2. 预冷

立即用于加工的苹果可采用水冷却，需要贮藏的原料主要采用冷库冷却，预冷温度为 0 ℃。

3. 贮藏

苹果耐贮性好，不能马上进行加工的原料可以在 0~2 ℃下结合气调包装进行冷藏。贮藏条件应符合 GB/T 8559—2008 的规定。

4. 消毒

对加载到预分选线（或生产线）上的果实，用适当浓度的广谱消毒剂在室温下对果实进行浸果处理 2~3 min。选用的消毒剂应符合 GB 14930.2—2012 的规定。消毒后的果实用毛刷刷洗去除果面灰尘和附着物，清洗过程中可添加适量国家允许使用且符合 GB 14930.1—2022 要求的果蔬专用清洗剂，然后用清水充分喷淋除去果面残留的消毒剂和清洗剂。清洗用水应符合 GB 5749—2022 的要求。

5. 去皮、去芯

通常采用苹果去皮、捅芯机。

6. 切分

用机器或者手工对经上述处理的原料进行去皮、去核加工，然后切成 1~3 cm 的块状或 1~3 cm 厚条状，并立即放入清洁水中漂洗产品，清洁水中可加入 GB 2760—2024 允许的食品添加剂进行抗氧化和抗褐变处理。清洁水应满足 GB 5749—2022 的要求。

7. 清洗

切分后可用护色剂对苹果切片进行清洗和浸泡，清洗用水应符合 GB 5749—2022 的要求。

护色剂可选用柠檬酸、抗坏血酸、氯化钠等 GB 2760—2024 允许的食品添加剂进行复配。

8. 干燥

通过沥干、风干等工序，去除产品表面水分。

9. 包装

盒装产品：应采用满足 GB 4806.7—2023 要求的透明塑料盒，所装产品色泽正常，新鲜、清洁，具有苹果果肉固有的颜色，形态基本均匀一致，无瑕疵。袋装产品：应采用符合 GB 4806.13—2023 要求的透明塑料袋，所装产品色泽正常，新鲜、清洁，具有苹果果肉固有的颜色，形态基本均匀一致，无瑕疵。

10. 贮藏、运输

应使用冷藏车运输，长途可选择航空或高铁运输。运输和贮藏环境要求干净整洁，无泥土、灰尘及异物，温度控制在 1~5 ℃，并确保均匀制冷。运输和贮藏产品的车辆和容器要经过消毒处理，不应与有毒、有害、有异味物品混运或混贮。装卸产品时应减少物理损伤和防止微生物污染。

【思考题】

1. 简述鲜切果蔬的加工原理与保鲜技术。
2. 简述鲜切果蔬货架期软化的主要原因。
3. 切割后的清洗工序在鲜切加工中是否必要，为什么？
4. 为减小切割加工对果蔬的影响，在切割时应注意控制哪些因素？
5. 简述延长鲜切果蔬货架期最基本的环境条件。

【课程思政】

鲜切果蔬加工安全为本

随着我国居民收入和消费水平的提高，鲜切果蔬的需求量近年来迅猛增长，成为我国果蔬加工产业新的增长点，但与此同时，鲜切果蔬产品的质量安全问题也成为消费者关注的焦点。2022 年是我国鲜切水果在水果消费总额中占比超过 50% 的一年，却也是鲜切水果行业频繁"爆雷"，引发舆情事件的一年，不法商家用腐烂水果以次充好加工鲜切水果的新闻层出不穷，还有部分从业者没有按照冷链食品贮运要求对产品进行低温贮藏和运输。这些乱象严重影响了公众对于鲜切果蔬产品的信心，给行业发展埋下了巨大的隐患。不同于其他果蔬加工制品，鲜切果蔬的加工和销售主体不仅有食品加工企业，也有餐饮服务企业。相对于前者而言，对后者实施监管的难度更大，因此餐饮服务业对相关规定落实不到位是造成近年来鲜切水果行业声誉下降的主要原因。2024 年，某鲜切水果知名上市企业因品控问题股价下跌超过 30%，再次为相关企业敲响了警钟：食品安全问题是食品企业的根本命脉，保障产品的质量安全是食品行业从业者最基本的职业道德。

作为即食产品的鲜切果蔬属于高档优质加工产品，对于加工原料、加工过程、加工环境和贮运条件都有着很高的要求。目前我国已出台了一系列标准对鲜切果蔬生产加工和贮运销售进行规范。为了加大对餐饮企业制作鲜切果蔬的监管力度，促进鲜切果蔬产业的良性发展，中国连锁经营协会于 2022 年 5 月在官方网站发布 T/CCFAGS 031—2022《即食鲜切果蔬制作服务规范（食品经营者）》，首次制定了适用于超市、餐饮、便利店、水果专卖店、互联网消费平台商户等食品经营者在经营现场切分、制作、配送即食鲜切果蔬产品的标准，从商家资质和卫生要求，果蔬原料采购、运输、验收和贮存，制作过程的食品安全和质量控制等多方面，对行业鲜果商家均进行了具体且明确的指引，同时对常见果蔬清洗消毒流程、切分方法也制订了细致的指南。该规范弥补了此前我国餐饮服务业鲜切果蔬制作规范的空缺，保护消费者权益的同时也为企业提供了有效的指导。

【延伸阅读】

鲜切果蔬保鲜技术

　　鲜切果蔬的保鲜技术按照原理大致可以分为三类：物理保鲜、化学保鲜和生物保鲜。物理保鲜技术包括控制环境温、湿度或气体成分的低温、热处理和气调保鲜以及物理杀菌技术；化学保鲜技术包括利用消毒剂、天然提取物杀菌以及涂膜保鲜等方法；生物保鲜方法包括使用拮抗微生物等。

　　不同保鲜技术基于作用原理具有不同应用特点，气调保鲜建立在低温冷藏的基础上，贮藏期间果蔬损伤小，并可阻隔物料受到外界环境污染；紫外线、臭氧及脉冲强光技术针对不同种微生物的杀灭效果不同，协同使用效果更佳；低温等离子体技术杀菌效果良好，但其效率受物料表面结构影响，且成本较高；超声波技术可有效钝化果蔬中酶的活性，延缓褐变及质量损失，但杀菌能力较弱；化学保鲜方法使用不当会带来化学残留及二次污染等安全性问题；生物防治方法一般对技术手段要求较高。因此，在实际生产中，需要充分发挥物理杀菌方法的优势，将物理、化学、生物的多种保鲜方法相结合，最大程度地保持鲜切果蔬的色泽、风味和营养品质。例如将物理杀菌与化学杀菌相结合，可以缩短物理杀菌所需时间并减少化学杀菌剂的用量。

[1] 韩晨瑞，申靖，刘航，等．鲜切果蔬物理保鲜技术研究进展［J］．食品科技，2022，47（11）：17-23．

[2] 胡诗瑶，王艳颖，林子涵，等．外源保鲜剂对鲜切果蔬保鲜效果的研究进展［J］．现代园艺，2023，46（9）：1-3，7．

第十二章 园艺产品副产物的综合利用

本章课件

【教学目标】

1. 了解园艺产品副产物综合利用的基本内容和意义。
2. 掌握果胶、膳食纤维、籽油、籽蛋白、多酚、色素等功能成分的提取原理与工艺。
3. 了解以园艺产品副产物为原料的综合利用途径与方法。

【主题词】

园艺产品（horticultural product）；副产物（by-products）；综合利用（comprehensive utilization）；提取（extraction）；果胶（pectin）；膳食纤维（dietary fiber）；籽油（seed oil）；籽蛋白（seed protein）；多酚（polyphenol）；色素（pigment）；精油（essential oil）

园艺产品副产物的综合利用是指通过一系列加工技术，将果蔬加工过程中产生的非食用部分（如皮、渣、籽、核、茎、叶等）转化为有价值的产品或资源。通过综合利用技术，可以变无用为有用，变小用为大用，变一用为多用，从而大大提高园艺产品的经济价值。通过创新理念和方法，可以开发出更多具有健康、环保、安全等特性的新产品，满足人们对美好生活的需求。从废弃的生物资源中获取大量生理活性物质，有助于实现农产品原料的梯度加工增值和可持续发展。因此，园艺产品副产物的综合利用是一种符合可持续发展理念的生产方式，不仅可以提高园艺产品的经济价值，还可以促进环境保护和生态文明建设。

联合国粮食及农业组织（FAO）公布果蔬加工业是最大的副产品生产途径。印度、美国、菲律宾和中国的果蔬加工副产物年产量分别约为181万吨、1500万吨、653万吨和3200万吨。这些副产物是许多具有营养和功能价值的生物活性化合物（植物化学物质、抗氧化剂、色素和营养素）的潜在来源，可以加工或提取高价值的产品。目前，大部分果蔬加工副产物被作为废弃物处理，这不仅造成了资源的浪费，还可能对环境造成污染。因此，加强对果蔬加工副产物的研究和开发，探索更多的利用途径，才能实现资源的最大化利用和环境的可持续发展，为园艺产业和农产品加工业带来新的经济增长点。

园艺产品副产物的综合利用途径包括：果皮和果核中的天然色素用于制备天然染料；果渣富含的纤维素和半纤维素通过压榨、发酵等方法转化为生物质能源；副产物中的活性物质提取和纯化以制备天然的食品添加剂和化妆品原料。

第一节　果胶与膳食纤维的制取

一、果胶

果胶是一种复杂多糖，属于碳水化合物类，主要存在于植物组织的细胞壁中。柑橘类水果（如橙子和柠檬）和苹果是最常见的果胶来源。果胶的酸性、亲水性和在特定条件下的凝胶特性使其成为食品和制药行业的宝贵资源。在食品工业中，果胶在果冻、果酱和蜜饯的生产中被广泛用作增稠剂、稳定剂和胶凝剂。此外，果胶摄入可以有效调控脂质消化和胆固醇代谢，改善胃肠道环境并发挥益生作用等。随着天然和功能性成分需求的增长，果胶在各行各业开发高质量、消费者友好的产品中变得至关重要。全世界果胶的年需求量近 2 万吨，其中美国高达 4500 吨，据有关专家预估，果胶的需求量在相当长的时间内仍将以每年 15% 的速度增长。果胶主要生产国有丹麦、英国、美国、以色列、法国等，亚洲国家产量极少。据不完全统计我国每年约消耗果胶 1500 吨以上，其中从国外进口约占 80%，同世界平均水平相比，其需求量仍呈高速增长趋势。

果胶是由 D-半乳糖醛酸组成的杂多糖，主要以三种形式存在于聚合物中，即高半乳糖醛酸聚糖（HG）、鼠李糖半乳糖醛酸聚糖 I（RG-I）和鼠李糖半乳糖醛酸聚糖 II（RG-II）。果胶通常存在于植物细胞壁的中间层，具有同型半乳糖醛酸主链，含有约 17 种不同单糖侧链。不同提取方法提取的不同来源的果胶，其化学结构不尽相同。此外，果胶结构甚至可以随着植物和果实的生长阶段和成熟水平而变化。

柑橘果皮和果渣是果胶商业生产的主要来源。果胶提取的温度、pH、溶剂特性和时间会影响果胶在植物组织中的溶解、水解和提取。果胶的常规提取方法为酸提取，在高温（50~100 ℃）下进行 1~2 h。萃取溶剂根据对果胶的溶解性和选择性，以及自身的稳定性、可再生性和黏度选择。然而，果胶在酸萃取过程中的降解导致其质量下降，因此人们开始寻找可持续萃取方法，如微波、超声波、高压和脉冲电场辅助萃取。

（一）基本工艺流程

原料→破碎→浸泡→除杂→提取→脱色→浓缩→沉淀→洗涤→纯化→干燥

（二）操作要点

1. 原料处理

为了钝化果胶酶，应对提取原料迅速进行 95 ℃以上 5~7 min 的加热处理，防止果胶分解。在提取果胶前，将原料破碎成 2~4 mm 小颗粒，加水进行热处理钝化果胶酶，然后用温水淘洗，以除去原料中的糖类、色素、苦味及杂质等成分。为防止原料中的可溶性果胶的流失，也可用酒精浸洗，最后晾干备用。

2. 提取

（1）酸提取。酸提取法是传统的工业果胶生产方法，同时也是果胶提取的常用方法。用强无机酸溶液提取果胶，典型条件为 pH 1~3，温度 80~100 ℃，持续搅拌 0.5~6 h。在酸水解过程中，细胞壁复杂的交联网络被解离，导致果胶的释放。当用盐酸水解时，木瓜皮的果胶产率在2.8%~16%之间变化，当使用柠檬酸时，产率在1.9%~9.9%之间变化。当苹果渣与柠檬酸（pH 1.5、2或2.5）以1∶10的固液比混合，并在不同温度（70 ℃、80 ℃或90 ℃）和水浴加热时间（60 min、120 min或180 min）下处理时，结果显示：在pH 2.5、70 ℃下加热120 min获得4.08%的产率，在pH 1.5、90 ℃下加热120 min获得33.22%的更高产率。使用柠檬酸和盐酸从西瓜皮中提取果胶，在80 ℃、pH 2下提取3 h的产率为8.38%，在80 ℃、pH 2下提取2 h的产率为6.52%。酸提取法从葡萄柚中提取的果胶质量差和产量低，这是由于在极低pH下长时间加热会导致果胶降解。

虽然酸提取法具有操作简单、易于大规模生产、提取效果好、适用广泛等很多优点，但是也存在以下不足：一是酸提取法中使用的溶剂和催化剂可能对环境造成污染，应及时处理进而增加了环保成本；二是工艺流程较长，设备相应较多，生产成本增加；三是产品纯度不高，在一些高端应用领域中可能无法满足要求；四是对原料质量要求高，需要保证原料质量的稳定性和一致性，否则会影响提取的效果以及果胶的质量。

（2）碱萃取。果胶也可在pH 9~13、32~80 ℃条件下连续搅拌提取。与酸萃取相比，碱萃取中果胶的产量通常更高（表12-1）。与酸萃取法相比，碱萃取方法需要更多的溶剂、时间和能量，并且该工艺可生产低分子量果胶和少量甲酯基团。

表12-1　酸碱提取法果胶提取量

序号	提取溶液酸碱性	果胶产量
1	pH 2	20.3%
2	pH 9	16.24%
3	pH 10	18.39%
4	pH 11	21.28%
5	25 mmol/L、50 mmol/L、100 mmol/L、200 mmol/L 的 HCl 溶液	12.1%~20.5%
6	25 mmol/L、50 mmol/L、100 mmol/L、200 mmol/L 的 NaOH 溶液	13.9%~24.2%

（3）螯合剂辅助提取（CDTA）。果胶提取常用的螯合剂包括环己二胺四乙酸（CDTA）、乙二胺四乙酸（EDTA）、六偏磷酸钠、草酸铵和柠檬酸钠。游离的-COOH基团水平和分布对螯合剂在果胶提取中的效率有影响。橙皮果胶提取需要过量的草酸，得到14.36%~26.73%的产率。

（4）酶辅助提取（EAE）。酶法提取是一种果胶提取新方法。纤维素酶、蛋白酶、淀粉酶、半纤维素酶、果胶裂解酶、木聚糖酶、淀粉酶和果胶酯酶等酶通过分解植物细胞基质促进果胶释放。多糖降解酶，如内切和外聚半乳糖醛酸酶，对靶标聚合物果胶片段具有高度特异性，已被证明是果胶结构解析的合适工具。通过使用内切木聚糖酶和内切纤维素酶从苹果果渣中提取果胶，在pH 5.0、40 ℃持续振荡10 h的条件下，内切木聚糖酶处理样的提取率较高，而内切-1,4-纤维素酶处理样的产量较低。同样，使用酶法和碱性条件提取绿茶叶果胶，产率分别为8.5%和9.2%。酶萃取的优点是产生更少的废水，不使用有害化学物质，并产生高纯度的果胶。

（5）超临界水萃取（SCWE）。超临界（或亚临界）水是保持在374 ℃（沸点以上）的临界温度和 1.0~22.1 MPa 的临界压力而不发生任何相变的液态水。使用这种水作为溶剂的方法称为超临界水萃取（SCWE）或加压热水萃取或过热水萃取。其萃取高效的主要原因是水的 pH 随着温度的升高而下降，从而避免了对酸性溶剂的需求。SCWE 利用水作为溶剂，这种溶剂不易燃、无毒、价格低廉、容易获得，并且具有公认的安全（GRAS）状态，因此它被认为是提取离子和非离子化合物的绿色技术。然而，这是一个能源密集型过程，其对极端温度和压力的要求总是会导致果胶的热降解。在 SCWE 的恶劣条件下，果胶容易发生水解，形成低聚物和糖类。

（6）微波加热辅助萃取（MAE）。微波加热是一种电磁频率高于 100 MHz（300 MHz~300 GHz）的介电加热，典型的家用微波炉工作频率为 2.45 GHz。MAE 是一种绿色快速的技术，其中极性溶剂（水）吸收产生热量的微波辐射，加速传质，并分解纤维素或半纤维素的复杂网络，从而释放果胶。与传统的酸萃取相比，MAE 的主要优点是提取时间更短、收率更高、温度分布均匀、溶剂用量少、果胶解聚更少。研究表明，通过微波加热在 560 W 下提取苹果渣中的果胶 2 min，产率为 23.32%，而在 pH 1.9、90 ℃ 下提取果胶则需要 148 min 才能获得几乎相同的 23.26% 的产率。在 540 W 下，采用 MAE 提取橙皮中的果胶 1.5 min，果胶的产量显著高于在 80 ℃ 下进行 15 min 的常规酸萃取的产率（8.78%）。但是，MAE 也可能导致果胶的化学反应或结构改变，从而导致产量降低。此外，与其他先进的提取技术相比，大型 MAE 提取的操作难度相对较大，并且涉及更高的投资成本。

（7）超声波辅助提取（UAE）。20~100 kHz 范围内的超声通常用于植物化学物质提取。声波（超声波）在通过液体介质时被压缩和膨胀，由此产生的流体动力空化（许多微小蒸汽气泡的发展、膨胀和崩溃）发生在液体中或目标材料表面附近，形成 UAE 的基础，导致溶剂渗透到细胞壁中，从而促进传质。与传统的果胶提取方法相比，超声波辅助提取的果胶产量更高，提取时间更短，尤其是在酸性介质中，并且对环境无害。在 75 ℃、pH 2.0、60 min 下，使用 UAE 从葡萄渣中获得果胶的产量为 32.35%，比在相同温度、时间和 pH，但没有超声波的情况下获得的果胶产量高 20%。超声处理是超声波和压力的结合，可从不同的柑橘皮中提取富含 RG-Ⅰ 的果胶（含有大量的阿拉伯糖和半乳糖）。

（8）脉冲电场提取（PEF）。PEF 是一种电技术，以在果汁和饮料中引起微生物灭活和巴氏杀菌而闻名，其基础是以离散放电或短时脉冲（通常以纳秒或微秒为单位）的形式使用高压（间歇模式下为 100~300 V/cm，连续模式下为 20~80 kV/cm），引起细胞膜的电穿孔。增加外加电场的强度（从中度到高水平）可以通过扩大现有孔隙和软化导致细胞裂解的组织来提高果胶提取的效率。影响 PEF 的其他因素包括脉冲的数量和持续时间、温度、原材料和所用介质的电化学特性。此外，PEF 提取果胶的产量低于超声波辅助提取果胶。中度电场萃取（MEFE）与 PEF 类似，只是电场低于 1 kV/cm，铂电极会产生受控热量（不高于 50 ℃），并且具有可逆通透性的特征。在 pH 2.0 下，50 V（60 Hz）的 MEFE 已应用于百香果皮（干果皮/萃取剂比例＝1∶30，w/v）提取果胶，从而获得含有＞65% 半乳糖醛酸的优质果胶。PEF 或 MEFE 的缺点是通常可能导致不良的电化学反应、电极腐蚀和金属离子泄漏。

（9）高压萃取（HPE）。HPE 的工作原理是压力梯度，包括三个阶段：增加容器内压力的初始阶段，保持恒定高压（100~1000 MPa，环境温度）的中间阶段，以及压力释放的最终阶段。近年来，高压提取（HPE）和高流体静压提取（HHPE）已被引入作为从植物废物

（如水果和马铃薯的皮、苹果渣和甜菜废物）中提取果胶的新方法。HPE 提取与传统加热（80~82 ℃，1 h）和 MAE（80 ℃，21 min）的比较表明，HPE 的产率（20.44%）高于其他两种类型的提取（分别为 15.47% 和 18.13%）。在大多数研究中，HPE 被用作在高压下降解植物组织的预处理步骤，随后是常规提取。联合使用高压和常规加热从西番莲果皮中提取果胶使产率几乎增加了一倍（从 7.4% 到 14.34%）。卡亚（2021）还发现，与单独使用常规提取（6.43%）相比，应用 HPE 实现甜菜浆果胶产量（12.23%）翻倍。在 HHPE 中，高饱和蒸汽压力和高温持续短时间，随后是瞬间受控的压降，使生物基质膨胀并加速果胶的释放。

3. 果胶脱色

因为果胶广泛存在植物组织的细胞壁中，所以在提取果胶的过程中无法避免地也会连同色素提取出来，色素的存在对果胶的纯度有显著影响。植物细胞中存在多酚类物质，多酚类物质容易发生褐变、焦糖化反应，使提取出的果胶颜色加深。所以，要生产出优质的果胶，必须在沉淀出果胶之前对水解液进脱色。目前，果胶的脱色方法主要为活性炭脱色、醇氨溶液脱色、双氧水脱色、树脂脱色等，即利用其氧化性以及吸附性对水解液进行氧化处理，从而去除其中的色素类等物质。

4. 果胶液浓缩

果胶提取液中果胶含量一般为 0.5%~1%，如果直接沉淀、干燥，处理起来工作量大、生产难度大，所以需对提取液进行浓缩处理。可采用真空浓缩，将提取液的果胶含量提高到 4%~6.5% 后进行后续工序处理。真空浓缩温度一般在 60 ℃ 左右，浓缩果胶时杂质的含量也相应提高，这样不仅果胶有降解，而且杂质之间进行相互反应，造成果胶溶液发生褐变，不但影响了果胶品质，也增加了酒精洗涤的负荷。有研究表明，超滤可用于果胶液浓缩，可将果胶浓度浓缩至 4.21%。

5. 果胶沉淀

果胶液进行沉淀的目的是进一步纯化分离得到高质量的果胶。其中，沉淀法又分为醇析法和盐析法。盐析法生产成本较低，但会出现过多的杂质且果胶的色泽较深，造成品质降低。醇析法杂质较少且产出的果胶颜色浅，品质好，虽然乙醇使用量较大，但若对废乙醇进行回收和循环利用，则可降低生产成本。

（1）醇析法。醇析法是经常使用而且最早实现工业化生产的方法。其基本过程是利用果胶在醇类溶剂不溶解的原理，通过加入大量醇类溶剂，将果胶—水溶液变成醇—水—果胶的混合剂以使果胶沉淀出来。

（2）盐析法。盐析法原理是通过在果胶溶液中加入盐类，使果胶与盐发生化学反应或形成复合物，从而沉淀出果胶。在盐溶液中，果胶中的羧基（COOH）与阳离子发生相互作用，形成果胶—盐复合物，这种相互作用可能涉及静电吸引、氢键、水合作用等。由于果胶—盐复合物的溶解度通常较低，复合物会逐渐沉淀出来，形成白色或乳白色的团块，然后再进行沉淀分离。盐析法沉淀果胶操作简单、成本低廉、效率高，因此在实际生产中得到广泛应用。

6. 果胶干燥

不同的干燥方法对果胶的品质影响不同，较为常用的干燥方式为热风干燥、真空干燥、冷冻干燥、喷雾干燥、低温干燥等。真空干燥所需设备相对简单，易于操作，且能耗相对较低、产品品质较好。冷冻干燥缺点是设备投资费用高、动力消耗大、干燥时间长、生产能力低。真空干燥和冷冻干燥产出的果胶颜色较浅、溶解性较高。

（三）果胶提取实例

1. 脐橙皮中果胶的提取

（1）工艺流程。

脐橙剥皮→酶灭活处理→稀盐酸浸泡→超声波辅助酸提取→离心→过滤→滤液浓缩→醇沉→洗涤→干燥→果胶

（2）操作方法。

①原料处理：在脐橙剥皮过程加入一定量的去离子水，煮沸 10 min，倒去废液，将脐橙皮切成 2~3 mm 的颗粒，用沸水进行漂烫，将漂烫后的样品放入干燥箱中至恒重，进行粉碎，过 40 目筛放入干燥器皿中备用。

②稀盐酸浸泡：脐橙皮粉末加入一定量的去离子水和稀盐酸，调节 pH 至酸性，使其发生充分水解反应。

③超声波辅助提取：料液比 1∶20（g/mL），pH 2.0，在 500 W、40 kHz 超声波处理条件下，70 ℃ 提取 50 min。

④离心：将提取后的样品于 4000 r/min 高速离心 15 min。

⑤滤液浓缩：果胶液送入真空浓缩罐中，保持真空度 88.9 kPa 以上，沸点 50 ℃ 左右，浓缩至可溶性固形物含量达 7%~9% 为止。

⑥醇洗沉淀、干燥：取浓缩液，加入体积为 1.5 倍的 95% 乙醇，充分混合，静置 2 h，出现絮状物后再次进行离心，置于 55 ℃ 烘箱中烘干至恒重，即可得到果胶成品。

2. 从马铃薯渣中提取果胶

（1）工艺流程。

马铃薯渣→粉碎过筛→酶解→水洗→过滤→酸水解→水洗→碱水解→洗涤→过滤→脱色离心→脱水→干燥→果胶产品

（2）操作要点分析。

①预处理：将马铃薯渣放入烘箱中至恒重，过 80 目筛。加入 1∶8 的蒸馏水，搅拌成糊状。

②酶解：向处理好的马铃薯渣加入耐热的 5% 体积的 α-淀粉酶，加热至 95 ℃ 搅拌 3 h。

③水洗：将酶解后的样品过滤并用 75 ℃ 热水洗涤 3 次，直到水清澈透明，以除去小分子糖类，之后进行过滤得到除去淀粉的样品。

④酸水解：按照料液比 1∶30 加入 0.4% 的盐酸溶液，混合均匀，在 80 ℃ 下水解 3 h，将剩余物质（除糖类）充分分解，用蒸馏水洗涤至中性。

⑤碱水解：向酸水解后的样品中按照料液比 1∶30 加入 0.15 mol/L NaHCO$_3$ 溶液，在 32 ℃ 下搅拌提取 30 min。除去蛋白质和脂肪等物质。

⑥洗涤、过滤：将碱水解后的样品用清水清洗至 pH 为中性，得到果胶提取样品。

⑦脱色：果胶提取物用 6%~8% 的双氧水在 45 ℃ 下脱色 12 h，然后用去离子水清洗干净，过滤后将滤渣离心脱水。

⑧乙醇沉淀：将液体与乙醇按体积比 1∶4 进行乙醇沉淀果胶，静置 12 h，果胶析出，采

用 300 目滤布过滤，得到粗果胶。

⑨干燥：在 45~50 ℃下真空干燥 2 h，再粉碎后过 60 目筛，即得果胶粉。

二、膳食纤维

膳食纤维是一种来自植物性食物的多糖，其最大的特点是不能被人体消化吸收，但可以在肠道进行发酵，进而为肠道菌群提供合适的分解物质，有助于肠道微生态和肠道的健康。膳食纤维作为新的益生元，日常补充或食用是提高肠道菌群多样性、改善机体健康的一种新的有效方式。长期摄入适量的膳食纤维可以维持肠道环境的健康，提高肠道菌群多样性，预防和缓解慢性疾病等。

果蔬副产物，如皮、籽、渣等含有丰富的膳食纤维，包括纤维素、半纤维素、果胶等。一些果蔬副产物中的膳食纤维含量很高，如柑橘类水果的皮和籽，以及蔬菜的茎和叶。果蔬副产物膳食纤维提取后，可用于改良焙烤食品和面制品的质地，提高肉制品的持水性，改善饮料制品的稳定性等。

（一）基本工艺流程

原料→干燥→粉碎→提取→过滤→干燥→粉碎→包装

（二）操作要点

1. 原料处理

果蔬渣等副产物含水量高，极易腐败变质，且果蔬湿渣多为粗渣，不易处理，故需先将果蔬渣在 65~70 ℃条件下烘干，粉碎至 60~100 目大小备用。

2. 提取

（1）物理提取法。物理提取法即通过机械赋能、高压等的作用，破坏原料中的纤维素的非结晶区而保留结晶区，从而得到膳食纤维的方法。园艺产品副产物膳食纤维常用的物理提取法有液体悬浮法、气流分级法、膜分离法、超声波法以及微波法，物理方法通常被用作辅助手段来提取膳食纤维。

（2）化学提取法。化学提取法是膳食纤维最常用的方法。利用化学试剂对原料分离、萃取，包括直接水提法、酸处理法和碱处理法。直接水提法原料需浸泡和蒸煮，有效去除溶解在水中的大分子物质，剩余成分即为膳食纤维。酸处理法和碱处理法是分别利用酸化反应和碱化反应，水解不溶性膳食纤维的化学键和降低聚合度，提高提取效率。

（3）生物提取法。生物法旨在通过微生物或特定的生物酶对原料中的淀粉和蛋白质进行水解，来进一步分解膳食纤维当中的不溶性成分，将其转变成水溶性，以实现对膳食纤维的有效提取。生物法主要包括发酵法和酶法。发酵法利用乳酸菌、保加利亚乳杆菌、嗜热链球菌、毛霉等微生物发酵过程中产生的各种酶来减少原料中蛋白质、脂肪、淀粉和其他杂质，提高膳食纤维产品的纯度。酶法使用脂肪酶、蛋白酶、淀粉酶等各种酶，从原料中去除油脂、蛋白质、淀粉和还原糖等，来提取膳食纤维。添加纤维素酶有助于产出含有较低聚合度和分子质量的膳食纤维。

（4）复合法。复合法解决了单一方法纯度较低、试剂残留、耗时较长等问题。均质辅助酶法提取的膳食纤维持水能力高，微波联合化学法提取的膳食纤维的还原能力强，高温蒸煮与酶法配合提取的膳食纤维得率高。

（三）膳食纤维的提取实例

1. 梨渣膳食纤维

（1）工艺流程。

水溶性膳食纤维←粉碎←真空干燥←澄清浓缩液←离心←浓缩

↑

梨渣→漂洗→干燥→粉碎→加水提取水溶性膳食纤维→过滤

↓

水不溶性膳食纤维←粉碎←干燥←除杂←脱色←滤渣←过滤←二次水提取

（2）操作要点。

①水溶性膳食纤维提取：第一次提取加 6~7 倍水，用食用柠檬酸调至 pH 2.0，缓慢加热至 95 ℃，保温 1 h 左右，过滤。残渣加 3~4 倍水在相同条件下再提取一次，过滤得第二次滤液，合并两次所得滤液。

②水不溶性膳食纤维提取：主要为除杂操作工艺，先在滤渣中加入 7~8 倍 pH 12 的 NaOH 溶液，浸泡 30 min，将碱溶性杂质溶出而除去，漂至中性，然后用 HCl 将 pH 调至 2.0，加热至 60 ℃并保温 1 h 以除去酸溶性杂质，过滤收集滤渣，再漂洗至中性，所得滤渣再经干燥、粉碎即为精制水不溶性膳食纤维。

③脱色：滤渣中加入含量为 6%、pH 为 7.0 的 H_2O_2 溶液浸泡脱色 1 h。

2. 蔗渣膳食纤维

（1）工艺流程。

粗粉碎的蔗渣→压力处理→稀酸处理→稀碱处理→漂白→干燥→超微粉碎→蔗渣膳食纤维微粉

（2）操作要点。

①压力处理：将粗粉碎的蔗渣在 0.2~0.4 MPa 压力下蒸煮 40~120 min。

②稀酸处理：按蔗渣体积的 2~3 倍加入 2%~5% 的稀硫酸，煮沸 30~60 min。

③稀碱处理：按蔗渣体积的 2~3 倍加 1%~4% 的纯碱，煮沸 60~100 min。

④漂白：用 85 ℃以上的热水过滤，水洗至 pH 7.0。

⑤干燥：气流干燥 4 h。

⑥超微粉碎：超微粉碎后过 200 目筛。

3. 椰子渣膳食纤维

（1）工艺流程。

椰子渣→浸泡→澄清→过滤→水洗→酸化→沉淀分离→水洗→干燥→粉碎→包装

（2）操作要点。

①浸泡：强碱浸泡 1 h，重复 2 次，过滤、澄清，沉淀经多次水洗除去蛋白质。

②酸化：加入 HCl 调节 pH 为 2.0，并在 50 ℃水中浸泡 2 h，使淀粉彻底水解并溶于酸溶液。

③沉淀分离：水洗至中性。

第二节　籽油和籽蛋白的分离提取

　　我国果品、蔬菜产量位居世界首位，果品产量约占全球总产量的30%，蔬菜产量占全球50%以上。果蔬在生产加工中会产生大量的籽类副产物，如番茄籽约占番茄总副产物的60%。因此利用加工副产物中的籽资源提取油脂和蛋白质能够减少加工副产物对环境的污染以及资源的浪费。

　　目前使用加工副产物提取籽油的种类有树莓籽油、草莓籽油、柑橘籽油、苹果籽油、葡萄籽油等。例如，浆果籽中含有11%~23%的油脂，可以用来提取籽油。浆果籽油中主要包含不饱和脂肪酸、酚类化合物、生育酚、矿物质、甾醇等。浆果果籽提取的籽油不饱和脂肪酸含量高，能够降低胆固醇，预防心血管疾病；酚类物质能够抗氧化；另外还有抗炎功效。籽油可应用在保健食品、美容产品、食品保鲜产品、医用材料中。

　　果蔬籽中除了含有油脂，还含有丰富的蛋白质。据报道，香橼和橙子籽中蛋白质含量分别为19.93%和17.01%。籽蛋白中氨基酸种类齐全，含有人体所必需的必需氨基酸，如柑橘籽中含有色氨酸、异亮氨酸、蛋氨酸，对人体健康有重要作用；籽蛋白中疏水性氨基酸能够抗氧化，可作为食品添加剂防止食品变质；籽蛋白还因为其结构特性能够抑制微生物生长，可添加到食品包装中保护食品品质；籽蛋白还可以作为大豆蛋白的代替品和经过蛋白质重塑制成肉类类似物。

一、籽油的分离提取与精制流程

　　籽→烘干→破碎→提取→离心→旋蒸→毛油→脱胶→脱酸→脱色→脱臭→精制油

二、操作要点

（一）原料处理

为提高出油率、减少霉变以及对机器的磨损，需将籽原料烘干。

经过烘干后的籽原料要进行破碎，使表面积增大，萃取剂与籽原料的接触面积变大，油更容易释放，出油效率更高。

（二）提取

1. 冷榨法

利用挤压的机械作用力，在65℃以下提取油脂。该方法特点为没有添加化学试剂，油脂中生物活性物质保留度高，相较热榨法榨取的油脂酸价低，不需要经过后续的精制，只需沉淀即可得到成品油。但是该方法出油率低。

2. 热榨法

热榨法也是利用机械的挤压力将油料中的油脂挤压出来，但是在压榨之前需要加热处理，破坏油料的细胞壁、蛋白质等物质，提高出油率。热压榨法相较冷榨法出油率高，但是油中的活性物质如维生素E等损失较严重。

3. 溶剂提取法

用有机溶剂浸透油料，油料中的油脂与有机溶剂之间的亲和力以及相溶性较高，导致油脂溶解到有机溶剂中，再通过离心等手段将有机溶剂与油脂混合物和油料分离，通过旋转蒸发将有机溶剂蒸发得到毛油。常用的有机溶剂为乙醚、石油醚、醇类以及酮类。溶剂提取法出油率高，但会有溶剂残留。

4. 超临界流体萃取

使用超临界流体（一般为 CO_2）作为萃取剂，在一定压力下提取油脂。CO_2 在处于超临界状态时，既具有高扩散系数的气体特性，又具有高溶解度和液体密度的液体特性，对非极性溶质选择性高，适合提取油脂。该方法特点为提取率高、条件温和、活性成分保留率高、没有试剂残留、安全性高，但是设备要求较高。

5. 酶解提取法

酶解提取主要包括四种提取方法：水酶法、水相酶解有机溶剂法、低水分酶解法、低水分酶解溶剂浸出。水酶法指在机械破碎油料的基础上，使用酶在水相中水解油料细胞壁、蛋白质、碳水化合物等复合物，防止蛋白质形成乳状液或亲脂性固体吸附油脂，降低油脂的出油率。水相酶解有机溶剂为在水酶法提取油脂的工艺上，加入有机溶剂，提高油脂的提取率。低水分酶解指酶解作用在低水分条件下进行，不需要进行水分分离，不产生废水。低水分酶解溶剂浸出法提油时间相对较短。酶解提取油脂法的特点为油脂活性成分保留度较高、无有机试剂残留、能够简化脱胶工艺，但是相对耗时较长、提取效率较低。

6. 超声波辅助提取法

利用超声波空化、机械、热作用破坏油料细胞壁，提高分子运动频率和速度，溶剂渗透能力增强，油脂提取效率提高。该方法特点为提取率高，耗时短。

7. 微波辅助提取法

微波电磁场能够产生热能，使籽料细胞壁破裂，其中油脂逸出溶入有机溶剂中，提取效率提高；同时微波电磁场作用下，分子运动激烈，加速油脂分子向有机溶剂的扩散速率，提取效率提高。

8. 亚临界流体萃取技术

使用处于超临界流体状态边缘的流体（即亚临界流体），在密闭、无氧、低压的萃取条件下浸透、渗透籽料，通过与有机物相似相溶的原理提取油脂。通常使用的亚临界流体为液化丁烷和丙烷，它们在常温常压为气体，加压以后为液体。该方法相较超临界流体萃取法压力更小、温度为常温、更节能，油脂中的活性物质保留率更高。

9. 膨化浸出法

使用膨化技术将籽内部结构破坏，有利于油脂溶出，再使用有机溶剂通过渗透、浸透作用提取油脂。该方法油脂提取效率高，但是操作条件控制难度大。

（三）离心

混合液在离心力作用下，籽粕沉积在离心管底部与含有油脂的萃取液分离，收集上清液，得到含油的萃取液。

（四）旋转蒸发

在减压状态下，根据籽油与萃取液沸点不同的原理，在离心力和热力作用下蒸发萃取液，使籽油与萃取液分离，得到毛油。

（五）籽油的精制

1. 脱胶

毛油是含有磷脂、蛋白质、碳水化合物和热敏性色素的混合物，如果不将杂质除去会影响油的品质。常用的脱胶方法为水化脱胶法和酸化脱胶法。可根据磷脂的水化特性选择脱胶方法：α-磷脂为可水化磷脂，加入水后，可以与水形成不溶于油脂的水化物沉积在容器底部；β-磷脂为不可水化磷脂，可选择酸化脱胶法，使不可水化磷脂以及磷脂与金属离子复合形成的不可水化化合物，在介质的作用下转变成可水化磷脂，再与水形成不溶于油脂的化合物沉积在容器底部，分离脱除得到脱胶油脂。酸化脱胶常用的试剂有浓硫酸、稀硫酸、磷酸、柠檬酸等。浓硫酸脱水性强，可以将油脂中的氢离子和氧离子析出，发生碳化现象，从而使胶质物质与油脂分离，浓硫酸脱胶法在应用时要注意温度以及浓硫酸的用量，避免油脂产生磺化作用，造成油脂的损失；稀硫酸电离出离子与胶体质点的电荷发生中和，使胶体聚集、沉积，另外稀硫酸还能使胶质体发生水解，以便从油脂中除去，稀硫酸脱胶需要油温为 100 ℃，且油中含有油重 8%～9% 的冷凝水达到稀释硫酸的作用；磷酸能够与金属离子形成络合物，降低金属离子对油脂的氧化作用。

2. 脱酸

毛油中含有游离脂肪酸，使油容易发生氧化，对油的风味产生不良影响，因此常用碱炼法将游离脂肪酸除去。碱液与游离脂肪酸发生皂化反应达到去除游离脂肪酸的目的。常用的试剂为氢氧化钠，碱炼法脱酸时要注意碱的用量，避免碱量不足皂化反应不完全或碱量过多造成油脂损失。

3. 脱色

毛油中会含有类胡萝卜素、叶绿素、叶黄素等色素，降低油的品质，常用吸附脱色法除去色素。其原理为吸附剂的多孔隙结构和高的比表面积能够吸附油脂中的色素，常用的脱色剂有活性炭、沸石、二氧化硅等。

4. 脱臭

毛油中含有的游离脂肪酸、低级醛、酮等物质导致油脂产生臭味，利用高温真空水蒸气蒸馏法能够将臭味物质除去，改善油脂风味，提高油脂品质。其原理为在高温和真空状态下，导致油脂产生臭味的物质与水蒸气发生结合，并随着水蒸气蒸发逸出。脱臭主要步骤为原油脱气加热、蒸汽通入脱臭设备，在温度为 200～275 ℃、真空度为 0.133～1 kPa 条件下除臭，除臭以后要进行真空冷却，避免油脂发生回味。

（六）籽油精制方法

1. 超临界 CO_2 萃取精制法

油脂中的磷脂、不饱和脂肪酸、色素、低级的醛、酮等物质在超临界 CO_2 中溶解度高，所以该方法能够在低温、不接触空气的条件下除去这些有害物质，提高油脂的品质。

2. 物理精制法

物理精制法是在真空以及加热的条件下，毛油中的游离脂肪酸以及低分子气味物质与水蒸气结合，逸出，达到油脂精制的目的。

3. 分子蒸馏精制法

分子蒸馏精制法是在高真空、加热条件下，油脂中的不同分子会逸出液体表面，形成气体分子，不同分子的自由程不同即移动距离不同，轻分子在冷凝器中冷凝被收集，而重分子自由程短，与混合液混合排出，达到油脂精制的目的。

三、籽油提取与精制实例

（一）葡萄籽油超声辅助有机溶剂提取

1. 工艺流程

葡萄籽→干燥→破碎→超声辅助有机溶剂萃取→离心→旋转蒸发→葡萄籽油

2. 操作要点

葡萄籽经过烘干、破碎后，过 60 目筛，与正己烷混合，在功率为 150 W，频率为 35 kHz 的条件下超声 90 min，离心，保留上清液，在温度为 65 ℃、旋转频率为 150 次/min 条件下旋转蒸发得到葡萄籽油。

（二）亚临界流体萃取苹果籽油

1. 工艺流程

苹果籽→干燥→破碎→置于萃取釜→抽真空→泵萃取剂于萃取釜→加热→萃取剂导入分离罐→回收萃取剂→苹果籽油

2. 操作要点

苹果籽经过烘干、破碎后过 20 目筛，置于萃取釜中，以四氯乙烷—正己烷混合液为萃取溶剂，在温度为 40 ℃，萃取压力为 1.2 MPa，真空度为-0.8 MPa 的条件下萃取 60 min，苹果籽油得率为 19.36%。

（三）柠檬籽油精制

柠檬籽中含有大量的苦素类物质，在柠檬籽榨油时会进入油中，因此需要进行脱苦，对柠檬籽油进行精制。常用的脱苦方法有酶解法、碱炼法、遮掩法、稀释法等。其中遮掩法和稀释法常应用于果汁的脱苦，碱炼法会导致油脂颜色暗淡。因此使用酶解—吸附联合工艺对柠檬籽油进行脱苦。

1. 工艺流程

柠檬籽毛油→离心→酶解-吸附联合脱苦→离心→精炼→成品油

2. 操作要点

酶解—吸附联合脱苦工艺所使用的酶为 α-L-鼠李糖苷酶，吸附剂为碱性白土。最优脱苦参数为：α-L-鼠李糖苷酶在添加量为 0.09%，反应温度为 46 ℃ 的条件下酶解 4 h，同时添加碱性白土 4.1%，柠檬籽油脱苦率为 98.86%。

（四）牡丹籽油精炼

1. 工艺流程

牡丹籽油毛油→脱胶→脱酸→脱色→脱臭→成品油

2. 操作要点

①高温水化法脱胶：毛油加热至 50 ℃，加入毛油总重量的 4% 的沸水，搅拌 15 min，控制温度至 80 ℃ 停止搅拌，静置，同时保持温度不变，磷脂形成胶质沉积在底部，除去胶

质和水分得到脱胶油脂。

②高温碱法脱酸：脱胶油脂控制温度为 50 ℃，边搅拌边加入油脂质量 8% 的碱液，当油脂中发生皂化反应出现皂脚时，减慢搅动速度，同时加热，当温度升高至 80 ℃ 时，停止搅拌，保温静置 12 h，离心，除去皂脚，得到脱酸油脂。

③活性白土脱色：脱酸油脂加热至 50 ℃，边搅拌边加入油脂质量 2% 的活性白土，持续搅拌 15 min 且持续加热至 80 ℃ 后停止加热，保温静置 5 h，离心，除去皂脚，得到脱色油脂。

④活性炭除臭：使用 40 目的活性炭制作活性炭层析柱，油以流速 0.9 mL/min 通过活性炭层析柱，重复 3 次，得到精制油。低温条件下保存，避免产生回味。

四、籽蛋白的分离提取

（一）提取方法

1. 反胶束萃取

在反胶束中，表面活性剂在非极性有机溶剂中发生自组装行为，形成能够溶解极性物质的向内的极性核和非极性向外的尾部。极性核能够保护蛋白质，避免蛋白质与有机溶剂直接接触，保持蛋白质活性。该方法的特点是条件温和、时间短、提取生物分子选择性高。

2. 盐溶法

适量的中性盐能够增加蛋白质表面电荷，促进蛋白质与水分子的作用，从而提高蛋白质在水中的溶解度，使蛋白质提取率提高。该方法的特点是蛋白质提取率高，并且蛋白质不会变性。

3. 碱溶酸沉法

在碱性溶液中蛋白质会从细胞中溶出，当溶液调至酸性等电点以后，蛋白质会析出，从而得到蛋白质。该方法提取的蛋白质纯度低，且提取率低，同时也会产生大量废水，不易回收处理。

4. 碱性电解质水提取法

电解质水为电解装置通过水溶液或含有电解质的溶液得到的溶液。电解质水根据 pH 可分为强酸性电解质水、弱酸性电解质水、强碱性电解质水、弱碱性电解质水。碱性电解质水提取蛋白质的原理与碱溶酸沉法提取蛋白质的原理一致，但是将碱性溶液换成了碱性电解质水，电解质水含有氧化还原电位，能够保护蛋白质活性，并且该水的渗透性强，提取率更高，且更容易恢复成普通水。

5. 酶提法

添加酶参与催化反应，使蛋白质与复合物分离，提高提取蛋白质的效率。该方法的特点是耗时短、提取效率高，提取的蛋白质纯度高，但是该方法的反应条件严格。

6. 有机溶剂法

在低温条件下，使用具有两亲性的有机溶剂提取溶于有机溶剂但不溶于无机溶剂的蛋白质，常用的有机溶剂为丙酮、乙醇等。有机溶剂提取蛋白质的特点为耗时短，提取的蛋白质结构紧密，但是要注意有机溶剂浓度，避免浓度过高使蛋白质变性。

7. 超声波辅助提取法

超声波产生空化作用，使细胞壁破碎，蛋白质溶出，蛋白质提取率提高。

（二）纯化方法

1. 盐析法

高浓度的中性盐可破坏蛋白质的水合作用，降低蛋白质溶解度，导致蛋白质析出。常用的试剂为硫酸铵。此方法特点为蛋白质纯度高，并且不会破坏蛋白质结构，但是会有中性盐残留，需要进一步操作。

2. 等电点沉淀法

调节溶液 pH 接近蛋白质的等电点，使蛋白质溶解度降低，形成蛋白质沉淀。

3. 透析法

根据蛋白质分子量选择合适粒径的透析袋，使目的蛋白质截留在透析袋内，而其他小分子物质则透过透析袋进入溶液中，达到提纯蛋白质的目的。

4. 超滤法

不同孔径的超滤膜能够截留不同分子量的蛋白质，达到提纯蛋白质的目的。该方法与透析法原理相似，都是通过截留使蛋白质提纯，但是超滤法更精确。

5. 分子筛层析法

在凝胶柱中，不同型号的凝胶能够截留不同分子量的蛋白质，比凝胶孔径小的蛋白质分子能够进入凝胶内部，其保留时间长，但是比凝胶孔径大的分子不能进入凝胶内部，在洗脱时，会快速流出，从而达到提纯蛋白质的目的。常用的分子筛物质有葡萄糖凝胶、琼脂、聚乙烯醇等。

6. 离子交换层析法

利用带有电荷的离子交换树脂，吸附带有相反电荷的蛋白质，再调节缓冲溶液的 pH 或离子浓度，改变蛋白质与离子交换树脂的吸附力，实现蛋白质的分离。

五、籽蛋白提取实例

（一）碱溶酸沉法提取萝卜籽蛋白

1. 工艺流程

萝卜籽→干燥→破碎→脱脂→浸提→萝卜籽蛋白提取液→等电点沉淀→离心→萝卜籽蛋白→冷冻干燥→成品萝卜籽蛋白

2. 操作要点

萝卜籽在提取蛋白质之前要进行脱脂，因为脂肪对蛋白质的分离有干扰作用。萝卜籽粕与碱性提取液的比例为 1∶50，碱性提取液的 pH 为 10，在温度为 60 ℃条件下浸提 90 min，再调节溶液 pH 为 4.5 使蛋白质沉积，离心得到萝卜籽蛋白。

（二）醇洗—碱溶酸沉—酶法复合提取沙棘籽蛋白质

1. 工艺流程

沙棘籽粕→预处理→醇洗→碱溶液溶解蛋白质→离心→留取上清液→酶解沉淀物→留取上清液→等电点沉淀→离心→沙棘籽蛋白→冷冻干燥→成品沙棘籽蛋白

2. 操作要点

沙棘籽粕需要破碎处理，以破坏细胞壁使蛋白质更容易溶出，沙棘籽粕破碎粒度为 80

目。醇洗洗去部分色素和油脂。

溶解蛋白质的碱溶液的 pH 为 10~11，沙棘籽粕与碱溶液的料液比为 1∶14，在温度为 45 ℃条件下，提取 50 min。

第三节　多酚的提取分离与纯化

多酚是植物中存在的一种次生代谢产物，广泛分布于自然界植物的茎、皮、叶和果实中，并且在茶叶、蔬菜、水果、香料中含量较高，仅次于纤维素、半纤维素和木质素。

多酚相对分子质量在 500~3000，根据化学结构可分为三大类别：黄酮类化合物（黄酮、黄酮醇、黄烷酮、查耳酮、花青素、异黄酮、二氢异黄酮等）、酚酸类化合物（阿魏酸、咖啡酸、绿原酸、对香豆酸、没食子酸、芥子酸等）和其他非黄酮类化合物（木酚素、芪类、鞣酸类等）。多酚的结构特征是至少含有一个苯环，含有一个或多个羟基或功能衍生物。多酚具有优异的抗炎、抗菌、抗衰老、抗氧化等生物活性，在提倡绿色科学的今天，越来越受到市场与科研工作者的关注，并在食品、化妆品、保健品、生物医药以及动物生产等领域被广泛地使用。

一、多酚提取的基本工艺流程

原料→洗涤→粉碎→乙醇浸泡→提取→分离→提取液→洗脱→干燥→产品

二、操作要点

（一）原料处理

将原料在 40~60 ℃下烘干，并使用研磨机研磨成粉末，过 40 目筛，包装后，置于-20 ℃冰箱密封保存备用。

（二）提取

1. 溶剂提取法

溶剂提取法根据多酚在不同溶剂中的溶解度差异，从原料中分离纯化多酚。常用溶剂包括乙醇、甲醇和乙烷等。多酚在加热条件下易被破坏，稳定性不佳。一般提取多酚时需要快速搅拌，目的是防止多酚发生水解反应。该方法的缺点是处理工艺过程比较复杂，经过 3 次以上提取才能提取完全，因而生产耗能非常大。另外，该方法通常选用有机溶剂作为提取剂，生产成本也略高。

2. 超声提取法

超声提取法基于超声波强烈的振动和空化效应，造成溶剂和被提取的物料之间的强烈摩擦，从而使细胞壁遭到破坏，使其活性成分在溶剂中溶解。超声波在其传递的过程当中也伴随着能量的转换，声能转换成了热能。所以，随着超声时间的延长，溶剂和原料的温度逐渐增加，从而使多酚的溶解度也随之增加。

3. 加压液体提取法

加压液体提取法利用外加压力提高提取溶剂的沸点，提高酚类化合物在溶剂中的溶解度和扩散速度，从而提高多酚的提取量。植物细胞壁坚韧，需要施加一定压力以加速细胞壁的破坏，使酚类物质更好地溶出。

4. 离子沉淀法

离子沉淀法首先将植物当中的天然多酚提取出来，再加入金属离子，使之与多酚产生沉淀，然后进行萃取、沉淀分离以及加酸溶解等一系列操作，得到目标产物多酚。该方法的提取率和纯度均较高，操作过程相对安全。

5. 微波辅助提取法

微波加热溶剂的原理基于两种。第一种机制称为介电加热，由偶极矩的旋转引起。分子根据偶极矩旋转，并立即以微波的频率随机化运动。这种分子运动导致溶剂加热。第二种机制称为离子传导。离子与电磁场（如微波辐射）对齐，离子流与其余溶剂之间的摩擦会产生热量。根据溶剂的极性和溶剂中离子的存在，这两种机制可以同时发生。

6. 超临界萃取法

超临界萃取法将流体（如 CO_2）加工到超临界状态下作为萃取剂，然后将多酚类物质从植物细胞内萃取出来。该方法的优点是分离速度快、萃取能力强、操作温度低、工艺过程能耗小等。

7. 酶提取法

酶提取法是一种新的绿色技术，在提取培养基中添加酶可提高回收率。在植物材料中使用酶的主要目的是破坏或软化细胞壁。因此，酶提取技术对于提取与细胞内或细胞壁上的蛋白质或碳水化合物结合的多酚非常有效。常用纤维素酶、果胶酶、蛋白酶等。样品粒径以及酶添加比例是实现多酚收率最大化的关键控制因素。

酶提取技术的主要优点是它是一种环保的工艺，通常以水作为提取剂，低温萃取还可以防止多酚降解，并且该过程需要较少的能源。酶提取技术的主要缺点是提取时间长，从 1~48 h 不等。

8. 深共晶溶剂萃取法

深共晶溶剂（DES）作为一种绿色、低成本、易合成的溶剂，近年来常被用于植物黄酮和酚酸等生物活性物质的提取。深共晶溶剂是由氢键受体（如氯化胆碱）与氢键供体（天然植物基有机离子，如氨基酸、羧酸、糖）通过氢键作用形成的共晶混合物，其熔点比每个单一组分的熔点低，从而增大溶剂扩散系数，使操作温度范围变宽，有利于多酚类化合物的提取。

9. 脉冲电场辅助萃取

脉冲电场辅助萃取是一种新兴的非热绿色技术，用于从植物的果实、根、叶等部位提取植物化学物质。在萃取过程中，溶剂的温度变化非常小。一般来说，高电强度（1500 V/cm以上）的短脉冲（微秒或毫秒）是提取植物化学物质的最有效方法。

10. 高速逆流色谱法

高速逆流色谱法（HSCCC）作为一种新型分离技术逐渐受到关注。它是一种液—液色谱分离技术，其固定相和流动相均是液体，具有产品无污染、无损失、高效等优点。有研究采用 HSCCC-半制备型高效液相色谱联用技术对红酒多酚进行大规模分离纯化，共分离 17 种化合物；HSCCC 对于百香果种子中二苯乙烯类蛇皮素和白皮杉醇的纯化同样达到理想的纯度。

（三）多酚的分离纯化

1. 萃取法

此法利用多酚在不同溶剂中溶解度存在明显差异来进行分离，是一种初级分离方法，可实现多酚富集。常用萃取溶剂主要有正丁醇、乙酸乙酯、石油醚等。

2. 吸附法

大孔吸附树脂作为一种特殊的吸附剂，吸附过程中不进行离子基团的交换，而是通过分子间范德华力和氢键形成吸附作用，再通过溶剂洗脱而进行解吸，达到分离目标物的目的。大孔吸附树脂颗粒直径较小，一般在 0.3～1.25 mm，近似球状，物理和化学性质比较稳定，常用的洗脱剂有乙醇、甲醇。一般非极性树脂易于从极性溶剂中吸附非极性化合物，反之亦然。分子量相同的化合物依据极性强弱进行分离，极性相似的化合物依据分子量不同进行分离。近年来，大孔吸附树脂法在天然多酚等功能性成分的分离纯化中使用较为普遍，其操作方式简便，介质可反复使用，目标产物也能被很好地分离，所得样品纯度高，有效地节省了溶剂的使用。

3. 沉淀法

沉淀法利用酚类物质的多个邻位羟基结构与金属离子发生配位化合，生成稳定的化合物而沉淀的特点，使多酚与非酚类物质分离。沉淀剂的恰当选择决定了天然多酚分离效果，沉淀原理可表示为：

$$nR-OH+M \rightarrow M (R-O)_n \downarrow +nH^+$$

目前 Ca^{2+}、Al^{3+}、Zn^{2+}、Fe^{3+}、Mg^{2+} 等离子已用于沉淀纯化天然多酚类物质。

4. 凝胶柱层析法

凝胶柱层析法是基于物质分子量大小差异，多酚在通过凝胶柱过程中受到阻力不同从而产生流速差，最终达到分离的目的。凝胶柱层析法具有分离效果好、产品纯度高、总得率高等优点，是植物多酚物质分离纯化的重要方法之一。葡聚糖凝胶、聚丙烯酰胺凝胶和琼脂糖凝胶是目前应用较广的凝胶柱材料。

5. 膜分离法

利用膜的选择透过性，以外界能量或化学位差为推动力，使不同的组分得以分离的方法。常见的膜分离有电渗析、渗透、反渗透、微滤、超滤、纳滤等，通过调整半透膜孔径大小，实现对不同粒径组分的截留，其中超滤、微滤、纳滤已被广泛应用于天然多酚的分离纯化中。

三、多酚的提取与纯化的实例

（一）超声波—微波协同提取苹果渣多酚

1. 工艺流程

成熟苹果皮渣→烘干→粉碎→超声波—微波协同提取→树脂吸附→洗脱→真空干燥→高纯苹果多酚

2. 操作要点

（1）原料处理。将经过破碎压榨、去汁后的苹果渣在 45 ℃下烘干，然后超微粉碎机中粉碎，过 40 目筛，包装后，置于-20 ℃冰箱，密封保存备用。

（2）超声波—微波协同提取。将苹果渣粉末按照 1∶25（g∶mL）料液比加入 60% 乙醇溶液，磁力搅拌器进行搅拌（800 r/min，10 min）。微波功率200 W、超声波功率475 W，萃取时间25 min。

（3）树脂吸附。选用弱极性及比表面积较高的NKA-9大孔吸附树脂对苹果多酚进行纯化，上样流速2.0 BV/h。

（4）洗脱。以60%乙醇作洗脱剂进行洗脱分离，流速为3.0 BV/h。

（二）葡萄籽多酚的提取和纯化

1. 工艺流程

葡萄籽→干燥→脉冲电场处理→树脂吸附→洗脱→真空干燥→葡萄籽多酚

2. 操作要点

（1）干燥。将葡萄籽在热空气干燥器中40 ℃下干燥15～20 min。

（2）脉冲电场处理。葡萄籽室温下与蒸馏水混合，固液比1∶40，搅拌均匀。脉冲能量3～10 J，且相应的比脉冲能量为41.8～139.4 J/kg，1800个重复频率为2 Hz连续脉冲，总处理时间持续长15 min，固定间隔5 min。

（3）树脂吸附。多酚溶液浓度10 g/L，上样流速3 mL/min。

（4）洗脱。洗脱液为浓度60%乙醇，洗脱流速2 mL/min，洗脱体积为2倍柱体积。

（三）甘蔗渣多酚的提取与纯化

1. 工艺流程

甘蔗渣→烘干→超声提取→浓缩→甘蔗渣多酚

2. 操作要点

（1）烘干。用蒸馏水彻底洗涤甘蔗渣，用搅拌机将其切成小块，并在50 ℃的烘箱中干燥3 d或直到其达到恒重。使用40目过滤器筛分纤维以产生均匀稠度的粉末。

（2）超声提取。70%乙醇水溶液，固液比1∶60，混合均匀，并在40 ℃水浴搅拌72 h。在室温下使用频率为40 kHz的超声发生器提取30 min。

（3）浓缩。提取液在45～50 ℃、67 kPa真空度下进行浓缩，得到多酚膏状产品。

第四节　果蔬色素的提取与纯化

植物天然色素主要来自根、茎、叶、花、果实等，常见的有甜菜红、花青素、胡萝卜素、类胡萝卜素和叶绿素等。天然食用色素可以分成3类，根据溶解度可分为水溶性色素（花青素、栀子蓝等）、脂溶性色素（类胡萝卜素、叶绿素等）和醇溶性色素（醇溶红曲霉、醇溶栀子蓝等）；按色相又可分为暖色调色素（番茄红素、姜黄色素等）、冷色调色素（叶绿素、靛蓝等）和其他颜色色素（黑色素、可可色素等）；按化学结构可分为类胡萝卜素、环烯醚萜、吲哚类、多酚类、吡啶类、吡咯类等。果蔬是良好的色素来源，浆果类水果的提取物已被用作红色色素，绿叶蔬菜用于提取绿色色素。许多海洋微藻和浮游植物也被发现是叶绿素、类胡萝卜素和红色或蓝色藻胆蛋白的丰富来源。

一、果蔬色素提取与纯化基本工艺流程

原料→粉碎→浸提→过滤→纯化→浓缩→喷雾干燥→成品

二、操作要点

（一）色素的提取

1. 水浸提法

水浸提法是一种传统的植物色素提取方法，其原理是利用水的溶解性将植物中的有效成分提取出来，从而制得果蔬天然色素等。水浸提法的优势在于其简单易行，成本较低，且提取物中无有毒有害溶剂残留，更符合环保要求。板栗壳色素的超声辅助水浸提在 80 ℃ 提取 60 min，多酚类色素的质量浓度为 1.812 g/L。

2. 有机溶剂萃取

易溶于有机溶剂的果蔬色素可采用甲醇、丙酮、乙醇或乙酸乙酯等有机溶剂，在沸腾温度下使用索氏提取法提取 5~6 h；当溶剂萃取物在减压下使用旋转蒸发器浓缩时，其收率达到最大。怀山药皮花青素的盐酸甲醇溶液提取在 50 ℃ 恒温提取 2 h，粗提取液经大孔树脂纯化后，经鉴定共有 8 种花青素，主要成分为矢车菊素及其糖苷衍生物。

3. 酶法提取

酶法提取利用适宜的酶，通过温和的反应将植物组织分解，破坏植物细胞壁，进而增大细胞内有效成分向提取介质传递的面积，降低传输阻力，从而提高有效成分的溶出率。最常用的酶包括蛋白酶、果胶酶、纤维素酶和单宁酶，需要选择适当的酶种和反应条件。例如，采用醇提—酶脱脂二步法可以精制辣椒红色素粗制品。

4. 辅助提取

辅助提取法利用超声波、微波、电场等特定的辅助手段或技术来提高色素提取效率或降低能耗。超声辅助提取可以在室温下进行，能有效提升抽提效能，有助于维持生物活性成分的稳定性。脉冲电场辅助提取大多数用于提取甜菜素和花青素，溶剂都是极性溶剂，它们具有导电性，可以让电流通过样品细胞。高压脉冲电场辅助提取效率高，且溶剂消耗少。

5. 超临界流体萃取

超临界流体萃取的萃取溶剂大多是非极性的，因此该方法适用于类胡萝卜素、叶绿素等低极性色素的提取，但超临界流体萃取不适合提取高极性色素，如花青素。超临界流体提取效率高，溶剂消耗少，少量使用有毒溶剂或不使用，可以提取热敏性颜料，实现自动化。超临界 CO_2 萃取联合溶剂浸提是提取万寿菊中叶黄素的有效方法，提取效果优于传统溶剂提取法。超临界流体萃取番茄红素可以减少异构化和分解的现象，番茄红素纯度达 90% 以上。

（二）色素的纯化

1. 吸附解析技术

选择特定的吸附剂，用吸附法、解吸法可以有效地对色素粗制品进行精制纯化处理。意大利对葡萄汁色素的纯化，美国对野樱果色素的精制，我国栀子黄色素、萝卜红色素的纯化都应用此法，取得了满意的效果。也可利用阴阳离子交换树脂的选择吸附作用，进行色素的纯化精制。葡萄果汁和果皮中的花色素可以用磺酸型阳离子交换树脂进行纯化，除去其粗制品浓缩液中所含的多糖、有机酸等杂质，得到稳定性高的产品。

2. 膜分离技术

超滤和反渗透技术可以实现色素粗制品的简便快速纯化。孔径在 0.5 nm 以下的膜可阻留无机离子和有机低分子物质；孔径在 1~10 nm，可阻留各种不溶性分子，如多糖、蛋白质、果胶等。色素粗制品通过特定孔径的膜，就可阻止这些杂质成分的通过，从而达到纯化的目的。黄酮类色素中的可可色素在 50 ℃、pH 9、入口压力 490 kPa 的工艺条件下，通过管式聚砜超滤膜可分离得到纯化产品，同时也达到浓缩的目的。

3. 酶法纯化技术

利用酶的催化作用使色素粗制品中的杂质被除去，达到纯化的目的。例如由蚕沙中提取叶绿素时，在 pH 7 的缓冲液中加入脂肪酶，30 ℃下搅拌 30 min，以使酶活化，然后将活化后的酶液加入 37 ℃的叶绿素粗制品中，搅拌反应 1 h，可除去令人不愉快的刺激性气味，得到优质的叶绿素。

三、色素提取实例

（一）胡萝卜渣类胡萝卜素提取纯化工艺

1. 工艺流程

胡萝卜渣→冷冻干燥→粉碎→超声辅助提取→蒸发浓缩→大孔树脂吸附→纯品

2. 操作要点

（1）冷冻干燥。胡萝卜渣在 -20 ℃下进行 24 h 冷冻干燥。在干燥板上，物料在 4.0 kg/m² 的负荷下分离。

（2）超声辅助提取。提取溶剂为 50% 乙醇溶液，料液比为 1 g/50 mL，温度为 40 ℃，超声提取功率 750 W，提取时间 16 min、温度 29 ℃、提取频率为 20 kHz，振幅为 70%。

（3）过滤。过滤提取液，4000 r/min 离心 10 min。

（4）蒸发浓缩。30 ℃条件下真空蒸发浓缩。

（5）精制。使用大孔树脂吸收柱吸附 12 h，再加入体积分数 80% 乙醇进行振荡解吸 12 h，获得纯品。

（二）蓝莓酒渣花青素的提取

1. 工艺流程

蓝莓酒渣→自然干燥→粉碎→脱脂→干燥→乙醇提取→减压浓缩→冷冻干燥→花青素粗品

2. 操作要点

（1）粉碎。蓝莓酒渣自然干燥后，使用粉碎机破碎，过 80 目筛备用。

（2）脱脂。使用石油醚对蓝莓酒渣脱脂。

（3）干燥。在 45 ℃烘箱中干燥至恒重。

（4）乙醇提取。选用 70% 乙醇溶液为提取溶剂，料液比为 1∶20（w/v），使用柠檬酸调节溶液 pH 为 2.0，50 ℃浸提 1 h。

（5）减压浓缩。40~50 ℃真空旋转蒸发去除乙醇溶剂。

（三）橙皮类胡萝卜素提取与纯化

1. 工艺流程

橙皮→冷冻干燥→粉碎→乙醇提取→离心→减压蒸馏→类胡萝卜素粗品→大孔树脂吸附→纯品

2. 操作要点

（1）粉碎。橙皮经过冷冻干燥后，使用粉碎机破碎，过 60 目筛备用。

（2）乙醇提取。选用 60% 乙醇溶液为提取溶剂，料液比 1∶15（w/v），50 ℃下浸提 3 h。

（3）离心。4500 r/min 离心 10 min，收集上清液备用。

（4）减压浓缩。在 55 ℃，-0.1 MPa 条件下减压浓缩，得到类胡萝卜素粗品。

（5）真空浓缩。在 60 ℃真空干燥箱中干燥至恒重。

（6）大孔树脂吸附。pH 为 3，吸附 187 min，得到胡萝卜色素纯品。

（四）番茄皮渣提取番茄红素

番茄红素是一种类胡萝卜素，具有独特的长链分子结构，比其他类胡萝卜素具有更多的不饱和双键。番茄红素清除自由基的功效远胜于其他类胡萝卜素和维生素 E，其淬灭单线态氧的速率常数是维生素 E 的 100 倍，是迄今为止自然界中被发现的最强抗氧化剂之一。番茄红素主要存在于番茄、胡萝卜等蔬菜水果中，在预防心血管疾病、提高免疫力以及延缓衰老等方面具有重要意义。

1. 工艺流程

番茄皮渣→预处理→酶解→灭酶→离心过滤洗脱→浓缩结晶→二氧化碳超临界萃取分离→成品

2. 操作要点

（1）预处理。番茄皮渣与蒸馏水按照料液比 1∶25~1∶30 调配，调节 pH 至 7.5~8.5。

（2）酶解。复合生物酶酶解蛋白、纤维素和果胶等。复合生物酶由中性蛋白酶、中性纤维素酶和碱性果胶酶按照重量比（0.9~1.1）∶（0.9~1.1）∶（0.9~1.1）组成，其中中性蛋白酶活性为 10 万 U/g 以上，中性纤维素酶活性为 1 万 U/g 以上，碱性果胶酶活性为 5 万 U/g 以上。番茄皮渣中加入 0.05%~0.15% 复合生物酶，搅拌均匀，加热提取容器至 45~60 ℃，反应 4~6 h。

（3）灭酶。加热钝化复合生物酶。升温至 70~75 ℃，保温 10~15 min 灭酶。

（4）离心过滤洗脱。获取番茄红素粗品。离心脱水获取富集物，采用无水乙醇洗脱。冷却至 4 ℃浓缩结晶，得到纯度为 10% 左右的番茄红素粗品。

（5）二氧化碳超临界萃取分离。将番茄红素粗品在温度 30~45 ℃，压力 30 MPa 条件下进行二氧化碳超临界萃取分离，得到纯度为 95% 左右的番茄红素晶体。

第五节　果蔬中其他功能成分的提取

植物精油又称挥发油或香精油，是植物体内产生的一种挥发性且具有芳香气味的次生代谢产物，由分子质量较小的简单化合物组合而成，可随水蒸气蒸馏，是具有一定气味的挥发性油状液体物质的总称。精油具有多种功效，包括舒缓和放松、抗菌和消炎、提神和增强注意力、缓解消化问题以及改善皮肤状况等。植物精油蕴含在园艺产品的根、茎、叶、种子、果、花等不同部位，提取方法种类繁多，主要包括水蒸气蒸馏法、萃取法、压榨法、吸附法、辅助提取等几类方法。

一、精油的提取方法

（一）水蒸气蒸馏法

水蒸气蒸馏法是传统的植物精油提取方法，也是最常用的方法。果皮粉碎后在蒸馏装置中通过水蒸气进行加热，随着温度升高，水分不断进入果皮细胞中，胀破细胞层，挥发性成分随水蒸气蒸出，经冷凝冷却后分层收集，即得植物精油。分离的主要原理是道尔顿分压定律，即蒸汽总压是相同条件下各组分饱和蒸气压之和。当各组分的分压总和等于大气压时，液体混合物就会开始沸腾随后被蒸馏出来。水蒸气蒸馏法适用于易挥发、热敏性不强的植物成分提取。

水蒸气蒸馏法包括水中蒸馏、水上蒸馏、扩散蒸馏、复蒸蒸馏和同时萃取蒸馏等。水中蒸馏原料浸泡于水中，热源直接加热水和原料；水上蒸馏原料置于水面之上，水与原料不直接接触，通过蒸汽加热原料；扩散蒸馏蒸汽均匀地逐步自上而下扩散至料层，与物料充分接触；复蒸蒸馏将油水分离后的水回流到蒸馏器反复蒸馏；同时萃取蒸馏是将水蒸气蒸馏与溶剂萃取相结合，将挥发性成分的提取与溶剂萃取相结合。

（二）萃取法

1. 溶剂萃取法

溶剂萃取法选用对精油中的芳香成分溶解度大，对不需要成分溶解度小的溶剂，将有效成分从植物组织中溶解出来。常用的溶剂包括石油醚、乙醇、丙烷、丁烷、己烷、乙醚、乙酸乙酯等。溶剂萃取是一种有效且常用的提取精油的方法，但在实际操作中需要注意溶剂的选择、浸提时间和条件的控制以及后续的纯化步骤。

2. 超临界萃取法

超临界萃取法以 CO_2 等超临界流体作为萃取剂，通过调节温度和压力等条件，使超临界流体迅速渗透到植物细胞中，将精油成分溶解并萃取出来。该方法主要利用超临界流体的溶解能力与其密度的关系，即利用压力和温度对超临界流体溶解能力的影响而进行的。与传统溶剂提取法比，精油超临界萃取法绿色环保、提取高效、有利于保持精油的原有品质和香气，被认为是新型的绿色提取技术。

3. 亚临界萃取法

亚临界萃取是利用处于亚临界状态的溶剂，让植物原料与萃取溶剂充分接触渗透，使物料中的可溶组分转移到液体溶剂中，并通过蒸发及压缩冷凝的手段将溶剂与提取物分离，以获取植物精油的一种新型萃取技术。常用的溶剂包括丙烷、丁烷、二甲醚、四氟乙烷等。这些溶剂在高于其沸点但低于临界点的温度区间内，以液化状态存在，被称为溶剂的亚临界状态。亚临界萃取使用常温萃取，低温脱溶生产工艺，能有效防止原料中热敏性物质的分解。

（三）压榨法

压榨法也称冷榨法，主要是完全通过机械压榨的方式从园艺产品的果皮、果实、种子等部位提取精油，通过压力将植物组织器官中的有效成分充分挤压出来。压榨法控制在较低温度进行，可避免精油在制备过程中受热导致功能变化。压榨法最常用于芸香科柑橘属植物（如橙子和柠檬）的精油，因为这些植物的精油主要存在于果皮中，易于通过压榨法获取。

（四）吸附法

吸附法是利用硅胶、活性炭等吸附剂将香料中的易挥发物质吸附，达到饱和后再解吸的方法。精油香气成分与吸附剂之间的相互作用力使之与吸附剂结合，从而达到与原料分离纯化的目的。吸附剂的选择是高效萃取的关键，优良的吸附剂具有选择性好、理化性质稳定、操作简单且易再生等优势。

（五）辅助萃取法

1. 超声波辅助萃取法

超声波辅助萃取法通过超声波辐射压强产生的强烈空化作用、机械振动、扰动效应、高的加速度、乳化、扩散、击碎和搅拌作用等多级效应，增大物质分子运动频率和速度，增加溶剂穿透力，从而加速精油进入溶剂，完成萃取。该方法具有提取效率高、能耗低、环保无污染等优点。

2. 微波辅助萃取法

微波辅助萃取是利用微波能加热与植物原料相接触的溶剂，将精油从植物细胞中分离出来并进入溶剂的技术，是在传统萃取工艺的基础上强化传热、传质的一个过程。当微波能转化为热能时，会导致细胞内部的温度快速上升。当细胞内部的压力超过其承受能力时，细胞就会破裂，有效成分即从胞内流出，并在较低的温度下溶解于萃取介质中，通过进一步的过滤分离，即可获得精油。

3. 微生物发酵辅助法

微生物发酵辅助法是利用特定微生物（如酵母、霉菌、细菌等）的代谢活动，通过接种特定的微生物菌种发酵分解植物原料使精油成分更容易被释放，经过蒸馏或其他方法从发酵产物中提取出精油。微生物辅助法还可以将微生物的代谢物与精油一起提取出来，具有很高的应用价值。

二、精油的萃取实例

（一）辣椒籽精油超临界 CO_2 萃取

1. 工艺流程

辣椒籽→干燥→粉碎→超临界 CO_2 萃取→辣椒籽精油

2. 操作要点

（1）干燥。辣椒籽置于热风烘干设备，60 ℃连续干燥至水分约 10%。

（2）粉碎。干燥后的辣椒籽粉碎，过 60 目筛，于常温干燥储存。

（3）超临界 CO_2 萃取。粉碎后的辣椒籽在萃取温度 45 ℃、萃取压力 30 MPa、萃取时间 4 h、CO_2 流量 30 L/h 条件下萃取。

（二）柚皮精油微波超声协同萃取

1. 工艺流程

柚皮→切块→微波—超声协同萃取→柚皮精油

2. 操作要点

（1）切块。柚果皮表皮切成 1 cm×1 cm×1 cm 的方块。

（2）微波—超声辅助溶剂萃取。石油醚与柚皮的比例为 6 : 1（mL/g）、萃取温度 36.8 ℃，微波功率 450 W、微波时间 8 min、超声功率 400 W、超声时间 15 min。

第六节　果蔬皮渣综合利用生产案例

一、葡萄皮渣综合利用

葡萄是世界上种植面积最大的水果之一，2021 年全球葡萄总产量已超 7000 万 t，其中 75%的葡萄用于酿造葡萄酒。葡萄皮渣是葡萄酒工业的主要固体副产品，由酿酒后残留的果皮、种子和果梗组成，约占酿酒副产品总量的 60%。葡萄皮渣是多种营养成分的丰富来源，富含蛋白质、必需氨基酸、多不饱和脂肪酸、膳食纤维、酚类化合物等。近年来，葡萄皮渣不断被开发成为天然抗氧化剂和抑菌剂，或用作新型功能性产品原料，实现了酿酒产业剩余物的高值化利用。

（一）葡萄籽油的提取
见本章第二节籽油和籽蛋白的提取。

（二）葡萄皮渣中多酚的提取
见本章第三节多酚的提取分离与纯化。

（三）葡萄皮渣中红色素的提取
花色素是葡萄皮渣中含有的一种水溶性天然红色素，一般以花色苷的形式存在，安全无毒，可代替人工合成色素作为食用色素。因此，提取酿酒葡萄皮渣中的花色苷进行综合利用，可以为葡萄皮渣的再利用提供参考，避免资源的浪费，延长葡萄产业链。

1. 工艺流程
葡萄皮→浸提→粗滤、离心→沉淀→浓缩→干燥→花色苷成品

2. 操作要点
（1）浸提。采用酸化甲醇或酸化乙醇浸提时，按等重量的原料加入，在溶剂沸点温度，pH 3~4 浸提 1 h 左右，得到色素提取液，然后加入维生素 C 或聚磷酸盐进行护色，速冷。
（2）粗滤、离心。去除部分蛋白质和杂质。
（3）沉淀。离心后的提取液加入适量酒精，使果胶、蛋白质沉淀分离。
（4）浓缩。在 45~50 ℃、93 kPa 真空度条件下浓缩，并回收溶剂。
（5）干燥。喷雾干燥或减压干燥，制得葡萄皮红色素。

（四）葡萄皮渣中水溶性膳食纤维的提取
1. 工艺流程
葡萄皮渣→干燥、粉碎→超声波—微波多酶联合提取→浓缩→沉淀、离心→烘干→成品

2. 操作要点
（1）干燥、粉碎。葡萄皮渣在 60~70 ℃恒温干燥箱内烘 12 h，烘干后粉碎过 60 目筛，4 ℃储存备用。
（2）提取。葡萄皮渣按 1 : 20 比例加入蒸馏水，超声波 250 W 处理 13 min，微波处理

5 min。调节 pH 至 7.0 左右，加入 0.3%蛋白酶 50 ℃酶解 60 min，90~100 ℃灭酶 5 min。自然冷却后加入 1.6 mg/mL 纤维素酶，50 ℃酶解 90 min，90~100 ℃灭酶 5 min，冷却至室温。

（3）浓缩。在 45~50 ℃、93 kPa 真空度条件下浓缩。

（4）沉淀。加入 4 倍体积无水乙醇，常温静置 1 h，离心。

（5）烘干。80 ℃烘干 2 h。

（五）葡萄皮渣中白藜芦醇的提取

1. 工艺流程

葡萄皮渣→烘干、粉碎→脱脂→超声波提取→离心→烘干→成品

2. 操作要点

（1）烘干、粉碎。将皮渣 50 ℃烘干，粉碎后过 40 目筛。

（2）脱脂。用石油醚进行脱脂处理，脱脂后 50 ℃烘干。

（3）超声波提取。乙醇浓度 65%，料液比 1∶40（g/mL），超声波功率 325 W，超声波处理时间 26 min，浸提温度 45 ℃，浸提时间 45 min。

（4）离心。3000 r/min 离心 5 min。

（5）浓缩。上清液在 60 ℃下旋转蒸发浓缩，即得产品。

（六）其他物质

葡萄皮渣除了用于提取功效成分外，也可直接作为原料在烘焙食品、食品包装、动物饲料中应用。例如，将葡萄皮渣作为膳食纤维补充剂添加至烘焙产品中，可开发成具有一定促消化和抗氧化性能的保健烘焙食品；用葡萄皮渣提取物作为抗菌添加剂开发具有抗菌性能和低水蒸气渗透性的包装薄膜；将葡萄皮渣按照一定比例添加到动物饲料中，替代部分传统饲料（如玉米、豆粕等），降低动物饲养成本。

二、柑橘皮渣综合利用

目前，我国柑橘的种植面积与产量均居世界第一。据联合国粮农组织（FAO）统计数据，2019 年全球柑橘种植面积为 990 万 hm²，总产量达 1.58 亿 t。柑橘副产物资源包括柑橘落果、疏果、残次果和加工产生的皮、渣、种子等下脚料与废水等。这些柑橘副产物资源富含果胶、类黄酮、类胡萝卜素、类柠檬苦素、香精油和辛弗林等功能性成分，其高效高值利用已成为柑橘产业的重点发展方向。

（一）柑橘皮渣中的果胶提取

见本章第一节果胶和膳食纤维的提取。

（二）柑橘皮渣中的纤维提取

1. 工艺流程

柑橘皮渣→脱色→烘干→粉碎、过筛→柑橘皮渣纤维原粉

2. 操作要点

（1）脱色。采用 95%乙醇 40 ℃脱色 90 min。

（2）烘干。50 ℃烘至恒重。用石油醚进行脱脂处理，脱脂后 50 ℃烘干。

（3）粉碎、过筛。粉碎后过 60 目筛。

（三）柑橘皮渣中的精油提取

1. 工艺流程

柑橘皮渣→干燥→酶解→提取→收集→成品

2. 操作要点

（1）将新鲜、干净的橘皮干燥，然后粉碎至粉末状。

（2）皮渣中添加蒸馏水，料液比为 1 : 6（g/mL），纤维素酶添加量 4%、酶解温度 45 ℃、酶解时间 120 min。

（3）将提取液置于 500 mL 圆底烧瓶中，在水蒸馏提取精油装置中回流提取 2.0 h；提取结束后，用 5 mL 乙酸乙酯对精油提取仪进行洗涤，分层，精油经无水硫酸钠干燥，过滤，减压浓缩除去溶剂后得到柑橘皮精油。

（四）柑橘皮中的黄色素提取

1. 工艺流程

柑橘皮→烘干、粉碎→高压浸提→离心→粗黄色素

2. 操作要点

（1）烘干、粉碎。柑橘皮粉碎 60 ℃烘干至恒重，粉碎后备用。

（2）高压浸提。在乙醇浓度为 50%~60%，料液比为 1 : 10（g/mL）下，脉冲电场强度 25 kV·cm^{-1}，脉冲频率 6 Hz，脉冲时间 4 s，提取温度 40 ℃，提取时间 15 min。

（3）离心。在 4000 r/min 下，离心 10 min 分离提取液。

（五）九制陈皮的加工

1. 工艺流程

原料→处理→加热煮制→干燥→浸料→烘干→复浸→烘干→包装→成品

2. 操作要点

（1）原料处理。晒干的柑橘皮，选择大小均匀、肉质较厚的原料。将选好的柑橘皮放入冷水中浸泡，使其变软，通过几次换水脱去苦味。

（2）加热煮制。用比原料多一倍的清水加热至沸，加入柑橘皮共煮，注意加热时间，煮 4~5 min，捞起，再加水脱苦。

（3）干燥。入烤房干燥至半干状态，备用。

（4）配制料液。称取 2~2.5 kg 甘草，加入 50 kg 清水，加热浓缩，使甘草风味尽量溶解出来，一直煮到总量只有 10~12.5 kg 为止，过滤取滤液，渣可第二次再用。向甘草液中加入 3 kg 食盐，1 kg 甜蜜素，1 kg 食用柠檬酸，50 g 香兰素，25 g 山梨酸钾。充分溶解，并加热煮沸，趁热加入 50 kg 半干状态的陈皮，轻轻搅拌，让陈皮充分吸收料液 12 h 以上。如果吸收不完全，可把原料再送去干燥到半干，再次吸收料液，直到完全吸收为止。

（5）干燥。吸收了料液的柑橘皮在 50 ℃下烘烤到半干状态。

（6）包装。用包装袋密封包装即得成品。

三、蓝莓皮渣综合利用

我国蓝莓种植面积不断扩大，预计到 2026 年我国蓝莓产量将达到 90 万吨左右，超越北美成为全球第一大蓝莓生产国。蓝莓加工果酒、果汁的过程中，通常会产生 20%~30%果渣。

蓝莓果渣中含有丰富膳食纤维和生物活性物质，有较多花青素。因此，副产物活性成分的高稳态技术、多元化和个性化的功能性产品开发，是全面提高蓝莓加工副产物资源综合利用度的重要研究方向。

（一）蓝莓皮渣中的花色苷提取

见本章第四节果蔬色素的提取与纯化。

（二）蓝莓皮渣中的多糖提取

1. 工艺流程

蓝莓皮渣→脱脂→干燥、粉碎→提取→离心→醇沉→蓝莓皮渣粗多糖→脱蛋白→过 DEAE-52 纤维素柱→过葡聚糖凝胶 Sephadex G-100 柱→不同多糖组分纯品

2. 操作要点

（1）脱脂。依次用丙酮、乙醚和无水乙醇进行洗涤脱脂。

（2）干燥、粉碎。蓝莓果渣脱脂后，于 55 ℃烘箱干燥，粉碎过 60 目筛，得蓝莓果渣干粉。

（3）提取。在料液比 1：30（g/mL）和提取温度 60 ℃条件下水浴提取 3 h，提取 2 次，合并提取液。

（4）离心浓缩。提取液在 4000 r/min 条件下离心 10 min 去掉杂质，使用旋转蒸发仪浓缩至 1/4 体积。

（5）醇沉。加入 4 倍体积的无水乙醇沉淀，在 4 ℃温度下静置 12 h，4000 r/min 离心 15 min 收集沉淀，加蒸馏水溶解，透析 2 d，冻干后即得蓝莓果渣粗多糖。

（6）脱蛋白。按照溶液体积的 1/5 加入 Savag 试剂（氯仿：正丁醇=4：1，v/v），在经过剧烈振荡后，以 4000 r/min 离心 10 min，再将上层多糖溶液反复进行上述步骤，直到中间没有蛋白层。将上清液进行旋转蒸发浓缩，去除有机溶剂，再浓缩并冷冻干燥得脱蛋白多糖。

（7）DEAE-52 纤维素柱纯化。称取适量脱蛋白蓝莓果渣粗多糖，配成 5 mg/mL 多糖溶液，上样流速为 2.0mL/min，采用 DEAE-52 纤维素柱对蓝莓果渣粗多糖进行分离，得到不同组分。

（8）葡聚糖凝胶 Sephadex G-100 柱纯化。对经 DEAE-52 分离后的组分，用去离子水洗脱，洗脱流速为 3 mL/10 min，洗脱时间为 10 min/管，使用全自动馏分收集器收集，苯酚—硫酸法测多糖含量，合并同一组分，经浓缩、冷冻干燥后得到某一具体组分。

（三）蓝莓皮渣酵素制备

1. 工艺流程

酵母菌、植物乳杆菌
↓

蓝莓皮渣→酶解→调配、灭菌→接种→发酵→浓缩干燥→蓝莓皮渣酵素

2. 操作要点

（1）酶解。采用 β-葡聚糖酶、木聚糖酶、纤维素酶和果胶酶进行酶解，料液比 1：2（g/mL），pH 6.5，温度 50 ℃、酶解时间 180 min。纤维素酶、果胶酶加酶量均为 500 U/g，β-葡聚糖酶—木聚糖酶（1：1，m/m）按质量分数添加 0.5%。

（2）调配、灭菌。将酶解液浓缩到可溶性固形物含量20%，培养基灭菌。

（3）接种。安琪果酒酵母菌用5 mL/g生理盐水溶解，使菌体溶解成悬浮液，然后将菌液在YPD固体培养基上涂布，在30 ℃恒温培养箱内培养2~3 d。连续传代培养2次后，菌液待用。植物乳杆菌采用MRS培养基，采用同样活化和培养方法。

（4）发酵。发酵液初始pH 5.0、发酵时间12 h、糖添加量6%、接种量0.15%。酵母菌发酵12 h后接种0.5%植物乳杆菌，37 ℃继续发酵27 h，保持温度在6~8 ℃，静置使其产香。

（5）浓缩干燥。将发酵液可溶性固形物质量分数浓缩到30%，通过真空冷冻干燥得到水分含量小于5%的蓝莓果渣酵素粉。真空冷冻干燥条件：冷冻温度为-20 ℃，真空度为10~20 Pa，冷阱温度为-45 ℃。

（四）蓝莓皮渣速溶粉制备

1. 工艺流程

蓝莓加工

助干剂
↓

蓝莓皮渣→提取→浓缩→沉淀→过滤→喷雾干燥→速溶蓝莓果粉

2. 操作要点

（1）提取。向蓝莓皮渣中按固液比1∶15（g/mL）加入浓度大于95%的食用乙醇，在45~50 ℃并避光的条件下提取两次，每次1~2 h，合并提取液。

（2）浓缩。提取液在-0.05~-0.08 MPa、45~50 ℃条件下浓缩至黏稠状，得到浓缩物。

（3）沉淀。浓缩物按1∶10（g/mL）加入蒸馏水，充分振荡，静置2 h后，过滤。

（4）助干剂。滤液按质量分数40%的比例加入β-环糊精助干剂，在45~50 ℃条件下混合均匀，调配成混合液。

（5）喷雾干燥。料液温度为45~50 ℃，进料流量18 mL/min，进风温度140 ℃，出风温度80~85 ℃。得到的果粉色泽鲜红，富含蓝莓花色苷，冲调性好。

【思考题】

1. 简述果胶与膳食纤维的制取的工艺流程与操作要点。
2. 简述籽油的分离提取与精制工艺流程。
3. 简述多酚的提取与纯化基本工艺流程。
4. 简述果蔬色素提取与纯化基本工艺流程。

【课程思政】

科技让柑橘"全身都是宝"

我国柑橘产品资源丰富，每年产生柑橘副产物约1000万吨，深加工和高值化利用潜力巨大。柑橘果皮副产物是香精油的重要来源。作为一种天然食品添加剂，香精油可以用于食品工业，也可以用于化妆品、芳香清洁剂等生产，全球每年柑橘香精油需求量达到2万吨左右。

中国工程院单杨院士，一直从事柑橘等果蔬贮藏加工与综合利用研究和推广工作。他带领湖南省农业科学院团队打破了国外技术封锁和产品技术壁垒，开发出"组合式提取、超临界分离纯化、微胶囊缓控释"技术，实现香精油高效制备与稳态化调控，解决了柑橘加工难题。国产香精油正逐步替代进口，使进口产品价格下降了一半，有效提升了我国相关产品的国际竞争力。提取、利用完成后，剩下的橘皮废渣怎么办？针对柑橘全利用最后一步，单杨院士团队引入定向重组成型技术，将柑橘皮渣加工成不同用途的可降解农用包装器具，如育苗钵、抛秧盘以及蛋托、果托等，应用场景丰富。

食品专业技术人才应向单杨院士学习，面向世界科技前沿、面向经济主战场、面向国家重大需求、面向人民生命健康，推动食品储存加工技术新发展，在农产品储存加工领域取得更多原创性成果，赋能健康生活，助力乡村振兴。

【延伸阅读】

蓝莓加工副产物资源利用

蓝莓是一种具有较高经济价值和药用价值的水果，享有"浆果之王"的美誉，并被联合国粮农组织列为国际最健康的五大食品之一。蓝莓的精深加工是推动产业增效，实现高质量发展的重要途径。其在精深加工过程中产生的果渣、果皮和果籽等副产品种类多样且资源丰富。在榨汁、酿酒等加工后，大量皮渣被浪费，副产物的直接利用率低；存在于副产物中的黄酮类、花青素类等活性成分的提取分离技术尚不成熟，而且在功能提取物的加工过程中活性成分损失严重。因此，全面提升蓝莓等浆果加工副产物资源的综合利用水平，对于推进节粮减损和促进浆果产业良性发展具有深远意义。

[1] 李斌，鲍义文，李佳欣，等．蓝莓加工副产物资源综合利用及新业态发展趋势 [J]．食品科学技术学报，2024，42（4）：1-10．

文章二维码

蔓越莓加工副产物资源利用

蔓越莓（*Vaccinium macrocarpon*，cranberry）又名蔓越橘、酸果蔓、小红莓，是杜鹃花科（Ericaceae）越橘属（*Vaccinium*）草本植物，在北美部分地区被广泛种植，我国大兴安岭地区有许多野生蔓越莓，黑龙江抚远地区人工栽培 $3000\sim4000hm^2$。大量研究表明，蔓越莓中富含原花青素（PACs）、黄酮醇、有机酸以及酚酸等多种对人体有益的活性成分，有"北美红宝石""黄金浆果""水果之王"的美誉。基于蔓越莓重要的营养及经济价值，世界各国将其作为保健食品的原料。由于其独特的口感和天然高效的抑菌及保健功效，蔓越莓及其加工制品在国内外市场上也备受关注，其鲜果、冻果、果脯、切片、果粉、果汁、压片糖果和调味酱等产品逐渐丰富。21 世纪以来，国内外陆续出现有关于蔓越莓产品加工工艺、活性成分、临床应用等方面的研究报道，蔓越莓及其加工制品逐渐成为研究热点，尤其是对蔓越莓原花青素的提取和纯化工艺及其在预防心血管疾病、抗癌、抗菌和抗氧化等方面的功能活性研究与应用得到了广泛关注。

［2］韩宇璇，隋美楠，宋婷玉，等 . 蔓越莓原花青素提取纯化技术及活性研究进展［J］. 中国果菜，2024，44（10）：36-40，46.

［3］赵晨雨，朱丹，朱立斌，等 . 基于文献计量的蔓越莓食品研究现状和热点分析［J］. 食品工业科技，2024，45（19）：94-103.

参考文献

［1］ 胡宝忠，张友民．植物学［M］.3 版．北京：中国农业出版社，2023.

［2］ 梁建萍．植物学［M］.北京：中国农业出版社，2014.

［3］ 郝倩，邓乾春，周彬，等．植物细胞壁多糖高效酶解技术及其在食品加工中应用研究进展［J］.食品科学，2024，45（12）：304-314.

［4］ 张璇，赵文，高哲，等．果胶与多酚相互作用机制及其对食品加工特性影响的研究进展［J］.食品工业科技，2024，45（1）：378-386.

［5］ 孟宪军，乔旭光．果蔬加工工艺学［M］.北京：中国轻工业出版社，2020.

［6］ 牛广财，姜桥．果蔬加工学［M］.北京：中国计量出版社，2010.

［7］ 谢章荟，高静．果蔬色泽在热加工和非热加工技术中的变化研究进展［J］.现代食品科技，2024，40（5）：299-312.

［8］ AL-ABBASY O Y, ALI W I, AL-LEHEBE N I A. Inhibition of enzymatic browning in fruit and vegetable, review［J］. Samarra Journal of Pure and Applied Science, 2021, 3（1）：56-73.

［9］ LIU X W, LE BOURVELLEC C, YU J H, et al. Trends and challenges on fruit and vegetable processing：Insights into sustainable, traceable, precise, healthy, intelligent, personalized and local innovative food products［J］. Trends in Food Science & Technology, 2022, 125：12-25.

［10］ MOON K M, KWON E B, LEE B, et al. Recent trends in controlling the enzymatic browning of fruit and vegetable products［J］. Molecules, 2020, 25（12）：2754.

［11］ WU C L, LIU Z W, LIAO J S, et al. Effect of enzymatic de-esterification and RG-I degradation of high methoxyl pectin（HMP）on sugar-acid gel properties［J］. International Journal of Biological Macromolecules, 2024, 265：130724.

［12］ 钟祥．大理的名特食品炖梅与雕梅［J］.云南林业，2002（4）：21.

［13］ 廖小军，吴继红．果蔬加工学［M］.北京：中国农业出版社，2022.

［14］ 罗云波，蒲彪．园艺产品贮藏加工学 加工篇［M］.2 版．北京：中国农业大学出版社，2011.

［15］ 秦文．园艺产品贮藏加工学［M］.北京：科学出版社，2012.

［16］ 杨硕，张双灵，姜文利，等．低糖大樱桃裂果果脯的加工工艺及品质评价［J］.现代食品科技，2021，37（1）：192-198，267.

［17］ 张彤，杨忠仁，张凤兰．食品天然防腐剂及其应用研究进展［J］.中国调味品，2024，49（4）：206-211，220.

［18］ 高旭东．腊八蒜的化学成分、生物活性及相关机理研究［D］.天津：天津大学，2020.

[19] 李慧玲.壶关浆水菜质地变化及初加工研究 [D].太谷：山西农业大学，2021.

[20] 叶森，刘春凤，李梓语，等.黑蒜的营养功能及其加工工艺研究进展 [J].食品与发酵工业，2022，48（1）：292-300，307.

[21] 史润东东，杨成，余佳浩，等.高生理活性黑蒜加工工艺优化及功能成分变化 [J].食品与生物技术学报，2020，39（12）：71-79.

[22] 李瑶，余永，陈海，等.低盐榨菜加工中的危害因素分析及控制研究进展 [J].食品与发酵工业，2023，49（18）：374-380.

[23] 马云龙，张雯，任艳君，等.葡萄干燥的研究进展 [J].食品科技，2022，47（8）：27-35.

[24] 范方宇，杨宗玲，李晗，等.喷雾干燥条件对果蔬粉加工特性影响研究进展 [J].食品研究与开发，2020，41（9）：169-176.

[25] 高瑞丽.微波泡沫干燥蓝莓果粉的特性、品质及应用研究 [D].哈尔滨：东北农业大学，2023.

[26] 吴雨豪，吕瑞玲，周建伟，等.真空冷冻干燥技术在果蔬类食品加工中的应用现状 [J].包装工程，2023，44（7）：85-95.

[27] 于蕊，杨慧珍，李大婧，等.真空冷冻干燥不同升温程序对蓝莓干燥特性及品质影响 [J].核农学报，2024，38（1）：84-92.

[28] 张慜.生鲜食品保质干燥新技术理论与实践 [M].北京：化学工业出版社，2009.

[29] 张群.果蔬干制品品质提升关键技术研究 [J].食品与生物技术学报，2023，42（3）：112.

[30] 张国治.速冻及冻干食品加工技术 [M].北京：化学工业出版社，2008.

[31] 张国治，温纪平.速冻食品的品质控制 [M].北京：化学工业出版社，2007.

[32] 赵丽芹，张子德.园艺产品贮藏加工学 [M].2版.北京：中国轻工业出版社，2009.

[33] 石军.现代果蔬花卉深加工与应用丛书—果蔬罐藏技术与应用 [M].北京：化学出版社，2019.

[34] 朱蓓薇.食品工艺学 [M].2版.北京：科学出版社，2022.

[35] 叶兴乾.果品蔬菜加工工艺学 [M].4版.北京：中国农业出版社，2019.

[36] 蒲彪，胡小松.饮料工艺学 [M].3版.北京：中国农业大学出版社，2016.

[37] 张秋荣，刘祥祥，李向阳，等.复合果蔬汁饮料发展现状及前景分析 [J].食品与发酵工业，2021，47（14）：294-299.

[38] 张秀玲，谢凤英.果酒加工工艺学 [M].北京：化学工业出版社，2015.

[39] 朴美子，滕刚，李静媛.葡萄酒工艺学 [M].北京：化学工业出版社，2020.

[40] 许瑞，朱凤妹.新型水果发酵酒生产技术 [M].北京：化学工业出版社，2017.

[41] 张宝善.食醋酿造学 [M].北京：科学出版社，2014.

[42] OUSAAID D，MECHCHATE H，LAAROUSSI H，et al. Fruits vinegar：Quality characteristics，phytochemistry，and functionality [J].Molecules，2021，27（1）：222.

[43] 吴煜樟，卢红梅，陈莉.果醋的抗氧化成分及功能研究进展 [J].中国调味品，2019，44（8）：197-200.

［44］韩希凤．发酵型石榴果醋澄清剂的筛选及工艺条件优化［J］．中国调味品，2021，46（6）：83-86，98．

［45］李广伟，贾淇舒，令狐克琴，等．蓝莓-酸樱桃复合果醋的醋酸发酵工艺优化及抗氧化性研究［J］．中国酿造，2022，41（3）：180-186．

［46］胡文忠．鲜切果蔬科学与技术［M］．北京：化学工业出版社，2009．

［47］林德胜，帅良，刘云芬，等．超高压处理对鲜切莴苣酶促褐变及相关基因表达的影响［J］．食品与发酵工业，2023，49（17）：23-30．

［48］胡晓敏，黄彭，刘雯欣，等．非热物理技术在鲜切果蔬保鲜中的应用研究进展［J］．食品与发酵工业，2021，47（10）：278-284．

［49］于皎雪，胡文忠，赵曼如，等．鲜切西兰花保鲜技术研究进展［J］．食品与发酵工业，2019，45（15）：288-293．

［50］陈燕，毕秀芳，焦文成，等．鲜切胡萝卜的加工技术研究进展［J］．食品研究与开发，2023，44（14）：213-218．

［51］韩晨瑞，申靖，刘航，等．鲜切果蔬物理保鲜技术研究进展［J］．食品科技，2022，47（11）：17-23．

［52］胡诗瑶，王艳颖，林子涵，等．外源保鲜剂对鲜切果蔬保鲜效果的研究进展［J］．现代园艺，2023，46（9）：1-3，7．

［53］TANG L，LI M S，ZHAO G H，et al. Characterization of a low-methoxyl pectin extracted from red radish（Raphanus sativus L.）pomace and its gelation induced by NaCl［J］．International Journal of Biological Macromolecules，2024，254：127869．

［54］李斌，鲍义文，李佳欣，等．蓝莓加工副产物资源综合利用及新业态发展趋势［J］．食品科学技术学报，2024，42（4）：1-10．

［55］韩宇璇，隋美楠，宋婷玉，等．蔓越莓原花青素提取纯化技术及活性研究进展［J］．中国果菜，2024，44（10）：36-40，46．

［56］赵晨雨，朱丹，朱立斌，等．基于文献计量的蔓越莓食品研究现状和热点分析［J］．食品工业科技，2024，45（19）：94-103．